Staatliche Regulierung
des konkurrentennützigen Netzzugangs
im Bereich der Telekommunikation

# Europäische Hochschulschriften
Publications Universitaires Européennes
European University Studies

**Reihe II**
**Rechtswissenschaft**

Série II Series II
Droit
Law

**Bd./Vol. 3286**

PETER LANG
Frankfurt am Main · Berlin · Bern · Bruxelles · New York · Oxford · Wien

Chen-jung Chan

# Staatliche Regulierung des konkurrentennützigen Netzzugangs im Bereich der Telekommunikation

## Ein Beitrag zu verfassungs- und verwaltungsrechtlichen Grundlagen und Grenzen staatlicher Wettbewerbsförderung in der Bundesrepublik Deutschland und in Taiwan

PETER LANG
Europäischer Verlag der Wissenschaften

Die Deutsche Bibliothek - CIP-Einheitsaufnahme

Chan, Chen-jung:

Staatliche Regulierung des konkurrentennützigen Netzzugangs im Bereich der Telekommunikation : ein Beitrag zu verfassungs- und verwaltungsrechtlichen Grundlagen und Grenzen staatlicher Wettbewerbsförderung in der Bundesrepublik Deutschland und in Taiwan / Chen-jung Chan. - Frankfurt am Main ; Berlin ; Bern ; Bruxelles ; New York ; Oxford ; Wien : Lang, 2001
(Europäische Hochschulschriften : Reihe 2, Rechtswissenschaft ; Bd. 3286)
Zugl.: Köln, Univ., Diss., 2001
ISBN 3-631-38716-4

D 38
ISSN 0531-7312
ISBN 3-631-38716-4



www.peterlang.de

Meinem Vater und dem Andenken meiner Mutter

献 给

我的父母親

# Vorwort

Diese Arbeit lag im Sommersemester 2001 der Rechtswissenschaftlichen Fakultät der Universität zu Köln als Dissertation vor. Das Manuskript wurde im April 2001 abgeschlossen. Später veröffentlichte Literaturen konnten noch bis Juli 2001 berücksichtigt werden.

Meinem Doktorvater, Herrn Prof. Dr. Peter J. Tettinger, danke ich sehr herzlich für die Förderung, Großzügigkeit und wertvolle wissenschaftliche Hinweise. Für die zügige Zweitbegutachtung bedanke ich mich sehr bei Herrn Prof. Dr. Otto Depenheuer. Dank schulde ich insbesondere Herrn Dr. Jörg Ennuschat für seine Anmerkungen und zahlreiche Anregungen. Mit seiner Hilfe konnten viele Schwierigkeiten in Bezug auf mein Promotionsverfahren schnell gelöst werden. Zu danken habe ich ebenfalls an dieser Stelle studentischen Hilfekräften am Institut für Öffentliches Recht und Verwaltungslehre der Universität zu Köln und Thomas Martiny, die sprachliche Korrekturen meiner Doktorarbeit auf sich genommen haben.

Der größte Dank gilt jedoch meinen Eltern, Schwestern und meiner Verlobten Nan-chieh Chen für all das, was sie mir bezüglich meines Aufenthalts in der Bundesrepublik Deutschland und Studiums ermöglicht haben.

Taipei/Köln, im Juli 2001 *Chen-jung Chan*

# Inhaltsverzeichnis

*Zweiter Teil:*

*Die Netzzugangsregulierung im Telekommunikationsrecht und Parallelregelungen im Bereich der netzgebundenen Infrastruktur*

*Vierter Teil:*
## *Die Netzzugangsregulierung in der taiwanesischen Rechtsordnung*

# Abkürzungsverzeichnis

| | |
|---|---|
| a.A. | anderer Ansicht |
| a.F. | alte Fassung |
| ABl. EG | Amtsblatt der Europäischen Gemeinschaft |
| ABl. MVK | Amtsblatt für Ministerium für Verkehr und Kommunikation |
| ABl. PräsiA | Amtsblatt für Präsidialamt |
| ABl. | Amtsblatt |
| Abs. | Absatz |
| AEG | Allgemeines Eisenbahngesetz |
| AfP | Zeitschrift für Presserecht |
| AG | Aktiengesellschaft |
| AktG | Aktiengesetz |
| Alt. | Alternative |
| AöR | Archiv des öffentlichen Rechts |
| ArchivPF | Archiv für Post- und Fernmeldewesen |
| ArchivPT | Archiv für Post und Telekommunikation |
| Art. | Artikel |
| Aufl. | Auflage |
| BAPostG | Gesetz über die Errichtung einer Bundesanstalt für Post und Telekommunikation Deutsche Bundespost |
| Bay | Bayerisch |
| BB | Betriebsberater |
| bbg. | brandenburgisch |
| Bd. | Band |
| berl. Verf. | Verfassung von Berlin |
| Beschl. | Beschluss |
| BGB | Bürgerliches Gesetzbuch |
| BGBl. | Bundesgesetzblatt |
| BGH | Bundesgerichtshof |
| BHO | Bundeshaushaltordnung |
| BR | Bundesrat |
| BT | Bundestag |
| BT-Drucks. | Drucksachen des Deutschen Bundestages |
| BVerfG | Bundesverfassungsgericht |
| BVerfGE | Entscheidungen des Bundesverfassungsgerichts |
| BVerwG | Bundesverwaltungsgericht |
| bzw. | beziehungsweise |
| CR | Computer und Recht |

| | |
|---|---|
| DBP | Deutsche Bundespost |
| ders. | derselbe |
| DGT | The Directorate General of Telecommunications |
| dies. | dieselbe(n) |
| Diss. | Dissertation |
| DJT | Deutsche Juristentag |
| DÖV | Die Öffentliche Verwaltung |
| Drucks. | Drucksache |
| dt. | deutsch |
| DTAG | Deutsche Telekom AG |
| DVBl. | Deutsches Verwaltungsblatt |
| EGV | Vertrag zur Gründung der Europäischen Gemeinschaft |
| EIBV | Eisenbahninfrastruktur-Benutzungsverordnung |
| Einl. | Einleitung |
| EnWG | Energiewirtschaftsgesetz |
| EU | Europäische Union |
| EuGH | Europäischer Gerichtshof |
| EuGRZ | Europäische Grundrechte-Zeitschrift |
| EuZW | Europäische Zeitschrift für Wirtschaftsrecht |
| EVU | Energieversorgungsunternehmen |
| f. | folgende |
| FAG | Fernmeldeanlagengesetz |
| ff. | fortfolgende |
| Fn. | Fußnote |
| FNDV | Verordnung über Telekommunikationsdienstleistungen im Bereich des Festnetzes |
| FTG | Fair-Trade-Gesetz |
| GATS | General Agreement on Trade in Services |
| gem. | gemäß |
| GERev. | Government Enterprise Review |
| GewArch | Zeitschrift für Gewerbe- und Wirtschaftsverwaltungsrecht |
| GG | Grundgesetz für die Bundesrepublik Deutschland |
| ggf. | gegebenenfalls |
| GmbH | Gesellschaft mit beschränkter Haftung |
| GWB | Gesetz gegen Wettbewerbsbeschränkungen |
| HbkWP | Handbuch der kommunalen Wissenschaft und Praxis |
| HdbStR | Handbuch des Staatsrechts |
| Hrsg. | Herausgeber |
| i.S.d. | im Sinne des/der |
| i.V.m. | In Verbindung mit |
| IGRR | Interpretation des Großrichterrates |
| insbes. | insbesondere |

| | |
|---|---|
| JSSP | Journal of Social Sciences and Philosophy |
| JZ | Juristischen Zeitung |
| K&R | Kommunikation & Recht |
| KritV | Kritische Vierteljahresschrift für Gesetzgebung und Rechtswissenschaft |
| KrW-/AbfG | Kreislaufwirtschafts- und Abfallgesetz |
| LG | Landgericht |
| lit. | litera (Buchstabe) |
| LV | Landesverfassung |
| m. w. Nachw. | mit weiteren Nachweisen |
| MMR | MultiMedia und Recht. Zeitschrift für Informations-, Telekommunikations- und Medienrecht |
| n.F. | neue Fassung |
| NJW | Neue Juristische Wochenschrift |
| No. | number |
| NTULJ | National Taiwan University Law Journal |
| NuR | Natur und Recht |
| NVwZ | Neue Zeitschrift für Verwaltungsrecht |
| NW | Nordrhein-Westfalen |
| NWVBl. | Nordrhein-Westfälische Verwaltungsblätter |
| NZV | Netzzugangsverordnung |
| ONP | Open Network Provision |
| OVG | Oberverwaltungsgericht |
| PDSV | Postdienstunternehmen-Datenschutzverordnung |
| PostG | Postgesetz |
| PostUmwG | Postumwandlungsgesetz |
| RdE | Recht der Energiewirtschaft |
| RegTP | Regulierungsbehörde für Telekommunikation und Post |
| RGBl. | Reichsgesetzblatt |
| RGZ | Entscheidungen des Reichsgerichts in Zivilsachen |
| rh.-pf. | rheinland-pfälzisch |
| Rn. | Randnummer(n) |
| RPTV | Reichspost- und -telegraphenverwaltung |
| RTkom | Recht und Telekommunikation |
| RuP | Recht und Politik |
| RV | Reichsverfassung von 1871 |
| s. a. | siehe auch |
| S./s. | Seite/Satz/siehe |
| SeLIR | Socioeconomic Law and Institution Review |
| Slg. | Sammlung des Gerichtshofes der Europäischen Gemeinschaften |
| sog. | sogenannte(r) |
| TDG | Teledienstegesetz |

| | |
|---|---|
| TelG | Telegraphengesetz |
| TEntgV | Telekommunikations-Entgeltregulierungsverordnung |
| TK | Telekommunikation |
| TKG | Telekommunikationsgesetz |
| tw. | taiwanesisch |
| Tz. | Textziffer |
| u.a. | unter anderen/anderem |
| UPR | Umwelt- und Planungsrecht |
| v. | von/vom |
| v.H. | vom Hundert |
| Verf. RC | Die Verfassung der Republik China |
| VerwArch. | Verwaltungsarchiv |
| Vfg. | Verfügung |
| VG | Verwaltungsgericht |
| VGH | Verwaltungsgerichtshof |
| vgl. | vergleiche |
| Vol. | Volume |
| VRÜ | Verfassung und Recht in Übersee |
| VVDStRL | Veröffentlichungen der Vereinigung der Deutschen Staatsrechtslehrer |
| VwGO | Verwaltungsgerichtsordnung |
| VwVfG | Verwaltungsverfahrensgesetz |
| WiVerw | Wirtschaft und Verwaltung |
| WRV | Die Weimarer Reichsverfassung |
| WTO | World Trade Organization |
| WuW | Wirtschaft und Wettbewerb |
| YdLM | Yuedan Law Magazine |
| z.B. | zum Beispiel |
| z.T. | zum Teil |
| ZaöRV | Zeitschrift für ausländisches öffentliches Recht und Völkerrecht |
| ZfRSoz | Zeitschrift für Rechtssoziologie |
| ZGR | Zeitschrift für Unternehmens- und Gesellschaftsrecht |
| ZHR | Zeitschrift für das gesamte Handelsrecht und Wirtschaftsrecht |
| Ziff. | Ziffer |
| ZögU | Zeitschrift für öffentliche und gemeinwirtschaftliche Unternehmen |
| ZRP | Zeitschrift für Rechtspolitik |
| ZUM | Zeitschrift für Urheber- und Medienrecht |

# Einleitung

## I. Fragestellung

In den letzten Jahren wurden zahlreiche ursprünglich nur in der Volkswirtschaftslehre und Ordnungspolitik diskutierte Liberalisierungs- und Privatisierungskonzepte in Deutschland durch das positive Recht umgesetzt. Beispielsweise sind die bislang durch Verwaltungsmonopole gekennzeichneten Aufgabenbereiche des Eisenbahnwesens, des Postwesens, der Telekommunikation, der Entsorgungswirtschaft und der Energiewirtschaft teilweise oder vollständig auf den privaten Sektor übertragen worden. Die Märkte dieser Wirtschaftszweige wurden folglich geöffnet.

In den Bereichen Eisenbahn, Postwesen und Telekommunikation wird die Grundentscheidung für die Privatisierung sogar auf verfassungsrechtlicher Ebene vorgeschrieben. Während Eisenbahnen des Bundes nach Art. 87e Abs. 3 GG als Wirtschaftsunternehmen in privatrechtlicher Form geführt werden, werden Post- und Telekommunikationsdienstleistungen gem. Art. 87f Abs. 2 S. 1 GG als privatwirtschaftliche Tätigkeiten durch die aus dem Sondervermögen Deutsche Bundespost hervorgegangenen Unternehmen und durch andere private Anbieter erbracht. An die Stelle des Modells des Verwaltungsmonopols tritt nunmehr das Wettbewerbsmodell. Im Bereich der Telekommunikation bleiben sowohl die Erbringung von Telekommunikationsdienstleistungen als auch die Errichtung und der Betrieb von Telekommunikationsnetzen als privatwirtschaftliche Betätigung ausschließlich privatwirtschaftlichen Unternehmen vorbehalten, die auf einem Markt im Wettbewerb zueinander stehen.

Der durch die Privatisierung verursachte Strukturwechsel hat zu einer Vielzahl rechtlicher Folgenprobleme geführt[1], deren Art und Ausmaß wiederum von der Privatisierungsform abhängig sind. Bei der Aufgabenprivatisierung handelt es sich insbesondere um die Verantwortungsumverteilung zwischen dem Staat

---

[1] Zum System und Inhalt des Privatisierungsfolgenrechts vgl. allgemein *M. Ruffert*, Regulierung im System des Verwaltungsrechts, – Grundstrukturen des Privatisierungsfolgerechts der Post und Telekommunikation –, AöR 124 (1999), S. 237 ff.; *G. F. Schuppert*, Jenseits von Privatisierung und „schlankem" Staat: Vorüberlegungen zu einem Konzept von Staatsentlastung durch Verantwortungsteilung, in: Chr. Gusy (Hrsg.), Privatisierung von Staatsaufgaben: Kriterien – Grenzen – Folgen, 1998, S. 72 (82); s. auch *H. P. Bull*, Privatisierung öffentlicher Aufgaben, VerwArch. 1995, S. 621 (629 ff.); auf der kommunalen Ebene vgl. *M. Burgie*, Kommunales Privatisierungsfolgenrecht: Vergabe, Regulierung und Finanzierung, NVwZ 2001, S. 601 ff.; speziell zu amtshaftungsrechtlichen Folgerungen vgl. *F. Ossenbühl*, Staatshaftungsrecht, 5. Aufl., 1998, S. 36 ff.; zu Personalproblemen vgl. *G. Püttner*, Die Stellung des Personals der Post-Unternehmen, ZögU, Beiheft 19 (1996), S. 115 ff.

und der Privatwirtschaft. Während die Erfüllungsverantwortung für die Daseinsvorsorge der Bürger von privaten Wirtschaftssubjekten übernommen wird, zieht sich der Staat auf die Gewährleistungs- und Regulierungsverantwortung für das Gemeinwohl zurück, die auf der Anforderung des Rechts- und Sozialstaatsprinzips des Grundgesetzes an Gemeinwohlgebundenheit des Staatshandelns beruht[2]. Infolgedessen stellt der Staat statt des Akteurs einen Garanten dar. Im Hinblick auf das Verhältnis zwischen Privatisierung und Regulierung werden die Ausdrücke „Regulierte Privatisierung", „Kein Wettbewerb ohne Regulierung" und „Regulierungsstaat statt Leistungsstaat" häufig im Schrifttum verwendet[3].

Diesem Regulierungsbedarf bei der Aufgabenprivatisierung entsprechend erließ der deutsche Gesetzgeber am 25. 7. 1996 das Telekommunikationsgesetz[4]. Neben der Universaldienstgewährleistung ist die Förderung eines chancengleichen und funktionsfähigen Wettbewerbs der wichtigste Zweck dieses Gesetzes (§ 1 TKG). Dieses Regulierungsziel ist volkswirtschaftlich wie rechtswissenschaftlich gerade für den zuvor durch das staatliche Monopol geprägten Telekommunikationsmarkt von erheblicher Bedeutung. Denn die Erfahrung zeigt, dass die Marktöffnung allein noch nicht die Entstehung eines funktionierenden Wettbewerbs impliziert[5]. Der Marktzutritt neuer Wettbewerber könnte durch den Missbrauch einer Marktstellung des ehemaligen Monopolisten erschwert oder sogar behindert werden.

Um die Bildung eines neuen faktischen Monopols zu vermeiden und den Wettbewerb auf den liberalisierten Telekommunikationsmärkten zu ermöglichen, hat der deutsche Gesetzgeber unter Berücksichtigung der gemeinschaftsrechtlichen Regeln über den offenen Netzzugang[6] das Regulierungsinstrument des

---

[2] Dazu allgemein *J. Isensee*, Gemeinwohl und Staatsaufgaben im Verfassungsstaat, in: Isensee/Kirchhof (Hrsg.), HdbStR III, 1996, §57.

[3] Vgl. *E. Schmidt-Aßmann/H. Chr. Röhl*, Grundpositionen des neuen Eisenbahnverfassungsrechts (Art. 87e GG), DÖV 1994, S. 582; *W. Kluth*, Verfassungsfragen der Privatisierung von Industrie- und Handelskammern, 1997, S. 40; *E. Grande*, Vom produzierenden zum regulierenden Staat: Möglichkeiten und Grenzen von Regulierung und Privatisierung, in: König/Benz (Hrsg.), Privatisierung und staatliche Regulierung, 1997, S. 576 ff.; *G. Hermes*, Staatliche Infrastrukturverantwortung, 1998, S. 152 ff.; *K. König/Ch. Theobald*, Liberalisierung und Regulierung netzgebundener Güter und Dienste, in: K. Grupp/M. Ronellenfitsch (Hrsg.), Festschrift für Willi Blümel zum 70. Geburtstag, 1999, S. 306 f.; *K.-M. Fuhr/B. Kerkhoff*, Regulierung als Voraussetzung für Wettbewerb in den Telekommunikationsmärkten, MMR 1999, S. 213 ff.

[4] BGBl. I., S. 1120.

[5] Vgl. *A. Benz*, Privatisierung und Regulierung im Post- und Fernmeldewesen, in: König/Benz (Hrsg.), Privatisierung und staatliche Regulierung, 1997, S. 262 (305).

[6] Z.B. die ONP-Rahmenrichtlinie 90/387/EWG (ABl. EG L 192 v. 24. 7. 1990, S. 1), geändert durch die Richtlinie 97/51/EG (ABl. EG L 295 v. 29. 10. 1997), die ONP-Mietleitungsrichtlinie 92/44/EWG (ABl. EG L 165 v. 19. 6. 1992, S. 27), geändert durch die Richtlinie 97/51/EG (ABl. EG L 295 vom 29. 10. 1997, S. 23), die ONP-Sprachtelefondienstrichtlinie

konkurrentennützigen Netzzugangs in das deutsche TKG eingeführt[7]. Nach § 35 Abs. 1 TKG ist der Betreiber eines Telekommunikationsnetzes, der Telekommunikationsdienstleistungen für die Öffentlichkeit anbietet und auf einem solchen Markt über eine marktbeherrschende Stellung verfügt, verpflichtet, anderen Anbietern über besondere Anschlüsse Zugang zu seinem Telekommunikationsnetz oder Teilen desselben zu gewähren. Im Fall des Nichtzustandekommens von Vereinbarungen über besondere Netzzugänge wird der Regulierungsbehörde für Telekommunikation und Post (RegTP) die hoheitliche Eingriffskompetenz zugewiesen, den Netzzugang imperativ anzuordnen.

Eine solche mit der gesetzlichen Verpflichtung und administrativen Anordnung verbundene Netzzugangsregulierung als Wettbewerbsregulierung wirft jedoch vielfältige Rechtsprobleme auf und gewinnt damit eine immer größere Bedeutung für die regulierende Verwaltung. Dies wird auch durch die Tatsache belegt, dass die Verwaltungsgerichte in den letzten Zeiten zahlreiche Entscheidungen bezüglich der Wettbewerbsförderung dienender Netzzugangsregelungen nach §§ 33 ff. TKG getroffen haben[8]. Neben der telekommunikationsgesetzlichen Problematik besteht aus verfassungsrechtlicher Sicht das wesentliche Problem im Interessenkonflikt zwischen dem wettbewerbspolitischen Interesse an der Sicherung funktionsfähigen Wettbewerbs einerseits und dem Grundrechtsschutz des auf Netzzugang in Anspruch genommenen Netzbetreibers andererseits.

Aus der Netzzugangsproblematik wird die Kernfrage dieser Untersuchung aufgeworfen, ob und inwieweit der Staat den marktbeherrschenden Netzbetreiber und sein Netzeigentum zu Gunsten der Konkurrenten in Pflicht nehmen kann, um das gemeinwohlorientierte Ziel der Wettbewerbsförderung zu erreichen. Es geht hierbei um die Frage nach verfassungs- und verwaltungsrechtlichen Grundlagen und Grenzen wettbewerbsfördernden Staatshandelns. Diese Fragestellung erschöpft sich nicht im Telekommunikationsrecht. Sie ist vielmehr auch für die Liberalisierung und Privatisierung anderer netzgebundener Infrastrukturen von fundamentaler Bedeutung. Denn die Gemeinsamkeit besteht darin, dass der ehemalige Monopolist nach der Marktöffnung nach wie vor über die

---

95/62/EG (ABl. EG L 321 v. 30. 12. 1995, S. 6), geändert durch die Richtlinie 98/10/EG (ABl. EG L 101 vom 1998, S. 24) und die Zusammenschaltungsrichtlinie 97/33/EG (ABl. EG L 199 v. 26. 7. 1997, S. 32), geändert durch die Richtlinie 98/61/EG (ABl. EG L 268 v. 3. 10. 1998, S. 37); die Teilnehmeranschlussverordnung (ABl. EG L 336 v. 30. 12. 2000, S. 4).

[7] Vgl. Begründung der Bundesregierung zum Telekommunikationsgesetz, BT-Drucks. 13/3609, S. 35; s. auch *E. Rudolf*, Das Recht auf Netzzugang in der Telekommunikation. Europäisches Gemeinschaftsrecht und seine Anwendung in §§ 33 ff. TKG, 2001.

[8] Etwa VG Köln, Beschl. vom 18. 8. 1997 = AfP 1999, S. 103 ff.; OVG Münster, Beschl. vom 29. 9. 1997 = MMR 1998, 98 ff.; VG Köln, Urteil vom 5. 11. 1998 = CR 2000, S. 109; OVG Münster, Beschl. vom 7. 2. 2000 = NVwZ 2000, S. 697 ff.; OVG Münster, Beschl. vom 5. 7. 2000 = RTkom 2000, S. 224 ff.

Netzinfrastruktur, deren Mitbenutzung für den wirksamen Marktzutritt neuer Wettbewerber notwendig oder wesentlich ist, verfügt[9].

Auch in Taiwan hat das Aufgabenfeld der Telekommunikation in neuerer Zeit tiefgreifende Veränderungen erfahren. Anlässlich der weltweiten Tendenzen der Privatisierung, Liberalisierung und Deregulierung wurde der taiwanesische Telekommunikationsmarkt durch die Novelle des Telekommunikationsgesetzes vom 5. Feb. 1996[10] geöffnet. Demgemäß wurde das staatliche Monopol für Telekommunikationsdienstleistungen aufgehoben und somit ist der Telekommunikationsmarkt geöffnet worden. Auf Grund der Gemeinwohlbindung des Staates, insbesondere wegen des verfassungsrechtlichen Prinzips der Volkswohlfahrt, werden verschiedene Regulierungsmechanismen im taiwanesischen TKG normiert. Dazu gehört auch die mit der Rechtsfigur des Netzzugangs im deutschen Telekommunikationsgesetz vergleichbare Mietleitungs- und Netzzusammenschaltungsregulierung.

Die Regulierung der Netzzusammenschaltung wird zunächst in § 16 tw. TKG allgemein vorgesehen, wonach jedes Telekommunikationsunternehmen der Klasse 1 grundsätzlich anderen Telekommunikationsunternehmen derselben Klasse auf Nachfrage ein Angebot auf Zusammenschaltung abzugeben hat. Über diese allgemeine Vorschrift hinaus wird die ausschließlich an marktführende Telekommunikationsunternehmen adressierte, asymmetrische Regulierung von Netzzugang und Zusammenschaltung als Spezialvorschrift in § 26a tw. TKG festgelegt. Danach wird das marktführende Telekommunikationsunternehmen der Klasse 1 verpflichtet, Wettbewerbern die Zusammenschaltung und Mietleitungen zu gewähren. Ziel dieser asymmetrischen konkurrentennützigen Netzzugangsregulierung ist es, einen fairen Wettbewerb auf den liberalisierten Telekommunikationsmärkten sicherzustellen.

Die oben geschilderten Regulierungsansätze in Deutschland und in Taiwan bilden die Möglichkeit, die wettbewerbsbegründenden Netzzugangsregulierungen in beiden Ländern miteinander zu vergleichen. Diese Arbeit soll dazu dienen, Hinweise zu liefern, die für die Netzzugangsregulierung und Wettbewerbsförderung auf dem taiwanesischen Telekommunikationsmarkt hilfreich sein können. Denn von der Liberalisierung des Festnetzmarktes ist in Taiwan wegen der Verzögerung der Lizenzvergabe *faktisch* noch keine Rede.

---

9 Vgl. allgemein *G Hermes* (Fn. 3); *K. König/Ch. Theobald* (Fn. 3), S. 277 ff.; für den Bereich der Energiewirtschaft s. *H.-J. Papier,* Durchleitungen und Eigentum, BB 1997, S. 1213 ff.; *ders.*, Die Regelung von Durchleitungsrechten, 1997.

10 ABl. PräsiA Nr. 6078, S. 1 ff.

## II. Gegenstand und Gang der Untersuchung

Gegenstand der nachfolgenden Untersuchung sind der konkurrentennützige Netzzugang und die Zusammenschaltung im Bereich der Telekommunikation. Mit Blick auf die deutsche Rechtslage sind insbesondere rechtliche Konzeptionen der Netzzugangsregulierung auf gemeinschaftsrechtlicher und nationaler Ebene, die verfassungsrechtliche Legitimation des Regulierungsziels der Wettbewerbsförderung und verfassungsrechtliche Grenzen der gesetzlichen Netzzugangsgewährungspflicht zu untersuchen. Darüber hinaus muss auch die allgemeine Lehre von dem Privatisierungsfolgenrecht als theoretische Grundlage in den Gegenstand der Untersuchung einbezogen werden. Ausgeklammert werden der allgemeine Netzzugang i.S.d. § 35 Abs. 1 S. 2 1. Alt. dt. TKG und die Mitbenutzung der Kabeleinrichtungen nach § 51 dt. TKG[11], bei denen es sich nicht um Regulierungsmittel zur „Wettbewerbsförderung“ handelt. Neben der Rechtslage in der Bundesrepublik Deutschland soll der Diskussion über parallele Regelungen im taiwanesischen Telekommunikationsrecht in vergleichender Weise Rechnung getragen werden.

Die Arbeit gliedert sich in vier Teile. Zunächst wird in Bezug auf die deutsche Rechtslage der Systemwechsel des Telekommunikationsnetzes nachgezeichnet. Nach den begrifflichen Bestimmungen (§ 1) bilden die rechtshistorische Entwicklung der Telekommunikationsnetze in Deutschland einerseits (§ 2) und die geltende Rechtslage der Telekommunikation andererseits (§ 3) einen Kontrast, um den Strukturwandel der Telekommunikationsnetze zu verdeutlichen. Untersucht werden zugleich generelle Auswirkungen der Telekommunikationsprivatisierung auf den Wandel der Staatsverantwortung für die Wahrung des Gemeinwohls und die Art und Weise der staatlichen Regulierung, die den Folgeproblemen der Aufgabenprivatisierung zugeordnet werden.

Anschließend lassen sich die rechtlichen Rahmenbedingungen für das Regulierungsinstrument des konkurrentennützigen Netzzugangs im zweiten Teil detailliert erörtern und analysieren. Sowohl das europäische Gemeinschaftsrecht als auch das nationale Recht in Deutschland werden berücksichtigt (§ 4). Im Mittelpunkt der Diskussion stehen die Begriffsbestimmung des Netzzugangs, das Verfahren der Regulierung, Maßstäbe für den Erlass einer administrativen Anordnung zum Netzzugang oder zur Zusammenschaltung, Befugnisse der RegTP und ihr Verhältnis zum Bundeskartellamt. Neben den Netzzugangsregelungen im Telekommunikationssektor werden auch Parallelregelungen in anderen Bereichen der netzgebundenen Infrastruktur skizziert (§ 5). In Betracht kommen die Regelungen des offenen Netzzugangs nach §§ 28 und 29 PostG,

[11] Dazu vgl. *M. Bullinger*, Durchleitungsrechte, Mitbenutzungsrechte und Planfeststellung für konkurrierende Telekommunikationsnetze, ArchivPT 1998, S. 105 ff.; *R. Schütz*, in: Büchner u.a. (Hrsg.), Beck'scher TKG-Kommentar, 2. Aufl., 2000, § 51.

Mitbenutzungsrechte der Eisenbahninfrastruktur nach § 14 AEG und der Zugang zu Elektrizitätsversorgungsnetzen nach § 6 EnWG.

Im dritten Teil wird auf die verfassungsrechtliche Beurteilung für die Netzzugangsregelungen der §§ 33 ff. TKG eingegangen. Es geht hierbei zum einen um die gemeinwohlorientierte Zielgebundenheit der regulierenden Verwaltung und zum anderen um die Grundrechtsbindung staatlichen Handelns. Zunächst wird aus verfassungsrechtlicher Sicht versucht, die staatliche Förderung eines chancengleichen und funktionsfähigen Wettbewerbs zu legitimieren (§ 6). In Betracht kommen insbesondere die sektorspezifische Vorschrift des Art. 87f Abs. 2 S. 1 GG, die staatliche Schutzpflicht aus der Wettbewerbsfreiheit, materielle Folgerungen aus der Kompetenznorm des Art. 74 Abs. 1 Nr. 16 GG und die sog. „Wirtschaftsverfassung" des Grundgesetzes. Sodann sind Grenzen der gesetzlichen Netzzugangsregulierung zu untersuchen (§ 7). Maßstabnorm dafür sind die wirtschaftlichen Grundrechte privater Wirtschaftsunternehmen. Bei der Überprüfung der Verfassungsmäßigkeit der Netzzugangsgewährungsverpflichtung des marktbeherrschenden Netzbetreibers sollen formelle und materielle Rechtfertigungsgründe untersucht werden.

Der vierte Teil dieser Arbeit wird sich auf die Rechtsordnung in Taiwan konzentrieren. Nach der Umschreibung der verfassungsrechtlichen Zuordnung der Telekommunikation und des Liberalisierungskonzeptes im taiwanesischen Telekommunikationsgesetz (§ 8) soll der Rechtsrahmen für die staatliche Regulierung des Netzzugangs und der Zusammenschaltung aufgezeigt werden (§ 9). In Betracht kommen das Telekommunikationsgesetz, das Fair-Trade-Gesetz und das Verfassungsrecht.

Schließlich wird eine zusammenfassende Betrachtung der Netzzugangsregulierung im deutschen und taiwanesischen Recht als Schlussbewertung dieser Arbeit geboten (§ 10), um Gemeinsamkeiten und Unterschiede der deutschen und taiwanesischen Netzzugangsregelungen im Bereich der Telekommunikation klarzustellen.

Erster Teil:
# Systemwechsel des Telekommunikationsnetzes

Telekommunikationsnetze und auf ihnen beruhende Telekommunikationsdienstleistungen haben in den letzten Zeiten einen grundlegenden Systemwechsel erfahren. Sie sind durch die Privatisierungsentscheidung von der daseinsvorsorgenden Leistungsverwaltung des Staates in privatwirtschaftliche Tätigkeiten umgewandelt worden, wobei Telekommunikationsnetze und -dienstleistungen in Zukunft ausschließlich von privaten Wirtschaftssubjekten nach Marktgesetzen zu erbringen sind. Dieser Paradigmenwechsel hat zur Gestaltung einer neuen Rechtsordnung geführt.

Im Folgenden wird zunächst auf die Begriffsbestimmung der Telekommunikation und deren Abgrenzung zu anderen ähnlichen Begriffen, die als sog. „neue Medien“ zusammengefasst werden, eingegangen (§ 1). Um den Systemwechsel der telekommunikativen Netzinfrastruktur in Deutschland deutlich zu machen, wird anschließend ein Überblick über die rechtshistorische Entwicklung der Telekommunikation, namentlich im Netzbereich, geboten (§ 2), bevor die heutige Rechtslage im Verfassungsrecht des Grundgesetzes näher untersucht wird (§ 3). Im Vordergrund steht die Erörterung des Normgehalts des Art. 87f GG, in dem sich die verfassungsrechtliche Grundlage für die Privatisierung und Regulierung im Bereich der Telekommunikation findet.

## § 1 Begriffsbestimmungen

### I. Telekommunikation

Der heute weitgehend verwendete Begriff „Telekommunikation“ findet in der deutschen Rechtsgeschichte seine Vorläufer in den Begriffen *Telegraphen-* und *Fernmeldewesen.* Während der Begriff „Telegraphenwesen“ in der Anfangsepoche der technischen Entwicklung, namentlich in der Zeit des Deutschen Reichs, auftauchte[1], wurde er später im Gesetz zur Änderung des Telegraphengesetzes vom 3. 12. 1927[2] durch den Ausdruck „Fernmeldewesen“ ersetzt. Der Begriff

---

[1] Vgl. z.B. Art. 48 ff. der Reichsverfassung von 1871 und das Telegraphengesetz vom 6. 4. 1892 (RGBl., S. 467).

[2] RGBl. I, S. 331. Nach Art. III dieses Gesetzes wurde der Reichspostminister ermächtigt, dem Wortlaut des Telegraphengesetzes vom 6. 4. 1892 unter der Überschrift „Gesetz über

des Fernmeldewesens wurde in der Bundesrepublik Deutschland auch vom Verfassungsgeber des Grundgesetzes übernommen und in Art. 73 Abs. 1 Nr. 7 GG a.F. verankert. Um sich dem internationalen Sprachgebrauch anzupassen, wurde der Begriff „Telekommunikation“[3] im Zuge der Postreform I von 1989 erstmals vom Gesetzgeber in das Poststrukturgesetz eingeführt und trat letztlich mit dem verfassungsändernden Gesetz von 30. 8. 1994[4] an die Stelle des Fernmeldewesens und ist nunmehr in Art. 73 Abs. 1 Nr. 7 und 87f GG ausdrücklich verankert.

Festzustellen ist allerdings, dass ungeachtet des Begriffswechsels die Begriffe „Telegraphenwesen“, „Fernmeldewesen“ und „Telekommunikation“ dem Inhalt und den wesentlichen Merkmalen nach stets unverändert geblieben und sämtlich durch die Nachrichtenübermittlung ohne körperliche Weitergabe einer fixierten Mitteilung charakterisiert sind[5]. Das BVerfG hat bereits im ersten Rundfunkurteil vom 28. 2. 1961 deutlich ausgeführt, dass „das Fernmeldewesen ein technischer, am Vorgang der Übermittlung von Signalen orientierter Begriff ist“[6]. Dementsprechend findet sich eine Legaldefinition der Telekommunikation heute in § 3 Nr. 16 TKG, wonach „Telekommunikation“ jeder technische Vorgang des Aussendens, Übermittelns und Empfangens von Nachrichten jeglicher Art in der Form von Zeichen, Sprache, Bildern oder Tönen mittels Telekommunikationsanlagen, d.h. mittels technischer Einrichtungen, die als Nachrichten identifizierbare elektromagnetische oder optische Signale senden, verstanden wird. Es liegt auf der Hand, dass der Gesetzgeber keineswegs neue Inhalte in den Telekommunikationsbegriff einbezogen hat. Vielmehr greift er auf die Geschichte zurück und knüpft an das herkömmliche Verständnis für den Begriff des Telegraphen- und Fernmeldewesens an.

Im Ergebnis ist die Telekommunikation im Gegensatz zur körperlichen Nachrichtenbeförderung der Post[7] als Gesamtheit des technischen Vorgangs der *kör-*

---

Fernmeldeanlagen“ durch das Reichsgesetzblatt bekanntzumachen. Auf dieser Rechtsgrundlage machte der Reichspostminister am 14. 1. 1928 das Fernmeldeanlagengesetz bekannt. Siehe RGBl. I, S. 8.

[3] Hinsichtlich der wörtlichen Ursprung wird der Terminus „Telekommunikation“ vom griechischen Wort „tele“ und lateinischen Wort „communicare“ zusammengefasst. Demnach ist die Telekommunikation als „Fernmitteilung“ zu verstehen. Vgl. *K. Windthorst*, Der Universaldienst im Bereich der Telekommunikation, Diss. München, 1997, S. 8 m. w. Nachw.

[4] BGBl. I, S. 2245.

[5] Zum Begriffswechsel vom Telegraphen- zum Fernmeldewesen vgl. die Begründung zum Fernmeldeanlagengesetz, Verhandlung des Reichstags 1924, Bd. 419, Nr. 3682, S. 6; *B. Mayer*, Die Bundespost: Wirtschaftsunternehmen oder Leistungsbehörde, 1990, S. 32; zum Begriffswechsel vom Fernmeldewesen zur Telekommunikation vgl. die Begründung zur Änderung des Art. 73 Nr. 7 GG, BT-Drucks. 12/6717, S. 3; BR-Drucks. 114/94, S. 6; *M. Rottmann*, Zu den verfassungsrechtlichen Aspekten der Postreform II, ArchivPT 1994, S. 195; *M. Heintzen*, in: v. Mangoldt/Klein/Starck, Bonner Grundgesetz, Bd. 2, 4. Aufl., 2000, Art. 73, Rn. 62.

[6] BVerfGE 12, 205 (226).

[7] Zum Begriff der Post näher *Lerche*, in: Maunz/Dürig, Grundgesetz, Kommentar, Art. 87, Rn. 101 f.. Klarzustellen ist, dass die heute verbreitete elektronische Post (Strichwort: E-Mail)

*perlosen* Nachrichtenübermittlung zu verstehen, die übertragungstechnischen Neuerungen gegenüber offen ist[8].

## II. Telekommunikationsnetze und -dienstleistungen

Zu unterscheiden sind des Weiteren die Begriffe Telekommunikations*netze* und *-dienste*[9]. Es ist zwar unbestritten, dass die Telekommunikation als „netzgebundene Infrastruktur"[10] ihrer Natur nach immer mit Telekommunikationsanlagen zu tun hat, mit deren Hilfe Signale erst in die Ferne gemeldet oder übermittelt werden[11]. Die körperlose Übermittlung von Nachrichten ohne Hilfe technischer Übertragungsanlagen und Einrichtungen ist tatsächlich nicht denkbar. Hinzu kommt, dass eine scharfe Trennlinie zwischen Netzen und Diensten häufig nicht existiert. Davon ist Art. 87f GG auch ausgegangen. Telekommunikationsnetze werden vom Begriff der „Dienstleistungen" i.S. der Abs. 1 und 2 dieses Artikels erfasst[12]. Daher unterliegt die flächendeckende Ausstattung der Telekommunikationsnetze als Voraussetzung des Universaldienstes auch der Gewährleistungsverantwortung des Bundes[13]. Trotz der Begriffsverschwommenheit und Abgrenzungsschwierigkeit ist die begriffliche Trennung von Netzen und Diensten gerade für diese Arbeit von besonderer Bedeutung und damit unentbehrlich, weil dem telekommunikationsrechtlichen Regulierungssystem gerade diese Be-

---

nicht missverständlich zur Post im herkömmlichen Sinne zuzuordnen ist, sondern wegen ihrer körperlosen Übermittlung und des Wiedergabebedarfs in die Kategorie der Telekommunikation fällt. Hierzu vgl. *B. Kleine-Vossbeck*, Electronic Mail und Verfassungsrecht, 2000, S. 7.

[8] Vgl. *B. Mayer* (Fn. 5), S. 34 f.; *H. Krüger*, in: M. Sachs (Hrsg.), Grundgesetz, 2. Aufl., 1999, Art. 10, Rn. 14; *R. Stettner*, in: H. Dreier (Hrsg.), Grundgesetz, Bd. II, 1998, Art. 73, Rn. 30.

[9] So auch *G. Hermes*, Staatliche Infrastrukturverantwortung, 1998, S. 330 ff.; *M. Ruffert*, Regulierung im System des Verwaltungsrechts, – Grundstrukturen des Privatisierungsfolgerechts der Post und Telekommunikation –, AöR 1999, S. 250.

[10] Siehe Art. 154 Abs. 1 EGV; auch die Monopolkommission, BT-Drucks. 13/5309, Tz. 49.; *G. Hermes* (Fn. 9), insbes. § 9 ff.; *R. Stober*, Allgemeines Wirtschaftsverwaltungsrecht, 12. Aufl., 2000, S. 288; zum Begriff der Infrastruktur ausführlich *K.-W. Schatz*, Zur Entwicklung des Begriffs Infrastruktur, ZögU, Beiheft 19, 1996, S. 122 ff.; *G. Hermes* (Fn. 9), S. 164 ff.

[11] BVerfGE 12, 205 (226); auch vgl. *Kunig*, in: v. Münch/Kunig (Hrsg.), GG, Kommentar, Bd. 3, 3. Aufl., 1996, Art. 73, Rn. 31.

[12] Vgl. *R. Uerpmann*, in: v. Münch/Kunig (Hrsg.), GG, Kommentar, Bd. 3, 3. Aufl., 1996, Art. 87f, Rn. 6; *J. Scherer*, Postreform II: Privatisierung ohne Liberalisierung, CR 1994, 420.

[13] Aus diesem Grund wird die Gewährleistungsverantwortung des Staates für flächendeckend angemessene und ausreichende Dienstleistungen nach Art. 87f Abs. 1 GG im Schrifttum häufig auch von einem „Infrastrukturgewährleistungsauftrag" gesprochen. Vgl. *K. Stern*, Postreform zwischen Privatisierung und Infrastrukturgewährleistung, DVBl. 1997, S. 311 ff.; *P. Badura*, in: Bonner Kommentar, Art. 87f, Rn. 14, 26 ff.; *D. Müller-Using*, Nochmals: Zu den verfassungsrechtlichen Aspekten der Postreform II, ArchivPT 1995, S. 46.

griffsunterscheidung zugrunde liegt[14]. Das TKG teilt je nach dem Tätigkeitsbereich Telekommunikationsunternehmen in verschiedene Betriebsgruppen ein. Das Betreiben von Telekommunikationsdienstleistungen setzt nicht unbedingt ein eigenes Telekommunikationsnetz voraus. Dies gilt auch umgekehrt. Unterschiedliche Telekommunikationsunternehmen unterliegen verschiedenen staatlichen Regulierungsmaßnahmen. Nur marktbeherrschende Betreiber öffentlicher Telekommunikationsnetze unterliegen der in §§ 33 ff. TKG vorgeschriebenen Netzzugangs- und Zusammenschaltungsgewährungsverpflichtung[15].

### *1. Telekommunikationsnetz*

Der Begriff „Telekommunikationsnetz" lässt sich als ein Sammelbegriff verstehen. Ein Telekommunikationsnetz besteht in aller Regel nicht nur aus Übertragungswegen in Form von Kabel- oder Funkverbindungen. Es erstreckt sich vielmehr auf sonstige Einrichtungen, die für den ordnungsgemäßen Betrieb von Übertragungswegen unerlässlich sind. Dazu gehören nicht zuletzt Vermittlungseinrichtungen. Nach diesem Verständnis resultiert ein Telekommunikationsnetz im einfachsten Fall aus zwei Übertragungswegen und einer Vermittlungsstelle.

#### *a) Telekommunikationsnetz im weiteren und im engeren Sinne*

Beim Telekommunikationsnetz kann zwischen einem Telekommunikationsnetz im *weiteren* Sinne und einem im *engeren* Sinne unterschieden werden[16]. Während ersteres sowohl die Übertragungs- und Vermittlungseinrichtungen, als auch die Endeinrichtungen umfasst, schließt letzteres die Endeinrichtungen jeder Art aus den Begriffsmerkmalen eines Telekommunikationsnetzes aus. Als Endeinrichtungen werden alle Einrichtungen bezeichnet, die der Codierung oder Decodierung der Informationssignale in unmittelbarer Nähe des Benutzers dienen oder die als Telekommunikationsnebenstellenanlagen betrieben werden[17]. Das Spektrum reicht dabei von traditionellen Telefon- und Faxapparaten über Mobilfunkapparate bis hin zu Personal-Computern. Nach § 3 Nr. 12 und 21 TKG lässt sich unter einem Telekommunikationsnetz die „Gesamtheit der technischen Einrichtungen und Anlagen verstehen, an die über Abschlusseinrichtungen Endein-

---

[14] Im Gegensatz dazu wurden Fernmeldenetze und Fernmeldedienstleistungen im FAG nicht deutlich voneinander getrennt und vom in § 1 Abs. 1 FAG definierten Begriff „Fernmeldeanlagen" zusammengefasst. Vgl. *J. Scherer*, Telekommunikationsrecht und Telekommunikationspolitik, 1985, S. 63, 169.

[15] Dazu unten Zweiter Teil, § 4 III.

[16] *G. Knieps*, Entstaatlichung im Telekommunikationsbereich, 1985, S. 4 f.

[17] *G. Knieps*, Entstaatlichung und Wettbewerb im nationalen Telekommunikationsbereich, in: R. Windisch (Hrsg.), Privatisierung natürlicher Monopole im Bereich von Bahn, Post und Telekommunikation, 1987, S. 147 (148).

richtungen angeschlossen werden und die zur Erbringung von Telekommunikationsdienstleistungen für die Öffentlichkeit oder zu nichtgewerblichen Telekommunikationszwecken dienen". Nach dieser Legaldefinition ist das Telekommunikationsnetz i.S.d. § 3 Nr. 21 TKG als Telekommunikationsnetz im engeren Sinne zu verstehen, weil Endeinrichtungen durch die Legaldefinition aus den Begriffsmerkmalen ausgeschlossen werden. Diese Begriffsbestimmung in § 3 Nr. 21 TKG deckt sich lediglich partiell mit dem historischen Verständnis der „Telegraphen- bzw. Fernmeldeanlagen", die im Netzbereich als Gesamtheit physikalischer Netze einschließlich Endeinrichtungen bezeichnet wurden[18].

*b) Öffentliches und privates Telekommunikationsnetz*

Je nach dem Benutzungszweck ist das Telekommunikationsnetz in ein öffentliches und ein privates gegliedert. Klargestellt sei, dass die hier verwandte Terminologie keineswegs auf der in der früheren Literatur vertretenen Unterscheidung von öffentlichen und privaten Fernmeldeanlagen beruht[19]. In Anlehnung an die frühere fernmelderechtliche Situation wurden solche Fernmeldeanlagen, die von der Deutschen Bundespost errichtet und betrieben wurden, als öffentliche Fernmeldeanlagen bezeichnet. Alle sonstigen Anlagen, die nicht von der DBP und ohne Verbindung mit ihren öffentlichen Netzen errichtet und betrieben wurden, fielen unter private Fernmeldeanlagen.

Dieses *inhaberbezogene* Unterscheidungskriterium ist hinsichtlich der heutigen Rechtslage im Telekommunikationsbereich überholt. Das Recht, Telekommunikationsanlagen zu errichten und zu betreiben, steht nunmehr vollständig jedermann zu. Auf dieser Grundlage besteht der Differenzierungsmaßstab im TKG nicht in der Trägerschaft des Netzes, sondern im *Benutzungszweck*. Von dieser Betrachtungsweise aus wird ein öffentliches Telekommunikationsnetz als ein Netz bezeichnet, das für Telekommunikationsdienstleistungen für die Öffentlichkeit genutzt wird, während ein privates – oder besser: geschlossenes – Telekommunikationsnetz die Zugänglichkeit für jeden ausschließt und lediglich für nichtgewerbliche Telekommunikationszwecke bestimmt ist[20]. Dazu zählen solche Telekommunikationsnetze, die ausschließlich zu Zwecken der Vermittlung von Nachrichten innerhalb einer Organisation benutzt werden.

---

[18] Siehe nur RGSt 19, 55 (58). Das Reichsgericht hatte bereits im Urteil vom 28. 2. 1889 bezüglich der Reichweite des Begriffs „Telegraphenanstalten" im Sinne der §§ 317, 318 RStGB deutlich festgestellt, dass „jede Nachrichtenbeförderung, die nicht durch den Transport des körperlichen Trägers der Nachricht von Ort zu Ort, sondern dadurch bewirkt wird, daß der an einem Ort zum sinnlichen Ausdruck gebrachte Gedanke an einem anderen, entfernten Ort sinnlich wahrnehmbar wieder erzeugt wird, unter den Begriff der ‚Telegraphenanstalt' fällt". In diese Richtung auch BVerfGE 46, 120 (143 f.); aus der Literatur vgl. *J. Scherer* (Fn. 14), S. 34 ff.

[19] Vgl. *J. Scherer* (Fn. 14), S. 63 m. w. Nachw.

[20] Vgl. § 3 Nr. 12 und 21 TKG.

### *c) Telekommunikationsnetz im Sinne dieser Untersuchung*

Die oben erläuterten begrifflichen Differenzierungen des Telekommunikationsnetzes sind für die nachfolgende Untersuchung von wesentlicher Bedeutung, weil sich die Adressaten der der Wettbewerbsförderung dienenden Netzzugang-gewährungsverpflichtung aus §§ 33 ff. TKG auf Betreiber eines öffentlichen Telekommunikationsnetzes beschränken[21]. Demgemäß ist der Begriff des Telekommunikationsnetzes in dieser Untersuchung als ein öffentliches Telekommunikationsnetz im engeren Sinne zu verstehen, soweit nichts anders ausdrücklich betont wird.

## *2. Telekommunikationsdienstleistungen*

Im Gegensatz zum Begriff des Telekommunikationsnetzes, der im physikalischen Sinne zu verstehen ist, knüpft der Begriff der Telekommunikationsdienstleistungen an die „Funktion" des Telekommunikationsnetzes an, nämlich an die „Bereitstellung" der körperlosen Übermittlung von Informationen. Telekommunikationsdienstleistungen lassen sich daher als Bereitstellung eines Telekommunikationsnetzes beschreiben, durch die die Telekommunikationsbedürfnisse der Kommunikatoren erst befriedigt werden können[22]. In diesem Sinne beziehen sich Telekommunikationsdienstleistungen nicht wie Dienstleistungen im allgemeinen Sinne auf das Angebot von „Tätigkeiten", sondern nur auf die technische Bereitstellung, durch die Signale ordnungsgemäß gesandt, übertragen, vermittelt und empfangen werden können[23].

Angesichts des Umfanges von Telekommunikationsdienstleistungen ist es nicht unbedingt notwendig, dass die Telekommunikationsfunktion vom Absender bis hin zum Empfänger vollständig auf der Basis selbst betriebener Telekommunikationsnetze erfolgt[24]. Es genügt für den Begriff der Telekommunikationsdienstleistungen vielmehr, dass nur ein Teil des ganzen Übermittlungsverfahrens angeboten wird[25]. Dazu zählt beispielsweise der Transportdienst, bei dem der Betreiber lediglich seinen Übertragungsweg für andere Netzbetreiber bereitstellt[26]. Im Ergebnis kann ein technischer Vorgang der Nachrichtenübermittlung durch das Zusammenwirken mehrerer Netzbetreiber erfolgen. Zu nen-

---

[21] Dazu unten Zweiter Teil, § 4 III 1 a).

[22] Vgl. *J. Scherer* (Fn. 12), S. 420.

[23] So auch *F. Schuster*, in: W. Büchner u. a. (Hrsg.), Beck'scher TKG-Kommentar, 2. Aufl., 2000, § 4, Rn. 4.

[24] Zum Übermittlungsvorgang vgl. *K. Windthorst* (Fn. 3), S. 20, der zu Recht darauf hinweist, dass die Nachrichtenübermittlung mit der „technischen Umwandlung der Nachricht in einen zur Übertragung geeigneten Zustand" beginnt und mit „dem Empfang der Nachricht" endet. Siehe auch BVerfGE 12, 205 (227).

[25] *F. Schuster* (Fn. 23), § 4, Rn. 4.

[26] Vgl. *J. Scherer* (Fn. 14), S. 37.

nen ist hierbei die Netzzusammenschaltung. Dementsprechend legt § 3 Nr. 18 TKG ausdrücklich fest, dass Telekommunikationsdienstleistungen das gewerbliche Angebot von Telekommunikation einschließlich des Angebots von Übertragungswegen für Dritte umfassen.

Hinsichtlich der Art von Nachrichten kommen in der Gegenwart Fernsprech-, Fernschreib-, Fernkopier-, und Integrationsdienste[27] in Betracht. Im TKG sind lizenzfreie und lizenzpflichtige Telekommunikationsdienstleistungen zu unterscheiden. Nach § 6 Abs. 1 TKG sind zum einen der Betrieb von Übertragungswegen, die die Grenze eines Grundstücks überschreiten und für Telekommunikationsdienstleistungen für die Öffentlichkeit genutzt werden, und zum anderen das Angebot des Sprachtelefondienstes auf der Basis selbst betriebener Telekommunikationsnetze lizenzpflichtig.

## III. Abgrenzungen

### *1. Telekommunikation und Rundfunk*

Die Abgrenzung der Telekommunikation zum Rundfunk ist seit langem sowohl in der Rechtsprechung des BVerfG als auch im Schrifttum herausgearbeitet worden. Die Relevanz der begrifflichen Abgrenzung beruht vorwiegend auf der bundesstaatlichen Ordnung des Grundgesetzes. Während die Telekommunikation nach Art. 73 Nr. 7, 87f und 143 b GG der ausschließlichen Gesetzgebungs- und Verwaltungskompetenz des *Bundes* unterliegt, fällt das Rundfunkwesen als kulturelles Phänomen nach Art. 70 Abs. 1 i.V.m. 30 GG in die Zuständigkeit der *Länder*[28].

Das Bundesverfassungsgericht hat im sog. Ersten Rundfunkurteil ausgeführt, dass zum Fernmeldewesen nur die technischen Vorgänge des Sendens der Rundfunkdarbietungen gehören. Fernmeldewesen sei ein technischer, am Vorgang des Übermittelns von Signalen orientierter Begriff[29]. Dagegen bezieht sich der Begriff „Rundfunk" im Sinne des Art. 5 Abs. 1 S. 2 GG auf den Bereich der „Organisation von Rundfunkanstalten" und die „inhaltliche Gestaltung der Sendungen"[30]. Dementsprechend ist nach § 2 Abs. 1 des Rundfunkstaatsvertrages der Begriff „Rundfunk" definiert als die für die Allgemeinheit bestimmte Veranstaltung und Verbreitung von Darbietungen aller Art in Wort, in Ton und Bild

---

[27] Vgl. *J. Müller*, Mehrwertdienste. Neue Dienstleistungen für Unternehmen, CR 1991, S. 45 ff.

[28] BVerfGE 92, 203 (238).

[29] BVerfGE 12, 205 (226 f.).

[30] *Th. Maunz*, in: Maunz/Dürig, Grundgesetz, Kommentar, Art. 73, Rn. 120; *Chr. Degenhart*, in: Sachs (Hrsg.), Grundgesetz, 2. Aufl., 1999, Art. 73, Rn. 34.; siehe auch die Begründung der Bundesregierung zum Entwurf des TKG, BT-Drucks. 13/3609, S. 37; *B. Martenczuk*, Die Haftung für Mediendienste zwischen Bundes- und Landesrecht, ZUM 1999, S. 106.

unter Benutzung elektromagnetischer Schwingungen ohne Verbindungsleitung oder längs oder mittels eines Leiters[31]. Dieses grundlegende Abgrenzungskriterium gilt weiterhin, auch wenn der verfassungsrechtliche Begriff des Fernmeldewesens im Zuge der Postreform II durch den Terminus Telekommunikation ersetzt wurde[32].

Zu beachten ist, dass mit Blick auf das Zusammenspiel von Kommunikationsformen und Übertragungstechnologien der verfassungsrechtliche Rundfunkbegriff ebenso wie der Telekommunikationsbegriff einen dynamischen Charakter enthält. Diese Offenheit des Rundfunkbegriffs für technische Innovationen wurde zunächst vom Bundesverfassungsgericht in seinem sog. Fünften Rundfunkurteil herausgearbeitet und in der späteren Rechtsprechung wieder betont[33]. Daraus folgt, dass sich der verfassungsrechtliche Rundfunkbegriff nicht auf herkömmliche Programmdienste in Gestalt von Ton und Bewegtbild beschränkt. Vielmehr unterfallen neue Dienste auch dem Rundfunkbegriff im Sinne des Art. 5 Abs. 1 S. 2 GG, soweit sie alle Begriffselemente erfüllen. Der Rundfunkbegriff umfasst z.B. Videotextdienste[34], Pay-TV[35] und nach verbreiteter Auffassung das Internet im Rahmen des *World Wide Web*, soweit diese Online-Dienste jedermann zugänglich sind[36].

Allerdings ist die Frage, inwieweit der verfassungsrechtliche Rundfunkbegriff sich erweitern kann, in der Literatur nicht unumstritten[37]. Die nähere Auseinandersetzung über die „inhaltliche“ Differenzierung von verschiedenen Informations- und Kommunikationsdiensten kann an dieser Stelle nicht geboten wer-

---

[31] Zum Rundfunkbegriff ausführlich vgl. *W. Hoffmann-Riem*, Der Rundfunkbegriff in der Differenzierung kommunikativer Dienste, AfP 1996, S. 9 ff.; *R. Herzog*, in: Maunz/Dürig, Grundgesetz, Art. 5, Rn. 195 ff.

[32] *R. Röger*, Internet und Verfassungsrecht, ZRP 1997, S. 203.

[33] BVerfGE 74, 297 (350 f.); s. auch BVerfGE 83, 238 (302); aus der Literatur vgl. *H. D. Jarass*, Rundfunkbegriffe im Zeitalter des Internet, AfP 1998, S. 133 ff.

[34] BVerfGE 74, 297 (350 f.); vgl. *P. J. Tettinger*, Neuartige Massenkommunikationsmittel und verfassungsrechtliche Rahmenbedingungen, JZ 1984, S. 400 ff.

[35] Vgl. *H. Gersdorf*, Der verfassungsrechtliche Rundfunkbegriff im Lichte der Digitalisierung der Telekommunikation, 1995, S. 127 ff.; *W. Hoffmann-Riem*, Pay TV im öffentlich-rechtlichen Rundfunk, 1996.

[36] So *R. Röger* (Fn. 32), S. 205; *P. G. Mayer*, Das Internet im öffentlichen Recht, 1998, S. 56, 144; a.A. *R. Grote*, Kommunikative Selbstbestimmung im Internet und Grundrechtsordnung, KritV 1999, S. 35, der eine Qualifizierung der Verbreitung von Informationen über das *World Wide Web* als Rundfunk mangels Vergleichbarkeit mit herkömmlichen Hörfunk- und Fernsehprogrammen ablehnt. In diese Richtung auch *R. Ricker*, Die Nutzung des Internets als dritte Säule des öffentlich-rechtlichen Rundfunks, ZUM 2001, S. 28 ff.

[37] Vgl. *H. Gersdorf* (Fn. 35); *R. Hochstein*, Teledienste, Mediendienste und Rundfunkbegriff – Anmerkungen zur praktischen Abgrenzung mulimedialer Erscheinungsformen, NJW 1997, S. 2980; *Ch. Degenhart*, Rundfunk und Internet, ZUM 1998, S. 341.; *R. Grote* (Fn. 36), S. 27 ff.; *H. D. Jarass* (Fn. 33), S. 138 ff.

den[38]. Die Gesamtheit solcher Dienste, die im hiesigen Zusammenhang von Bedeutung ist, besteht jedenfalls in Informationsangeboten durch die telekommunikationstechnische Verbreitung[39]. Mit dieser Besonderheit kann festgestellt werden, dass die vom Bundesverfassungsgericht gestellte Formel „Technik – Inhalt" für die Begriffsabgrenzung der Telekommunikation zum Rundfunk auch dann gilt, wenn der verfassungsrechtliche Rundfunkbegriff im Laufe der Zeit immer weiter ausgelegt wird.

### 2. *Telekommunikationsdienstleistungen und Teledienste*

Des Weiteren sind die Begriffe „Telekommunikationsdienstleistungen" und „Teledienste" zu unterscheiden. Von Telediensten ist erstmals im Teledienstegesetz vom 22. 7. 1997 (TDG)[40] die Rede. Nach § 2 Abs. 1 dieses Gesetzes werden sie definiert als die Gesamtheit aller elektronischen Informations- und Kommunikationsdienste, die für eine individuelle Nutzung von kombinierbaren Daten wie Zeichen, Bilder oder Töne bestimmt sind und denen eine Übermittlung mittels Telekommunikation zugrunde liegt. Nach dieser Legaldefinition sind Teledienste wie die oben erwähnten Rundfunk- und Mediendienste den elektronischen Informations- und Kommunikationsdiensten zuzuordnen, deren Erbringung über Telekommunikationsnetze erst ermöglicht wird. Allerdings besteht ein Unterschied zwischen Telediensten einerseits und Rundfunk- und Mediendiensten andererseits. Während erstere auf eine individuelle Nutzung abzielen und damit *Individual*kommunikationsdienste darstellen, sind letztere für die Allgemeinheit bestimmt und gehören zur *Massen*kommunikation[41].

Das Abgrenzungskriterium zwischen den Begriffen Telekommunikation und Rundfunk findet auch hier in gleichem Maße Anwendung[42]. Die Telekommunikation bezieht sich auf die technische Seite des Übertragungsvorgangs von Informationen, und zwar unabhängig davon, ob es sich um Massen- oder Individualkommunikation handelt[43]. Vor diesem Hintergrund beziehen sich Telekommunikationsdienstleistungen als Bestandteil der Telekommunikation nur auf

---

[38] Dazu näher vgl. *V. Janik*, Der deutsche Rundfunkbegriff im Spiegel technischer Entwicklungen, AfP 2000, S. 7 (10 f.); *U. Pappi*, Teledienste, Mediendienste und Rundfunk. Ihre Abgrenzung im Recht der elektronischen Medien, 2000.

[39] Zur Abgrenzung der Rundfunkfreiheit zu anderen Freiheiten des Art. 5 Abs. 1 S. 2 GG vgl. BVerfGE 83, 238 (313); *Jarass/Pieroth*, GG, 5. Aufl., 2000, Art. 5, Rn. 35.

[40] Der Artikel 1 des Informations- und Kommunikations-Gesetzes, BGBl. I, S. 1870; vgl. *Engel-Flechsig/Maennel/Tettenborn*, Das neue Informations- und Kommunikationsdienste-Gesetz, NJW 1997, S. 2982 ff.

[41] Vgl. *B. Martenczuk* (Fn. 30), S. 107 f.; *B. Holznagel*, Multimedia zwischen Regulierung und Freiheit, ZUM 1999, S. 432 f.; *V. Janik* (Fn. 38), S. 11.

[42] So auch *Engel-Flechsig/Maennel/Tettenborn* (Fn. 40), S. 2983.

[43] *Beucher/Leyendecker/v. Rosenberg*, Mediengesetze, Rundfunk, Mediendienste, Teledienste, 1998, TDG, § 2, Rn. 10.

das „Angebot der Telekommunikation“, nämlich die *technische Bereitstellung* für ordnungsmäßiges Aussenden, Übermitteln und Empfangen von Signalen[44]. Insofern werden Telekommunikationsdienstleistungen in den technischen Bereich einbezogen. Daraus folgt, dass von Sprachtelefon-, Bildtelefon-, Fernschreib- und Telefaxdiensten lediglich unter dem Aspekt der technischen Leistung gesprochen wird.

Im Gegensatz dazu geht der Begriff der Teledienste vom *inhaltlichen* Aspekt aus und stellt Angebote zur „Information“ oder „Kommunikation“ dar. Dazu zählen beispielsweise Telebanking, Datenaustausch, Verkehrs-, Wetter-, Umwelt- und Börsendaten, Verbreitung von Informationen über Waren und Dienstleistungsangebote, Angebote zur Nutzung des Internets oder weiterer Netze sowie Telespiele[45]. Im Ergebnis müssen Anbieter von Telediensten technisch die Anforderungen des TKG und inhaltlich die des TDG erfüllen[46].

Die Abgrenzungsrelevanz zwischen den Begriffen Telekommunikationsdienstleistungen und Teledienste besteht nicht in der bundesstaatlichen Kompetenzverteilung[47], sondern in der systematischen Zuordnung und der damit verbundenen Regulierungskonzeption[48]. Zum Beispiel sind Teledienste nach § 4 TDG im Rahmen der Gesetze zulassungs- und anmeldefrei, während die Erbringung von bestimmten Arten der Telekommunikationsdienstleistungen nach § 6 TKG einer Lizenz bedarf.

---

[44] Siehe oben Erster Teil, § 1 II 2.

[45] § 2 Abs. 2 TDG.

[46] OLG Hamburg, Urteil vom 23. 3. 2000 = CR 2000, S. 363 (364).

[47] Vgl. *H. Ferger/H. Junker*, »Neue Medien« und Fernmelderecht, – Die Fernmeldekompetenz des Bundes aus Art. 73 Nr. 7 GG im Lichte neuer Formen der Individualkommunikation –, DÖV 1981, S. 442: „Fernmeldewesen im Sinne des Art. 73 Nr. 7 GG bedeutet im Bereich der Individualkommunikation eine ‚Total‘-Kompetenz des Bundes; anders dagegen bei der elektronischen Massenkommunikation: Dort beschränkt sich die Bundeskompetenz auf den „sendetechnischen Bereich“, während den Ländern die Regelung des ‚Programmbereichs‘ zufällt“. Vgl. auch *Chr. Degenhart* (Fn. 30), Art. 73, Rn. 33; a.A. *P. G. Mayer* (Fn. 36), S. 150 ff., der innerhalb der Individualkommunikation weiter zwischen dem technischen und inhaltlichen Aspekt unterscheidet. Während die Regelung über technische Aspekte der Telekommunikation der ausschließlichen Gesetzgebungskompetenz des Bundes nach Art. 73 Nr. 7 GG unterliege, falle die Regelung über den Inhalt der Telekommunikation in die Zuständigkeit der Länder.

[48] Siehe auch § 2 Abs. 4 Nr. 1 TDG, wonach das Teledienstegesetz nicht für Telekommunikationsdienstleistungen und das geschäftsmäßige Erbringen von Telekommunikationsdiensten nach § 3 TKG gilt.

# § 2 Die rechtshistorische Entwicklung der Telekommunikationsnetze in Deutschland

Der Netzzugang im Sinne dieser Untersuchung setzt voraus, dass zumindest zwei Unternehmen öffentliche Telekommunikationsdienstleistungen auf einem Markt anbieten. Die Netzzusammenschaltung erfordert ferner das Vorliegen öffentlicher Telekommunikationsnetze, die von verschiedenen Netzbetreibern betrieben werden. Im Folgenden soll die Entwicklung der Telekommunikationsinfrastruktur im deutschen Recht dargestellt werden. Der Schwerpunkt liegt vor allem darin, verfassungs- und fernmelderechtliche Grundlagen der von Privaten errichteten und betriebenen Telekommunikationsnetze zu untersuchen und die Entwicklung der Verbindung solcher Netze mit Telekommunikationsanlagen anderer Netzbetreiber, vornehmlich der Deutschen Reichs- bzw. Bundespost, zu skizzieren.

## I. Die Verwaltungspraxis hinsichtlich der Telegraphenanstalten vor 1892

Auf Grund der technischen Entwicklung kam die körperlose Schnellnachrichtenübermittlung erst mehrere Jahrhunderte später als der körperliche Postverkehr auf[1]. In Preußen wurde die erste optische Telegraphenlinie 1832 zwischen Berlin – Köln – Koblenz errichtet. Etwa 13 Jahre später wurde die erste elektrische Telegraphenlinie ausschließlich für staatliche und militärische Zwecke eingeführt, die ab 1849 auch der Öffentlichkeit zur Verfügung gestellt wurde und zugleich organisatorisch dem Generalpostamt im Ministerium für Handel, Gewerbe und öffentliche Arbeiten unterstellt wurde[2]. In anderen deutschen Staaten wurden Telegraphenanlagen zuerst zur Sicherung des Eisenbahnbetriebs und dann auch für den Privatverkehr errichtet und betrieben[3].

Diese Telegraphenanlagen, die dem öffentlichen Verkehr dienten, wurden von Anfang an vom Staat errichtet und betrieben und damit als staatliche Ver-

---

[1] Zur Entstehung des Postwesens in Deutschland vgl. *B. Mayer*, Die Bundespost: Wirtschaftsunternehmen oder Leistungsbehörde, 1990, S. 36 ff.; *J. Wieland*, Der Wandel von Verwaltungsaufgaben als Folge der Postprivatisierung, Die Verwaltung 1995, S. 315 (319 ff.).

[2] Siehe *E. Herrmann*, Die Deutsche Bundespost. Kommunikationsunternehmen zwischen Staat und Wirtschaft, 1986, S. 91; *A. Eidenmüller*, Fernmelderecht und Fernmeldepolitik unter dem Aspekt der Telekommunikation, ArchivPF 1986, S. 304.

[3] Vgl. *E. Schilly*, in: Teserich/Pohl/v. Unruh (Hrsg.), Deutsche Verwaltungsgeschichte, Bd. 2, 1983, S. 278.

waltung angesehen[4]. Von *Privaten* errichtete größere Telegraphenanlagen entstanden demgegenüber nicht. Im Bereich von kleineren Telegraphenanlagen bestanden nur zwei Linien, die von privaten Gesellschaften erbaut wurden: zum einen eine Linie von Bremen nach Bremerhaven und zum anderen eine von Hamburg nach Cuxhaven[5].

### *1. Das faktische Telegraphenmonopol*

Festzustellen ist, dass es für die oben dargestellte Entwicklung in den deutschen Ländern einer gesetzlichen Grundlage entbehrte. Das ausgeübte Alleinrecht des Staates auf den Aufbau der Telegraphenanlagen ergab sich vielmehr aus bloß *faktischen* Gründen. Auf Grund der hohen Kosten einerseits und der Versagung der polizeilichen Erlaubnis zur Überführung von Telegraphennetzen über öffentliche Wege wurde in der Praxis keine Telegraphenanlage für die Öffentlichkeit von Privatunternehmern aufgebaut und betrieben[6].

Die einzige Ausnahme war das Königreich Sachsen, in dem eine spezialgesetzliche Grundlage für die Befugnisse und Bedingungen für die Errichtung einer Telegraphenlinie vorlagen. Das Gesetz betreffend die Anlegung und Benutzung elektromagnetischer Telegraphen wurde am 21. September 1855 erlassen. Nach § 1 dieses Gesetzes war die Errichtung eines elektromagnetischen Telegraphen von der Genehmigung der Minister des Innern und der Finanzen abhängig[7].

Diese Verwaltungspraxis des faktischen Telegraphenmonopols des Staates veränderte sich auch nach der Gründung des Deutschen Reichs 1871 nicht. Die 1876 gebildete Reichspost- und -telegraphenverwaltung (RPTV)[8] lehnte alle Anträge auf Zulassung der Errichtung privater Fernsprechanstalten ab und erteilte nie eine Genehmigung. Auch das Innenministerium ging von der gleichen Überlegung aus und verhinderte mittels polizeilichen Einschreitens die nicht von der RPTV errichteten oder nicht von ihr genehmigten Telegraphenanstalten. Infolgedessen wurde die Überführung privater Telegraphenanlagen über öffentliche Wege nicht gestattet.

---

[4] *G. Hermes*, Staatliche Infrastrukturverantwortung, 1998, S. 269.

[5] Vgl. *B. Köbele*, Fernmeldewesen und Telematik in ihrer rechtlichen Wechselwirkung, 1991, S. 156 f.

[6] *M. Sprißler*, Das Fernmeldemonopol und seine rechtshistorische Entwicklung in Deutschland, ArchivPF 1991, S. 163.

[7] Zur Textwiedergabe siehe *M. Sprißler* (Fn. 6), Anhang 1, Nr. 1.

[8] Hierzu KabO vom 22. 12. 1875, RGBl. 379. Die Reichspost- und -telegraphenverwaltung 1876 erhielt durch den kaiserlichen Erlaß vom 23. 2. 1880 (RGBl. S. 25) die Bezeichnung „Reichspostamt" und erlangte damit die Gleichstellung mit anderen Reichsämtern. Vgl. *E. Schilly* (Fn. 3), Bd. 3, 1984, S. 393 f.; *E. R. Huber*, Deutsche Verfassungsgeschichte, Bd. III, 3. Aufl., 1988, S. 840; *B. Mayer* (Fn. 1), S. 48.

### 2. Kein Telegraphenregal aus Art. 48 Abs. 1 RV

Es stellte sich gleichwohl in den 80er Jahren des 19. Jahrhunderts die Frage, ob eine Rechtsgrundlage für die Verhinderung der Errichtung privater Telegraphenanstalten durch die RPTV und das Innenministerium aus Art. 48 Abs. 1 der Reichsverfassung von 1871[9] abgeleitet werden konnte. Nach dieser Vorschrift wurden das Postwesen und das Telegraphenwesen für das gesamte Gebiet des Deutschen Reichs als einheitliche Staatsverkehrsanstalten eingerichtet und verwaltet. Eine nähere Darlegung über die Meinungsverschiedenheiten kann an dieser Stelle nicht geboten werden[10].

Nach überwiegender Ansicht wurde ein Telegraphenregal aus Art. 48 Abs. 1 RV zutreffend verneint[11]. Art. 48 Abs. 1 RV enthielt seinem Wortlaut nach keine Aussage dazu, ob dem Staat ein Alleinrecht im Telegraphenwesen gegenüber den Privatpersonen verblieb. Es handelte sich dabei vielmehr nur um eine *Kompetenz*regelung, wonach das Reich gegenüber den einzelnen Bundesstaaten mit Ausnahme Bayerns und Württembergs[12] die ausschließliche Kompetenz hatte, eine einheitliche Reichstelegraphenanstalt zu bilden. Grundsätzlich stand es von der Verfassung her Jedermann frei, Telegraphen aufzubauen und zu betreiben. Die Errichtung privater Telegraphenanstalten für das Publikum unterlag, wie *G. Meyer* zu Recht betonte[13], lediglich baupolizeilichen Beschränkungen und der Erlaubnis der fremdem Grundstückseigentümer.

## II. Das Telegraphengesetz vom 6. 4. 1892

### 1. Telegraphenregal des Reichs

Im Hinblick auf die deutsche Rechtsgeschichte fand sich die gesetzliche Grundlage für staatliche Alleinrechte auf die Errichtung und den Betrieb der Telekommunikationsnetze erstmals[14] in § 1 des Gesetzes über das Telegraphenwesen

---

[9] RGBl. 1871, S. 63 ff.

[10] Dazu ausführlich *B. Köbele* (Fn. 5), S. 164 ff.

[11] LG Berlin I, AöR 1891, S. 535 ff.; *P. Laband*, Das Staatsrecht des Deutschen Reiches, Bd. II, 1878, S. 311 ff.; *G. Meyer*, Lehrbuch des Deutschen Verwaltungsrechts, Teil I, 1883, S. 563; *P. Badura*, Das Verwaltungsmonopol, 1963, S. 203.

[12] Nach Art. 52 Abs. 1 RV fanden die Bestimmungen in Art. 48 bis 51 RV auf Bayern und Württemberg keine Anwendung. Danach konnten Bayern und Württemberg eigene Telegraphenanstalten errichten und betreiben. Im Ergebnis existierten bis zum Jahre 1920 sowohl die Reichsverwaltung als auch Länderverwaltung im Bereich des Telegraphenwesens.

[13] *G. Meyer* (Fn. 11), S. 563.

[14] Vgl. *O. Mayer*, Deutsches Verwaltungsrecht, Bd. 2, 3. Aufl., 1924, S. 282, Fn. 24; *A. Hesse*, Die Verfassungsmäßigkeit des Fernmeldemonopols der Deutschen Bundespost, 1984, S. 6; s. auch BVerfGE 46, 120 (140).

des Deutschen Reichs vom 6. 4. 1892 (TelG)[15]. Danach stand das Recht, Telegraphenanlagen für die Vermittelung von Nachrichten zu errichten und zu betreiben, ausschließlich dem Reich zu. Daraus folgte, dass der Betrieb von Telegraphenanstalten Privatunternehmern untersagt war. Dieses Alleinrecht des Reiches auf Errichtung und Betrieb von Telegraphenanlagen wurde systematisch als Telegraphenhoheitsrecht bezeichnet, das vom Telegraphenbenutzungsrecht zu unterscheiden war. Letzteres bezog sich auf das Rechtsverhältnis zwischen Staat und Benutzer[16].

### *2. Telegraphenanlagen Privater*

Trotz des Telegraphenregals des Reichs wurden die Errichtung und der Betrieb von Telegraphenanlagen durch Private nicht von Gesetzes wegen vollständig ausgeschlossen. Das TelG normierte ausnahmsweise zwei Gruppen von Telegraphenanlagen, die nicht vom Reichspostamt selbst errichtet und betrieben wurden: zum einen die durch die Verleihung genehmigten Telegraphenanlagen nach § 2 TelG und zum anderen die genehmigungsfreien Telegraphenanlagen nach § 3 TelG.

Die Verleihung i.S.d. § 2 TelG bezog sich nach allgemeiner Auffassung nicht auf eine Beleihung im Sinne der Übertragung des Hoheitsrechts auf Privatunternehmer, sondern stellte eine „Konzession" dar, deren Erteilung im Ermessen der zuständigen Behörde stand[17]. Ein subjektives Recht der Privatunternehmer auf die Konzession existierte nicht.

Zu den genehmigungsfreien Telegraphenanlagen gehörten nach der Legaldefinition des § 3 TelG Behördenanlagen, Anlagen von Transportanstalten sowie Grundstücksanlagen. Mit der Novelle vom 7. 3. 1908[18] wurde der Absatz 2 eingefügt, wonach Funkanlagen ausdrücklich von der Genehmigungsfreiheit ausgeschlossen wurden. Die Begründung dafür bestand in der Sicherung der Landesverteidigung und der Einhaltung internationaler Abmachungen[19].

---

[15] RGBl. S. 467.

[16] Zur Systematisierung des Telegraphen- bzw. Fernmelderechts vgl. *G. Eger/K. Gordan*, Post-, Telegraphen- und Telephonrecht, 1909; *J. Aubert*, Fernmelderecht. Systematische Darstellung, 3. Aufl., 1974.

[17] Vgl. *O. Mayer* (Fn. 14), Bd. 2, 2. Aufl., 1917, S. 435, der festgestellt hat, dass (durch die Einrichtung des Regals) der Privatunternehmer nicht unbedingt ausgeschlossen sei von solcher Tätigkeit, sie aber nur dann betreiben könne, wenn er durch eine erhaltene Verleihung zugleich in die Lage gesetzt werde, sie als eine ihm zustehende öffentliche Verwaltung zu betreiben. Siehe auch *P. Badura* (Fn. 11), S. 207; *ders.*, Die Leistungsaufgabe der Deutschen Bundespost im Fernmeldewesen und das Wettbewerbsrecht, ArchivPF 1981, S. 269; zum Begriff der Konzession vgl. allgemein *J. Wieland*, Die Konzessionsabgaben, 1991, 3. Kapitel.

[18] RGBl. S. 79.

[19] Verhandlungen des Reichstags 1908, 85. Sitzung, S. 2590 f.; vgl. *A. Hesse* (Fn. 14), S. 7.

### 3. Das Zusammenschaltungsverbot

Im Zusammenhang mit der Zusammenschaltung von Netzen wurde die Frage aufgeworfen, ob von Privaten errichtete Telegraphenanlagen mit öffentlichen Telegraphenanlagen des Reichspostamtes verbunden werden durften. Dazu enthielt das Telegraphengesetz keine Aussage. Allerdings konnte man die Verbindung mit Blick auf die Entstehungsgeschichte ablehnen.

Die Begründung des Regierungsentwurfs zum TelG brachte zum Ausdruck, dass unter die Bestimmung des § 2 TelG namentlich solche Telegraphenanlagen fielen, welche Privatpersonen, Aktiengesellschaften etc. anlegten, um ihre Wohnhäuser, Geschäftsräume etc. mit einander zu verbinden, sofern diese Räume weiter als 15 Kilometer von einander entfernt lagen[20]. Im Laufe der parlamentarischen Behandlung wurde die Distanz auf 25 Kilometer erhöht und letztlich wurde dieser Entfernungswert als gesetzliches Abgrenzungskriterium zwischen genehmigungsfreien und genehmigungspflichtigen privaten Telegraphenanlagen festgesetzt. Die Verleihung des Rechts auf Errichtung und Betrieb von Fernmeldeanlagen für bestimmte Strecken oder Bezirke zielte demzufolge nicht darauf ab, Private in die Wahrnehmung der *öffentlichen* telekommunikativen Daseinsvorsorge einzubeziehen. Sie diente vielmehr lediglich dem elektrischen Kommunikationsverkehr „innerhalb geschlossener Personenkreise und bestimmter Gebiete".

Dies galt auch für genehmigungsfreie Telegraphenanlagen nach § 3 TelG. Die Genehmigungsfreiheit bestand erst dann, wenn Telegraphenanlagen nur im Rahmen des inneren Dienstes oder ausschließlich zu betrieblichen Zwecken errichtet und betrieben wurden.

Aus diesem Willen des Gesetzgebers ergab sich, dass private Telegraphenanlagen i.S.d. §§ 2 und 3 TelG nicht für einen Verkehr mit dritten Personen und für die Öffentlichkeit, sondern nur für eine „sachlich und örtlich begrenzte" Nachrichtenübermittlung bestimmt waren[21]. Die gesetzlichen Grenzen wären überschritten worden und damit wäre die Legitimation für die Ausnahme vom Alleinrecht des Reichs auf Errichtung und Betrieb von Telegraphenanlagen verloren gegangen, wenn Telegraphenanlagen Privater miteinander oder mit öffentlichen Telegraphenanlagen i.S.d. § 1 TelG verbunden wären[22]. Zugelassen wurde nach der Rechtsprechung des Reichsgerichts nur, dass Leitungen zwischen

---

[20] RT-Drucks. 1891, Nr. 308, S. 2105.

[21] So *G. Eger/K. Gordan* (Fn. 16), S. 154, die deutlich festgestellt haben, dass besondere Telegraphenanlagen nicht dem öffentlichen Verkehr, vielmehr den ausschließlichen Zwecken einer bestimmten Person dienende Anlagen seien, deren Benutzung ungeachtet des der Telegraphenverwaltung zustehenden Monopols einer Privatperson zum Alleinbetriebe zwecks Verbindung mit einer anderen privaten Stelle zu überlassen sei.

[22] Vgl. *G. Eger/K. Gordan* (Fn. 16), S. 154 f.; zur Anerkennung des Zwecks des Gesetzes als Ermessensgrenze der zuständigen Behörde vgl. *J. Scherer*, Telekommunikationsrecht und Telekommunikationspolitik, 1985, S. 85 f.

mehreren Grundstücken *eines* Besitzers zum einheitlichen Zweck im Rahmen der gesetzlich festgelegten Bedingungen miteinander verbunden wurden[23].

### *4. Zwischenergebnis*

Nach alledem lag im Deutschen Reich das Recht, Telegraphenanlagen zu errichten und zu betreiben, ausschließlich in der Hand des Reiches. Privatpersonen konnten zwar ausnahmsweise Telegraphenanlagen für einzelne Strecken oder Bezirke mit oder ohne Genehmigung errichten und betreiben. Aber die Verbindung privater Telegraphenanlagen miteinander bzw. mit öffentlichen Telegraphenanlagen war ausgeschlossen, weil es nicht mit dem Zweck des Gesetzes im Einklang stand. Mit anderen Worten: Ein Zusammenschaltung der Telekommunikationsnetze, die zu verschiedenen Netzbetreibern gehörten, war gesetzlich nicht gestattet.

## III. Die Weimarer Republik

Das Verwaltungsmonopol des Reichs für die Errichtung und den Betrieb von Telegraphenanlagen existierte in der Zeit der Weimarer Republik weiter. Nach Art. 88 Abs. 1 der Weimarer Reichsverfassung von 1919 waren das Post- und Telegraphenwesen samt dem Fernsprechwesen ausschließlich Sache des Reichs. Die in Art. 52 Abs. 1 der Reichsverfassung von 1871 entstandenen Sonderrechte von Bayern und Württemberg in Bezug auf die Post- und Telegraphenverwaltung wurden durch Art. 170 WRV und das darauf beruhende Ausführungsgesetz vom 27. 4. 1920[24] beseitigt. Seitdem existierte eine Länderverwaltung im Bereich des Telegraphenwesens nicht mehr[25]. Das Reich hatte im Ergebnis die ausschließliche Gesetzgebungs- und Verwaltungskompetenz im Bereich des Telegraphenwesens[26]. Wie bei der Rechtslage der Reichsverfassung von 1871 ging es in Art. 88 Abs. 1 WRV nach überwiegender Auffassung nicht um den aufgabenrechtlichen Ausschluss der Rechte Privater, sondern nur um die föderale Kompetenzzuweisung[27]. Ein Fernmeldemonopol ließ sich folglich nicht verfas-

[23] RGZ 89, 409 (412 f.).

[24] Das Gesetz zur Ausführung des Art. 170 der Reichsverfassung vom 27. 4. 1920, RGBl. S. 643.

[25] Siehe *G. Anschütz*, Die Verfassung des Deutschen Reiches vom 11. August 1919, Kommentar, 14. Aufl., 1933, S. 443.

[26] Vgl. *E. Schilly* (Fn. 3), Bd. 4, 1985, S. 298.

[27] *G. Anschütz* (Fn. 25), Erl. 3 zu Art. 88 m. w. Nachw.; a.A. *R. Schmidt*, Rechtliche Möglichkeiten für Privatisierungen im Bereich der Deutschen Bundespost, in: Festschrift für P. Lerche zum 65. Geburtstag, 1993, S. 967.

sungsrechtlich begründen[28].

Auf einfachgesetzlicher Ebene wurde das Telegraphengesetz von 1908 durch das Fernmeldeanlagengesetz vom 14. 1 1928 (FAG)[29] geändert, in dem das Ausschließlichkeitsrecht des Reichs auf Errichtung und Betrieb von Fernmeldeanlagen fortbestand. Anders als das Telegraphengesetz, stand nach § 1 Abs. 2 FAG die Kompetenz für die Ausübung dieses Alleinrechts dem Reichspostminister und Reichswehrminister zu. Demgemäß stand dem Reichspostminister das Recht auf Errichtung und Betrieb der für den allgemeinen Verkehr bestimmten Fernmeldeanlagen zu, während das Recht auf Errichtung und Betrieb von Anlagen, die der Verteidigung des Reichs dienten, vom Reichswehrminister ausgeübt wurde.

In der Praxis wurde das Fernmeldewesen von der „Deutschen Reichspost" geführt, die durch § 1 Abs. 1 des Reichspostfinanzgesetzes vom 18. 3. 1924[30] in ein selbständiges Unternehmen umgewandelt wurde, Das ihm gewidmete Vermögen wurde als ein vom übrigen Reichsvermögen abgetrenntes Sondervermögen des Reichs angesehen[31]. Diese wirtschaftliche und organisatorische Struktur der Deutschen Reichspost wurde auch in das Postverwaltungsgesetz vom 24. 7. 1953[32] übernommen und blieb bis zur Postreform II von 1994 erhalten.

Im Hinblick auf die Befugnis Privater zur Errichtung der Fernmeldeanlagen blieben die Regelungsstrukturen des Telegraphengesetzes im wesentlichen unverändert. Die Errichtung und der Betrieb privater Fernmeldeanlagen konnten entweder durch eine Genehmigung nach § 2 FAG oder unmittelbar gem. § 3 Abs. 1 FAG gestattet werden. Die Erteilung einer Genehmigung stand kompetenziell dem Reichspostminister oder den von ihm hierzu ermächtigten Behörden zu und beschränkte sich inhaltlich auf bestimmte Strecken oder Bezirke. Neu geregelt war, dass § 2 Abs. 2 S. 2 FAG den Elektrizitätsversorgungsunternehmen einen öffentlich-rechtlichen Anspruch gegen den Reichspostminister auf Erteilung einer Genehmigung gewährte, soweit alle positiven und negativen Bedingungen erfüllt wurden[33]. Bei den genehmigungsfreien Fernmeldeanlagen deckte sich der Normgehalt in § 3 Abs. 1 FAG, abgesehen von der Einfügung der Behördenanlagen von Gemeindeverbänden, mit dem in § 3 Abs. 1 TelG.

Festzuhalten ist, dass die Verbindung der in §§ 2 Abs. 1 und 3 Abs. 1 FAG genannten privaten Fernmeldeanlagen mit anderen gleichartigen Fernmeldeanlagen oder mit Anlagen der Deutschen Reichspost wegen des Verstoßes gegen den Zweck des Gesetzes verboten war.

[28] *A. Hesse* (Fn. 14), S. 46.
[29] RGBl. I, S. 8.
[30] RGBl. I, S. 287.
[31] Vgl. *B. Mayer* (Fn. 1), S. 52.
[32] BGBl. I, S. 676.
[33] Vgl. *J. Aubert* (Fn., 16), S. 141 f.

## IV. Die Rechtslage in der Bundesrepublik Deutschland bis zur Postreform von 1989

### *1. Das Fernmeldewesen im Grundgesetz*

Im Grundgesetz kam das Fernmeldewesen auch zum Ausdruck. Neben der Aussage der ausschließlichen Gesetzgebungskompetenz des Bundes in Art. 73 Nr. 7 GG war Art. 87 Abs. 1 S. 1 GG a.F. für die Fernmeldeverwaltung von entscheidender Bedeutung, nach dem die Bundespost in bundeseigener Verwaltung mit eigenem Verwaltungsunterbau geführt wurde. Der Begriff der Bundespost war hierbei nicht auf die Organisation bzw. Einrichtung, sondern auf die Aufgabe bezogen[34], unter der sowohl die Post als auch das Fernmeldewesen zusammengefasst wurden[35].

Entgegen der früher vertretenen Ansicht, dass Kompetenznormen eine rein kompetenzielle Bedeutung enthalten[36], ist Art 87 Abs. 1 S. 1 GG nach der heute herrschenden Meinung als Kompetenz-, Organisations- sowie Aufgabennorm zu verstehen[37]. Die Bundespost, die unter die Aufgabenbereiche des Art. 87 Abs. 1 S. 1 GG a.F. fiel, war zunächst mit Blick auf die bundesstaatliche Verwaltungskompetenzverteilung ausschließlich Sache des Bundes. Die Landesverwaltung war in diesem Aufgabenbereich ausgeschlossen. Aus diesem kompetenziellen Gehalt folgte, dass dem Bund ein „Zuständigkeitsmonopol" für die Bundespost gegenüber den Ländern zustand.

In organisatorischer Hinsicht durfte die Bundespost lediglich in Form der bundeseigenen Verwaltung organisiert werden, in der nur eine hierarchisch gegliederte Verwaltungsorganisation des Bundes in Betracht kam[38]. Weder eine

---

[34] *P. Lerche*, in: Mauz/Dürig, Grundgesetz, Art. 87, Rn. 99 f. (Stand: Dez. 1992).

[35] BVerfGE 12, 205 (229): „Überdies meinen ‚Post- und Fernmeldewesen' in Art. 73 Nr. 7 GG und ‚Bundespost' in Art. 87 Abs. 1 GG dieselben Sachbereiche".

[36] So z.B. *A. Hamann*, Rechtsstaat und Wirtschaftslenkung, 1953, S. 25; *J. Biermann*, Die Zulässigkeitsvoraussetzungen staatlicher Monopole im Grundgesetz, 1965, S. 164 ff.

[37] Vgl. BVerfGE 14, 105 (111); 21, 245 (248); 41, 205 (217); s. auch vgl. *M. Sachs*, in: ders. (Hrsg.), Grundgesetz, 2. Aufl., 1999, Art. 87, Rn. 17 ff.; *E. Schmidt-Aßmann/Fromm*, Aufgaben und Organisation der Deutschen Bundesbahn in verfassungsrechtlicher Sicht, 1986, S. 53 f.; *H. Lecheler*, Der Verpflichtungsgehalt des Art. 87 I 1 GG – Fessel oder Richtschnur für die bundesunmittelbare Verwaltung?, NVwZ 1989, S. 834 ff.; in Bezug auf die verfassungsgeschichtliche Argumentation vgl. *R. Schmidt*, Rechtliche Möglichkeiten für Privatisierungen im Bereich der Deutschen Bundespost, in: Festschrift für Peter Lerche zum 65. Geburtstag, 1993, S. 967.

[38] So die überwiegende Auffassung, vgl. *J. Plagemann/U. Bachmann*, Die verfassungsrechtliche Zulässigkeit einer privatrechtlichen Organisation der Deutschen Bundespost, DÖV 1987, S. 810 f.; a.A. vgl. *A. Dittmann*, Bundeseigene Verwaltung durch Private?, Die Verwaltung 1983, S. 444 ff.; *ders.*, Die Bundesverwaltung. Verfassungsgeschichtliche Grundlagen, grundgesetzliche Vorgaben und Staatspraxis ihrer Organisationen, 1983, S. 87 f. m.w. Nachw.;

vom Bund errichtete, selbständige juristische Person des öffentlichen Rechts noch die Bundesverwaltung in privatrechtlicher Organisationsform fielen unter den Begriff „bundeseigene Verwaltung“ des Art. 87 Abs. 1 S. 1 GG[39]. Daraus ergab sich, dass Art. 87 Abs. 1 S. 1 a.F. eine Grenze für die Wahlfreiheit des Bundes bei der Organisationsausgestaltung der Deutschen Bundespost setzte[40].

Schließlich geht Art. 87 Abs. 1 S. 1 GG über die systematische Einordnung in den Organisationsteil des Grundgesetzes hinaus und wird unbestritten als Staatsaufgabennorm anerkannt, die sich in gewissem Maße der politischen Entscheidungsfreiheit des einfachen Gesetzgebers entzieht und die Verpflichtung des Bundes zum Tätigwerden begründet. Wenn man diese Betrachtungsweise auf Art. 87 Abs. 1 S. 1 GG a.F. anwendet, ergab sich seinerzeit eine verfassungsrechtliche Verpflichtung des Bundes zur Wahrnehmung der Staatsaufgabe der Deutschen Bundespost[41]. Eine Aufgabenprivatisierung im Bereich des Fernmeldewesens kam wegen der Sperrfunktion des Art. 87 Abs. 1 S. 1 GG a.F. nicht in Frage[42].

---

*E. Herrmann* (Fn. 2), S. 231; zur organisatorischen Ausgestaltung des Bundes nach Art. 87 Abs.1 S. 1 GG vgl. BVerfGE 63, 1 (39 f.).

[39] *K. Stern*, Staatsrecht, Bd. II, 1980, S. 821 ff; *P. Lerche* (Fn. 34), Art. 86, Rn. 83.; *P. Badura*, Verwaltungskompetenz und Organisationsrecht des Bundes (Art. 87 Abs. 1 GG) im Hinblick auf eine Beteiligung an Unternehmen in einer Rechtsform des privaten Rechts, betrachtet am Beispiel der Postreform von 1989, in: Pfister/Will (Hrsg.), Festschrift für Werner Lorenz, S. 3, 12 ff.; zum Aufbau der Verwaltungsorganisationen vgl. allgemein *H. Dreier*, Hierarchische Verwaltung im demokratischen Staat, 1991, S. 215 ff.

[40] Dagegen unzutreffend *M. Dörr*, Die Privatisierung der Deutschen Bundespost: Postreform I und II aus verfassungsrechtlicher Sicht, 1994, S. 115 ff., die die Differenzierung zwischen unmittelbarer und mittelbarer Bundesverwaltung ablehnt und eine privatrechtliche Unternehmensstruktur für verfassungsmäßig hält. Zum Wahlrecht der Verwaltung auf Rechtsform vgl. allgemein *D. Ehlers*, Verwaltung in Privatrechtsform, 1984; *F.-J. Peine*, Grenzen der Privatisierung – verwaltungsrechtliche Aspekte, DÖV 1997, S. 363 ff.

[41] *A. Dittmann* (Fn. 38), S. 177 ff.

[42] Zu verfassungsrechtlichen Privatisierungsgrenzen s. unten Erster Teil, § 3 II 1 c). Umstritten war, inwieweit dem Bund die Staatsaufgabe „Bundespost“ noch vorbehalten blieb. Teilweise wurde die Auffassung vertreten, dass bei der Bundespost zwischen „Kernbereich“ und „Randbereich“ zu unterscheiden sei. Ersterer müsse auf jeden Fall dem Bund überlassen werden, weil er für die Daseinsvorsorge der Bürger notwendig sei, während letzterer auch ohne Verfassungsänderung auf Private übertragen werden könne. So *F. Ossenbühl*, Bestand und Erweiterung des Wirkungskreises der Deutschen Bundespost, 1980, S. 39; *P. Lerche/G. G. v. Pestalizza*, Die Deutsche Bundespost als Wettbewerber, 1985, S. 64 f.; *M. Sachs* (Fn. 37), Art. 87, Rn. 22 f.; a.A. *Th. Maunz*, Die Privatisierung von Verkehrsbetrieben des Bundes in der Sicht des Grundgesetzes, in: Festschrift für Hans Ulrich Scupin zum 80. Geburtstag, 1983, S. 618 ff.; *H. Lecheler* (Fn. 37), S. 835 f.; *ders.*, Grenzen für den Abbau von Staatsleistungen, 1989, S. 32 f.. Diese Streitigkeit kann hier dahingestellt bleiben, weil die Errichtung und der Betrieb von Fernmeldeanlagen und der auf dieser Basis erbrachte Sprachtelefondienst auf jeden Fall zum Wesen des Fernmeldewesens gehören.

### *2. Die Rechtsgrundlage des Fernmeldemonopols des Bundes*

Klarzustellen ist jedoch, dass aus dieser aufgabenrechtlichen Dimension nicht ohne weiteres der Schluss gezogen werden darf, ein staatliches Fernmeldemonopol werde unmittelbar aus Art. 87 Abs. 1 S. 1 GG a.F. abgeleitet[43]. In diesem Zusammenhang führte *F. Ossenbühl* zu Recht aus: „Die Erhebung des Fernmeldewesens zur Staatsaufgabe bedeutet danach nur, daß sich der Staat dieser Aufgabe angenommen hat oder annehmen muß, nicht aber auch, daß neben dem Staat Private auf dem Sektor des Fernmeldewesens nicht tätig werden dürfen. Erst wenn der Staat die Aufgaben im Fernmeldewesen insgesamt an sich zieht und Private von diesem Aufgabenbereich ausschließt, ist der Zustand eines Monopols erreicht"[44]. Somit ist festzustellen, dass eine verfassungsrechtlich ausdrückliche Festlegung, dass dem Bund ein Ausschließlichkeitsrecht im Bereich des Fernmeldewesens zusteht, in Art. 87 Abs. 1 S. 1 GG a.F. nicht existierte. Das Fernmeldemonopol des Bundes wurde nicht durch Art. 87 Abs. 1 S. 1 GG a.F. verfassungsrechtlich begründet, sondern es hatte nur eine einfachgesetzliche Grundlage, nämlich das Fernmeldeanlagengesetz von 1928. Es wurde nach Art. 124 i.V.m. 73 Nr. 7 GG in das Bundesrecht einbezogen und galt fort[45].

Nach § 1 Abs. 1 S. 1 FAG stand dem Bund das Verwaltungsmonopol für die Errichtung und den Betrieb von Fernmeldeanlagen zu. Das Fernmeldemonopol in diesem Sinne umfasste die Bereiche Netz, Endgeräte sowie Dienste[46]. Der Aufbau von privaten Netzen zum Zwecke der Konkurrenz zur Deutschen Bundespost war nicht gestattet. Der Grund für die gesetzliche Annahme des Fernmeldemonopols auf der Netzebene wurde im Gemeinwohl, vornehmlich in der volkswirtschaftlichen Charakterisierung des Telekommunikationsnetzes als natürliches Monopol gesehen.

Ein natürliches Monopol liegt vor, wenn ein einziges Unternehmen in der Lage ist, den relevanten Markt zu niedrigeren kostendeckenden Preisen zu versorgen als dies zwei oder mehreren Unternehmen möglich wäre, welche miteinander im Wettbewerb stehen[47]. Als klassische Beispiele dafür wurden oft netzgebundene Infrastruktureinrichtungen wie etwa Straßen, Bahnlinien, Stromleitungen und Telekommunikationsnetze genannt. Ein paralleler Aufbau solcher Infrastruktur im Wettbewerb sei ökonomisch unsinnig. Um das Telekommunikationsnetz preiswert bereitzustellen und die damit verbundene flächendeckende

---

[43] So aber *F. Kirchhof*, Private Breitbandkabelanlagen und Postmonopol, DVBl. 1984, S. 657 f.

[44] *F. Ossenbühl*, Staatliches Fernmeldemonopol als Verfassungsgebot?, in: Festschrift für Rudolf Lukes zum 65. Geburtstag, 1989, S. 525 (536).

[45] Dazu ausführlich vgl. *M. Dörr* (Fn. 40), S. 39 ff.

[46] Vgl. §§ 3, 4, 7 TKO; s. auch *A. Hesse* (Fn. 14), S. 13.

[47] *R. Windisch*, Privatisierung natürlicher Monopole: Theoretische Grundlagen und Kriterien, in: ders. (Hrsg.), Privatisierung natürlicher Monopole im Bereich von Bahn, Post und Telekommunikation, 1987, S. 1 (41).

und gleichmäßige Versorgung sicherzustellen, galt der Ausschluss eines Marktzutritts privater Anbieter in den Telekommunikationssektor ordnungspolitisch als unentbehrlich[48].

### *3. Die Konkretisierung des Netzverbindungsverbotes durch Verwaltungsvorschriften*

Für die von Privatpersonen mit oder ohne Genehmigung ausnahmsweise errichteten und betriebenen Fernmeldeanlagen blieben die in §§ 2 und 3 FAG immanent bestehenden Schranken unverändert, dass die privaten Fernmeldeanlagen keineswegs mit anderen gleichartigen Fernmeldeanlagen oder mit Anlagen der Deutschen Bundespost verbunden werden durften.

Durch die „Bestimmungen über private Drahtfernmeldeanlagen"[49], die als Verwaltungsvorschriften angesehen wurden, ließ sich dieses in §§ 2 und 3 FAG bereits bestehende immanente Verbot der Verbindung privater Fernmeldeanlagen mit Anlagen anderer Netzbetreiber ausdrücklich bestätigen und konkretisieren[50]. Danach trat der Verlust der Genehmigungsfreiheit dann ein, wenn genehmigungsfreie private Fernmeldeanlagen mit anderen (genehmigungsfreien oder genehmigungspflichtigen) Fernmeldeanlagen oder öffentlichen Fernmeldenetzen der Deutschen Bundespost verbunden wurden. Die Fernmeldeanlagen, die miteinander verbunden waren, mussten *demselben* Inhaber gehören. Die Netzverbindung zwischen unterschiedlichen Inhabern zum Angebot von Telekommunikationsdienstleistungen am Markt war nach wie vor ausgeschlossen. Das Gleiche galt auch für die genehmigungspflichtigen privaten Drahtfernmeldeanlagen[51].

## V. Zusammenfassung

Mit Blick auf die oben dargestellte rechtshistorische Entwicklung der telekommunikativen Netzinfrastruktur kann zusammenfassend festgestellt werden, dass die Errichtung und der Betrieb von Fernmeldeanlagen, die der körperlosen Nachrichtenübermittlung für die Öffentlichkeit dienen, seit dem Inkrafttreten des Telegraphengesetzes von 1892 stets dem Verwaltungsmonopol des Staates unterlagen. Die Rechtsgrundlage dafür lag nicht in verfassungsrechtlichen, son-

---

[48] Vgl. *M. Dörr* (Fn. 40), S. 67 ff.; *A. Benz*, Privatisierung und Regulierung im Post- und Fernmeldewesen, in: König/Benz (Hrsg.), Privatisierung und staatliche Regulierung: Bahn, Post und Telekommunikation, Rundfunk, 1997, S. 262 (264).

[49] Amtsblatt-Verfügung 605/1973.

[50] Dazu ausführlich *J. Aubert* (Fn. 16), S. 145 ff.

[51] *J. Aubert* (Fn. 16), S. 150; zur Anwendung dieser Grundsätze auf Funkanlagen vgl. BVerwG, Urteil vom 7. 5. 1971 = ArchivPF 1976, S. 582 ff.

dern nur in einfachgesetzlichen Vorgaben. Das Reich bzw. der Bund war dabei allein berechtigt und zugleich verpflichtet, ein funktionsfähiges und flächendekkendes Telekommunikationsnetz bereitzustellen und es ordnungsgemäß zu betreiben, damit die Grundversorgung des Bürgers mit Telekommunikationsdiensten befriedigt werden konnte.

Auf Grund des Fernmeldemonopols stießen die Errichtung und der Betrieb von Fernmeldeanlagen durch Private auf Grenzen. Ein privates Telekommunikationsnetz, welches dem allgemeinen Verkehr diente, war vollständig ausgeschlossen. Zugelassen wurden ausnahmsweise die Errichtung und der Betrieb eines geschlossenen Telekommunikationsnetzes, welches der „eigenen Nutzung einer geschlossenen Personengruppe" diente. Darüber hinaus wurde die Verbindung solcher privaten Telekommunikationsnetze untereinander oder mit öffentlichen Fernmeldeanlagen, die in der Hand des Staates standen, nach dem Willen des fernmelderrechtlichen Gesetzgebers nicht gestattet. Im Ergebnis gab es in Deutschland bis zur Postreform von 1989 weder in normativer noch in praktischer Sicht den konkurrentennützigen Netzzugang und die wettbewerbsfördernde Zusammenschaltung von Telekommunikationsnetzen.

# § 3 Privatisierung und Regulierung im Bereich der Telekommunikation

Die der Gewährleistung einer einheitlichen Ordnung und leistungsfähigen Grundversorgung mit der Telekommunikation dienende Institution des Verwaltungsmonopols im Bereich des Fernmeldewesens, die seit dem 19. Jahrhundert im deutschen Recht bestand, ist erst vor wenigen Jahren gefallen. Ursachen hierfür waren die rasche Entwicklung der Telekommunikationstechnologie und die starke Nachfrage nach Telekommunikationsdienstleistungen[1]. Aus rechtlicher Sicht spielen die im primären Gemeinschaftsrecht vorherrschenden Gedanken der Liberalisierung und des Wettbewerbs, die sich insbesondere in den Freiverkehrsregelungen der Art. 28, 31 und 49 EGV und den Wettbewerbsregeln der Art. 82 und 86 EGV finden, für die Umstrukturierung des deutschen Telekommunikationsmarkts eine besondere Rolle[2]. Um die gemeinschaftsrechtlichen Zielvorgaben einer offenen Marktwirtschaft mit freiem Wettbewerb umzusetzen[3], fand in der Bundesrepublik Deutschland seit 1989 eine Reihe von Reformkonzeptionen im Bereich der Telekommunikation statt.

## I. Die Postreform I von 1989

Die deutsche Postreform begann im Jahre 1989 mit dem Erlass des Poststrukturgesetzes vom 8. 6. 1989[4]. Der Hintergrund der Reform war aus rechtlicher Sicht die im Vergleich zur deutschen Rechtsordnung stärker ausgeprägte ordnungspolitische Liberalisierungsvorstellung in der Europäischen Gemeinschaft, nach der Markt und Wettbewerb effizienter als ein staatliches Monopol zum Angebot von Gütern und Dienstleistungen beitragen. Neben der organisatorischen Umstrukturierung, wobei es um die Aufteilung der Deutschen Bundes-

---

[1] Vgl. *K. König/Ch. Theobald*, Liberalisierung und Regulierung netzgebundener Güter und Dienste, in: K. Grupp/M. Ronellenfitsch (Hrsg.), Festschrift für Willi Blümel zum 70. Geburtstag, 1999, S. 277 ff. (288).

[2] Vgl. grundlegend *J. Basedow*, Von der deutschen zur europäischen Wirtschaftsverfassung, 1992, S. 26 ff.; *R. Schmidt*, Privatisierung und Gemeinschaftsrecht, Die Verwaltung 1995, S. 281; *P. Badura*, Das öffentliche Unternehmen im europäischen Binnenmarkt, ZGR 1997, S. 291 ff.; *P. J. Tettinger*, Für die Versorgungswirtschaft bedeutsame Entwicklungslinien im primären Gemeinschaftsrecht, RdE 1999, S. 45 ff.

[3] Zum Vorrang des Gemeinschaftsrechts vgl. EuGH Slg. 1964, 1251 (1269 f.); 1978, 629 (643 f.); 1987, 2345; BVerfGE 89, 155 (Maastricht-Urteil).

[4] BGBl. I S. 1026.

post in drei Teilunternehmen mit den Bezeichnungen Deutsche Bundespost POSTDIENST, Deutsche Bundespost POSTBANK und Deutsche Bundespost TELEKOM ging, bildete die Schaffung rechtlicher Rahmenbedingungen für den Wettbewerb auf dem deutschen Telekommunikationsmarkt den Schwerpunkt der Postreform I.

Durch die Änderung des Fernmeldeanlagengesetzes[5] wurde das Ziel, das bisherige Regel-Ausnahme-Verhältnis zwischen Alleinrechten einerseits und Handlungs- und Wirtschaftsfreiheit andererseits zu Gunsten der letzteren umzukehren[6], erreicht. Nach § 1 Abs. 4 S. 1 FAG vom 3. Juli 1989 war jedermann berechtigt, Telekommunikationsdienstleistungen für andere zu erbringen[7]. Auf dieser Grundlage ist der Telekommunikationsmarkt im Bereich von Endeinrichtungen und von Telekommunikationsdienstleistungen für andere außerhalb des klassischen Telefondiensts geöffnet und daher liberalisiert worden.

Ausnahmsweise verblieben dem Staat noch in begrenztem Maße drei Monopolbereiche. Dazu gehörten das ausschließliche Recht des Bundes, Übertragungswege einschließlich der zugehörigen Abschlusseinrichtungen zu errichten und zu betreiben (Netzmonopol), Funkanlagen zu errichten und zu betreiben (Funkanlagenmonopol) sowie Fernmeldeanlagen zu betreiben, soweit es der Vermittlung von Sprache für andere dient (Sprachtelefondienstmonopol).

### *1. Die Marktöffnung im Bereich des Mobilfunknetzes*

Im Rahmen der Liberalisierung im Netzbereich ist es bemerkenswert, dass das Netzmonopol des Bundes nach dem Willen des Gesetzgebers unter bestimmten Bedingungen gelockert werden konnte[8]. Nach § 2 Abs. 1 FAG von 1989 konnte der Bundesminister für Post und Telekommunikation die Befugnis zur Errichtung und zum Betrieb einzelner Fernmeldeanlagen verleihen, soweit dem Bund ein ausschließliches Recht zustand.

Auf dieser gesetzlichen Ermächtigungsgrundlage hatte sich der Bundesminister für Post und Telekommunikation für eine Lizenzvergabe an die *Mannesmann Mobilfunk GmbH* entschieden. Nach dem Lizenzvertrag vom 15. Feb. 1990[9], der verwaltungsrechtlich als ein öffentlich-rechtlicher Vertrag einzustufen war, hatte diese Gesellschaft die Befugnis, neben der DBP Telekom als

[5] BGBl. I, S. 1455.

[6] Vgl. BT-Drucks. 11/2854, S. 60.

[7] Zu Telekommunikationsdienstleistungen im Sinne des § 1 Abs. 4 FAG von 1989 zählen nach der vom BMPT veröffentlichten Liste Übermittelungsdienste, Verarbeitungsdienste, Informationsdienste, Transaktionsdienste, Fernwirkdienste und Netzmanagementdienste. Vgl. Die Verfügung 188/1993, ABl. BMPT 16/1993, S. 355 ff.; dazu s. auch *Th. Königshofen*, Private Netze aus fernmelderechtlicher Sicht, ArchivPT 1994, S. 39 (46 f.).

[8] Dazu ausführlich *Th. Königshofen* (Fn. 7), S. 39 ff.

[9] ABl. BMPT 37/91, Nr. 2007.

zweiter Netzbetreiber ein zellulares digitales Mobilfunknetz (D 2) im Gebiet der Bundesrepublik Deutschland zu errichten und zu betreiben. Dieses private Mobilfunknetz wurde somit im Rahmen der Netz- und Sprachtelefondienstmonopole des Bundes zugelassen. Im Ergebnis ist dadurch der deutsche Telekommunikationsmarkt im Bereich der Mobilfunknetze liberalisiert worden.

### *2. Auswirkungen auf den Netzzugang und die Netzzusammenschaltung*

Im Zuge der Postreform I wurde die Frage nach dem Netzzugang und der Zusammenschaltung aufgeworfen. Nach der jeweiligen Rechtslage sollte zwischen der Liberalisierung von Mehrwertdiensten und der Liberalisierung des Mobilfunknetzes differenziert werden.

Im Fall der Privatisierung von Mehrwertdiensten legte der Wortlaut des § 1 Abs. 4 S. 1 FAG von 1989 eindeutig fest, dass jedermann berechtigt war, Telekommunikationsdienstleistungen für andere „über Fest- und Wählverbindungen, die von der DBP Telekom bereitgestellt wurden“, zu erbringen. Hiernach verpflichtete das FAG von 1989 ausdrücklich die DBP Telekom, Privaten Zugänge zu ihrem Netz zu gewähren.

Im Vergleich zu dieser gesetzlichen Verpflichtung zur Netzzugangsgewährung war die Konstellation bei der Marktöffnung im Bereich des Mobilfunknetzes völlig anders. In der Praxis hatte die DBP Telekom zwar mit der Gesellschaft *Mannesmann Mobilfunk* einen Vertrag über die Bereitstellung von Telefonnetzverbindungen abgeschlossen, der die erste Netzzusammenschaltungsvereinbarung in der deutschen Telekommunikationsgeschichte darstellte[10]. Festzustellen ist freilich, dass die Rechtsgrundlage für die Zusammenschaltungsverpflichtung der Netzbetreiber, namentlich der DBP Telekom, in Deutschland zum jeweiligen Zeitpunkt noch nicht bestand. Die Befugnis des Lizenznehmers, sein Mobilfunknetz mit öffentlichen Telekommunikationsnetzen der DBP Telekom zusammenzuschalten, wurde vielmehr vom BMPT auf der Basis des § 2 Abs. 2 S. 1 FAG von 1989 nach Ermessen mitverliehen und als Bestandteil des öffentlichrechtlichen Lizenzvertrags angesehen[11].

---

[10] Dazu vgl. *P. M. Rütter*, Interconnection Agreements in Großbritannien, ArchivPT 1993, S. 362; *A. Badura/R. Schneider*, Interconnection – Der Anspruch auf Netzzusammenschaltung in der Praxis, RTkom 1999, S. 161 (164). Im Gegensatz zu dieser ersten Vereinbarung über die Zusammenschaltung von Mobil- und Festnetzen wurde die erste wettbewerbsbegründende Vereinbarung über die Zusammenschaltung von Festnetzen erst im Mai 1997 zwischen der *Deutschen Telekom AG* und der *WorldCom Telecommunication Services GmbH* getroffen, die ab 1. 1. 1998 gelten sollte. Hierzu vgl. ausführlich *P. N. Märkl*, Netzzusammenschaltung in der Telekommunikation, 1998, S. 292 f.

[11] Zum Gegenstand des zwischen BMPT und des Konsortiums Mannesmann Mobilfunk abgeschlossenen Lizenzvertrages vgl. *J. Plagemann*, Mobilfunk im Wettbewerb, CR 1990, S. 317 (320).

## II. Die Grundentscheidung der Privatisierung in Art. 87f Abs. 2 S. 1 GG

Von maßgeblicher Bedeutung für den Systemwechsel der Telekommunikation ist die im Zuge der Postreform II von 1994 gefallene Privatisierungsentscheidung, durch die Telekommunikationsdienstleistungen von der daseinsvorsorgenden Leistungsverwaltung des Bundes in privatwirtschaftlichen Tätigkeiten umgewandelt worden sind. Bevor auf die Verfassungsdogmatik des Art. 87f Abs. 2 S. 1 GG, in dem eine Telekommunikationsprivatisierung geboten wird, eingegangen wird, ist im Folgenden zunächst ein Überblick über die grundlegende Problematik der Privatisierung von Staatsaufgaben zu erstellen. Erörtert werden insbesondere der Begriff und die Formen der Privatisierung sowie deren Möglichkeiten und Grenzen im geltenden deutschen Verfassungsrecht.

### *1. Die Privatisierung aus verfassungsrechtlicher Sicht*

#### *a) Begriffsbestimmung und Erscheinungsformen der Privatisierung*

Der Begriff „Privatisierung“ findet sich im Grundgesetz nicht. Auf einfachgesetzlicher Ebene taucht er zwar durch die Novelle vom 21. 12. 1993[12] in § 7 Abs. 1 S. 2 BHO auf, wonach diese Grundsätze (der Wirtschaftlichkeit und Sparsamkeit) zur Prüfung verpflichten, inwieweit staatliche Aufgaben oder öffentlichen Zwecken dienende wirtschaftliche Tätigkeiten durch Ausgliederung und Entstaatlichung oder *Privatisierung* erfüllt werden können[13]. Aber es definiert den Privatisierungsbegriff nicht, sondern setzt ihn voraus. In der Literatur fehlt es bislang an einem einheitlichen Privatisierungsbegriff. Nach allgemeiner Auffassung wird die Privatisierung als Vorgang bzw. Prozess bezeichnet, in dem eine bisher vom Staat wahrgenommene Aufgabe auf private Träger übertragen wird[14]. In diesem Sinne bewegt sich die Privatisierung innerhalb der Pole von Staat einerseits und Gesellschaft andererseits.

Nach überwiegender Auffassung lässt sich der Privatisierungsbegriff als ein Sammelbegriff verstehen[15]. Als Hauptgruppe wird üblicherweise zwischen for-

---

[12] BGBl. I S. 2353; zur Verwendung des Privatisierungsbegriffs auf einfachgesetzlicher Ebene vgl. auch Art. 22 Abs. 4 und 25 EinigungsV; § 2 Abs. 1 TreuhandG.

[13] Zum Verhältnis von Wirtschaftlichkeitsprinzip und Privatisierung vgl. *K. Grupp*, Wirtschaftlichkeit im „schlanken Staat“, Die Verwaltung 2000, Beiheft 3, S. 9 (15 ff.).

[14] *H. H. v. Arnim*, Rechtsfragen der Privatisierung, S. 16 f.; *H. Bauer*, Privatisierung von Verwaltungsaufgaben, VVDStRL 54 (1995), S. 254; *M. Ronnellenfitsch*, Privatisierung und Regulierung des Eisenbahnwesens, DÖV 1996, S. 1028 (1034).

[15] Vgl. *A. v. Hagemeister*, Die Privatisierung öffentlicher Aufgaben, 1992, S. 33 ff.; *F. Schoch*, Privatisierung von Verwaltungsaufgaben, DVBl. 1994, S. 962 f.; 2. Beratungsgegenstand der 54. Jahrestagung der Vereinigung der Deutschen Staatsrechtslehrer von *J. Hengst-*

meller Privatisierung einerseits und materieller Privatisierung andererseits unterschieden. Neben diesen beiden Grundformen werden weitere Privatisierungsbegriffe genannt, so z.B. die *Vermögensprivatisierung*, bei der das Eigentum der öffentlichen Hand auf Private veräußert wird, und die *funktionale Privatisierung*, die sich auf die Einschaltung Privater in die Aufgabenerledigung im Wege der Beleihung bezieht[16]. Von zunehmender Bedeutung für den Bereich der öffentlichen Infrastruktur ist die Finanzierungsprivatisierung, bei der es insbesondere um private Vorfinanzierung öffentlicher Bauprojekte geht[17].

Hervorzuheben ist allerdings, dass eine scharfe Trennlinie zwischen den unterschiedlichen Privatisierungsformen nicht vorliegt. Vielmehr werden unterschiedliche Privatisierungstypen häufig miteinander kombiniert, wobei sie sich sogar überschneiden können[18]. Zu denken ist etwa an gemischt-wirtschaftliche Unternehmen, die zugleich die Vermögensprivatisierung und materielle Teilprivatisierung umfassen[19]. Auch die Privatisierung des Eisenbahninfrastrukturunternehmens in Art. 87e Abs. 3 S. 3 GG kombiniert die Organisationsprivatisierung mit der späteren Option für die (Teil-)Vermögensprivatisierung, bei der die Mehrheit der Anteile beim Bund verbleiben muss. Die im Folgenden zu disku-

*schläger, L. Osterloh, H. Bauer* und *T. Jaag*: Privatisierung von Verwaltungsaufgaben, VVDStRL 54 (1995), S. 165 ff.

[16] Vgl. ausführlich *M. Burgi*, Funktionale Privatisierung und Verwaltungshilfe, 1999; zur Beleihung Privater mit der Endlagerung radioaktiver Abfälle vgl. *J. K. Menzer*, Privatisierung der atomaren Endlagerung, DVBl. 1998, S. 820 ff.; zur Einschaltung Privater in die Abwasserentsorgung vgl. *H. Bauer*, Privatisierungsimpulse und Privatisierungspraxis in der Abwasserentsorgung, VerwArch. 1999, S. 561 ff. m. w. Nachw.

[17] Vgl. allgemein *G. Püttner*, Die Privatfinanzierung öffentlicher Vorhaben – Weg oder Irrweg? in: Festschrift für K. H. Friauf zum 65. Geburtstag, 1996, S. 729 ff.; zum Fernstraßenbau vgl. *K. Grupp*, Rechtsprobleme der Privatfinanzierung von Verkehrsprojekten, in: W. Blümel (Hrsg.), Verkehrswegerecht im Wandel, 1994, S. 129 ff.; *H.-J. Pabst*, Verfassungsrechtliche Grenzen der Privatisierung im Fernstraßenbau, 1996, S. 92 ff.

[18] Statt vieler *F. Schoch* (Fn. 15), S. 963, der zu Recht darauf hinweist, dass die Privatisierungstypen lediglich modellhaft verschiedene Privatisierungsvorgänge umreißen sollen.

[19] Zum Verhältnis zwischen Aufgabenprivatisierung und Vermögensprivatisierung vgl. *W. Steinheuer*, Privatisierung kommunaler Leistungen, 1991, S. 11; s. auch *J. Burmeister*, Privatisierung - externe Konsequenzen: die „Grunddienstleistungen" für die Öffentlichkeit (behandelt am Beispiel der Post), 1998 (Unveröffentlichtes Vortragsmanuskript), S. 3, der deutlich ausgeführt hat: „Veräußert der Staat also eine Liegenschaft oder eine Unternehmensbeteiligung, so geht es in Wahrheit nicht um die Frage, ob und inwieweit der Staat dieses Vermögen privatisieren darf, sondern darum, inwieweit der Staat die Aufgabe, der die Liegenschaft mit ihren aufstehenden Gebäuden zu dienen bestimmt war, abgeben darf oder inwieweit er sich von der Aufgabe, die das Industrieunternehmen erfüllt und für die der Staat kraft seiner Beteiligung mit verantwortlich war, zurückziehen darf." Vgl. auch *M. Burgi*, Kommunales Privatisierungsfolgenrecht: Vergabe, Regulierung und Finanzierung, NVwZ 2001, S. 601 (603 f.), der im Fall der Gründung eines gemischt-wirtschaftlichen Unternehmens auch von einer „unechten funktionalen Privatisierung" spricht.

tierende Begriffsbestimmung soll sich auf die formelle und die materielle Privatisierung beschränken, die für diese Arbeit von besonderem Interesse sind.

### *aa) Formelle Privatisierung*

Eine formelle Privatisierung, die auch Organisationsprivatisierung oder unechte Privatisierung genannt wird, liegt dann vor, wenn die Wahrnehmung staatlicher Aufgaben von der öffentlich-rechtlichen Organisationsform in die privatrechtliche Organisationsform überführt wird. Bei privatrechtlichen Organisationsformen kommen vor allem die gesellschaftsrechtlichen Organisationsformen, wie etwa GmbH und AG, in Betracht. Nach diesem Verständnis geht es bei der formellen Privatisierung aus Sicht der Verwaltungsrechtsdogmatik nicht um eine Privatisierung, sondern nur um einen „Formenwechsel" der Wahrnehmung von Verwaltungsaufgaben. Nach allgemeiner Auffassung steht sowohl dem Staat als auch den Kommunen ein Gestaltungsspielraum für die Wahl der Organisationsform zu, soweit eine bestimmte Form nicht verfassungsrechtlich oder einfachgesetzlich vorgeschrieben wird[20]. Die Motive für die Wahl der privatrechtlichen Organisationsform sind vielfältig. Allgemein anerkannt ist, dass die Wahl der privatrechtlichen Organisationsform der Stärkung der unternehmerischen Handlungsfreiheit und Wettbewerbsfähigkeit dienen kann[21].

Ein Musterbeispiel hierfür ist die Umwandlung der drei Teilsondervermögen der Deutschen Bundespost nach Art. 143b Abs. 1 GG i.V.m. § 1 PostUmwG vom 28. 10. 1994[22] von der öffentlich-rechtlichen Organisationsform in die private Rechtsform der Aktiengesellschaft mit den Bezeichnungen *Deutsche Post AG*, *Deutsche Postbank AG* und *Deutsche Telekom AG*. Dies ist auch bei den Bundeseisenbahnen der Fall. Nach Art. 87e Abs. 3 GG werden Eisenbahnen des

---

[20] Vgl. *R. Stober*, Die privatrechtlich organisierte öffentliche Verwaltung, NJW 1984, S. 449 ff.; *B. Kempen*, Die Formenwahlfreiheit der Verwaltung. Die öffentliche Verwaltung zwischen öffentlichem und privatem Recht, 1989; *G. Püttner*, Zur Wahl der Rechtsform für kommunale Unternehmen und Einrichtungen, 1993, S. 18 ff.; zum Vorrang der öffentlich-rechtlichen Organisationsformen *D. Ehlers*, Die Entscheidung der Kommunen für eine öffentlich-rechtliche oder privat-rechtliche Organisation ihrer Einrichtungen und Unternehmen, DÖV 1984, S. 903 ff.; *ders.*, Interkommunale Zusammenarbeit in Gesellschaftsform, DVBl. 1997, S. 141; *ders.*, Rechtsprobleme der Kommunalwirtschaft, DVBl. 1998, S. 505; *Th. v. Danwitz*, Die Benutzung kommunaler öffentlicher Einrichtungen – Rechtsformenwahl und gerichtliche Kontrolle, JuS 1995, S. 1 ff.; kritisch hieran vgl. *P. Unruh*, Kritik des privatrechtlichen Verwaltungshandelns, – Ein Problemaufriss –, DÖV 1997, S. 657 ff.; zum institutionellen Gesetzesvorbehalt allgemein vgl. *G. C. Burmeister*, Herkunft, Inhalt und Stellung des institutionellen Gesetzesvorbehalts. Zugleich ein Beitrag zur Dogmatik des Verwaltungsorganisationsrechts, 1991.

[21] Vgl. *W. Erbguth*, Erfüllung öffentlicher Aufgaben durch private Rechtssubjekte? Zu den Kriterien bei der Wahl der Rechtsform, DÖV 1993, S. 802.

[22] BGBl. I S. 3210.

Bundes als Wirtschaftsunternehmen in privatrechtlicher Form geführt. Über diese verfassungsrechtlich zwingenden Gebote der Organisationsprivatisierung hinaus bestätigt Art. 87d Abs. 1 S. 2 GG dem Bundesgesetzgeber die Option, über die öffentlich-rechtliche oder privatrechtliche Organisationsform der Luftverkehrsverwaltung zu entscheiden[23].

*bb) Materielle Privatisierung*

Im Gegensatz zur formellen Privatisierung, bei der die Aufgabenträgerschaft nach wie vor bei dem Staat oder anderen juristischen Personen des öffentlichen Rechts verbleibt, liegt eine materielle Privatisierung dann vor, wenn der Hoheitsträger die bislang von ihm wahrgenommene Staatsaufgabe *als solche* ganz oder teilweise auf einen privaten Akteur überträgt oder ihm überlässt. Die übertragene Aufgabe hat deswegen ihre Qualität als Staatsaufgabe verloren. Letztlich befreit sich der Staat von seiner Verantwortung für die Aufgabenwahrnehmung. Unter diesem Aspekt spricht man auch von einer *Aufgabenprivatisierung* oder *echten Privatisierung*. Die Motivation für eine materielle Privatisierung liegt vorwiegend in der Staatsentlastung und die Forderung nach einem „schlankem Staat“[24].

Nach Entstaatlichungsgraden lässt sich die materielle Privatisierung weiterhin in die Aufgabenteilprivatisierung und Aufgabenvollprivatisierung gliedern. Die Aufgabenteilprivatisierung wird dadurch gekennzeichnet, dass der Träger öffentlicher Verwaltung nur einen „abspaltbaren“ Teil der Gesamtaufgabe in das Subjekt des Privatrechts verlagert[25]. Insofern stehen die öffentliche Hand und der private Sektor zur Aufgabenerfüllung im Kooperationsverhältnis, das seit geraumer Zeit im Schrifttum auch unter dem Stichwort *„Public Private Partnership“* (PPP) behandelt wird[26]. Die Vorteile dieser Teilprivatisierung bestehen

---

[23] Vgl. *R. Uerpmann*, in: v. Münch/Kunig (Hrsg.), Grundgesetz, Bd. 3, 3. Aufl., 1996, Art. 87d, Rn. 10 ff.; *H.-J. Pabst/R. Schwartmann*, Privatisierte Staatsverwaltung und staatliche Aufsicht. Ein Beitrag zu den Schranken der Organisationsprivatisierung am Beispiel der 10. Novelle zum LuftVG, DÖV 1998, S. 315 (317).

[24] Vgl. *A. Benz*, Privatisierung und Deregulierung – Abbau von Staatsaufgaben?, Die Verwaltung 1997, S. 337 (341); *Ch. Watrin*, Privatisierung in ordnungspolitischer Sicht, in: Isensee/Lecheler (Hrsg.), Festschrift für W. Leisner zum 70. Geburtstag, 1999, S. 857 ff.

[25] *F. Schoch* (Fn. 15), S. 963.

[26] Dazu vor allem *P. J. Tettinger*, Die rechtliche Ausgestaltung von Public Private Partnership, DÖV 1996, S. 764 ff.; *D. Budäus/G. Grüning*, Verwaltungsreform und Public Private Partnership, Formenvielfalt und Probleme der Kooperation privater und öffentlicher Akteure aus Sicht der Public-Choice Theorie, in: Ellwein/Grimm/Hesse/Schuppert (Hrsg.), Jahrbuch zur Staats- und Verwaltungswissenschaft, Band 9/1996, S. 109 ff.; *H. Bauer*, Verwaltungsrechtliche und verwaltungswissenschaftliche Aspekte der Gestaltung von Kooperationsverträgen bei Public Private Partnership, DÖV 1998, S. 89 ff.; *V. Mehde*, Ausübung von Staatsgewalt und Public Private Partnership, VerwArch. 2000, S. 540 ff.

darin, dass zum einen private Ressourcen, wie Fachkenntnis und Kapital, für die Erfüllung öffentlicher Aufgaben in Anspruch genommen werden können und zum anderen die Verantwortung des Staates für das öffentliche Interesse zugleich gewahrt werden kann[27].

Je nach der Ausgestaltung der Zusammenarbeit von Trägern öffentlicher Verwaltung und Privaten reicht die Teilprivatisierung von der Gründung eines gemischtwirtschaftlichen Unternehmens bis hin zur Aufgabenverlagerung in den privaten Sektor[28]. Während erstere mit der Eigentumsveräußerung verbunden ist, geht es im letztgenannten Fall um die Aufgabenprivatisierung ohne Eigentumsveräußerung. Von diesem Privatisierungsmodell hat der Bundesgesetzgeber in jüngerer Zeit im Bereich der kommunalen Abfallentsorgung Gebrauch gemacht[29].

Das ökologisierte, neu erlassene Kreislaufwirtschafts- und Abfallgesetz (KrW-/AbfG)[30] wird nicht nur als „Umweltschutzgesetz" qualifiziert[31], sondern auch mit Rücksicht auf die Verantwortungsverteilung zwischen Träger der öffentlichen Verwaltung und Privaten als „Privatisierungsgesetz"[32]. Es unterteilt zunächst die Abfallentsorgung in die Verwertung und Beseitigung (§ 2 Abs. 1 KrW-/AbfG)[33]. Im Gegensatz zur alten Rechtslage, in der den Körperschaften des öffentlichen Rechts die *gesamte* Abfallentsorgung als daseinsvorsorgende Staatsaufgabe zugeordnet wurde (§ 3 Abs. 2 S. 1 AbfG), werden Verwertungs- und Beseitigungspflichten von Abfällen nunmehr in erster Linie auf den privaten Bereich (§§ 5 Abs. 2 und 11 Abs. 1 KrW-/AbfG) übertragen. Es geht hierbei um einen Fall der Aufgabenprivatisierung, die sowohl für Gewerbeabfälle als auch

---

[27] *R. Schmidt*, Der Übergang öffentlicher Aufgabenerfüllung in private Rechtsformen, ZGR 1996, S. 347.

[28] In Frage kommt auch die Kooperation von Staat und Privaten durch öffentlich-rechtliche Einrichtungen. Zur Frage nach der Verfassungsmäßigkeit dieses Mitwirkungsmodells vgl. *G. Britz*, Die Mitwirkung Privater an der Wahrnehmung öffentlicher Aufgaben durch Einrichtungen des öffentlichen Rechts. Verwaltungsorganisation zwischen Legitimationserfordernis und Rationalisierungswunsch, VerwArch. 2000, S. 418 ff.

[29] Vgl. *F. Schoch*, Privatisierung der Abfallentsorgung, 1992; *P. J. Tettinger*, Rechtliche Bausteine eines modernen Abfallwirtschaftsrechts, DVBl. 1995, S. 213 ff.; *ders.*, Privatisierungskonzepte für die Abfallwirtschaft, in: Festschrift für K. H. Friauf zum 65. Geburtstag, 1996, S. 569 ff.; *A. Bree*, Die Privatisierung der Abfallentsorgung nach dem Kreislaufwirtschafts- und Abfallgesetz, 1998, S. 79 ff.

[30] BGBl. I, S. 2705.

[31] VGH Mannheim = NVwZ 1999, 1244.

[32] A.A. *K.-P. Dolde/A. Vetter*, Beseitigung und Verwertung nach dem Kreislaufwirtschafts- und Abfallgesetz, NVwZ 2000, S. 21 (28).

[33] Zur Begriffsabgrenzung vgl. *C. Weidemann*, Nochmals: Die Abgrenzung von Abfallverwertung und Abfallbeseitigung, NVwZ 1998, S. 258; auch *K.-P. Dolde/A. Vetter* (Fn. 32), S. 22 ff.

für Haushaltsabfälle gilt[34]. Allerdings ist zu beachten, dass sich die Verwaltung durch die Institution der *Überlassungspflichten* zu Gunsten der öffentlich-rechtlichen Entsorgungsträger nicht vollständig aus der Entsorgungsaufgabe zurückzieht[35]. Vielmehr verbleibt den Kommunen noch ein Teil der Abfallentsorgungsverantwortung, nämlich der Bereich der Verwertung und Beseitigung von Haushaltsabfällen sowie der Beseitigung von Gewerbeabfällen, soweit Erzeuger oder Besitzer von Haushaltsabfällen zur Entsorgung nicht in der Lage sind (§§ 13 Abs. 1 und 15 Abs. 1 KrW-/AbfG).

Im Gegensatz zur Aufgabenteilprivatisierung liegt eine Aufgabenvollprivatisierung erst dann vor, wenn die vom Verwaltungsträger bislang wahrgenommene Verwaltungsaufgabe vollständig privaten Wirtschaftssubjekten überantwortet und sie als solche nicht mehr als Staatsaufgabe bezeichnet wird. Dazu gehört beispielsweise die hier interessierende Telekommunikationsprivatisierung nach Art. 87f Abs. 2 S. 1 GG[36], der im Folgenden noch präziser nachgegangen wird.

### *b) Staatstheoretischer Hintergrund der Aufgabenprivatisierung*

#### *aa) Die Trennung von Staat und Gesellschaft*

Der Aufgabenprivatisierung liegt die Unterscheidung von Staat und Gesellschaft zugrunde. Anders als die soziologische Systemtheorie, wonach der Staat als Teilsystem der Gesamtgesellschaft bezeichnet wird[37], ist die Unterscheidung von Staat und Gesellschaft nach verbreiteter Meinung eine grundlegende These der allgemeinen Staatslehre[38]. Die zunehmende Wechselseitigkeit zwischen Staat

---

[34] Vgl. *A. Bree* (Fn. 29), S. 96 ff., 121; *C. Weidemann*, Die materielle Privatisierung der Hausmüllentsorgung nach §16 Abs. 2 des Kreislaufwirtschafts- und Abfallgesetzes – Abfallrechtliche Zulässigkeit und verwaltungsrechtliche Ausgestaltung –, DVBl. 1998, S. 661 ff.; *F.-J. Peine*, Das Recht der Abfallwirtschaft, in: R. Schmidt (Hrsg.), Öffentliches Wirtschaftsrecht, Besonderer Teil 2, 1996, S. 431, Rn. 102.

[35] Vgl. *F. Ossenbühl*, Zur Kompetenz der Länder für ergänzende abfallrechtliche Regelungen, DVBl. 1996, S. 21; *C. Weidemann*, Die duale Abfallwirtschaft – moderner Steuerungsansatz oder regulatorische Überforderung?, VerwArch. 1999, S. 539; *R. Cosson*, Begrenzungen kommunaler wirtschaftlicher Betätigung im Bereich der Abfallwirtschaft, DVBl. 1999, S. 891 ff.

[36] Siehe unten Erster Teil, § 3 II 2.

[37] *N. Luhmann*, Moderne Systemtheorie als Form gesamtgesellschaftlicher Analyse, in: Habermas/ders., Theorie der Gesellschaft oder Sozialtechnologie, 1971, S. 7 ff.; in diese Richtung auch *U. Di Fabio*, Das Recht offener Staaten, Grundlinien einer Staats- und Rechtstheorie, 1998, S. 2 ff.

[38] Vgl. *H. Krüger*, Allgemeine Staatslehre, 2. Aufl., 1966, §§ 30 und 32; *E.-W. Böckenförde*, Die Bedeutung der Unterscheidung von Staat und Gesellschaft im demokratischen Sozialstaat der Gegenwart, in: Festgabe für Wolfgang Hefermehl zum 65. Geburtstag, 1972, S. 11 ff.; *ders.*, Die verfassungstheoretische Unterscheidung von Staat und Gesellschaft als Bedin-

und Gesellschaft in der modernen Industrie- und Informationsgesellschaft ändert nichts daran, dass der Dualismus von Staat und Gesellschaft als Voraussetzung des Staatsrechts angesehen wird und somit als fundamentales Verfassungsprinzip anerkannt ist.

Die von einigen Autoren vertretene Auffassung, die aus dem Zeitalter der Monarchie resultierende, herkömmliche Trennung von Staat und Gesellschaft sei aufgrund der sozialen Entwicklung und Veränderung der Staatsform überholt und habe im modernen demokratischen Staat ihre Rechtfertigung verloren[39], hat sich bislang nicht durchgesetzt. Ohne diese Fragen hier vertiefen zu können, bleibt daher festzuhalten, dass der demokratische Sozialstaat den Dualismus von Staat und Gesellschaft nicht beseitigt, sondern nur in gewissem Maße modifiziert und lockert[40].

Aus der oben festgestellten Begriffsbestimmung der Aufgabenprivatisierung als Aufgabenverlagerung vom Staat in den privaten Sektor ergibt sich für diese Untersuchung jedenfalls, dass die materielle Privatisierung begrifflich die staatstheoretische Unterscheidung von Staat und Gesellschaft voraussetzt.

Die organisatorische Gegenüberstellung von Staat und Gesellschaft bringt funktional ein arbeitsteiliges Verhältnis zum Ausdruck. Der Staat als einheitliche Herrschaftsorganisation übt die öffentliche Gewalt aus, während die Gesellschaft als Tätigkeitsbereich von Freiheitsrechten des Individuums geprägt ist. Unter diesem Aspekt sind Tätigkeitsbereiche zwischen Staat und Gesellschaft voneinander abzugrenzen.

Gegenüber den vorstaatlich vorhandenen und umfassenden grundrechtlichen Freiheitsrechten des Individuums ist staatliches Handeln begrenzt und bedarf immer einer Legitimationsgrundlage. Grundrechte einerseits und staatliches Handeln andererseits stehen demzufolge in einem ambivalenten Verhältnis. Der Staat steht, wie *M. Drath* zu Recht geäußert hat, keineswegs für sich selbst[41]. Seine Aufgaben müssen immer auf die Gesellschaft bezogen sein. Die Bindung staatlichen Handelns an das Gemeinwohl ist heute als verfassungsrechtliches Prinzip anerkannt[42].

---

gung der individuellen Freiheit, 1973; *H. H. Rupp*, Die Unterscheidung von Staat und Gesellschaft, in: Isensee/Kirchhof, HdbStR I, 1987, § 28.

[39] So *K. Hesse*, Grundzüge des Verfassungsrechts der Bundesrepublik Deutschland, 20. Aufl., 1995, S. 8 f., Rn. 11; *H. Ehmke*, „Staat“ und „Gesellschaft“ als verfassungstheoretisches Problem, in: Festgabe für Rudolf Smend, 1962, S. 24 f.

[40] Vgl. zutreffend *J. Isensee*, Subsidiaritätsprinzip und Verfassungsrecht, 1968, S. 154.

[41] *M. Drath*, Der Staat der Industriegesellschaft, Der Staat 5 (1966), S. 276.

[42] Dazu ausführlich *J. Isensee*, Gemeinwohl und Staatsaufgaben im Verfassungsstaat, in: ders./Kirchhof (Hrsg.), HdbStR III, 2. Aufl., 1996, § 57; s. auch unten Dritter Teil, § 6 I.

### *bb) Die Trennung von öffentlicher und staatlicher Aufgabe*

Der Grundgedanke der Unterscheidung von Staat und Gesellschaft wirkt sich ferner auf die begriffliche Unterscheidung zwischen Staatsaufgabe und öffentlicher Aufgabe aus[43]. Nach verbreiteter Auffassung wird die öffentliche Aufgabe als die Angelegenheit verstanden, an deren Erfüllung die Öffentlichkeit maßgeblich interessiert ist[44]. Diese Begriffsbestimmung der öffentlichen Aufgabe stellt weniger einen normativ als vielmehr einen soziologisch verstandenen Begriff dar[45]. Sowohl der Staat als auch gesellschaftliche Gruppen oder Verbände können daher solche Aufgaben wahrnehmen. Der Staat hat kein Monopol auf das Öffentliche[46].

Demgegenüber liegt eine Staatsaufgabe erst dann vor, wenn der Staat nach der jeweils geltenden Verfassungsordnung zulässigerweise eine bestimmte öffentliche Aufgabe unmittelbar an sich zieht oder sie in mittelbarer Verwaltung erfüllen lässt[47]. Diese These wurde auch vom Bundesverfassungsgericht bestätigt. Im sog. Ersten Rundfunkurteil formulierte es: „Wenn sich der Staat mit dieser (öffentlichen) Aufgabe in irgendeiner Form befaßt, wird sie zu einer *staatlichen* Aufgabe“[48]. Dementsprechend betont es in jüngerer Zeit noch einmal: „Sieht der Bundesgesetzgeber vor, daß von staatlicher Seite ein ausreichendes und flächendekkendes Angebot sowohl ambulanter als auch stationärer Einrichtungen zur Vornahme von Schwangerschaftsabbrüchen sicherzustellen ist, so begründet er eine

---

[43] A.A. *E. R. Huber*, Wirtschaftsverwaltungsrecht, Bd. I, 2. Aufl., 1953, S. 523 ff., der öffentliche und hoheitliche Aufgabe für identisch hält.

[44] Vgl. *H. Peters*, Öffentliche und staatliche Aufgaben, in: Festschrift für Hans Carl Nipperdey, Bd. II, 1965, S. 878; *F. Ossenbühl*, Die Erfüllung von Verwaltungsaufgaben durch Private, VVDStRL 29 (1971), S. 151; *M. Krautzberger*, Die Erfüllung öffentlicher Aufgaben durch Private, 1971, S. 106; *H. P. Bull*, Die Staatsaufgaben nach dem Grundgesetz, 2. Aufl., 1977, S. 50; *J. Isensee* (Fn. 42), Rn. 136; zur Rechtsprechung vgl. BVerfGE 15, 235 (241); 53, 366 (401).

[45] *H.-J. Pabst* (Fn. 17), S. 60 f.

[46] So *K. Stern*, Staatsrecht, Bd. II, 1980, S. 746.

[47] *H. Peters* (Fn. 44), S. 880; *K. Stern*, Staatsziele und Staatsaufgaben in verfassungsrechtlicher Sicht, Bitburger Gespräche, 1984, S. 13; *K.-P. Sommermann*, Staatsziele und Staatszielbestimmung, 1997, S. 365 m. w. Nachw.; a.A. *U. Di Fabio*, Privatisierung und Staatsvorbehalt, Zum dogmatischen Schlüsselbegriff der öffentlichen Aufgaben, JZ 1999, S. 585, 587, der die Staatsaufgaben auf solche öffentlichen Aufgaben beschränkt, die vom Staat selbst „in unmittelbarer Verwaltung“ erfüllt werden. Die von *Kommunen* wahrgenommenen Selbstverwaltungsangelegenheiten seien nicht in die Staatsaufgaben, sondern in die öffentlichen Aufgaben einzuordnen.

[48] BVerfGE 12, 205 (243).

Staatsaufgabe“[49]. Die Staatsaufgabe stellt im Ergebnis einen Teilbereich der öffentlichen Aufgaben dar[50].

Nach der allgemeinen Staatslehre verfügt der moderne Staat grundsätzlich über die Kompetenz, seinen Tätigkeitsbereich selbst zu definieren und eine bestimmte Aufgabe weitgehend an sich zu ziehen. Diese Allzuständigkeit des Staates, die von *J. Isensee* auch die „General- und Blankovollmacht“ des Staates genannt wird[51], führt zwangsläufig dazu, dass es keinen inhaltlich geschlossenen Katalog der Staatsaufgaben gibt. Die Anerkennung der Staatsaufgaben hängt entscheidend von der geltenden Rechtsordnung ab, in der dem Staat die Zuständigkeit für bestimmte Aufgaben zukommt[52]. In diesem Zusammenhang hat *P. Häberle* klargestellt, dass die Allzuständigkeit dem Staat einen Spielraum für ein Mehr oder Weniger an „Staat“ oder „privat“, „Staat“ oder „mehr Markt“ bzw. Verstaatlichung oder Privatisierung einräumt[53]. Im Ergebnis kann festgestellt werden, dass der Gehalt der staatlichen Allzuständigkeit für Staatsaufgaben zwei gegenläufige Faktoren enthält: zum einen die Verstaatlichung öffentlicher Aufgaben und zum anderen die Entstaatlichung und Privatisierung von Staatsaufgaben.

---

[49] BVerfGE 88, 203 (328).

[50] A.A. *S. v. Heimburg*, Verwaltungsaufgaben und Private, 1982, S. 14 f., der zwar zu Recht von der Trennung zwischen öffentlicher und staatlicher Aufgabe ausgeht. Aber er bezeichnet das Verhältnis zwischen öffentlicher und staatlicher Aufgabe nicht als Oberbegriff-Unterbegriff-Verhältnis, sondern weist darauf hin, dass sie „nebeneinander“ stehen. Der Staat habe gerade öffentliche Aufgaben nicht in eigene Regie genommen.

[51] *J. Isensee* (Fn. 42), Rn. 156.

[52] Umstritten ist, ob aus den Vorschriften der Gesetzgebungskompetenz der Art. 73 ff. GG auch ein mit Verfassungsrang ausgestatteter Staatsaufgabenkatalog direkt resultiert. Dies wird in der Rechtsprechung und Literatur zum Teil bejaht. Dazu vgl. BVerfGE 15, 235 (240); 41, 205; 65, 1 (39); aus der Literatur *H.-W. Rengeling*, Gesetzgebungszuständigkeit, in: HdbStR IV, 1990, § 100, Rn. 26; *P. Badura*, Arten der Verfassungsrechtssätze, in: HdbStR VII, 1992, § 159, Rn. 17; *M. W. Hebeisen*, Staatszweck, Staatsziele, Staatsaufgaben, 1996, S. 154 f.; *K.-P. Sommermann* (Fn. 47), S. 366; *R. Stettner*, in: Dreier (Hrsg.), Grundgesetz, Bd. II, 1998, Art. 70, Rn. 17, der deutlich darauf hinweist, dass die Zuständigkeitskataloge des Grundgesetzes auch als Quelle für ein Spektrum von Aufgaben dienen können, das dem Grundgesetz für den von ihm konstituierten Staat adäquat erscheint.; a.A. *R. Schneider*, Der Rechtsanwalt, ein unabhängiges Organ der Rechtspflege, 1976, S. 73; *W. Weiß*, Öffentliche Monopole, kommunaler Anschluß- und Benutzungszwang und Art. 12 GG, VerwArch. 1999, S. 415 (418); *Chr. Degenhart*, in: Sachs (Hrsg.), Grundgesetz, 2. Aufl., 1999, Art. 70, Rn. 59; hierzu näher s. unten Dritter Teil, § 6 IV 3.

[53] *P. Häberle*, Verfassungsstaatliche Staatsaufgabenlehre, AöR 111 (1986), S. 595, 604; in diesem Sinne auch *R. Schmidt*, Rechtliche Möglichkeiten für Privatisierungen im Bereich der Deutschen Bundespost, in: Festschrift für Peter Lerche zum 65. Geburtstag, 1993, S. 966.

### c) Verfassungsrechtliche Grenzen

Vom Grundsatz der staatlichen Allzuständigkeit ist nicht allgemein geklärt, inwieweit der Staat sein Ermessen ausüben darf. Mit Blick auf die Privatisierung setzt die allgemeine Staatslehre selbst, abgesehen vom engen Kreis der notwendigen Staatsaufgaben, die als solchen wegen des Gewaltmonopols des Staates absolut nicht privatisierungsfähig sind[54], keine ausdrücklichen Grenzen für die Aufgabenprivatisierung. Zu solchen originären, genuinen oder klassischen Staatsaufgaben zählen die innere und äußere Sicherheit, die Finanzhoheit sowie der Justizgewähranspruch[55]. Vor diesem Hintergrund geht man in der rechtlichen Diskussion um Privatisierungsgrenzen übereinstimmend von der geltenden Rechtsordnung aus.

Für rechtlichen Grenzen der Privatisierung kommt grundgesetzlichen Vorgaben besondere Bedeutung zu, weil die Privatisierungsentscheidung als solche ein staatliches Handeln darstellt und damit an der Verfassung zu messen ist. Es stellt sich damit die Frage, ob Grenzen für die Privatisierung unmittelbar dem Verfassungsrecht entnommen werden können[56].

Je nach Verwaltungsträger und der Form der Privatisierung sind rechtliche Grenzen der Privatisierung unterschiedlich zu beurteilen[57]. Im Hinblick auf das Privatisierungskonzept im Bereich der Telekommunikation sollen im Folgenden nur verfassungsrechtliche Grenzen für die *Aufgaben*privatisierung untersucht werden.

Von wesentlicher Bedeutung für verfassungsrechtliche Grenzen der Aufgabenprivatisierung sind allgemeiner Ansicht nach die Staatsorganisationsrechtlichen Kompetenzregelungen der Art. 83 ff. GG, insbesondere die obligatorische Bundesverwaltung des Art. 87 Abs. 1 S. 1 GG und der Funktionsvorbehalt des Art. 33 Abs. 4 GG[58].

---

[54] Zur Theorie vom staatlichen Gewaltmonopol allgemein vgl. *J. Isensee,* Das staatliche Gewaltmonopol als Grundlage und Grenze der Grundrechte, Der Vorbehalt der Friedlichkeit als Kriterium des Grundrechtstatbestandes und der Schutzpflicht, in: Festschrift für Horst Sendler, 1991, S. 39 ff.

[55] Vgl. *H. P. Bull* (Fn. 44), S. 102.

[56] Vgl. *W. Däubler*, Privatisierung als Rechtsproblem, 1980, S. 70 ff.; *J. Grabbe*, Verfassungsrechtliche Grenzen der Privatisierung kommunaler Aufgaben, 1979, S. 50 ff.; zur Analyse der Privatisierungsgrenzen unter verwaltungsrechtlichen Aspekten vgl. *F.-J. Peine*, Grenzen der Privatisierung – verwaltungsrechtliche Aspekte, DÖV 1997, S. 353 ff.; zur rechtlichen Privatisierungspflicht der öffentlichen Hand ausführlich vgl. *Th. M. Helm*, Rechtspflicht zur Privatisierung. Privatisierungsgebote im deutschen und europäischen Recht, 1999.

[57] Vgl. *Th. Mayen*, Privatisierung öffentlicher Aufgaben: Rechtliche Grenzen und rechtliche Möglichkeiten, DÖV 2001, S. 110 (111 ff.).

[58] Vgl. *S. v. Heimburg* (Fn. 50), S. 22 ff.; *H. Bauer* (Fn. 14), S. 263 ff.

### *aa) Die Kompetenzregelungen der Art. 83 ff. GG*

Einigkeit besteht darüber, dass die in Art. 83 ff. GG vorgesehenen Kompetenzregelungen eine Aussage zur Verteilung der Verwaltungszuständigkeiten zwischen Bund und Ländern enthalten[59]. Es handelt sich hierbei also um die bundesstaatliche Zuständigkeitsverteilung für die Ausführung von Bundesgesetzen. Umstritten ist jedoch, ob aus den Kompetenzkatalogen gem. Art. 83 ff. GG zugleich ein Kanon der Staatsaufgaben abgeleitet werden kann. Wie oben dargelegt wurde, wird diese Frage in der heutigen staatsrechtlichen Literatur überwiegend bejaht[60]. Die in Art. 87 Abs. 1 S. 1 GG festgelegten, in bundeseigener Verwaltung mit eigenem Verwaltungsunterbau geführten obligatorischen Sachmaterien ziehen wegen der materiell-rechtlichen Bedeutung zwingend gegenständliche Privatisierungsgrenzen, innerhalb derer eine Aufgabenprivatisierung ausgeschlossen ist[61]. Insoweit hat der Bund nicht nur Handlungs*möglichkeiten*, sondern auch *Pflichten* zur eigenen Aufgabenerfüllung[62]. Allerdings beschränkt sich diese Aufgabenzuordnung nur auf den Kernbereich der dort genannten Materien[63].

Aus dieser Sperrwirkung der obligatorischen Bundesverwaltung des Art. 87 Abs. 1 S. 1 GG für die Aufgabenprivatisierung folgt, dass eine Verfassungsänderung erforderlich ist, um den Rückzug des Staates aus solchen Verwaltungsaufgaben zu ermöglichen. Art. 87 Abs. 1 S. 1 GG fällt nicht unter die Ewigkeitsklausel im Sinne des Art. 79 Abs. 3 GG und ist demzufolge veränderbar. Um den Telekommunikationsmarkt zu öffnen, wurde der Sachbereich der Bundespost im Zuge der Postreform II von 1994 durch die Verfassungsänderung aus dem Wortlaut des Art. 87 Abs. 1 S. 1 GG a.F. gestrichen. Die Telekommunikation findet nunmehr nicht mehr in Art. 87 Abs. 1 S. 1 GG n.F., sondern in Art. 87f Abs. 2 S. 1 GG ihren Niederschlag, wonach Dienstleistungen im Bereich der Telekommunikation privatwirtschaftliche Tätigkeiten darstellen, die durch die Nachfolgeunternehmen der DBP und andere private Anbieter erbracht werden. Eine Aufgabenprivatisierung ist seitdem verfassungsrechtlich geboten.

### *bb) Der Funktionsvorbehalt des Art. 33 Abs. 4 GG*

Für eine weitere Grenze der Aufgabenprivatisierung kommt der Funktionsvorbehalt des Art. 33 Abs. 4 GG zu Gunsten des Berufsbeamtentums in Betracht.

---

[59] BVerfGE 12, 205 (229 f.); 26, 338 (367 ff.); 46, 120 (151 f.).

[60] Siehe oben Erster Teil, § 2 IV 1.

[61] Vgl. *H. Lecheler*, Grenzen für den Abbau von Staatsleistungen, 1989, S. 50 f.; a.A. *S. v. Heimburg* (Fn.50), S. 24 f., der unzutreffend die obligatorische Bundesverwaltung des Art. 87 I 1 GG für privatisierungsneutral hält.

[62] In diesem Sinne *K.-P. Sommermann* (Fn. 47), S. 366.

[63] Siehe oben Erster Teil, § 2 IV 1, insbes. Fn. 42.

Das primäre Anliegen des Art. 33 Abs. 4 GG ist es, gegenüber Angestellten und Arbeitern des öffentliches Dienstes, die nicht in einem öffentlich-rechtlichen Dienst- und Treueverhältnis stehen, ein Beamtenstatus zur dauernden Ausübung substantiell bedeutsamer Tätigkeiten sicherzustellen. In diesem Sinne stellt Art. 33 Abs. 4 GG im Zusammenhang mit Art. 33 Abs. 5 GG eine institutionelle Garantie des Berufsbeamtentums dar, die einen „Mindest-Einsatzbereich" für Beamte gewährleistet[64].

Umstritten ist jedoch, ob über die Charakterisierung als Maßstab der Personalstruktur innerhalb des öffentlichen Dienstes hinaus aus Art. 33 Abs. 4 GG eine eigenständige Privatisierungsgrenze entnommen werden kann, und zwar in dem Sinne, dass die dort benannten Aufgaben, nämlich die hoheitsrechtlichen Angelegenheiten nicht auf Private zu übertragen sind, sondern dem Staat selbst vorbehalten bleiben müssen.

Während in der Literatur teilweise die Auffassung vertreten wird, Art. 33 Abs. 4 GG enthalte eine „äußere" Aufgabenverteilung zwischen Staat und Privaten[65], bestehen teilweise verfassungsrechtliche Bedenken gegen diesen Ansatz. Nach überwiegender Ansicht sagt Art. 33 Abs. 4 GG nichts über den Aufgabenbereich des Staates aus, sondern setzt den Bestand von hoheitsrechtlichen Aufgaben voraus[66]. Dieser Auffassung ist zuzustimmen. Der Ansatz, der Art. 33 Abs. 4 GG für eine Sperre für die Privatisierung im Sinne der Entstaatlichung hält, geht zu weit und ist nicht mit dem Wortlaut des Art. 33 Abs. 4 GG vereinbar. Die Verfassungsdogmatik des Art. 33 Abs. 4 GG enthält keine Aussage über Grenzen der Entstaatlichung oder Aufgabenprivatisierung.

Im Gegenteil ist der Funktionsvorbehalt des Art. 33 Abs. 4 GG für die formelle und funktionale Privatisierung von wesentlicher Bedeutung[67], weil es bei die-

---

[64] *G. Lübbe-Wolff*, in: Dreier (Hrsg.), Grundgesetz, Bd. II, 1998, Art. 33, Rn. 53; s. auch BVerfGE 9, 284; zu Art. 33 Abs. 4 GG allgemein *K. Stern*, Staatsrecht, Bd. I, 2. Aufl., 1984, S. 348 ff.; *H. Lecheler*, Die Beamtenaufgaben nach dem Funktionsvorbehalt des GG, 1986; *W. Leisner*, Legitimation des Berufsbeamtentums aus der Aufgabenerfüllung, 1988; *Th. Strauß*, Funktionsvorbehalt und Berufsbeamtentum. Zur Bedeutung des Art. 33 Abs. 4 GG, 2000; zur Verfassungsänderbarkeit vgl. *Schmidt-leibtreu/Klein*, GG, 9. Aufl., 1999, Art. 33, Rn. 10.

[65] So *H. Lecheler*, Privatisierung – ein Weg zur Neuordnung der Staatsleistungen?, ZBR 1980, S. 70 f.; *ders.* (Fn. 61), S. 65; kritisch dazu *R. Schmidt* (Fn. 53), S. 977, der den von *Lecheler* argumentierten Erst-recht-Schluß als „Trugschluß" bezeichnet.

[66] Vgl. *S. v. Heimburg* (Fn. 50), S. 24; *W. Leisner*, Berufsbeamtentum und Entstaatlichung, DVBl. 1978, S. 734; *R. Scholz*, Verkehrsüberwachung durch Private?, NJW 1997, S. 14; *K. Waechter*, Die Organisation der Verkehrsüberwachung. Auch zur Auslegung des Art. 33 IV GG, NZV 1997, S. 329; *F.-J. Peine* (Fn. 56), S. 355 f.; *G. Lübbe-Wolff* (Fn. 64), Rn. 55.

[67] So auch *F.-J. Peine*, Der Funktionsvorbehalt des Berufsbeamtentums, Die Verwaltung 1984, S. 437; *K. Waechter* (Fn. 66), S. 329 f.; im Ergebnis auch *A. Bree* (Fn.29), S. 220; a.A. *P. Unruh* (Fn. 20), S. 661 f.; zu Grenzen des Art. 33 IV GG für die Verwaltungshilfe und Beleihung vgl. *Chr. Gramm*, Schranken der Personalprivatisierung bei der inneren Sicherheit. – Zugleich ein Beitrag zur Rechtsdogmatik des Art. 33 Abs. 4 GG –, VerwArch. 1999, S. 329 ff.

sen Privatisierungsformen gerade um die Frage nach der *Art und Weise* der Erfüllung von Verwaltungsaufgaben geht. Mit anderen Worten: Art. 33 Abs. 4 GG liefert das entscheidende Kriterium für die Frage, ob für die „Wahrnehmung" von Verwaltungsaufgaben Beamte, die in einem öffentlich-rechtlichen Dienst- und Treueverhältnis stehen, eingesetzt werden müssen oder die Einbeziehung nichtbeamteter Angestellter und von Arbeitern des öffentlichen Dienstes oder Privater als Beliehener in die Ausübung staatlicher Aufgaben zulässig ist[68].

Unter dem Gesichtspunkt der Privatisierung im Bereich der Telekommunikation wird der Schluss gezogen, dass sich das Verbot einer Aufgabenprivatisierung der Telekommunikation nicht aus Art. 33 Abs. 4 GG ableiten lässt. Zwar hätte Art. 33 Abs. 4 GG theoretisch die Deutsche Bundespost bei der Erfüllung ihrer telekommunikativen Aufgaben beschränkt[69]. Er fand aber auf Grund der Sonderregelung des Art. 87 Abs. 1 S. 1 GG a.F. für diesen Sachbereich keine Anwendung. Nach der heutigen Rechtslage unterliegt dem Funktionsvorbehalt des Art. 33 Abs. 4 GG nicht das Fernmeldewesen als Ganzes, sondern nur die *hoheitliche* Aufgabe im Bereich der Telekommunikation, deren Ausübung als

---

[68] Diese Problematik wird vor allem im Zusammenhang mit der Privatisierung innerer Sicherheit behandelt. Dazu vgl. allgemein *V. Götz*, Innere Sicherheit, in: HdbStR III, 2. Aufl., 1996, § 79; zur Zulässigkeit der Privatisierung der Polizeigewalt und Problematik privater Sicherheitskräfte vgl. *W. Hoffmann-Riem*, Übergang der Polizeigewalt auf Private?, Überlegungen zur Entwicklung gewerblicher Sicherheitskräfte, ZRP 1977, S. 277 ff.; *Chr.-D. Bracher*, Gefahrenabwehr durch Private. Eine verfassungsrechtliche Untersuchung zu den Grenzen der Übertragung von Aufgaben der Gefahrenabwehr auf Private und der staatlichen Zulassung privater Gefahrenabwehr, 1987; *B. Jeand'Heur*, Von der Gefahrenabwehr als staatlicher Angelegenheit zum Einsatz privater Sicherheitskräfte. Einige rechtspolitische und verfassungsrechtliche Anmerkungen, AöR 1994, S. 107 ff.; *M. Schulte*, Gefahrenabwehr durch private Sicherheitskräfte im Lichte des staatlichen Gewaltmonopols, DVBl. 1995, S. 130 ff.; *Chr. Gusy*, Rechtsgüterschutz als Staatsaufgabe, – Verfassungsfragen der „Staatsaufgabe Sicherheit" –, DÖV 1996, S. 573 ff.; *R. Scholz*, Staatliche Sicherheitsverantwortung zu Lasten Privater?, in: Festschrift für Karl Heinrich Friauf zum 65. Geburtstag, 1996, S. 441 ff.; *R. Stober*, Staatliches Gewaltmonopol und privates Sicherheitsgewerbe, NJW 1997, S. 889 ff.; *ders.*, Police-Private-Partnership aus juristischer Sicht, DÖV 2000, S. 261 ff.; *A. Krölls*, Die Privatisierung der inneren Sicherheit, GewArch 1997, S. 445 ff.; *A. Peilert*, Police-Private-Partnership. – Rechtliche Vorgaben und tatsächliche Möglichkeiten für das Zusammenwirken von Sicherheitsbehörden und Sicherheitsgewerbe –, DVBl. 1999, S. 282 ff.; *H. J. Bonk*, Rechtliche Rahmenbedingungen einer Privatisierung im Strafvollzug, JZ 2000, S. 435 ff.; *Chr. Gramm*, Privatisierung und notwendige Staatsaufgaben, 2001; aus gewerberechtlicher Sicht vgl. *P. J. Tettinger*, Empfiehlt es sich, das Recht des Sicherheitsgewerbes zu kodifizieren?, NWVBl. 2000, S. 282 (283 ff.); zur rechtsvergleichenden Analyse *G. Nitz*, „Private Policing" in den Vereinigten Staaten, VerwArch. 1998, S. 306 ff.; *ders.*, Private und öffentliche Sicherheit, 2000; zur Notwendigkeit sachlicher Gründe für die Ausnahme von der Regel des Art. 33 IV GG statt vieler *F. Ossenbühl* (Fn. 35), S. 36 ff.

[69] Zur differenzierenden Anwendung des Art. 33 Abs. 4 GG auf die Bundespost vgl. *M. Benndorf*, Zur Bestimmung der »hoheitsrechtlichen Befugnisse« gemäß Art. 33 Abs. 4 GG, DVBl. 1981, S. 23, 27 f.

ständige Aufgabe in der Regel Angehörigen des öffentlichen Dienstes zu übertragen ist. Dazu zählen beispielsweise die im TKG vorgeschriebene Regulierung und Aufsicht. Eine formelle oder funktionale Privatisierung der Regulierungsaufgaben ist verfassungsrechtlich durch Art. 33 Abs. 4 GG begrenzt. Demgegenüber haben Telekommunikationsdienstleistungen gem. Art. 87f Abs. 2 GG ihre Qualifikation als Staatsaufgabe verloren und sind deswegen nicht mehr an Art. 33 Abs. 4 GG zu messen.

*cc) Ergebnis*

Im Ergebnis kann festgestellt werden, dass die Verfassung grundsätzlich im Hinblick auf die Grenzen materieller Privatisierung neutral ist. Dem Funktionsvorbehalt des Art. 33 Abs. 4 GG kommt keine verfassungsrechtlich unmittelbare Sperrfunktion für die Aufgabenprivatisierung zu[70]. Neben dem in der allgemeinen Staatsaufgabenlehre anerkannten absoluten Privatisierungsverbot originärer Staatsaufgaben findet sich die *einzige* verfassungsrechtliche Vorschrift, die die Sperrwirkung für die Aufgabenprivatisierung enthält, in Art. 87 Abs. 1 S. 1 GG. Die dort genannten Aufgabenbereiche müssen unter Berücksichtigung des Aufgabengehaltes dieser Vorschrift dem Bund vorbehalten bleiben. Eine materielle Privatisierung in solchen Gebieten ohne Verfassungsänderung ist nicht zulässig.

*2. Die Reichweite der Privatisierungsvorgabe des Art. 87f Abs. 2 S. 1 GG*

Der Aufgabenbereich der Deutschen Bundespost wurde im Jahre 1994 vom verfassungsändernden Gesetzgeber von der verfassungsrechtlichen Privatisierungsgrenze in Art. 87 Abs. 1 S. 1 GG a.F. befreit. Durch den Wegfall des Wortlauts „Bundespost“ aus Art. 87 Abs. 1 S. 1 GG a.F. und die Einführung der Art. 87f und 143b GG wurde die verfassungsrechtliche Grundlage für den Systemwechsel im Bereich der Telekommunikation geschaffen[71].

Nach Art. 87f Abs. 2 Satz 1 GG werden die vormals dem Verwaltungsmonopol des Bundes unterliegenden Telekommunikationsdienstleistungen nunmehr als privatwirtschaftliche Tätigkeiten bezeichnet, die durch die aus dem Sondervermögen DBP hervorgegangenen Unternehmen und durch andere private Anbieter erbracht werden. Aus dieser Grundentscheidung folgt, dass die Erbringung von Telekommunikationsdienstleistungen und der Betrieb von Telekommunikationsnetzen systematisch von der monopolistischen Staatsaufgabe zur privatwirtschaftlichen Betätigung, von der Gemeinwirtschaftlichkeit zur Eigen-

---

[70] Zu Folgerungen der Privatisierung für demokratische Einflussrechte des Staates vgl. *W. Thieme*, Demokratie – Ein Staatsziel im Wandel der gelebten Verfassung –, DÖV 1998, S. 759 f.

[71] BT-Drucks. 12/7269, S. 4.

wirtschaftlichkeit sowie von der daseinsvorsorgenden Leistungsverwaltung zum Schutzbereich der Berufs- und Gewerbefreiheit des Art. 12 Abs. 1 S. 1 GG umgewandelt worden sind.

Ordnet man die Privatisierungsentscheidung des Art. 87f Abs. 2 S. 1 GG in eine bestimmte Privatisierungsform ein, stößt man auf Schwierigkeiten. Denn Art. 87f Abs. 2 S. 1 GG enthält keine ausdrückliche Aussage über die Privatisierungsform. Er bringt lediglich zum Ausdruck, dass Telekommunikationsdienstleistungen als „privatwirtschaftliche Tätigkeiten" durch das Nachfolgeunternehmen der DBP und andere private Anbieter erbracht werden. Vor diesem Hintergrund wird die Frage aufgeworfen, was unter „Privatwirtschaftlichkeit" i.S.d. Art. 87f Abs. 2 S. 1 GG zu verstehen ist. In der Literatur bestehen hierüber Meinungsverschiedenheiten. Diesen soll im Folgenden nachgegangen werden.

### *a) Zum Diskussionsstand*

Zunächst wird in der Literatur teilweise die Ansicht vertreten, die in Art. 87f Abs. 2 S. 1 GG getroffene Entscheidung für die Privatwirtschaftlichkeit der Telekommunikation beziehe sich nicht auf die Entstaatlichung telekommunikativer Aufgaben als solche, sondern nur auf die *Art und Weise* der Dienstleistungserbringung[72]. Mit anderen Worten: Die in Art. 87f Abs. 2 S. 1 GG festgelegte Privatwirtschaftlichkeit enthalte lediglich Anforderungen an die privatrechtliche Organisations- und Handlungsform der Dienstleistungsunternehmen[73]. Soweit privatrechtliche Organisationsformen gewählt und damit kaufmännischen Grundsätzen der Unternehmensführung gefolgt wird, sei die Erbringung von Telekommunikationsdienstleistungen durch staatliche oder kommunale Wirtschaftsunternehmen nicht verfassungskräftig ausgeschlossen. Dementsprechend wären diese verfassungsrechtlichen Anforderungen bereits dadurch erfüllt, dass die DBP Telekom nach Art. 143b Abs. 1 GG i.V.m. den Vorschriften des Postumwandlungsgesetzes vom 14. 9. 1994[74] mit Wirkung vom 1. 1. 1995 organi-

---

[72] *I. Ebsen*, Öffentlich-rechtliche Rahmenbedingungen einer Informationsordnung, DVBl. 1997, S. 1039 ff. (1042).

[73] Vgl. *P. Lerche*, in: Maunz/Dürig, GG, Art. 87f, Rn. 54; *H. Pünder*, Die kommunale Betätigung auf dem Telekommunikationssektor, DVBl. 1997, S. 1354; *H. Gersdorf*, Der Staat als Telekommunikationsunternehmer. Zur verfassungsrechtlichen Problematik der sogenannten Rückverstaatlichung im Telekommunikationssektor, AfP 1998, S. 472; *ders.*, in: v. Mangoldt/Klein/Starck (Hrsg.), Bonner Grundgesetz, Bd. 3, 4. Aufl., 2001, Art. 87f, Rn. 74. – erweiterte Organisationsprivatisierung –; *M. Eifert*, Grundversorgung mit Telekommunikationsleistungen im Gewährleistungsstaat, 1998, S. 156; *J.-Chr. Pielow*, Gemeindewirtschaft im Gegenwind? Zu den rechtlichen Grenzen kommunaler Wettbewerbsteilnahme am Beispiel der Telekommunikation, NWVBl. 1999, S. 374; *ders.*, Grundstrukturen öffentlicher Versorgung, 2001, S. 557.

[74] BGBl. I, S. 2339.

satorisch in eine Aktiengesellschaft umgewandelt worden ist. Art. 87f Abs. 2 S. 1 GG verbiete keineswegs den völligen Rückzug des Staates aus dem Telekommunikationssektor, sondern nur die *verwaltungsmäßige* Erbringung von Telekommunikationsdienstleistungen durch die öffentliche Hand.

Gegen den zuerst dargelegten Ansatz wird zum Teil eingewendet, dass Art. 87f Abs. 2 S. 1 GG nicht nur auf die Organisationsprivatisierung der Nachfolgeunternehmen der Deutschen Bundespost und die Marktöffnung im Bereich der Telekommunikation abziele, sondern auch das Gebot zur *vollständigen Aufgabenprivatisierung* darstelle[75]. Unabhängig von der gegenwärtigen Verwaltungswirklichkeit, dass sich der Bund noch überwiegend an der Deutschen Telekom AG beteiligt, lege Art. 87f Abs. 2 S. 1 GG das „Endziel" der Aufgabenprivatisierung fest und verpflichte die öffentliche Hand, in Zukunft vollständig auf jegliches Erbringen von Telekommunikationsdienstleistungen zu verzichten. Im Ergebnis müsse die Erbringung von Telekommunikationsdienstleistungen ausschließlich *Privaten im materiellen Sinne* vorbehalten bleiben.

### *b) Die Verfassungsinterpretation der Privatwirtschaftlichkeit*

Eine Klärung dieser Streitfrage durch die Rechtsprechung des BVerfG steht noch aus. Im Folgenden soll eine Antwort auf die Frage nach dem begrifflichen Verständnis der Privatwirtschaftlichkeit i.S.d. Art. 87f Abs. 2 S. 1 GG durch Verfassungsauslegung versucht werden.

#### *aa) Wortlautauslegung*

Im Hinblick auf die Wortlautauslegung wäre es missverständlich, wenn „privatwirtschaftliche" Tätigkeiten mit „privatrechtlichen" Tätigkeiten gleichgesetzt würden. Über den formellen Gehalt hinaus enthält die Privatwirtschaftlichkeit eine materielle Dimension, die sich auf die Abgrenzung zur wirtschaftlichen Betätigung der öffentlichen Hand bezieht und mit dem Wettbewerbsprinzip und der Gewinnorientierung zwingend verbunden ist[76]. Das Grundgesetz überlässt infol-

---

[75] Vgl. *K. Windthorst*, in: Sachs (Hrsg.), GG, Kommentar, 2. Aufl., 1999, Art. 87f, Rn. 24; *Stern/Bauer*, in: Stern (Hrsg.), Postrecht der Bundesrepublik Deutschland, 1997, Teil C, Art. 87f, Rn. 55; *M. Rottmann*, Zu den verfassungsrechtlichen Aspekten der Postreform II, ArchivPT 1994, S. 194; *P. Badura*, in: BK-GG, Art. 87f (Stand: 1997), Rn. 22, 24; *ders.*, Unternehmenswirtschaftlichkeit und Infrastrukturgewährleistung im Bereich des Postwesens – Ausgleichsfonds, Exklusivlizenz und offener Netzzugang bei Universaldienstleistungen –, ArchivPT 1997, S. 285, der eindeutig betont, dass in Art. 87f GG „nicht nur eine organisatorische Festlegung, sondern eine materielle Entscheidung, eine (zunächst noch unechte) *Aufgabenprivatisierung* liegt".

[76] *P. Badura* (Fn. 75), Art. 87f, Rn. 20.

gedessen dem Markt den gesamten Bereich der Telekommunikationsdienstleistungen.

Darüber hinaus sind die in Art. 87f Abs. 2 S. 1 GG genannten Aufgabenträger, nämlich das aus dem Sondervermögen Deutsche Bundespost hervorgegangene Unternehmen und „andere" private Anbieter, als Private *im materiellen Sinne* zu verstehen[77]. Aus der Gleichstellung von Nachfolgeunternehmen der DBP und anderen privaten Anbietern ergibt sich, dass der Rechtsstatus der Deutschen Telekom AG letztlich ein rein privatwirtschaftliches Unternehmen sein muss, dessen Anteile sich vollständig in privater Hand befinden[78]. Die Verankerung des Nachfolgeunternehmens der Deutschen Bundespost im Grundgesetz zielt nicht auf die Sicherstellung der Beteiligungsverwaltung des Bundes ab, sondern nur auf einen „Bestandsschutz" der Deutschen Telekom AG als solcher[79].

Der materielle Gehalt der Privatwirtschaftlichkeit von Telekommunikationsdienstleistungen kann auch im negativen Sinne verstanden werden. Es geht hierbei nämlich um das *Verbot der gesetzlichen Rückverstaatlichung*[80]. Es gilt hinsichtlich der bundesstaatlichen Rechtsordnung sowohl für den Bundes- als auch für den Landesgesetzgeber. Insofern sind verfassungsrechtliche Bedenken gegen die wirtschaftliche Beteiligung kommunaler Unternehmen im Bereich der Telekommunikation zu äußern[81]. Denn die Rückkehr in die verwaltungsmäßige Er-

---

[77] *Stober/Moelle/Müller-Dehn*, § 1 PostG, in: Stern (Hrsg.) (Fn. 75), Teil H, Rn. 15, die zu Recht verdeutlichen, dass andere private Anbieter von Dienstleistungen im Sinne des Art. 87f GG Wettbewerber sind, die zu den Nachfolgeunternehmen der Post als Konkurrenten hinzutreten; auch *M. Heintzen*, Die Postprivatisierung im Spiegel des Petitionsgrundrechts, in: J. Isensee/H. Lecheler (Hrsg.), Festschrift für Walter Leisner zum 70. Geburtstag, 1999, S. 531 (541).

[78] *U. Hösch*, Der öffentliche Zweck als Voraussetzung kommunaler Wirtschaftstätigkeit, GewArch 2000, S. 10.

[79] So auch *M. Rottmann* (Fn. 75), S. 195; a.A. *P. Lerche* (Fn. 73), Art. 87f, Rn. 57.

[80] *K. Windthorst*, Art. 87f (Fn. 75), Rn. 28; *M. Rottmann* (Fn. 75), S. 194, der in diesem Zusammenhang auch von einer „negativen Kompetenzschranke" spricht.

[81] Vgl. *K. Stern*, Postreform zwischen Privatisierung und Infrastrukturgewährleistung, DVBl. 1997, S. 310; *M. Bullinger/E.-J. Mestmäcker*, Multimediadienste, 1997, S. 83; *R. Stober*, Allgemeines Wirtschaftsverwaltungsrecht, 12. Aufl., 2000, S. 279; *ders.*, Besonderes Wirtschaftsverwaltungsrecht, 12. Aufl., 2001, S. 273; *M. Müller*, Zur verfassungsrechtlichen Problematik kommunaler Unternehmen auf dem Telekommunikationsmarkt, DVBl. 1998, S. 1256 ff.; *ders.*, Kommunale Telekommunikationsdienstleistungen contra Grundgesetz?, in: Stober/Vogel (Hrsg.), Wirtschaftliche Betätigung der öffentlichen Hand, 2000, S. 145 ff., insbes. 152 ff.; *R. Müller-Terpitz*, Die wirtschaftliche Betätigung von Kommunen im Bereich der Telekommunikation, NWVBl. 1999, S. 292 ff.; im Ergebnis auch *H. Gersdorf* (Fn. 73), S. 470 ff.; *U. Hösch* (Fn. 78), S. 10; dagegen unzutreffend *H. Pünder* (Fn. 73), S. 1353; *I. Ebsen* (Fn. 72), S. 1042; *J. Hellermann*, Örtliche Daseinsvorsorge und gemeindliche Selbstverwaltung. Zum kommunalen Betätigungs- und Gestaltungsspielraum unter den Bedingungen europäischer und staatlicher Privatisierungs- und Deregulierungspolitik, 1999, S. 339; zum Beteiligungsstand der Kommunen vgl. *H. Gersdorf* (Fn. 73), S. 470; zum Legitimationsanforde-

bringung telekommunikativer Dienstleistungen kommt dann in Betracht, wenn das Verbot der einfachgesetzlichen Rückverstaatlichung nach Art. 87f Abs. 2 Satz 1 GG durch eine neuerliche Verfassungsänderung beseitigt würde[82].

Insgesamt ist festzuhalten, dass sich aus dem Wortlaut des Art. 87 Abs. 2 S. 1 GG das Gebot der Aufgabenprivatisierung ergibt.

### *bb) Genetische Auslegung*

Der gleiche Schluss lässt sich auch ziehen, wenn man die genetische Interpretationsmethode einsetzt. In der Begründung der Bundesregierung zum Entwurf des Verfassungsänderungsgesetzes wird deutlich, dass „das Angebot von (Telekommunikations-)Dienstleistungen in Zukunft *ausschließlich* private Tätigkeit sein solle, deren Wahrnehmung als Verwaltungsaufgabe in öffentlich-rechtlicher oder in privatrechtlicher Organisationsform ausgeschlossen wird"[83]. Infolgedessen wurden privatwirtschaftliche Tätigkeiten i.S.d. Art. 87f Abs. 2 S. 1 GG vom verfassungsändernden Gesetzgeber bewusst nicht als Gegensatz der öffentlich-rechtlichen Handlungsform, sondern als Kehrseite der daseinsvorsorgenden Verwaltungsaufgaben verstanden[84].

Die Erbringung von Telekommunikationsdienstleistungen durch den Bund mittels der Beteiligungsverwaltung stellt keineswegs einen verfassungsrechtlich zulässigen Regelfall dar, sondern lässt sich nur als Übergangszeit zur *Entstaatlichung* hinnehmen[85]. Insoweit ist eine weitere Vermögensprivatisierung der Deutschen Telekom AG verfassungsrechtlich erforderlich. Der ganze Übergangsprozess wird dann beendet, wenn die völlige Kapitalaufgabe des Bundes an diesem Nachfolgeunternehmen der DBP erfolgt[86]. Nach dem Ablauf der Übergangszeit

---

rungen der wirtschaftlichen Betätigung der öffentlichen Hand vgl. grundlegend *P. Badura*, Die wirtschaftliche Betätigung der öffentlichen Hand mit besonderer Berücksichtigung der öffentlich-rechtlichen Wettbewerbs-Versicherungsunternehmen, ZHR 146 (1982), S. 448 ff.; auf Kommunalebene vgl. auch *ders.*, Wirtschaftliche Betätigung der Gemeinde zur Erledigung von Angelegenheiten der örtlichen Gemeinschaft im Rahmen der Gesetze, DÖV 1998, S. 818 ff.; *F. W. Held*, Ist das kommunale Wirtschaftsrecht noch zeitgemäß? Zugleich ein Beitrag zur wirtschaftlichen und nicht-wirtschaftlichen Betätigung der Gemeinden, WiVerw 1998, S. 264 ff.; zur verfassungsrechtlichen Zulässigkeit grenzüberschreitender Wirtschaftsbetätigung der Kommunen vgl. *J. Kühling*, Verfassungs- und kommunalrechtliche Probleme grenzüberschreitender Wirtschaftsbetätigung der Gemeinden, NJW 2001, S. 177 ff.

[82] Vgl. *K. Stern* (Fn. 81), S. 311.

[83] BT-Drucks. 12/7269, S. 4.

[84] Vgl. *M. Heintzen* (Fn. 77), S. 540.

[85] Zur Charakterisierung des Art. 143b Abs. 1 GG als Übergangsregelung vgl. BT-Drucks. 12/7269, S. 5.

[86] Vgl. *A. Benz*, Privatisierung und Regulierung im Post- und Fernmeldewesen, in: König/Benz (Hrsg.), Privatisierung und staatliche Regulierung, 1997, S. 262 ff. (271); *J. Burmeister/R. Röger*, in: Stern (Hrsg.) (Fn. 75), Teil F, § 2 PostUmwG, Rn.14.

darf sich die Tätigkeit des Staates im Bereich der Telekommunikation auf Hoheitsaufgaben beschränken, die gem. Art. 87f Abs. 2 S. 2 GG in bundeseigener Verwaltung ausgeführt werden[87].

Mit der genetischen Betrachtungsweise kann man zugleich feststellen, dass der deutsche verfassungsändernde Gesetzgeber in Bezug auf den Telekommunikationssektor über das gemeinschaftsrechtliche Erfordernis hinausgegangen ist[88]. Denn Art. 49 und 50 EGV verlangen, wie der EuGH betont, von Mitgliedstaaten nur die Beseitigung aller Beschränkungen für die Dienstleistungsfreiheit einschließlich der Diskriminierung[89]. Eine Aussage über den Verzicht der Mitgliedstaaten auf die Dienstleistungserbringung besteht darin nicht[90]. Art. 295 EGV lässt sogar die Eigentumsordnung in den verschiedenen Mitgliedstaaten unberührt. Darüber hinaus verlangt Art. 86 Abs. 1 EGV von Mitgliedstaaten auch nicht die Abkehr von der Beteiligung privatwirtschaftlicher Tätigkeiten, sondern nur, dass die Wettbewerbsregeln auch auf öffentliche Unternehmen anzuwenden sind[91]. Aus Gründen des öffentlichen Interesses können die Wettbewerbsregeln sogar nach Art. 86 Abs. 2 EGV für öffentliche Unternehmen nicht gelten[92]. Auf Ebene des sekundären Gemeinschaftsrechts schließt Art. 2 Abs. 2 der Richtlinie über den Wettbewerb auf dem Markt für Telekommunikationsdienste[93] ebenfalls nicht die Beteiligung der Mitgliedstaaten als Telekommunikationsunternehmen an Telekommunikationsdiensten aus, sondern sagt nur das Diskriminierungsverbot aus[94].

---

[87] S. auch BT-Drucks. 12/7269, S. 4.

[88] Insofern ist das gemeinschaftsrechtliche Argument für die Betätigung der öffentlichen Hand auf dem Telekommunikationsmarkt unzutreffend. Zur gemeinschaftsrechtlichen Argumentation vgl. *H. Pünder* (Fn. 73), S. 1353; *J.-Chr. Pielow* (Fn. 73), NWVBl. 1999, S. 375.

[89] Urteil des EuGH v. 4. 12. 1986, Slg. 1986, S. 3755, 3802.

[90] Vgl. *L. Gramlich*, Kommunikations-Grundversorgung zwischen Markt und Staat, ZUM 1998, 372; auch *J. Basedow*, Von der Deregulierung zur Privatisierung – Zu den wettbewerbspolitischen Folgeproblemen der Marktöffnung im europäischen Luftverkehr – , in: Festschrift für Herbert Helmrich zum 60. Geburtstag, 1994, S. 769 (779).

[91] Vgl. *N. v. Baggehufwudt*, Dienstleistungsmonopole in der Telekommunikation unter EG-rechtlichen Aspekten, ArchivPT 1993, S. 174 ff.; *T.-S. Kluth*, Telekommunikation als Regelungsgegenstand des Europäischen Gemeinschaftsrechts, 1993; *K. Goumagias*, Die Stellung der Telekommunikation im Europäischen Vertrag, 1997; *J. Schwarze*, Der Staat als Adressat des europäischen Wettbewerbsrechts, EuZW 2000, S. 613 (622 ff.).

[92] EuGH 1974, 409 (430 f.); vgl. *P. J. Tettinger*, Für die Versorgungswirtschaft bedeutsame Entwicklungslinien im primären Gemeinschaftsrecht, RdE 1999, S. 45 ff.

[93] Richtlinie 90/388/EG der Kommission vom 28. 6. 1990, ABl. EG L 192, S. 10 ff.

[94] *M. Müller* (Fn. 81), S. 1256.

#### *cc) Teleologische Auslegung*

Schließlich wird der Verfassungsauftrag einer Aufgabenprivatisierung in Art. 87f Abs. 2 S. 1 GG durch die teleologische Auslegung unterstützt. Der Sinn und Zweck des Art. 87f Abs. 2 S. 1 GG besteht darin, den monopolisierten Telekommunikationsmarkt zu öffnen und freien Wettbewerb einzuführen. Danach sind Telekommunikationsdienstleistungen als gewerbliche Tätigkeiten zu qualifizieren. Der Infrastrukturauftrag des Art. 87f Abs. 1 GG soll nicht durch die Leistungs- und Beteiligungsverwaltung der öffentlichen Hand, sondern durch die Regulierung realisiert werden. Auf diese Weise entfällt der öffentliche Zweck als Voraussetzung für die Beteiligungsverwaltung. Im Ergebnis kann die Privatwirtschaftlichkeit des Art. 87f Abs. 2 S. 1 GG dem Sinn und Zweck nach nur als „Entstaatlichung" ausgelegt werden.

#### *c) Auslegungsergebnis*

Im Ergebnis kann festgestellt werden, dass es bei der verfassungsrechtlichen Entscheidung für die Privatisierung im Bereich der Telekommunikation nicht nur um die Organisationsprivatisierung der Nachfolgeunternehmen der DBP und Entmonopolisierung des Telekommunikationsmarktes geht. Vielmehr lässt sich die Pflicht des Staates zur vollständigen Aufgabenprivatisierung als Endziel auch aus Art. 87f Abs. 2 S. 1 GG ableiten.

## III. Auswirkungen auf die Verwaltungsverantwortung

### *1. Von der Leistungs- zur Gewährleistungsverantwortung*

Der Systemwechsel der Telekommunikation von der daseinsvorsorgenden Monopolverwaltung hin zur privatwirtschaftlichen Tätigkeit hat zur Veränderung der Verwaltungsverantwortung geführt[95]. Aufseiten des Staates tritt an die Stelle der Leistungsverantwortung nunmehr die „Regulierungsverantwortung" bzw.

---

[95] *R. Scholz/J. Aulehner*, „Postreform II" und Verfassung. Zu Möglichkeiten und Grenzen einer materiellen oder formellen Privatisierung der Post, ArchivPT 1993, S. 240; *K. König/A. Benz*, Zusammenhänge von Privatisierung und Regulierung, in: dies. (Hrsg.) (Fn. 86), S. 35 f.; *K. König/Chr. Theobald* (Fn. 1), 306 f.; zum Begriff der Verwaltungsverantwortung vgl. grundlegend *U. Scheuner*, Verantwortung und Kontrolle in der demokratischen Verfassungsordnung, in: Ritterspach/Geiger (Hrsg.), Festschrift für Gebhard Müller zum 70. Geburtstag, 1970, S. 379 ff.; *R. Pitschas*, Verwaltungsverantwortung und Verwaltungsverfahren, Strukturprobleme, Funktionsbedingungen und Entwicklungsperspektiven eines konsensualen Verwaltungsrechts, 1990.

„Restverantwortung"[96], die im Zusammenhang mit der Aufgabenprivatisierung auch als Privatisierungsfolgenverantwortung verstanden wird.

Nach in der rechtswissenschaftlichen Literatur verbreiteter Auffassung lässt sich die Verwaltungsverantwortung in vielfältiger Hinsicht abstufen[97]. Nach der Intensitätsstufung staatlicher Aufgabenwahrnehmung kann man generell die Verwaltungsverantwortung zwischen zwei Grundstufen unterscheiden, nämlich der Erfüllungsverantwortung und der Gewährleistungsverantwortung[98]. Diese Differenzierung ist mit der Privatisierungsdiskussion eng verbunden und daher für diese Arbeit von grundlegender Bedeutung.

Die Erfüllungsverantwortung lässt sich dadurch kennzeichnen, dass der Staat selbst durch eigene Regie die Verantwortung für die „Wahrnehmung" bestimmter Aufgaben übernimmt. Zu solchen Aufgaben zählen die oben bereits erwähnten sog. „genuinen" Staatsaufgaben[99], die ihrer Natur nach dem Gewaltmonopol des Staates unterliegen. Darüber hinaus fällt eine Vielzahl von Aufgaben auch in die Erfüllungsverantwortung des Staates, soweit ihre Wahrnehmung verfassungsrechtlich oder gesetzlich Hoheitsträgern selbst zusteht. Im Rahmen der Leistungsverwaltung kann man auch von einer „Leistungsverantwortung" sprechen. Ein Beispiel dafür war der Aufgabenbereich der Bundespost i.S.d. Art. 87 Abs. 1 a.F., die in bundeseigener Verwaltung mit eigenem Verwaltungsunterbau geführt wurde.

Im Gegensatz zur Erfüllungsverantwortung stellt die Gewährleistungsverantwortung eine Verantwortungsteilung zwischen staatlichen und privaten Akteuren dar. Während die Erledigung von Aufgaben eigenverantwortlich in der Hand privater Akteuren liegt, spielt der Staat bei der Gewährleistungsverantwortung nur eine zurückhaltende Rolle als „Garant".

Es ist einsichtig, dass im sozialen Rechtsstaat der Staat stets die Gemeinwohlverantwortung übernehmen muss, auch wenn er sich im Wege der Privatisierung aus der eigenen Aufgabenwahrnehmung zurückzieht[100]. Die auf die Daseinsvor-

---

[96] Vgl. *J. Burmeister/R. Röger*, in: Stern (Hrsg.) (Fn. 75), Teil D, § 3 BAPostG, Rn. 18.

[97] Im Hinblick auf das Verhältnis zwischen Verwaltung und Gesetzgeber vgl. *E. Schmidt-Aßmann*, Verwaltungsverantwortung und Verwaltungsgerichtsbarkeit, VVDStRL 34 (1976), S. 221 (232 ff.); im Hinblick auf das Verhältnis zwischen Staat und Gesellschaft vgl. *ders.*, Zur Reform des Allgemeinen Verwaltungsrechts. – Reformbedarf und Reformansätze –, in: Hoffmann-Riem/Schmidt-Aßmann/Schuppert (Hrsg.), Reform des Allgemeinen Verwaltungsrechts, 1993, S. 11 (43 f.).

[98] *W. Hoffmann-Riem*, Tendenzen in der Verwaltungsrechtsentwicklung, DÖV 1997, S. 433 (440 ff.); *G. F. Schuppert*, Die öffentliche Verwaltung im Kooperationsspektrum staatlicher und privater Aufgabenerfüllung: Zum Denken in Verantwortungsstufen, Die Verwaltung 1998, S. 415 (423); *M. Wallerath*, Der ökonomisierte Staat. Zum Wettstreit zwischen juridisch-politischem und ökonomischem Paradigma, JZ 2001, S. 209 (216 f.).

[99] Siehe oben Erster Teil, § 3 II 1 c).

[100] *W. Hoffmann-Riem*, Das Grundgesetz – zukunftsfähig?, DVBl. 1999, S. 657 (663); *M. Burgi* (Fn. 16), S. 28.

sorge der Bevölkerung bezogenen Angelegenheiten müssen zwar grundsätzlich nicht unbedingt vom Staat selbst ausgeübt werden. Aber die „Sicherstellung" ihrer *sozialstaatsverträglichen* Wahrnehmung fällt stets in die Verantwortung des Staates. Durch die Setzung rechtlicher Ordnungsrahmen, durch Aufsicht und insbesondere Regulierung beeinflusst er die Verhaltensweise privater Wirtschaftssubjekte, damit die privatisierten Aufgaben weiterhin von Privaten *gemeinwohlverträglich* wahrgenommen werden können[101]. *M. Eifert* weist in diesem Zusammenhang deutlich darauf hin, dass der „Gewährleistungsstaat" den an seiner konkreten Gemeinwohlverantwortung festhaltenden Staat bezeichne, der die Instrumente zur eigenhändigen, also unmittelbaren Aufgabenerfüllung aufgegeben hat. Hinsichtlich der Steuerungsinstrumente sei der Gewährleistungsstaat notwendigerweise Regulierungsstaat[102].

Zusammenfassend lässt sich feststellen, dass die Staatsentlastung im Wege der Privatisierung letztlich auf ihre Grenze stößt. Die Aufgabenprivatisierung befreit nicht den Staat von seiner Gemeinwohlverantwortung, sondern verändert nur seine Verantwortungsstruktur. Insoweit kann die Gewährleistungs- bzw. Regulierungsverantwortung des Staates auch als „Privatisierungsfolgenverantwortung" bezeichnet werden[103]. Abgesehen von der Übergangszeit, wird die staatliche Verantwortung für den Gemeinwohlauftrag statt durch die Verwaltungssteuerung durch die Wirtschaftsregulierung und -aufsicht erfüllt[104].

### *2. Grundstrukturen der staatlichen Wirtschaftsregulierung*

#### *a) Der Begriff der Regulierung*

##### *aa) Der Regulierungsbegriff im Allgemeinen*

Im allgemeinen Sprachgebrauch hat der Begriff der Regulierung häufig mit staatlich gezielten Eingriffen in die Wirtschaft zu tun. In der Sozial- und Wirtschaftswissenschaft wird er vor allem als Kehrseite der „Deregulierung" bezeichnet. Nach allgemeiner Ansicht meint die Deregulierung die Aufhebung von

---

[101] Vgl. *M. Fehling*, Zur Reform der Daseinsvorsorge am Beispiel des öffentlichen Personennahverkehrs, Die Verwaltung 34 (2001), S. 25 ff.; zur Zielsetzung der Regulierung im Bereich der Telekommunikation ausführlich siehe Erster Teil, § 3 III 3 u. 4.

[102] *M. Eifert* (Fn. 73), S. 18 f.

[103] Vgl. *G. F. Schuppert*, Jeseits von Privatisierung und „schlankem" Staat: Vorüberlegungen zu einem Konzept von Staatsentlastung durch Verantwortungsteilung, in: Chr. Gusy (Hrsg.), Privatisierung von Staatsaufgaben: Kriterien – Grenzen – Folgen, 1998, S. 72 (83 ff.).

[104] *G. F. Schuppert*, Staatsaufsicht im Wandel, DÖV 1998, S. 835 f.

Marktzugangsbeschränkungen und der Abbau von den rechtlichen Regelungen, die nicht marktkonform sind[105].

In jüngerer Zeit wird der Regulierungsbegriff auch im juristischen Schrifttum, vornehmlich in der wirtschaftsverwaltungsrechtlichen Literatur, verwendet[106]. *R. Schmidt* unterscheidet zwischen der Regulierung im engeren Sinne und der Regulierung im weiteren Sinne. Erstere wird als staatliche Einwirkung auf den Marktprozess verstanden, um den „Wettbewerb" ganz oder teilweise auszuschalten. Sie bezieht sich nur auf die Einschränkung des Geltungsbereichs des Wettbewerbsrechts. Ein Musterbeispiel dafür war die Absage an einen spartengleichen Wettbewerb für die Elektrizitäts- und Gaswirtschaft nach § 103 GWB a.F.. Demgegenüber erfasst die Regulierung *im weiteren Sinne* das gesamte Zusammenspiel zwischen Staat und Wirtschaft und versteht sich als „Gesamtheit des wirtschaftsrechtlichen Instrumentariums zur Steuerung des Verhaltens privater Wirtschaftssubjekte durch Handlungsverbote oder Tätigkeitsverbote"[107].

Betrachtet man aus instrumentaler Sicht weitgehend den Regulierungsbegriff, kann man ihn über die oben erwähnten zwei Verständnisse hinaus noch im *weitesten* Sinne verstehen. Von der „Regulierung im weitesten Sinne" wird gesprochen, wenn zur Steuerung des Verhaltens privater Wirtschaftssubjekte nicht nur hoheitliche Handlungsverbote oder Tätigkeitsverbote eingesetzt werden dürfen, sondern auch sonstige staatliche Steuerungsmaßnahmen, solange sie zur Erreichung der Ziele der Regulierung beitragen. Im Ergebnis kann sich der Begriff der Regulierung im weitesten Sinne generell als die normativen Maßnahmen verstehen lassen, die zur Erreichung bestimmter angestrebter Ziele auf privatwirtschaftliche Prozesse Einfluss nehmen[108]. Die Rechtsform, Art und Intensität der Steuerungsinstrumente spielen für die Begriffsbestimmung keine Rolle. Maßgeblich ist vielmehr die Finalität des Regulierungsinstrumentariums.

Es stellt sich des Weiteren die Frage, ob der Regulierungsbegriff für alle marktwirtschaftlichen Prozesse gelten kann oder sich auf bestimmte Wirtschaftsbereiche beschränkt. *J.-P. Schneider* charakterisiert die Regulierung als eine spezifische Form staatlicher Steuerung „in gesellschaftstheoretisch als staatsnah

---

[105] Vgl. *A. Benz* (Fn. 24), S. 341; *U. Di Fabio*, Produktharmonisierung durch Normung und Selbstüberwachung, 1996, S. 98: „Deregulation bedeutet vielmehr eine geringere Intensität, eine neue, zurückgenommene Qualität von staatlicher Steuerung, die den außerstaatlichen Subsystem Funktionsfreiräume lässt, aber dennoch Steuerungsziele diesen außerstaatlichen Subsystem zu implementieren sucht".

[106] Siehe *R. Schmidt*, Öffentliches Wirtschaftsrecht, Allgemeiner Teil, 1990, S. 48 ff.; *J.-P. Schneider*, Flexible Wirtschaftsregulierung durch unabhängige Behörden im deutschen und britischen Telekommunikationsrecht, ZHR 164 (2000), S. 513 ff.

[107] *R. Schmidt* (Fn. 106), S. 48 f.; s. auch *L. Gramlich*, Instrumente der Regulierung gegenüber öffentlichen Unternehmen (am Beispiel der Telekom), ArchivPT 1993, S. 51.

[108] Vgl. *U. Scheuner*, Die staatliche Intervention im Bereich der Wirtschaft, VVDStRL 11 (1954), S. 1 ff.

umschriebenen oder öffentlich gebundenen Wirtschaftsbereichen"[109]. Durch die Wirtschaftsregulierung wird „eine abgrenzbare Gruppe von Wirtschaftssubjekten" in herausgehobener Weise für spezifische öffentliche Zwecke in Dienst genommen[110]. Nach diesem Verständnis unterliegen nur die öffentlich gebundenen Wirtschaftsbereiche, wie etwa Energiewirtschaft, Wasserversorgung, Personenverkehr, Post, Telekommunikation etc., der staatlichen Wirtschaftsregulierung. Für andere privatwirtschaftliche Tätigkeiten, die nicht für die Gemeinnützigkeit bestimmt werden, gilt nicht die Wirtschaftsregulierung, sondern nur die Wirtschaftsaufsicht[111]. In diesem Zusammenhang verweist *P. Badura* zu Recht darauf, dass „die Regulierung im Bereich der Telekommunikation und des Postwesens eine *besondere* Form der Wirtschaftsaufsicht ist, die der Förderung des Wettbewerbs und der Gewährleistung flächendeckend bereitzustellender angemessener und ausreichender Dienstleistungen dient"[112].

Insgesamt kann unter dem Regulierungsbegriff die Gesamtheit staatlicher Maßnahmen verstanden werden, mit denen Wirtschaftssubjekte in öffentlich gebundenen Wirtschaftsbereichen für die Erreichung bestimmter angestrebter Regulierungsziele in Dienst genommen werden.

### *bb) Der Regulierungsbegriff im TKG*

Die Regulierung wird heute im TKG als eigenständiger Rechtsbegriff angesehen. Ihre Legaldefinition befindet sich in § 3 Nr. 13 TKG. Danach sind „Regulierung" i.S.d. TKG die Maßnahmen, „die zur Erreichung der in § 2 Abs. 2 TKG genannten Ziele ergriffen werden und durch die das Verhalten von Telekommunikationsunternehmen beim Angebot von Telekommunikationsdienstleistungen, von Endeinrichtungen oder von Funkanlagen geregelt werden, sowie die Maßnahmen, die zur Sicherstellung einer effizienten und störungsfreien Netzung von Frequenzen ergriffen werden".

---

[109] *J.-P. Schneider* (Fn. 106), S. 515.

[110] *J.-P. Schneider* (Fn. 106), S. 516.

[111] Zur Wirtschaftsaufsicht allgemein vgl. *E. Stein*, Die Wirtschaftsaufsicht, 1967; *R. Gröschner*, Das Überwachungsrechtsverhältnis. Wirtschaftsüberwachung in gewerbepolizeirechtlicher Tradition und wirtschaftsverwaltungsrechtlichem Wandel, 1992; *H. D. Jarass*, Wirtschaftsverwaltungsrecht mit Wirtschaftsverfassungsrecht, 3. Aufl., 1997, S. 12 f.; *D. Ehlers*, Ziele der Wirtschaftsaufsicht, 1997; zum Begriff und zu Typologien der Aufsicht ausführlich vgl. *W. Kahl*, Die Staatsaufsicht. Entstehung, Wandel und Neubestimmung unter besonderer Berücksichtigung der Aufsicht über die Gemeinden, 2000, § 9.

[112] *P. Badura*, Wirtschaftsverwaltungsrecht, in: Schmidt-Aßmann (Hrsg.), Besonderes Verwaltungsrecht, 11. Aufl., 1999, 3. Abschnitt, Rn. 75, S. 273; s. auch *W. Kahl* (Fn. 111), S. 392 f., der ferner darauf hinweist, dass es Sinn mache, die Regulierungsaufsicht als „eigenständige Subkategorie" im Rahmen der Wirtschaftsaufsicht auszuflaggen, solange der Schwerpunkt der Aufsichtstätigkeit in der Schaffung einer wettbewerblichen Chancengleichheit liege.

Der Begriffsbestimmung im TKG liegt offensichtlich die Regulierung im *weitesten* Sinne zugrunde. Die Gründe bestehen darin, dass zum einem die Telekommunikationsregulierung nicht auf den Ausschluss des Telekommunikationssektors aus dem Geltungsbereich des Wettbewerbsrechts abstellt. Im Gegenteil, die Sicherung eines chancengleichen und funktionsfähigen Wettbewerbs ist gerade eines der in § 2 Abs. 2 TKG festgelegten Regulierungsziele. Zum anderen trifft die Legaldefinition der Regulierung keine Aussage über die Regulierungsinstrumente[113]. Welche Regulierungsinstrumente im Einzelnen eingesetzt werden sollen, hängt von den Bestimmungen der §§ 6 ff. TKG ab[114]. Sicher ist, dass sich die Regulierungsmittel im TKG nicht in hoheitlichen Maßnahmen mit Geboten und Verboten erschöpfen. Daneben wird z.B. das Regulierungsinstrument der privatwirtschaftlichen Selbstregulierung im Rahmen der Netzzugangsregulierung eingesetzt.

### *b) Regulierungsinstrumente im Überblick*

Im Allgemeinen verfügt der Staat bei der Regulierung über umfassende Einwirkungsinstrumente, die zur Erreichung der Regulierungsziele einen Beitrag leisten können[115]. Für Typologien von Regulierungsinstrumenten bestehen unterschiedliche Kriterien[116]. Das in der Literatur am häufigsten verbreitete Kriterium ist die Klassifizierung nach der Regulierungsintensität. Danach wird zwischen „direkten" und „indirekten" Regulierungsinstrumenten unterschieden.

Direkte Regulierungsinstrumente liegen dann vor, wenn durch diese eine Verhaltensveränderung der Adressaten zwingend bewirkt wird. Darunter fallen her-

---

[113] So auch *M. Ruffert*, Regulierung im System des Verwaltungsrechts. Grundstrukturen des Privatisierungsfolgerechts der Post und Telekommunikation, AöR 124 (1999), S. 243.; *P. Lerche* (Fn. 73), Rn. 111.

[114] Vgl. *W. Spoerr/M. Deutsch*, Das Wirtschaftsverwaltungsrecht der Telekommunikation – Regulierung und Lizenzen als neue Schlüsselbegriffe des Verwaltungsrechts?, DVBl. 1997, S. 300 (302 f.).

[115] Vgl. allgemein *W. Rüfner*, Unternehmen und Unternehmer in der verfassungsrechtlichen Ordnung der Wirtschaft, DVBl. 1976, S. 693 ff.; *W. Bohling*, Allgemeine Formen staatlicher Lenkung zur Gestaltung von Wirtschaft und Gesellschaft, in: K. Thöne (Hrsg.), Wirtschaftslenkung in marktwirtschaftlichen Systemen, 1981, S. 18 ff.; *J. Becker*, Handlungsformen der Verwaltung gegenüber der Wirtschaft. Ein Beitrag zum Wirtschaftsverwaltungsrecht, JA 1986, S. 359 ff.; *E. Schmidt-Aßmann*, Flexibilität und Innovationsoffenheit als Entwicklungsperspektiven des Verwaltungsrechts, in: W. Hoffmann-Riem/ders. (Hrsg.), Innovation und Flexibilität des Verwaltungshandelns, 1994, S. 407 ff.; zu staatlichen Regulierungsinstrumenten im Umweltrecht vgl. ausführlich *M. Kloepfer*, Umweltrecht, 2. Aufl., 1998, § 5.

[116] Dazu allgemein vgl. *G. F. Schuppert*, Verwaltungsrechtswissenschaft als Steuerungswissenschaft. Zur Steuerung des Verwaltungshandelns durch Verwaltungsrecht, in: Hoffmann-Riem/Schmidt-Aßmann/Schuppert (Hrsg.), Reform des Allgemeinen Verwaltungsrechts, 1993, S. 65 (71 ff.).

kömmlich ordnungsrechtliche imperative Maßnahmen, etwa gesetzliche Gebote und Verbote, administrative Normsetzungen, Genehmigungsvorbehalte, Anordnungen und Auflagen[117]. Die Eigenart solcher regulativen Instrumente besteht in der Verbindung mit der Drohung hoheitlichen Einsatzes von Zwangsmitteln[118]. Im Rechtsstaat kommt diesen rechtlichen Regulierungsmechanismen nach wie vor eine zentrale Bedeutung zu. Sie müssen auf Grund des Gewaltmonopols des Staates dem Staat vorbehalten bleiben[119].

Im Gegensatz zu direkten Regulierungsinstrumenten lassen sich unter *indirekten* Regulierungsinstrumenten alle staatlichen Maßnahmen verstehen, durch die ein bestimmtes unternehmerisches Verhalten nicht rechtsverbindlich vorgegeben wird, sondern nur erwartet wird. Dazu zählen vor allem Warnungen, Empfehlungen, Selbstbeschränkungen der Privatwirtschaft und Absprachen, die sich verwaltungsrechtlich von sog. „informellem Verwaltungshandeln" erfassen lassen[120]. Darüber hinaus wird im Bereich der indirekten Wirtschaftsregulierung

---

[117] Vgl. *U. Scheuner* (Fn. 108), S. 1 ff.

[118] *E. Gawel,* Staatliche Steuerung durch Umweltverwaltungsrecht, Die Verwaltung 28 (1995), S. 201 (205).

[119] So auch *G. F. Schuppert*, Grenzen und Alternativen von Steuerung durch Recht, in: D. Grimm (Hrsg.), Wachsende Staatsaufgaben – sinkende Steuerungsfähigkeit des Rechts, 1990, S. 222 f.; *W. Hoffmann-Riem*, Verwaltungsrechtsreform. Ansätze am Beispiel des Umweltschutzes, in: Hoffmann-Riem/Schmidt-Aßmann/Schuppert (Hrsg.) (Fn. 116), S. 115 ff. (135).; *E. Schmidt-Aßmann*, Gefährdungen der Rechts- und Gesetzesbindung der Exekutive, in: Festschrift für Klaus Stern zum 65. Geburtstag, 1997, S. 745 (749).

[120] Vgl. *E. Bohne,* Informales Verwaltungs- und Regierungshandeln als Instrument des Umweltschutzes. – Alternativen zu Rechtsnorm, Vertrag, Verwaltungsakt und anderen rechtlich geregelten Handlungsformen? –, VerwArch. 1984, S. 343 ff.; *J. Becker,* Informales Verwaltungshandeln. Zur Steuerung wirtschaftlicher Prozesse im Zeichen der Deregulierung, DÖV 1985, S. 1003 ff.; *H. Bauer,* Informelles Verwaltungshandeln im öffentlichen Wirtschaftsrecht, VerwArch. 1987, S. 241 ff.; *H.-G. Henneke,* Informelles Verwaltungshandeln im Wirtschaftsverwaltungs- und Umweltrecht. Zwischenbilanz zur Erfassung eines seit zehn Jahren benannten Phänomens, NuR 1991, S. 267 ff.; *K.-H. Ladeur,* Die Zukunft des Verwaltungsakts. Kann die Handlungsformenlehre aus dem Aufstieg des „informalen Verwaltungshandelns" lernen?, VerwArch. 1995, S. 511 ff.; *E.-H. Ritter*, Der kooperative Staat, Bemerkungen zum Verhältnis von Staat und Wirtschaft, AöR 1979, S. 389 ff.; *U. Di Fabio,* Verwaltung und Verwaltungsrecht zwischen gesellschaftlicher Selbstregulierung und staatlicher Steuerung, VVDStRL 56 (1997), S. 235 ff. *ders.*, Selbstverpflichtungen der Wirtschaft – Grenzgänger zwischen Freiheit und Zwang, JZ 1997, S. 969 ff.; *R. Grohe,* Selbstverpflichtungen und Vereinbarungen im Umweltschutz, WiVerw 1999, S. 177 ff.; *H. Bauer,* Verwaltungsrechtliche und verwaltungswissnschaftliche Aspekte der Gestaltung von Kooperationsverträgen bei Public Private Partnership, DÖV 1998, S. 89 ff.; *K. Waechter,* Kooperationsprinzip, gesellschaftliche Eigenverantwortung und Grundpflichten. Verrechtlichung von ethischen Pflichten durch indirekte Steuerung, Der Staat 1999, S. 279 ff.; zur Abgrenzung zwischen informellem und schlichtem Verwaltungshandeln vgl. *J. Burmeister,* Verträge und Absprachen zwischen der Verwaltung und Privaten, VVDStRL 52 (1993), S. 190 (203, 235); *M.*

auch finanziellen Einwirkungsinstrumenten Rechnung getragen[121]. Durch finanzielle Vorteile (Subventionen, Steuerbefreiung und -minderung) oder Nachteile (Zahlung von Steuern, Sonderabgaben, Gebühren sowie Beiträgen) kann ein erwünschtes Handeln privater Wirtschaftssubjekte eingehalten werden oder ein unerwünschtes Handeln verhindert werden. Dementsprechend führt das BVerfG in jüngster Zeit im Verpackungssteuer-Urteil deutlich aus:

> „Es verpflichtet den Steuerschuldner nicht rechtsverbindlich zu einem bestimmten Verhalten, gibt ihm aber durch Sonderbelastung eines unerwünschten oder durch steuerliche Verschonung eines erwünschten Verhaltens ein finanzwirtschaftliches Motiv, sich für ein bestimmtes Tun oder Unterlassen zu entscheiden.“[122]

Indirekte Regulierungsmittel suchen mit positiven und negativen Anreizen nur auf die Motivation ihrer Adressaten Einfluss zu nehmen. Die Entscheidung, ob das gewünschte Verhalten einzuhalten oder das ungewünschte Verhalten aufzugeben ist, bleibt privaten Wirtschaftssubjekten vorbehalten. Hierbei kommt ihnen ein Entscheidungsspielraum zu. Die abweichende Tätigkeit hat nicht die Rechtswidrigkeit zur Folge. Sie führt vielmehr nur dazu, dass die Betroffenen die daraus sich ergebenden Nachteile dulden müssen. Diese *zielorientierten* Regulierungsinstrumente fallen juristisch unter die Kategorie des sog. „soft law“[123], das in jüngerer Zeit häufig auf unterschiedlichen Rechtsgebieten, insbesondere im Umweltrecht, verwendet wird. Anlass des Einsatzes derartiger Regulierungsinstrumente ist im Wesentlichen die bisweilen zu registrierende Steuerungsschwäche des Gesetzes[124].

---

*Schulte*, Schlichtes Verwaltungshandeln, 1995, S. 25 ff.; *Wolff/Bachof/Stober*, Verwaltungsrecht, Bd. 2, 6. Aufl., 2000, § 57.

[121] Zur Lenkungs- und Steuerungsfunktion der Steuer vgl. BVerfGE 30, 250 (264); 36, 66 (70 f.); 84, 348 (363); letztlich 98, 106 (117); s. auch *H.-W. Arndt*, Lenkung durch Steuern und sonstige Abgaben auf dem Gebiet des Wirtschaftsverwaltungsrechts, Bestandsaufnahme und Perspektiven, WiVerw 1990, S. 1 ff.; *C. Weidemann*, Rechtsstaatliche Anforderungen an Umweltabgaben, – Zu den beiden Urteilen des Bundesverfassungsgerichts vom 7. Mai 1998 –, DVBl. 1999, S. 73 ff.; *M. Rodi*, Ökonomische, ökologische und andere öffentliche Zwecke im Abgabenrecht, JZ 2000, S. 827 ff.; *U. Sacksofsky*, Verfolgung ökologischer und anderer öffentlicher Zwecke durch Instrumente des Abgabenrechts, NJW 2000, S. 2619 ff.; *Chr. Trzasklik*, Inwieweit ist die Verfolgung ökonomischer, ökologischer und anderer öffentlicher Zwecke durch Instrumente des Abgabenrechts zu empfehlen?, DJT 63, Bd. I, 2000, Gutachten E; zur Unterscheidung zwischen Steuer, Sonderabgabe und Gebühr vgl. *J. Pietzcker*, Abgrenzungsprobleme zwischen Benutzungsgebühr, Verleihungsgebühr, Sonderabgabe und Steuer, – Das Beispiel »Wasserpfennig« –, DVBl. 1987, S. 774 ff.; zu Subventionen vgl. *A. Bleckmann*, Subvention, Gutachten, DJT 55, Bd. I, 1984, D.

[122] BVerfGE 98, 106 (117).

[123] *R. Stober*, Allgemeines Wirtschaftsverwaltungsrecht (Fn. 81), S. 326.

[124] Vgl. *E.-H. Ritter*, Das Recht als Steuerungsmedium im kooperativen Staat, in: D. Grimm (Hrsg.) (Fn. 119), S. 69 ff.; *K. Günther*, Der Wandel der Staatsaufgaben und die Krise des regulativen Rechts, in: D. Grimm (Hrsg.) (Fn. 119), S. 51 ff.; *R. Schmidt*, Die Reform von

### *3. Regulierungsbedarf am Beispiel des Art. 87f Abs. 1 GG*

Die Privatisierung gilt zwar als Mittel der Staatsentlastung. Aber sie ist, wie oben vielfach betont hat, keineswegs gleichbedeutend mit der Deregulierung. Vielmehr ist die Privatisierung juristisch zumeist mit (Re-)Regulierung verbunden. Es liegt auf der Hand, dass die sich aus der Privatisierung ergebende Marktöffnung und freier Wettbewerb auf Grund des Interessenkonfliktes der Wettbewerber häufig zur Wettbewerbsverzerrung und sogar zum Marktversagen führen[125]. Um einen funktionsfähigen und chancengleichen Wettbewerb zu fördern und das Gemeinwohl zu sichern, sind staatliche Eingriffe in den privatwirtschaftlichen Vorgang nach der Privatisierung unentbehrlich. Die auf der Privatautonomie beruhenden Marktgesetze sind beim Bedarf durch die Regulierung zu modifizieren und zu korrigieren. In diesem Zusammenhang weist *E. Schmidt-Aßmann* zu Recht darauf hin, dass „Privatisierungen daher eher zu Gewichtsverlagerungen zwischen den unterschiedlichen Arten von Recht als zu einem quantitativen Abbau führen"[126].

#### *a) Infrastrukturgewährleistungsauftrag*

Bei der Privatisierung im Bereich der Telekommunikation ist der verfassungsändernde Gesetzgeber offenbar von der gleichen Überlegung ausgegangen und legte den Regulierungsbedarf gesondert in Art. 87f Abs. 1 GG fest, wonach der Bund nach Maßgabe eines Bundesgesetzes, das der Zustimmung des Bundesrates bedarf, im Bereich des Postwesens und der Telekommunikation flächendeckend angemessene und ausreichende Dienstleistungen gewährleistet. Man spricht insofern von dem „Infrastrukturgewährleistungsauftrag" oder der „Universaldienstgewährleistung" des Staates.

Zu beachten ist, dass diese Infrastrukturverantwortung in Art. 87f Abs. 1 GG weder die Gründungsnorm der generellen staatlichen Netzverantwortung noch den einzigen verfassungsrechtlichen Legitimationsgrund für den staatlichen Regulierungsbedarf darstellt. Vielmehr *konkretisiert* Art. 87f Abs. 1 GG einerseits lediglich die auf dem Sozialstaatsprinzip beruhende Infrastrukturverantwortung des Staates gesondert für den Bereich des Postwesens und der Telekommunikation[127]. Andererseits weist es nur auf *ein* öffentliches Interesse, für deren Wahrung und Verwirklichung der Staat die Gewährleistungsverantwortung tragen

---

Verwaltung und Verwaltungsrecht. Reformbedarf – Reformanstöße – Reformansätze, VerwArch. 2000, S. 149 ff.

[125] Vgl. *W. Spoerr/M. Deutsch* (Fn. 114), S. 302.

[126] *E. Schmidt-Aßmann* (Fn. 119), S. 750.

[127] *J. Wieland*, in: Dreier (Hrsg.), GG, Bd. III, 2000, Art. 87f, Rn. 11; *M. Fehling*, Mitbenutzungsrechte Dritter bei Schienenwegen, Energieversorgungs- und Telekommunikationsleitungen vor dem Hintergrund staatlicher Infrastrukturverantwortung, AöR 121 (1996), S. 78.

muss. Neben der Infrastrukturverantwortung verlangen die marktwirtschaftliche Wettbewerbsordnung des Grundgesetzes und der Grundrechtsschutz vor allem vom Staat, einen chancengleichen und funktionsfähigen Wettbewerb in der Privatwirtschaft sicherzustellen und zu fördern[128].

Die Normstruktur des Art. 87f GG zeigt, dass der verfassungsändernde Gesetzgeber einerseits die Marktöffnung und freien Wettbewerb schafft und andererseits nicht von der Privatisierungsfolgenverantwortung des Bundes absieht. Der auf das Gemeinwohl bezogene Infrastrukturgewährleistungsauftrag des Staates wird als „Staatszielbestimmung“[129] charakterisiert und lässt sich im Wesentlichen durch die Regulierung erfüllen, die als Hoheitsaufgabe nach Art. 87f Abs. 2 Satz 2 GG in bundeseigener Verwaltung ausgeführt wird[130].

Der verfassungsrechtliche Infrastrukturgewährleistungsauftrag findet sich parallel auch in der Eisenbahnprivatisierung. Während der Bau und die Unterhaltung des Schienennetzes sowie der Betrieb des Eisenbahnverkehrs nach Art. 87e Abs. 3 GG privatrechtlich organisierten Wirtschaftsunternehmen überlassen, bleibt die Gewährleistung des Wohls der Allgemeinheit, insbesondere der Verkehrsbedürfnisse, gem. Abs. 4 dieses Artikels dem Bund vorbehalten[131]. Der Bund ist daher befugt und verpflichtet, sowohl den Ausbau und Erhalt des Schienennetzes als auch den Betrieb des Eisenbahnverkehrs auf diesen Fahrwegen zu regulieren, um die Grundversorgung der Bürger mit dem Eisenbahnverkehr zu gewährleisten.

### *b) Die Offenheit der Regulierungsmittel*

Die Einflussnahme des Staates auf das Verhalten der Telekommunikationsunternehmen wird in Art. 87f Abs. 2 Satz 2 GG zwar als Hoheitsaufgabe bezeichnet. Aber dies bedeutet nicht, dass sich Regulierungsinstrumente im Telekommunikationsrecht auf *hoheitlich-rechtliches* Verwaltungshandeln beschränken. Der Ausdruck der „Hoheitsaufgaben“ i.S.d. Art. 87f Abs. 2 Satz 2 GG ist nicht auf bestimmte Mittel des Verwaltungshandelns ausgerichtet[132]. Er dient, wie oben dargelegt wurde, vielmehr nur als Gegenbegriff zu den „privatwirtschaftlichen

---

[128] Hierzu ausführlich unten Dritter Teil, § 6.

[129] Vgl. *K. Stern* (Fn. 81), S. 313 ff.; *K. Windthorst* (Fn. 75), Art. 87f, Rn. 14; *H. Gersdorf* (Fn. 73), Art. 87f GG, Rn. 49.

[130] In diesem Sinne bezeichnet *G. Hermes*, Staatliche Infrastrukturverantwortung, 1998, S. 155, Art. 87f GG als „moderne“ Verfassungsbestimmung, weil es einerseits konkrete Staatsaufgaben normiert und andererseits die Wahrnehmung dieser Aufgabe auf die Regulierung privater Initiative beschränkt.

[131] Vgl. *E. Schmidt-Aßmann/H. Ch. Röhl*, Grundpositionen des neuen Eisenbahnverfassungsrechts (Art. 87e GG), DÖV 1994, S. 577 ff.

[132] *P. Badura* (Fn. 75), Art. 87f, Rn. 13.

Tätigkeiten“ i.S.d. Abs. 2 Satz 1 dieses Artikels[133]. Die Frage, welche Instrumente zur Erfüllung der Infrastrukturgewährleistungsverantwortung im Einzelnen eingesetzt werden sollen, überlässt der verfassungsändernde Gesetzgeber vielmehr dem einfachen Gesetzgeber. Danach wird diesem ein Gestaltungsspielraum für das „Wie“ eingeräumt.

Im Ergebnis kann festgestellt werden, dass sich bestimmte Regulierungsmechanismen gegenüber privaten Telekommunikationsunternehmen dem Grundgesetz nicht entnehmen lassen. Neben ordnungsrechtliche und damit hoheitlichen Maßnahmen wie Geboten, Verboten und Genehmigungsvorbehalten sind andere indirekte und fiskalische Regulierungsinstrumente möglich, soweit die angestrebten Regulierungsziele dadurch erreicht werden können[134].

### *4. Die Konkretisierung durch das TKG*

Auf Grund des Verfassungsauftrages aus Art. 87f Abs. 1 GG ist im Bereich der Telekommunikation ein sehr komplexes Regulierungssystem mittlerweile durch das TKG und die darauf gestützten Rechtsverordnungen geschaffen worden, die juristisch als (Re-)Regulierungsgesetz zusammengefasst werden[135].

#### *a) Regulierungsinstrumente*

An die Stelle der Mittel zur Steuerung des Verwaltungshandelns, vornehmlich der innerorganisatorischen Verwaltungsvorschriften[136], treten rechtliche Regulierungsinstrumente, die ausschließlich auf private Wirtschaftssubjekte anwendbar sind[137].

---

[133] S. auch die Begründung zur Änderung des Grundgesetzes, BT-Druck. 12/7269, S. 5.

[134] Stellungnahme des Bundesrates, BT-Drucks. 12/7269, S. 7; zum Verhältnis zwischen Regulierungsinstrumenten und dem rechtsstaatlichen Verhältnismäßigkeitsprinzip vgl. unten Dritter Teil, § 7 III 2.

[135] Vgl. *P. Badura* (Fn. 75), Art. 87f, Rn. 31.

[136] Vgl. *F. Ossenbühl*, Rechtsquellen und Rechtsbindungen der Verwaltung, in: H.-U. Erichsen (Hrsg.), Allgemeines Verwaltungsrecht, 11 Aufl., 1998, § 7, Rn. 30 ff.; zur Eigenschaft der Verwaltungsvorschriften als Innenrecht vgl. BVerfGE 78, 214 (227); *K. Lange*, Innenrecht und Außenrecht, in: Hoffmann-Riem/Schmidt-Aßmann/Schuppert (Hrsg.) (Fn. 116), S. 307 ff.; zu anderen Instrumenten zur Steuerung des Verwaltungshandelns vgl. *A. v. Mutius/G. F. Schuppert*, Die Steuerung des Verwaltungshandelns durch Haushalt und Haushaltskontrolle, VVDStRL 42 (1984), S. 153 ff.

[137] Zum instrumentalen Wandel der Steuerung im Bereich der Telekommunikation vgl. *J. Scherer*, Rechtliche Instrumente und Verfahren zur Regulierung der Deutschen Bundespost Telekom vor und nach der Privatisierung, ArchivPT 1993, S. 261 ff.; *L. Gramlich* (Fn. 107), S. 51 ff.; *A. Benz*, Veränderung staatlicher Aufgabenwahrnehmung durch Privatisierung – das Beispiel Telekommunikation, in: Chr. Gusy (Hrsg.), Privatisierung von Staatsaufgaben: Kriterien – Grenzen – Folgen, 1998, S. 129 (161 ff.).

In der Übergangszeit, in der die Anteile an der Deutschen Telekom AG mehr oder wenig noch beim Bund verbleiben, verfügt der Staat ausnahmsweise über unternehmensinterne und -externe Einwirkungsmaßnahmen auf die Deutsche Telekom AG. Für unternehmens*interne* Einwirkungsmaßnahmen stehen gesellschaftsrechtliche Steuerungsmöglichkeiten, etwa das Wahl-, Entsendungs- und Abberufungsrecht der Aufsichtsratsmitglieder (§§ 101 II und 103 II S. 1 AktG) und der Abschluss eines Beherrschungsvertrages (§ 291 AktG), zur Verfügung[138]. Das zuständige Organ für die Wahrnehmung dieser gesellschaftlichen Steuerungsmittel und sonstiger Aktionärrechte ist die „Bundesanstalt für Post und Telekommunikation Deutsche Bundespost“, die durch Art. 87f Abs. 3 GG i.V.m. § 1 Abs. 1 BAPostG in Form einer Anstalt des öffentlichen Rechts errichtet wird[139].

Im Rahmen der *externen* Einwirkungsmaßnahmen spielte zunächst die Telekommunikations-Kundenschutzverordnung vom 19. 12. 1995 (TKV)[140], die auf Grund des § 9 des Gesetzes über die Regulierung der Telekommunikation und

---

[138] Diese Einwirkung der öffentlichen Hand auf das Verhalten ihre Wirtschaftsunternehmen wird in der Literatur als „Ingerenz“ bezeichnet; z.T. wird von einer „Ingerenzpflicht“ gesprochen. Dies gelte nach § 65 Abs. 1 Nr. 3 BHO und entsprechenden Vorschriften in den Bundesländern sowohl für den Bund als auch für Kommunen. Zu Grundlagen der Ingerenzpflicht und Wahrnehmungsmitteln vgl. *W. Leisner,* Der Vorrang des Gesellschaftsinteresses bei den Eigengesellschaften der öffentlichen Hand, WiVerw. 1983, S. 212 ff.; *W. Spannowsky,* Die Verantwortung der öffentlichen Hand für die Erfüllung öffentlicher Aufgaben und die Reichweite ihrer Einwirkungspflicht auf Beteiligungsunternehmen, DVBl. 1992, S. 1074 ff.; *ders.*, Der Einfluss öffentlich-rechtlicher Zielsetzungen auf das Statut privatrechtlicher Eigengesellschaften in öffentlicher Hand. – Öffentlich-rechtliche Vorgaben, insbesondere zur Ingerenzpflicht –, ZGR 1996, S. 400 ff.; *M. Ruffert*, Grundlagen und Maßstäbe einer wirkungsvollen Aufsicht über die kommunale wirtschaftliche Betätigung, VerwArch. 2001, S. 27 ff.; kritisch daran vgl. *Th. v. Danwitz*, Vom Verwaltungsprivat- zum Verwaltungsgesellschaftsrecht – Zu Begründung und Reichweite öffentlich-rechtlicher Ingerenz in der mittelbaren Kommunalverwaltung –, AöR 120 (1995), S. 595 ff.; *J. Becker*, Verwaltungsprivatrecht und Verwaltungsgesellschaftsrecht, am Beispiel des Rechtsschutzes bei Entscheidungen der Treuhandanstalt, 1994; zur demokratischen Legitimationsgrundlage öffentlicher Unternehmen vgl. *E. Schmidt-Aßmann*, Verwaltungslegitimation als Rechtsbegriff, AöR 1991, S. 329 ff.; *H. Dreier*, Hierarchische Verwaltung im demokratischen Staat. Genese, aktuelle Bedeutung und funktionelle Grenzen eines Bauprinzips der Exekutive, 1991, S. 258 f.; *H. Gersdorf,* Öffentliche Unternehmen im Spannungsfeld zwischen Demokratie- und Wirtschaftlichkeitsprinzip, 2000; *A. Schmehl*, Teilprivatisierung der Daseinsvorsorge, Demokratieprinzip und Gewinnerzielungsmaxime – BerlVerfGH, NVwZ 2000, 794, JuS 2001, S. 233 ff.; zur undurchbrochenen demokratischen Legitimationskette vgl. BVerfGE 44, 125 (139); 47, 253 (271 f.); 77, 1 (40); 83, 60 (72 f.).

[139] Zu Rechtsstellung und Aufgabenumfang der Bundesanstalt für Post und Telekommunikation Deutsche Bundespost näher *K. Windthorst* (Fn. 75), Art. 87f, Rn. 35 ff.; *J. Burmeister/ R. Röger*, in: K. Stern (Hrsg.) (Fn. 75), Teil D, § 1 BAPostG.

[140] BGBl. I, S. 2020.

des Postwesen vom 14. Sep. 1994[141] von der Bundesregierung erlassen wurde, für den besonderen Netzzugang und die Zusammenschaltung insbesondere eine große Rolle. Diese Rechtsverordnung bot im Rahmen des Netz- und Telefondienstmonopols die Rechtsgrundlage für den Zugang der Diensteanbieter und Betreiber von Mobilfunknetzen zum Netz der Deutschen Telekom AG (§§ 25, 28, 31 ff. TKV).

Abgesehen von den vorläufigen Regulierungsmitteln, die sich ausschließlich an die Deutsche Telekom AG richten, ist das TKG für die Erfüllung des Verfassungsauftrags nach Art. 87f Abs. 1 GG von wesentlicher Bedeutung. Im TKG werden vielfältige Regulierungsinstrumente zusammengefasst[142]. Im Mittelpunkt stehen die Marktzugangsregulierung (§§ 6 ff. TKG), Preisregulierung (§§ 23 ff. TKG), Universaldienstregulierung (§§ 17 ff. TKG), Frequenzzuteilung (§§ 44 ff. TKG) und Netzzugang- und Zusammenschaltungsregulierung (§§ 33 ff. TKG).

Je nach Regulierungszielen des § 2 Abs. 2 TKG werden unterschiedliche Mechanismen eingesetzt. Während die Universaldienstregulierung *ergebnisorientiert* auf die Sicherstellung einer flächendeckenden Grundversorgung mit Telekommunikationsdienstleistungen zu erschwinglichen Preisen abzielt, stellt die Regulierung des besonderen Netzzugangs und der Zusammenschaltung vorwiegend *prozessorientiert* auf die Sicherstellung eines chancengleichen und funktionsfähigen Wettbewerbs ab[143]. Zu beachten ist freilich, dass ein einzelnes Regulierungsmittel häufig der Erreichung mehrerer Ziele dient. Beispielsweise ist das unmittelbare Ziel der Zusammenschaltungsregulierung die Förderung des Wettbewerbs. Aber die sich aus der Zusammenschaltung ergebende Netzintegration zwischen unterschiedlichen Netzbetreibern leistet mittelbar auch zum Universaldienst einen Beitrag.

Ordnet man diese im TKG vorgegebenen Regulierungsinstrumente in das allgemeine Wirtschaftsverwaltungsrecht ein, wird deutlich, dass sich der Gesetzgeber für eine kombinierte Lösung entschieden hat. Eine detailliere Darlegung der einzelnen Regulierungsinstrumente kann an dieser Stelle nicht geboten werden[144]. Stattdessen soll eine systematische Skizzierung genügen. Die Rechtsna-

---

[141] BGBl. I, S. 2325, 2371.

[142] Vgl. *L. Gramlich*, Entwicklungen der staatlichen Wirtschaftsaufsicht: Das Telekommunikationsrecht als Modell?, VerwArch. 1997, S. 598 ff.; *G. Manssen*, Das Telekommunikationsgesetz (TKG) als Herausforderung für die Verfassungs- und Verwaltungsrechtsdogmatik, ArchivPT 1998, S. 236 ff.; *M. Ruffert* (Fn. 113), S. 237 ff.; *W. Hoffmann-Riem*, Telekommunikationsrecht als europäisiertes Verwaltungsrecht, DVBl. 1999, S. 125 ff.

[143] So *K. König/Ch. Theobald* (Fn. 1), S. 301.

[144] Zu einzelnen Regulierungsinstrumenten vgl. *B. Grzesyick*, Lizenzvergabe nach dem Telekommunikationsgesetz, – verwaltungsrechtliche Grundzüge und Rechtschutz –, ZUM 1997, S. 911 ff; *J. Heimlich*, Die Abgabepflichten des Telekommunikationsgesetzes, NVwZ 1998, S. 122 ff.; *R. Schütz/M. Cornils*, Universaldienst und Telekommunikation, DVBl. 1997, S. 1146

tur der einzelnen Regulierungsinstrumente reicht von ordnungsrechtlichen Verwaltungsakten (Lizenz nach § 6 TKG, Entgeltgenehmigung nach § 25 TKG und Zusammenschaltungsanordnung nach § 37 TKG) und Nebenbestimmungen (Lizenzauflagen nach § 6 II TKG) über finanzielle Mittel (Universaldienstleistungsabgabe des § 21 TKG[145]) bis hin zu indirekten Regulierungsinstrumenten (Selbstregulierung der Telekommunikationsunternehmen zum Universaldienst nach § 17 TKG und zum Netzzugang nach §§ 33 ff. TKG[146]).

Im Fall der Netzzugangsregulierung nach §§ 35 ff. TKG enthält das Regulierungsmodell zwei instrumentale Komponenten: zum einen den selbstregulierten Abschluss privatrechtlicher Zusammenschaltungsvereinbarungen zwischen den beteiligten Telekommunikationsunternehmen und zum anderen die Netzzugangs- bzw. Zusammenschaltungsanordnung der Regulierungsbehörde. Die Einzelheiten dieses Regulierungsansatzes sollen später näher betrachtet werden[147].

*b) Regulierungsorganisation*

In organisatorischer Hinsicht wurde die Regulierungsbehörde für Telekommunikation und Post (RegTP) durch § 66 Abs. 1 i.V.m. § 100 Abs. 1 TKG zum 1. 1. 1998 errichtet. Dem Art. 87f Abs. 2 S. 2 GG entsprechend gehört sie als Bundesoberbehörde zum Geschäftsbereich des Bundeswirtschaftsministeriums[148].

Die RegTP ist gem. § 66 Abs. 1 TKG für die Aufgaben, die sich aus dem TKG und anderen Gesetzen ergeben, zuständig[149]. Im Bereich der Telekommunikation hängt die Aufgabenzuweisung von den einzelnen Vorschriften des TKG ab[150]. Beispiele dafür sind der Universaldienst nach §§ 19 ff. TKG, die Entgelt-

ff.; *R. Schütz/R.-G. Müller*, Entgeltregulierung in der Telekommunikation, MMR 1999, S. 128 ff.; in Bezug auf das US-amerikanische Telekommunikationsrecht vgl. *K. Windthorst*, Regulierungsansätze im deutschen und US-amerikanischen Telekommunikationsrecht (I), CR 1998, 281 ff.; *ders.*, Regulierungsansätze im deutschen und US-amerikanischen Telekommunikationsrecht (II), CR 1998, 340 ff.

145 Vgl. *L. Gramlich*, Rechtliche Möglichkeiten der Finanzierung von Infrastrukturleistungen im Post- und Telekommunikationsbereich durch die Einrichtung eines Infrastrukturfonds, ArchivPT 1995, S. 189 ff.; zur Frage der Verfassungsmäßigkeit der Universaldienstabgabe vgl. *Th. v. Danwitz*, Die Universaldienstfinanzierungsabgaben im Telekommunikationsgesetz und im Postgesetz als verfassungswidrige Sonderabgaben, NVwZ 2000, S. 615 ff.

146 Vgl. *W. Wegmann*, Regulierte Marktöffnung in der Telekommunikation. Die Steuerungsinstrumente des Telekommunikationsgesetzes (TKG) im Lichte »regulierter Selbstregulierung«, 2001.

147 Vgl. unten Zweiter Teil, § 4 III 1.

148 Vgl. *M. Geppert*, in: Beck'scher TKG Kommentar, 2. Aufl., 2000, § 66, Rn. 7 ff.

149 Siehe auch § 44 PostG.

150 *M. Geppert* (Fn. 148), Rn. 10, der in diesem Zusammenhang von einem „gesetzlich abgegrenzten Zuständigkeitsbereich" spricht; a.A. vgl. Monopolkommission, Die Telekommunikation im Wettbewerb, Sondergutachten 24, 1996, Rn. 32 f., der für die einheitliche Über-

regulierung nach § 25 TKG, die Netzzugangsregulierung nach §§ 33 ff. TKG und die Zuteilung von Frequenzen nach § 47 TKG.

Nach der Befugnis der RegTP ist zwischen der Aufsichtsbehörde, der einfachen Beschlusskammer und der Präsidentenkammer zu unterscheiden. Diese Differenzierung wirkt sich auf das Verhältnis der RegTP zum Bundeswirtschaftsministerium aus. Wird die RegTP als Aufsichtsbehörde i.S.d. § 71 TKG tätig, unterliegt sie Weisungen des Bundeswirtschaftsministers. Im Gegensatz dazu genießen die einfache Beschlusskammer nach § 73 Abs. 2 TKG und Präsidentenkammer nach § 73 Abs. 3 TKG administrative Unabhängigkeit[151]. Während erstere von Einzelweisungen befreit ist, unterliegt letztere sogar nicht einmal allgemeinen Weisungen i.S.d. § 66 Abs. 5 TKG[152].

Mit Blick auf die Netzzugangsregulierung gewinnt die RegTP als sektorspezifische Regulierungsinstanz ihre Bedeutung aus dem Verhältnis zum Bundeskartellamt[153]. Die Frage nach der Zuständigkeitsverteilung zwischen der RegTP und dem Bundeskartellamt hinsichtlich der Netzzugangsregulierung wird später näher untersucht[154].

## IV. Zusammenfassung

Die aus der Privatwirtschaftlichkeit des Art. 87f Abs. 2 GG abgeleitete Aufgabenprivatisierung im Bereich der Telekommunikation ist nicht mit der Deregulierung gleichbedeutend. Sie führt lediglich zur Veränderung der Verwaltungsverantwortung und Steuerung. Art. 87f GG fordert eine strenge Trennung zwischen hoheitlichen Aufgaben der Regulierung (Abs. 1) und unternehmerischen Tätigkeiten (Abs. 2 S. 1). Zwar nimmt der Bund nicht mehr die Aufgabe der Grundversorgung mit Telekommunikationsleistungen in eigener Verwaltung wahr. Die Verantwortung des Staates für die „Gewährung“ öffentlicher Zwecke

---

tragung der Zuständigkeit für die Missbrauchsaufsicht auf das Bundeskartellamt sprach.; s. auch *E.-J. Mestmäcker*, Regulierende Missbrauchsaufsicht, in: Festschrift für Wolfgang Fikentscher zum 70. Geburtstag, 1998, S. 557 (562 ff.).

[151] Vgl. *J.-P. Schneider* (Fn. 106), S. 536; zur Problematik der administrativen Autonomie vgl. *M. Döhler*, Das Modell der unabhängigen Regulierungsbehörde im Kontext des deutschen Regierungs- und Verwaltungssystems, Die Verwaltung 34 (2001), S. 59 ff.

[152] Vgl. ausführlich *K. Oertel*, Die Unabhängigkeit der Regulierungsbehörde nach §§ 66 ff. TKG. Zur organisationsrechtlichen Verselbständigung staatlicher Verwaltungen am Beispiel der Privatisierung in der Telekommunikation, 2000, S. 348 ff.

[153] Vgl. allgemein *M. Paulweber*, Regulierungszuständigkeiten in der Telekommunikation. Sektorspezifische Wettbewerbsaufsicht nach dem TKG durch die Regulierungsbehörde im Verhältnis zu den allgemeinen kartellrechtlichen Kompetenzen des Bundeskartellamts und der Europäischen Kommission, 1999.

[154] Vgl. unten Zweiter Teil, § 4 III 4.

bleibt jedoch bestehen. Durch die Wirtschaftsregulierung soll der Infrastrukturgewährleistungsauftrag des Art. 87f Abs. 1 GG verwirklicht werden.

Der Regulierungsauftrag des Art. 87f Abs. 1 GG wurde durch das TKG umgesetzt, das als sektorspezifisches Regulierungsgesetz bezeichnet werden kann. Die Ziele, Instrumente und Organisation der Regulierung sind im TKG vorgesehen. Unterschiedliche Regulierungen sollen in erster Linie der Gewährleistung flächendeckend angemessener und ausreichender Dienstleistungen und der Förderung eines chancengleichen und funktionsfähigen Wettbewerbs dienen. Für die sich aus dem TKG ergebenden hoheitlichen Regulierungsaufgaben ist die RegTP zuständig.

Zweiter Teil:

# Die Netzzugangsregulierung im Telekommunikationsrecht und Parallelregelungen im Bereich der netzgebundenen Infrastruktur

Während der Strukturwechsel des Telekommunikationsnetzes und seine Auswirkungen auf die staatliche Regulierung im Allgemeinen im ersten Teil dargestellt wurden, widmet sich der vorliegende Teil den Ansätzen und der Problematik der Netzzugangsregulierung in der geltenden deutschen Rechtsordnung. Die Betrachtung konzentriert sich zunächst auf die Netzzugangsregelungen in §§ 33 ff. TKG und der darauf beruhenden Netzzugangsverordnung (§ 4). Auf Grund des überwiegenden Einflusses des europäischen Gemeinschaftsrechts auf den Bereich der Telekommunikation ist gemeinschaftsrechtlichen Rahmenbedingungen für die Netzzugangsregulierung, insbesondere den umfänglichen sog. ONP-Rechtsakten, unentbehrlich Rechnung zu tragen. Darüber hinaus wird das Verhältnis zwischen den sektorspezifischen Netzzugangs- und Zusammenschaltungsbestimmungen in §§ 33 ff. TKG und den allgemeinen Netzzugangsregelungen in § 19 Abs. 4 Nr. 4 GWB in die Erörterung einbezogen. Schließlich werden die parallelen Netzzugangs- und Durchleitungsregelungen in anderen netzgebundenen Wirtschaftssektoren skizziert, um einen sektorübergreifenden Überblick über die Netzzugangsregulierung in der geltenden deutschen Rechtsordnung zu gewinnen (§ 5). Dazu zählen die netzgebundenen Infrastrukturbereiche des Postwesens, der Eisenbahn und der Energieversorgung[1].

[1] Zur sektorübergreifende Untersuchung vgl. *M. Fehling,* Mitbenutzungsrechte Dritter bei Schienenwegen, Energieversorgungs- und Telekommunikationsleitungen vor dem Hintergrund staatlicher Infrastrukturverantwortung, AöR 121 (1996), S. 59 ff.; *G Hermes,* Staatliche Infrastrukturverantwortung, Rechtliche Grundstrukturen netzgebundener Transport- und Übertragungssysteme zwischen Daseinsvorsorge und Wettbewerbsregulierung am Beispiel der leitungsgebundenen Energieversorgung in Europa, 1998; *G Knieps,* Zugang zu Netzen. Verselbständigung, Nutzung, Vergütung, Eigentumsschutz, MMR 1998, S. 275 ff.; *J.-Chr. Pielow*, Grundstrukturen öffentlicher Versorgung, 2001, S. 537 ff.

# § 4 Rechtliche Rahmenbedingen für den besonderen Netzzugang im Bereich der Telekommunikation

## I. Begriffsbestimmungen und Differenzierung

### *1. Netzzugang*

Nach der Legaldefinition des § 3 Nr. 9 TKG ist „Netzzugang“ die physische und logische Verbindung von Endeinrichtungen oder sonstigen Einrichtungen mit einem Telekommunikationsnetz oder Teilen desselben, sowie die physische und logische Verbindung eines Telekommunikationsnetzes mit einem anderen Telekommunikationsnetz oder Teilen desselben zum Zwecke des Zugriffs auf Funktionen dieses Telekommunikationsnetzes oder auf die darüber erbrachten Telekommunikationsdienstleistungen. In diesem Sinne versteht das TKG den Begriff des Netzzugangs als Oberbegriff für den Zugang von Nutzern zu einem Telekommunikationsnetz[2].

Je nach dem Nutzerkreis und Nutzungszweck lässt sich der Netzzugangsbegriff weiter in einen *allgemeinen* Netzzugang und einen *besonderen* Netzzugang unterteilen. Sowohl § 35 Abs. 1 TKG als auch die Netzzugangsverordnung vom 23. Oktober 1996[3], die auf Grund der § 35 Abs. 5 und § 37 Abs. 3 TKG von der Bundesregierung erlassen wurde, legen diese Differenzierung zugrunde. Die Unterscheidung zwischen allgemeinem und besonderem Netzzugang gewinnt gerade für diese Arbeit maßgeblich an Bedeutung, weil sie an die Frage der Regulierungsziele und des Geltungsbereichs der einschlägigen Bestimmungen anknüpft. Während der allgemeine Netzzugang auf die Wahrung der Interessen aller Nutzer auf dem Gebiet der Telekommunikation abzielt, was in § 2 Abs. 2 Nr. 1 TKG verankert ist, soll der besondere Netzzugang, der Gegenstand dieser Arbeit ist, in erster Linie der Förderung eines chancengleichen und funktionsfähigen Wettbewerbs auf den liberalisierten Telekommunikationsmärkten dienen.

#### *a) Allgemeiner Netzzugang*

Ein allgemeiner Netzzugang liegt dann vor, wenn eine physische und logische Verbindung über die Anschlüsse, die für sämtliche Nutzer bereitgestellt werden, hergestellt wird. Dazu zählt am häufigsten der Anschluss von Telefonapparaten und Computer der Endkunden an ein Telekommunikationsnetz. Der allgemeine Netzzugang lässt sich systematisch in das Telekommunikationsnutzungsrecht

[2] So Beschlussempfehlung und Bericht des Ausschusses für Post und Telekommunikation zum Entwurf des TKG, BT-Drucks. 13/4864, S. 78 (zu § 34 Abs. 1 u. 2).

[3] BGBl. I, S. 1568.

einordnen, weil dieses die Beziehungen zwischen Nutzern und Telekommunikationsunternehmen betrifft. In der geltenden Rechtslage enthält die Telekommunikations-Kundenschutzverordnung (TKV) vom 11. 12. 1997[4], die auf Grund der Ermächtigung des § 41 TKG erlassen wurde, Einzelheiten hinsichtlich der gegenseitigen Rechte und Pflichten von Nutzern und Anbietern des allgemeinen Netzzugangs. Nach § 13 Abs. 1 TKV von 1997 ist der allgemeine Zugang zu festen öffentlichen Telekommunikationsnetzen mit einer räumlich frei zugänglichen Schnittstelle zu versehen. Er ist an einer mit dem Kunden zu vereinbarenden geeigneten Stelle zu installieren.

### *b) Besonderer Netzzugang*

Bei dem besonderen Netzzugang geht es dagegen nur eingeschränkt um das Verhältnis unterschiedlicher Telekommunikationsunternehmen zueinander. Ein besonderer Netzzugang ist dann gegeben, wenn ein Betreiber öffentlicher Telekommunikationsnetze oder Anbieter von Telekommunikationsdienstleistungen über „besondere“ Anschlüsse, die in der Regel auf Grund von Vereinbarungen individuell für ihn zur Verfügung gestellt werden, auf Funktionen des Telekommunikationsnetzes eines anderen Netzbetreibers zugreifen kann, um damit die Erbringung seiner Telekommunikationsdienstleistungen wiederum zu ermöglichen[5]. Eine entsprechende, aber nicht durchaus identische Beschreibung findet sich auch in § 1 Abs. 2 S. 1 NZV, wonach ein besonderer Netzzugang die Inanspruchnahme von Leistungen gem. § 35 Abs. 1 TKG durch Nutzer im Sinne des § 35 Abs. 3 TKG ermöglicht, die diese Leistungen als Anbieter von Telekommunikationsdienstleistungen oder als Betreiber von Telekommunikationsnetzen nachfragen, um Telekommunikationsdienstleistungen anzubieten[6]. Der Anspruch auf besonderen Netzzugang gilt sowohl für Lizenznehmer i.S.d. § 6 TKG, als auch für nicht-lizenzpflichtige Anbieter von Telekommunikationsdienstleistungen[7].

Nach alledem ist festzustellen, dass ein Netzzugang nicht allein dadurch als ein *besonderer* qualifiziert werden kann, dass ein Nutzer diese Leistung als „Anbieter von Telekommunikationsdienstleistungen“ oder als „Betreiber von Telekommunikationsnetzen“ nachfragt, sondern es ist auch noch – wie das OVG

---

[4] BGBl. I, S. 2910, geändert vom 14. April 1999 (BGBl. I, S. 705); dazu vgl. *M. Geppert/E.-O. Ruhle/F. Schuster*, Handbuch Recht und Praxis der Telekommunikation, 1998, Rn. 236 ff.; *Piepenbrock/Ehmer/Schütz/Kerkhoff*, in: Beck'scher TKG-Kommentar, 2. Aufl., 2000, Anh § 41.

[5] *K. Lammich*, Telekommunikationsgesetz, Kommentar, 1998, § 35, Rn. 4.

[6] Vgl. *H.-J. Piepenbrock*, Beck'scher TKG-Kommentar, 2. Aufl., 2000, Anh § 39, § 1 NZV, Rn. 2 ff.

[7] So Begründung der Bundesregierung zum Entwurf der Netzzugangsverordnung, BR-Drucks. 655/96, S. 8.

Münster in seiner jüngeren Rechtsprechung festgelegt hat – ein besonderer Anschluss erforderlich[8].

## *2. Zusammenschaltung*

Der Begriff der Zusammenschaltung, die im Hinblick auf den internationalen Sprachgebrauch auch „Interconnection" genannt wird, findet seine Definition sowohl im Gemeinschaftsrecht als auch im TKG. Allgemein anerkannt ist dabei, dass die Begriffsbestimmungen der Zusammenschaltung auf den beiden Normebenen nicht identisch sind[9]. Hierbei geht es nicht um die formelle Unvereinbarkeit der terminologischen Verwendung, sondern um die Nichtidentität des inhaltlichen Umfangs des Zusammenschaltungsbegriffs überhaupt. Darauf soll im Folgenden eingegangen werden.

### *a) Definition im sekundären Gemeinschaftsrecht*

Im Rahmen des europäischen Telekommunikationsrechts wird der Begriff der Zusammenschaltung an mehreren Stellen definiert. Zunächst findet er seinen Niederschlag in Art. 1 Abs. 1 a) iii) der Dienste-Richtlinie[10], die einerseits den Monopolbereich auf den Sprachtelefondienst reduzierte, und andererseits Diensteanbietern den Zugang zu öffentlichen festen Telekommunikationsnetzen ermöglichte. Danach ist die Zusammenschaltung „die physische und logische Verbindung von Telekommunikationseinrichtungen von Organisationen, die Telekommunikationsnetze und/*oder* Telekommunikationsdienste bereitstellen bzw. erbringen. Die Zusammenschaltung ermöglicht Benutzern einer Organisation die Kommunikation mit den Benutzern derselben oder einer anderen Organisation oder den Zugang zu Diensten derselben Organisation oder einer dritten Organisation". Hiernach unterscheidet die Dienste-Richtlinie nicht zwischen Diensteanbietern und Netzbetreibern. Die Verbindung der Einrichtung eines Anbieters, der selbst kein Netz betreibt, mit einem Netz eines anderen Netzbetreibers stellt demzufolge auch eine „Zusammenschaltung" dar.

---

[8] OVG Münster, Beschl. vom 5. 7. 2000 = RTkom 2000, S. 224 (226).

[9] Vgl. *H.-J. Piepenbrock* (Fn. 6), § 35, Rn. 15 ff.; *E. G. Berger*, Netzbetreiber und Zusammenschaltung im Telekommunikationsrecht, Zum Stand der Diskussion um die Netzbetreiber-Definition im TKG, CR 1999, S. 228 f.; *J. Wieland/B. Enderle*, Rechtsprobleme der Netzzusammenschaltung. Zum Spannungsverhältnis zwischen Gemeinschaftsrecht und Verfassungsrecht, MMR 1999, S. 379 ff.

[10] Die Richtlinie 90/388/EWG der Kommission über den Wettbewerb auf dem Markt der Telekommunikationsdienste in der Fassung der Änderungsrichtlinie 96/19/EG, ABl. EG L 74 vom 22. 3. 1996, S. 74.

Daneben wird der Begriff der Zusammenschaltung in der Zusammenschaltungsrichtlinie[11] definiert. Nach Art. 2 Abs. 1 a) der Zusammenschaltungsrichtlinie ist die Zusammenschaltung „die physische und logische Verbindung von Telekommunikationsnetzen, die von derselben oder einer anderen Organisation genutzt werden, um Benutzern einer Organisation die Kommunikation mit Benutzern derselben oder einer anderen Organisation oder den Zugang zu den von einer anderen Organisation angebotenen Diensten zu ermöglichen. Dienste können von den beteiligten Parteien erbracht werden oder von anderen Parteien, die Zugang zum Netz haben". Nach dieser Definition erscheint der Zusammenschaltungsbegriff in der Zusammenschaltungsrichtlinie begrenzt zu sein und würde sich auf die Verbindung von „Telekommunikationsnetzen" beschränken. Allerdings steht dieser Begriffsbestimmung der Zusammenschaltungsrichtlinie nicht im Einklang mit deren materielle Bestimmungen[12]. An mehreren Stellen wird wieder von den Organisationen, die Telekommunikationsnetze und/*oder* Telekommunikationsdienste bereitstellen bzw. erbringen, gesprochen. Im Ergebnis ändert die Zusammenschaltungsrichtlinie nichts daran, dass sowohl die Verbindung von Telekommunikationsnetzen als auch der Zugang reiner Diensteanbieter zu fremden Netzen eine Zusammenschaltung darstellen[13]. Eine wortgleiche Definition findet sich auch in Art. 2 Abs. 1 Nr. 7 der ONP-Rahmenrichtlinie[14].

### *b) Definition im TKG*

Das TKG definiert in § 3 Nr. 24 die Zusammenschaltung als denjenigen Netzzugang, „der die physische und logische Verbindung von *Telekommunikationsnetzen* herstellt, um Nutzern, die an verschiedenen Telekommunikationsnetzen angeschaltet sind, die mittelbare oder unmittelbare Kommunikation zu ermöglichen". Hiernach liegt eine Zusammenschaltung i.S.d. TKG dann vor, wenn zwei Telekommunikations*netze*, die von *unterschiedlichen* Netzbetreibern betrieben werden, oder Teile dieser Netze miteinander verkoppelt werden. Im Gegensatz

---

[11] Die Richtlinie 97/33/EG des Europäischen Parlamentes und des Rates über die Zusammenschaltung in der Telekommunikation im Hinblick auf die Sicherstellung eines Universaldienstes und der Interoperabilität durch Anwendung der Grundsätze für einen offenen Netzzugang (ONP), ABl. EG L 199 vom 26. 7. 1997, S. 32 ff., in der Fassung der Änderungsrichtlinie 98/61/EG, ABl. EG L 268 vom 3. 10. 1998, S. 37 f.

[12] Vgl. *H.-J. Piepenbrock* (Fn. 6), § 33, Rn. 95.

[13] Zutreffend *E. G. Berger* (Fn. 9), S. 228; zum Vergleich der Begriffsbestimmungen der Zusammenschaltung zwischen der Dienste-Richtlinie und Zusammenschaltungsrichtlinie vgl. *L. Gramlich*, Rechtsfragen bei Zusammenschaltungsvereinbarungen, CR 1997, S. 65.

[14] Die Richtlinie 90/387/EWG des Rates zur Verwirklichung des Binnenmarktes für Telekommunikationsdienste durch Einführung eines offenen Netzzugangs (ONP), ABl. EG L 192 vom 24. 7. 1990, S. 1 ff., geändert durch die Richtlinie 97/51/EG, ABl. EG L 295 vom 29. 10. 1997, S. 23.

dazu fällt der bloße Zugang eines Diensteanbieters, der keine eigene Netzinfrastruktur betreibt, zu einem fremden Netz zwar in die Kategorie des besonderen Netzzugangs. Er wird aber vom Begriff der Zusammenschaltung ausgeschlossen. Aus diesem Gesichtspunkt wird die Konsequenz gezogen, dass das deutsche TKG im Rahmen des besonderen Netzzugangs zwischen dem „Netzzugang von Diensteanbietern" und der „Netzzusammenschaltung von Netzbetreibern" unterscheidet. Die Zusammenschaltung nach § 35 Abs. 1 S. 3 TKG ist somit systematisch ein „Unterfall" des besonderen Netzzugangs i.S.d. § 35 Abs. 1 S. 2 TKG[15]. Ein entsprechender Ausdruck findet sich in § 1 Abs. 2 S. 2 NZV, wonach die Zusammenschaltung von Telekommunikationsnetzen *ein* besonderer Netzzugang ist.

Umstritten ist, ob sich der Zusammenschaltungsbegriff i.S.d. § 3 Nr. 24 TKG auf die Verbindung zweier Teilnehmernetze, an die die Endeinrichtungen der Endkunden unmittelbar angeschlossen sind, beschränkt, oder sich darüber hinausgehend auf die Zusammenschaltung eines Verbindungsnetzes mit dem öffentlichen Telekommunikationsnetz eines anderen Netzbetreibers erstreckt[16].

Unter einem Verbindungsnetz versteht § 3 Nr. 23 TKG das Telekommunikationsnetz, das keine Teilnehmeranschlüsse aufweist und lediglich Teilnehmernetze miteinander verbindet. Nach der Definition der Zusammenschaltung in § 3 Nr. 24 TKG stellt die Netzzusammenschaltung nicht nur auf die Ermöglichung einer unmittelbaren Kommunikation der Nutzer verschiedener Netzbetreiber ab. Eine Netzzusammenschaltung, die die *mittelbare* Kommunikation ermöglicht, fällt vielmehr auch unter den Zusammenschaltungsbegriff des TKG. In technischer Sicht liegt eine *mittelbare* Kommunikation vor, wenn die Kommunikation zweier an ein Teilnehmernetz angeschlossener Nutzer nicht durch die unmittelbare Verkoppelung zweier Teilnehmernetze erfolgt, sondern durch die Zusammenschaltung der Verbindungsnetze mit den betroffenen Teilnehmernetzen. Eine mittelbare Kommunikation setzt mindestens zwei Teilnehmernetze und ein Verbindungsnetz voraus.

Damit ist festzustellen, dass sowohl Teilnehmernetze als auch Verbindungsnetze „Telekommunikationsnetze" i.S.d. § 3 Nr. 24 i.V.m. § 3 Nr. 21 TKG sind[17]. Daraus folgt weiterhin, dass nicht nur Teilnehmerbetreiber, sondern auch Verbindungsbetreiber, Betreiber „öffentlicher" Telekommunikationsnetze i.S.d. §§ 35 ff. TKG sind, sofern sie ihre Dienste nicht einer geschlossenen Benutzergruppe anbieten, sondern jedem Netzbetreiber, der Funktionen ihres Netzes

---

[15] Vgl. *N. Nolte*, Das Recht auf Netzzugang nach dem Telekommunikationsgesetz, BB 1996, S. 2630; *L. Gramlich* (Fn. 14), S. 65; *M. Geppert/E.-O. Ruhle/F. Schuster* (Fn. 4), Rn. 280.

[16] So Streitpunkt des Beschlusses der RegTP vom 12. 8. 1998 betreffend der Netzzusammenschaltung zwischen ID-Switch GmbH und DTAG, ABl. RegTP 17/1998, S. 1974.

[17] Dagegen *J. Wieland/B. Enderle* (Fn. 9), S. 380, die von der Funktionsherrschaft des Netzes ausgehen und darauf hinweisen, dass ein Netz, das nicht in der Lage ist, selbständig TK-Dienstleistungen zu ermöglichen, kein Netz i.S.d. § 3 Nr. 21 TKG sei.

durch den Anschluss eines Zusammenschaltungsvertrages in Anspruch nehmen möchte.

Im Ergebnis geht es bei der Zusammenschaltung i.S.d. § 3 Nr. 24 TKG nicht nur um die Verbindung von Teilnehmernetzen. Vielmehr unterliegt die Verbindung eines Verbindungsnetzes mit einem Teilnehmernetz auch dem Zusammenschaltungsbegriff des TKG[18].

### c) Umsetzungsdefizit des TKG und Nachbesserungspflicht des Gesetzgebers

Im Vergleich zur Definition der Zusammenschaltung in der Dienste-Richtlinie wird der Zusammenschaltungsbegriff in § 3 Nr. 24 TKG offenbar im *engeren* Sinne verstanden. Er enthält lediglich die Verbindung von öffentlichen Telekommunikationsnetzen. Der Zugang von Diensteanbietern zum Netz eines Netzbetreibers fällt hingegen nicht unter den Zusammenschaltungsbegriff i.S.d. § 3 Nr. 24 TKG, sondern unter den Begriff des besonderen Netzzugangs i.S.d. § 35 Abs. 1 TKG[19].

Die Unterschiede der Zusammenschaltungsbegriffe im sekundären Gemeinschaftsrecht und deutschen TKG stehen im Spannungsfeld zwischen Gemeinschaftsrecht einerseits und nationalen Vorgaben andererseits. Das deutsche TKG unterscheidet nicht nur begrifflich zwischen Netzbetreibern und Diensteanbietern, sondern bildet auf dieser Grundlage auch unterschiedliche *Rechtsfolgen.* Während die Netzzusammenschaltung im Falle des Scheiterns der Verhandlung im Wege der administrativen Anordnung nach § 37 Abs. 1 S. 1 TKG zwingend durchgesetzt werden kann, fehlt der RegTP gem. § 35 TKG i.V.m. § 8 NZV im Rahmen des besonderen Netzzugangs, der nicht Netzzusammenschaltung ist, die Kompetenz, marktbeherrschende Netzbetreiber zur Gewährung eines besonderen Netzzugangs zu zwingen, wenn eine gemeinsame Anrufung nicht erfolgt ist.

Diese Bestimmungen des TKG und der darauf gestützten Rechtsverordnung stimmen nicht mit den Vorgaben des Gemeinschaftsrechts überein. Denn nach Art. 4a Abs. 3 der Dienste-Richtlinie haben die Mitgliedstaaten im Fall des Nichtzustandekommens von Zusammenschaltungsvereinbarungen auf Ersuchen einer der Parteien eine „Zusammenschaltungsanordnung“ zu erlassen. Ähnliches wird auch in Art. 9 Abs. 6 der Zusammenschaltungsrichtlinie vorgesehen. Im Zusammenhang mit den oben erwähnten Begriffsbestimmungen der Zusammenschaltung umfassen die Zusammenschaltungsberechtigten auch Anbieter von Telekommunikationsdienstleistungen, die nicht ein eigenes Netz betreiben, son-

---

[18] Zutreffend *V. Weißhaar/M. Koenig*, Anspruch auf Netzzugang und -zusammenschaltung im Lichte des EG-Rechts, MMR 1998, S. 475 ff. (477); *H.-J. Piepenbrock* (Fn. 6), § 35, Rn. 19 ff.; im Ergebnis auch Beschluss der RegTP vom 12. 8. 1998, ABl. RegTP 17/1998, S. 1974.

[19] *H.-J. Piepenbrock* (Fn. 6), § 3, Rn. 27c und § 35, Rn. 27; *K. W. Riehmer*, Konfliktlösung bei Netzzugang und Zusammenschaltung in der Telekommunikation, MMR 1998, S. 59 (61).

dern lediglich über das Netz eines anderen Betreibers ihre Telekommunikationsdienstleistungen erbringen.

### *aa) Lösungsansätze und Kritik*

Angesichts des Grundsatzes des Vorrangs des Gemeinschaftsrechts wird somit die Frage nach der gemeinschaftsrechtlichen Konformität der Vorgaben der Mitgliedstaaten aufgeworfen. Offensichtlich besteht hinsichtlich des Kreises der Zusammenschaltungsberechtigten ein Umsetzungsdefizit des TKG[20]. Um das Problem der „Regelungslücke" im deutschen Telekommunikationsrecht zu lösen, werden vielfältige Lösungsansätze in der Literatur aufgezeigt.

Im Schrifttum wird teilweise die Auffassung vertreten, die Vorgaben der Dienste- und Zusammenschaltungsrichtlinie könnten auf die Anordnung der RegTP unmittelbar anwendbar sein[21]. Dieser Ansatz ist jedoch nicht unproblematisch. Nach dem vom EuGH entwickelten Grundsatz setzt die unmittelbare Anwendung einer Richtlinie voraus, dass diese innerhalb der Umsetzungsfrist nicht von dem Mitgliedstaat umgesetzt worden und die entsprechende Bestimmung in der Richtlinie inhaltlich unbedingt und hinreichend genau ist[22]. Diese Voraussetzungen der unmittelbaren Anwendung von Richtlinienvorgaben liegen jedoch hier offensichtlich nicht vor, weil die Dienste-Richtlinie und Zusammenschaltungsrichtlinie bereits innerhalb der Umsetzungsfristen in das TKG umgesetzt worden sind.

Darüber hinaus wird die Ansicht geäußert, eine richtlinienkonforme Auslegung sei notwendig. Die Bestimmungen des TKG und der darauf geschützten Verordnungen seien an den EU-Richtlinien zu messen und nach ihren Vorgaben auszulegen[23]. Diese Auffassung ist auch bedenklich, weil der Wortlaut des § 3 Nr. 24 TKG eindeutig ist, so dass es kaum Spielraum für eine richtlinienkonforme Auslegung gibt[24].

Letztlich wird der Ansatz vertreten, die „Zusammenschaltung" der Netze zwischen Netzbetreibern einerseits und Diensteanbietern andererseits könnte

---

[20] Zur Umsetzungsleitlinie vgl. EuGH Slg. 1983, 449; aus der Literatur vgl. *S. Kadelbach*, Allgemeines Verwaltungsrecht unter europäischem Einfluss, 1999, insbes. 1. Kapitel.; jüngst *M. Niedobitek*, Kollisionen zwischen EG-Recht und nationalem Recht, VerwArch. 2001, S. 58 ff. m. w. Nachw.

[21] Vgl. *J. Wieland/B. Enderle* (Fn. 9), S. 379 (382 f.).

[22] EuGH Slg. 1974, S. 1337 (1348 f.); zur Direktwirkung von EG-Richtlinien unter Privaten vgl. EuGH, Urteil v. 26. 9. 2000 (Unilever Italia SpA/Central Food SpA) = EuZW 2001, S. 153 ff.; hierzu s. auch *J. Gundel*, Neue Grenzlinien für die Direktwirkung nicht umgesetzter EG-Richtlinien unter Privaten. Zur Unanwendbarkeit richtlinienwidriger nationaler Verbotsgesetze im Konflikt unter Privaten, EuZW 2001, S. 143 ff.

[23] So *H.-J. Piepenbrock* (Fn. 6), § 35, Rn. 28; zur richtlinienkonformen Auslegung vgl. EuGH Slg. 1984, 1891 (1909).

[24] Vgl. *J. Wieland/B. Enderle* (Fn. 9), S. 382.

von der RegTP nach Maßgabe des § 33 Abs. 2 S. 1 TKG imperativ angeordnet werden[25]. Im Verhältnis zu § 35 TKG wird § 33 TKG als Generalklausel bezeichnet. Die Leistung i.S.d. § 33 Abs. 1 TKG umfasst somit auch die Bereitstellung von Telekommunikationsnetzen marktbeherrschender Netzbetreiber für Diensteanbieter. Daraus ergibt sich, dass dieser Ansatz dem Regelungszweck des § 33 nicht entgegensteht[26].

*bb) Stellungnahme*

Mit Blick auf die Lösungsansätze ist die Heranziehung der Anordnungsbefugnis des § 33 Abs. 2 TKG zwar vertretbar. Aber es empfiehlt sich, unter dem Aspekt der Normbestimmtheit das Problem der Nichtvereinbarkeit der Vorgaben zwischen der Dienste-Richtlinie und Zusammenschaltungsrichtlinie und dem deutschen TKG durch eine richtlinienkonforme Gesetzesänderung des TKG endgültig zu lösen[27].

## II. Gemeinschaftsrechtliche Vorgaben

### *1. Primäres Gemeinschaftsrecht*

#### *a) Der Auf- und Ausbau transeuropäischer Netze nach Art. 3 Abs. 1 lit. o und 154 ff. EGV?*

Auf Ebene des primären Gemeinschaftsrechts kommen für den offenen Netzzugang im Bereich der Telekommunikation zunächst die Regeln über transeuropäische Netze in Art. 3 Abs. 1 lit. o und 154 ff. EGV n.F. (Art. 3n und 129b ff. a.F.) in Betracht. Nach Art. 3 Abs. 1 lit. o EGV gehört die Förderung des Auf- und Ausbaus transeuropäischer Netze zur Aufgabe der Gemeinschaft. Die Einführung dieses Tätigkeitsfeldes in den EGV durch den Maastrichter Vertrag hat nicht nur den Gemeinschaftsorganen die Befugnis eingeräumt, sondern ihnen auch eine Rechtspflicht auferlegt, im Bereich der Förderung des Auf- und Ausbaus transeuropäischer Infrastrukturnetze tätig zu sein[28]. Diese Aufgabenstellung wird durch die Vorschriften des Titels XV konkretisiert.

Nach Art. 154 EGV beschränkt sich der Tätigkeitsumfang der Gemeinschaft im Zusammenhang mit dem Auf- und Ausbau transeuropäischer Netze auf die Bereiche der Verkehrs-, Telekommunikations- und Energieinfrastruktur[29]. Diese

[25] OVG Münster = MMR 1998, S. 98 f.; VG Köln = MMR 1999, S. 113
[26] Dazu näher vgl. unten Zweiter Teil, § 4 III 1 c) bb) aaa).
[27] So auch *J. Wieland/B. Enderle* (Fn. 9), S. 384.
[28] *M. Haag*, Transeuropäische Telekommunikationsnetze im Recht der Europäischen Gemeinschaft, ArchivPT 1994, S. 109 ff. (112).
[29] Zum Begriff „transeuropäische Netze" vgl. *P. J. Tettinger*, Für die Versorgungswirt-

Vorschrift bezweckt, den Binnenmarkt zu verwirklichen und den wirtschaftlichen und sozialen Zusammenhalt zu verstärken. Die Gemeinschaft zielt insbesondere im Rahmen eines Systems offener und wettbewerbsorientierter Märkte auf die Förderung des Verbunds und der Interoperabilität der einzelstaatlichen Netze sowie des Zugangs zu diesen Netzen ab.

Zu beachten ist, dass es sich bei Art. 154 EGV lediglich um die Schaffung der „physischen Voraussetzung" für das effektive Funktionieren des Binnenmarktes handelt[30]. Denn die Waren- und Dienstleistungsfreiheit innerhalb der Gemeinschaft setzen grenzübergreifende und gemeinschaftsweite Verkehrs-, Telekommunikations- und Energieinfrastrukturnetze voraus. Die Zusammenschaltung von Telekommunikationsnetzen zwischen Anbietern aus verschiedenen Ländern der Gemeinschaft im Sinne der transeuropäischen Netze wird folglich nicht als Regulierungsmaßnahme zur „Wettbewerbsförderung" bezeichnet. Vielmehr trägt sie als „technische Voraussetzung" für die Entstehung eines Binnenmarkts nur zur Infrastrukturbereitstellung bei[31].

Im Ergebnis ist festzuhalten, dass die Vorstellung des *konkurrentennützigen* Netzzugangs im Bereich der Telekommunikation nicht den Regeln über transeuropäische Netze in Art. 3 Abs. 1 lit. o und 154 ff. EGV entnommen wird.

### *b) Das Missbrauchsverbot nach Art. 82 EGV*

Art. 82 EGV (Art. 86 EGV a.F.) als europäisches Wettbewerbsrecht schützt den Gemeinsamen Markt vor missbräuchlichen Verhaltensweisen. Danach ist die missbräuchliche Ausnutzung einer beherrschenden Stellung auf dem Gemeinsamen Markt oder auf einem wesentlichen Teil desselben durch ein oder mehrere Unternehmen grundsätzlich mit dem gemeinsamen Markt unvereinbar und deshalb verboten. Der Begriff des Missbrauchs wird nicht durch den EGV definiert. Stattdessen nennt Art. 82 Abs. 2 EGV mehrere Regelbeispiele eines derartigen Missbrauchs. Es stellt sich dabei die Frage, ob die Verweigerung des Netzzugangs als Missbrauch i.S.d. Art. 82 EGV angesehen wird.

Besondere Bedeutung für den vorliegenden Kontext kommt der Entscheidungspraxis der EU-Kommission und des EuGH zu. Die EU-Kommission stellte

---

schaft bedeutsame Entwicklungslinien im primären Gemeinschaftsrecht, RdE 1999, S. 45 ff. (50), der darauf hinweist, dass die Bezeichnung „transeuropäische Netze" in Art. 129b EGV a.F. kein brauchbarer Oberbegriff für äußerst unterschiedliche Dienstleistungssysteme sei.

[30] Statt vieler *J. Ukrow*, in: Chr. Calliess/M. Ruffert (Hrsg.), Kommentar zu EU-Vertrag und EG-Vertrag, 1999, Art. 154, Rn. 4, 14 m. w. Nachw.; dagegen vgl. *M. Haag* (Fn. 28), S. 113, der für die weite Auslegung des Art. 129b EGV a.F. spricht und die Auffassung vertritt, dass der Netzbegriff im Sinne des Titels XII „alle drei Ebenen (Übertragungsnetze, Dienste, Anwendungen) umfasse".

[31] Vgl. auch Mitteilung zur grenzübergreifenden Zusammenschaltung v. 15. 10. 1997, KOM 97, 3148, S. 12 f.; *M. Koenig/V. Weißhaar*, Zusammenschaltung und Netzzugang in der EU: Das Interconnectionregime in Dänemark, K&R 1999, S. 170 (172 f.).

in den bekannten sog. Seehafen-Entscheidungen aus den Jahren 1992 und 1993[32] unter Berufung auf eine „essential facilities"-Doktrin des US-amerikanischen Antitrustrechts[33] fest, dass der Eigentümer eines Hafens, der zugleich der marktbeherrschende Betreiber auf einem Markt für Fährdienstleistungen war, verpflichtet war, einem Wettbewerber Zugang zum Hafen zu gewähren. Die Verweigerung dieser Zugangsgewährungsverpflichtung ohne sachliche Rechtfertigung oder die Gewährung mit Diskriminierung wurde als Missbrauch einer marktbeherrschenden Stellung angesehen und verstieß gegen Art. 86 EGV (Art. 82 EGV n.F.)[34].

Diese von der EU-Kommission entwickelte Überlegung wurde später auch durch die Magill-Entscheidung des EuGH vom 6. 4. 1995 bestätigt. Dabei ging es darum, dass sich die Fernsehsender, die auf einem Markt für Programminformationen über ein ausschließliches Recht verfügten, weigerten, einem Wettbewerber auf dem abgeleiteten Markt für Fernsehprogrammzeitschriften, wie der Firma *Magill*, ihre Programmlisten durch die Erteilung einer Lizenz zur Verfügung zu stellen. Der EuGH sah ein solches Weigerungsverhalten der Sender als Missbrauch einer marktbeherrschenden Stellung an. Ein Wettbewerb auf Märkten, die den wesentlichen Einrichtungen vor- oder nachgelagert sind, sei zu sichern[35]. Daraus folgt, dass die Verpflichtung eines Inhabers von Infrastruktur, Produkten, Dienstleistungen, Informationen, Daten oder anderen wesentlichen Einrichtungen, wie z.B. Häfen, Flughäfen, Bahnhöfe, Wettbewerbern den Zugang zur eigenen Einrichtung zu gestatten, aus Art. 82 EGV abgeleitet wird.

---

[32] Entscheidung vom 11. 6. 1992, Bulletin der EG Nr. 6, Tz. 1.3.30 (B & I Line/Sealink harbours); Entscheidung vom 21. 12. 1993, ABl. EG L 15, S. 8 v. 18. 1. 1994 (Seacontainers/Stena Sealink); Entscheidung vom 21. 12. 1993, ABl. EG L 55, S. 52 v. 26. 2. 1994 (Hafen von Rödby); s. auch *H.-J. Bunte*, 6. GWB-Novelle und Missbrauch wegen Verweigerung des Zugangs zu einer „wesentlichen Einrichtung", WuW 1997, S. 302 (309 ff.).

[33] Dazu ausführlich *K. Markert*, Die Anwendung des US-amerikanischen Monopolisierungsverbots auf Verweigerung des Zugangs zu »wesentlichen Einrichtungen«, in: Immenga/Möschel/Renter (Hrsg.), Festschrift für E.-J. Mestmäcker zum 70. Geburtstag, 1996, S. 661 (668 ff.); *G. Knieps*, Zugang zu Netzen. Verselbständigung, Nutzung, Vergütung, Eigentumsschutz, MMR 1998, S. 279; *F. Stollhoff*, Der Ausschluss von Marktrisiken durch Essential Facilities unter Art. 82 EGV. Zur Übertragbarkeit der amerikanischen Essential Facilities Doktrin auf das Missbrauchsverbot des europäischen Kartellrechts, 2000; *J. Oechsler*, Netzzugang und Durchleitung auf der Grundlage des kartellrechtlichen Diskriminierungsverbots, ZHR 164 (2000), S. 479 (482).

[34] Entscheidung vom 21. 12. 1993, ABl. EG L 15/8 v. 18. 1. 1994, Tz. 66.

[35] EuGH Slg. 1995, 743 = EuZW 1995, S. 339 (342); vgl. ausführlich *W. Deselaers*, Die „essential facilities"-Doktrin im Licht des Magill-Urteils des EuGH, EuZW 1995, S. 563 ff.; *K. Markert*, Die Verweigerung des Zugangs zu „wesentlichen Einrichtungen" als Problem der kartellrechtlichen Missbrauchsaufsicht, WuW 1995, S. 560 ff.; differenzierend Entscheidung des EuGH = EuGRZ 1999, 22, Tz. 38 ff. – Bronner; dazu vgl. auch *D. Dörr/F. C. Haus*, Das Wettbewerbsrecht des EGV, JuS 2001, S. 313 (317) m. w. Nachw.

Die Einführung einer „essential facilities“-Doktrin in Art. 82 EGV wirkt sich auch auf den Telekommunikationssektor aus. Angesichts einer Konstellation, in der Telekommunikationsdienstleistungen erst über ein Telekommunikationsnetz erbracht werden können, ist ein Telekommunikationsnetz wesentlich für die Aufnahme von Wettbewerb. Denn ein funktionsfähiger Wettbewerb auf Telekommunikationsmärkten kann erst hergestellt werden, wenn ein Anspruch auf Zugang zu fremden Telekommunikationsnetzen neuen TK-Diensteanbietern eingeräumt wird[36].

Im Ergebnis ist festzuhalten, dass die Netzzugangsgewährungsverpflichtung der Netzbetreiber ihre gemeinschaftsrechtlich tragfähige Grundlage in Art. 82 EGV findet. Die unbillige Verweigerung des Netzzugangs wird als Missbrauch einer Machtstellung i.S.d. europäischen Wettbewerbsrechts angesehen und verstößt somit gegen Art. 82 EGV[37].

### *2. Sekundäres Gemeinschaftsrecht*

Zur Förderung eines funktionsfähigen Wettbewerbs im Binnenmarkt wurde im Telekommunikationssektor eine Reihe von Regeln über offenen Netzzugang (Open Network Provision – ONP) in Gestalt von Verordnungen, Richtlinien, Entscheidungen, Empfehlungen sowie Mitteilungen vorgegeben[38]. Die ONP-Rechtsakte ergeben sich aus dem dualen System des sekundären EG-Telekommunikationsrechts[39]. Einerseits förderte die Gemeinschaft auf der Basis von Art. 86 III EGV durch die Aufhebung der Sonder- oder Ausschließlichkeitsrechte ehemaliger Monopolisten den Wettbewerb im Binnenmarkt. Andererseits erleichterte sie auf der Grundlage von Art. 95 EGV durch die Festlegung von harmonisierenden ONP-Bedingungen die Marktzutrittsmöglichkeit neuer Wettbewerber. Dieser EG-telekommunikationsrechtliche Dualismus von Liberalisierung und Harmonisierung steht mit der ordnungspolitisch grundlegenden Anforderung an eine *regulierte* Privatisierung im Einklang.

---

[36] Vgl. Mitteilung der Kommission über die Anwendung der Wettbewerbsregeln auf Zugangsvereinbarungen im Telekommunikationsbereich – Rahmen, relevante Märkte und Grundsätze, ABl. EG 1998, C 265, S. 2 ff.

[37] So auch *M. Bohne*, Funktionsfähiger Wettbewerb auf Telekommunikationsmärkten. Herstellung und Erhalt durch das europäische Wettbewerbsrecht, 1998, S. 121 f.; a.A. *Hüffer/Ipsen/Tettinger*, Die Transitrichtlinien für Gas und Elektrizität, 1991, S. 286: „eine Pflicht des Netzbetreibers, konkrete Wettbewerbshandlungen des Durchleitungsinteressenten aktiv durch die erforderlichen Ausgleichsmaßnahmen und noch weitergehend durch eigenen Verzicht auf Einspeisung zu unterstützen, findet weder in Art. 86 EWGV noch anderweitig eine rechtlich tragfähige Grundlage“.

[38] Zur Aufzählung s. *M. Geppert/E.-O. Ruhle/F. Schuster* (Fn. 4), Rn. 284; zur Kompetenzreichweite der Kommission nach Art. 90 III EGV vgl. EuGH, Slg. 1991, 1223.

[39] Vgl. *Ch. Koenig*, Telekommunikationsrecht in Europa, EuZW 1998, S. 655 (656); *A. Bartosch*, Europäisches Telekommunikationsrecht im Jahr 1998, EuZW 1999, S. 421.

### a) Die ONP-Rahmenrichtlinie

Als erster Schritt wurde die ONP-Rahmenrichtlinie vom Rat am 28. Juni 1990 erlassen. Durch diese Richtlinie werden technische Standards für Schnittstellen von Telekommunikationsnetzen verankert, um die technischen Voraussetzungen für den Zugang neuer Anbieter von Telekommunikationsdiensten zu Netzen und Diensten anderer Wettbewerber zu schaffen. Damit bleibt zunächst festzuhalten, dass die ONP-Rahmenrichtlinie nicht unmittelbar die Liberalisierung der Netzinfrastruktur im Bereich der Telekommunikation zum Gegenstand hat. Vielmehr zielt sie nach Art. 1 Abs. 1 der Richtlinie lediglich auf die Harmonisierung der Bedingungen für den offenen und effizienten Zugang zu öffentlichen Telekommunikationsnetzen und gegebenenfalls zu für die Öffentlichkeit zugänglichen Telekommunikationsdiensten sowie für deren Nutzung, um auf diese Weise den Zugang zu öffentlichen Telekommunikationsnetzen für Netzbetreiber und Diensteanbieter zu erleichtern. Zu den Bedingungen für den offenen Netzzugang zählen beispielsweise technische Schnittstellen, Benutzungsbedingungen und Tarifgrundsätze.

Von wesentlicher Bedeutung für den offenen Netzzugang sind insbesondere die in Art. 3 Abs. 2 der ONP-Rahmenrichtlinie vorgeschrieben grundlegenden Anforderungen, mit denen sich Beschränkungen für den Netzzugang legitimieren lassen. Danach darf der Netzzugang erst beschränkt werden, wenn die Sicherheit des Netzbetriebs, die Aufrechterhaltung der Netzintegrität[40], die Interoperabilität der Dienste sowie der Datenschutz bedroht werden[41]. Diese gemeinschaftsrechtlichen Legitimationsgründe der Netzzugangbeschränkung werden unverändert in § 35 Abs. 2 S. 2 TKG eingefügt und damit als Bestandteil des deutschen Telekommunikationsgesetzes angesehen[42].

### b) Die Zusammenschaltungsrichtlinie

Auf der Grundlage der ONP-Rahmenrichtlinie wurden ferner zahlreiche ONP-Richtlinien der EU erlassen, die jeweils einen unterschiedlichen Teilbereich der

---

[40] Vgl. OVG NRW, Beschl. vom 23. 2. 2000 = CR 2000, S. 367, in dem der Begriff der Netzintegrität i.S.d. ONP-Richtlinie vom Gericht dahingehend ausgelegt wird, dass „er nicht nur den physischen Bestand, sondern die jederzeitige Funktionsfähigkeit des Netzes hinsichtlich einer reibungslosen, wartezeitfreien Ende-zu-Ende-Kommunikation beinhaltet".

[41] VG Köln, Beschl. vom 20. 10. 1999 = CR 2000, S. 108 f. Das Gericht hat klargestellt, dass in Art. 3 Abs. 2 ONP-Rahmenrichtlinie festgelegte grundlegende Anforderungen auf objektiven Kriterien beruhen. Eine Beschränkung der Netzzusammenschaltung aus wirtschaftlichen Gründen ist gemeinschaftsrechtlich und telekommunikationsgesetzlich unzulässig.

[42] Vgl. *W. Hoffmann-Riem*, Telekommunikationsrecht als europäisiertes Verwaltungsrecht, DVBl. 1999, S. 130, der zutreffend im Zusammenhang mit § 23 TKG darauf hinweist, dass „die genutzte Regelungstechnik zur Einwirkung des EG-Rechts auf zwei Stufen führt, nämlich zunächst auf der des nationalen Gesetzrechts, über dieses dann aber auf der Allgemeiner Geschäftsbedingungen von Privatunternehmen".

Telekommunikation betreffen. Hierzu zählen die ONP-Mietleitungsrichtlinie[43], die ONP-Sprachtelefondienstrichtlinie[44] und die Zusammenschaltungsrichtlinie.

Der Zusammenschaltungsrichtlinie kam wesentliche Bedeutung für die ordnungspolitische Vorbereitung auf die ab 1. Januar 1998 vollständige Liberalisierung der europäischen Telekommunikationsmärkte zu. Danach ist die offene und effiziente Zusammenschaltung von öffentlichen Telekommunikationsnetzen und die Interoperabilität von Diensten in der Gemeinschaft von Mitgliedstaaten sicherzustellen. Nach Art. 3 der Zusammenschaltungsrichtlinie sind die Mitgliedstaaten verpflichtet, die erforderlichen Maßnahmen zur Aufhebung von Beschränkungen zu ergreifen, die Telekommunikationsorganisationen an dem Abschluss von Zusammenschaltungsvereinbarungen untereinander hindern. Das zentrale Mittel dazu ist die Anerkennung von Zusammenschaltungsrechten und -pflichten.

Nach Art. 4 Abs. 1 der Zusammenschaltungsrichtlinie haben die zur Bereitstellung der in Anhang II aufgeführten öffentlichen Telekommunikationsnetze und/oder für die Öffentlichkeit zugänglichen Telekommunikationsdienste befugten Organisationen das Recht und, wenn sie von Organisationen dieser Kategorie darum ersucht werden, die Pflicht, eine gegenseitige Zusammenschaltung „auszuhandeln“, um die betreffenden Dienste anzubieten, damit die Bereitstellung dieser Netze und Dienste in der gesamten Gemeinschaft sichergestellt ist. Insofern ist der Kreis der Telekommunikationsunternehmen, die zur Verhandlung über Zusammenschaltungen verpflichtet sind, unabhängig von der Marktmacht.

Verfügen die Organisationen, die zur Bereitstellung der in Anhang I aufgeführten öffentlichen Telekommunikationsnetze und für die Öffentlichkeit zugänglichen Telekommunikationsdienste befugt sind, dagegen über eine *beträchtliche* Marktmacht, haben sie nach Art. 4 Abs. 2 der Zusammenschaltungsrichtlinie allen begründeten Anträgen auf Netzzugang „stattzugeben“. Daraus folgt, dass nach dem Regulierungskonzept des Gemeinschaftsrechts nur Telekommunikationsunternehmen mit beträchtlicher Marktmacht dem Kontrahierungszwang zu Zusammenschaltungsvereinbarungen unterliegen. Grundsätzlich gilt die beträchtliche Marktmacht einer Organisation als gegeben, wenn sie einen Anteil von über 25 v.H. an einem bestimmten Telekommunikationsmarkt in dem geographischen Gebiet in einem Mitgliedstaat, in dem sie zugelassen ist, besitzt. Gleichwohl ist die Regulierungsbehörde der Mitgliedstaaten berechtigt, mit

---

[43] Die Richtlinie 92/44/EWG des Rates vom 5. 6. 1992 zur Einführung des offenen Netzzugangs bei Mietleitungen, ABl. EG L 165 vom 19. 6. 1992, S. 27, in der Fassung der Änderungsrichtlinie 97/51/EG, ABl. EG L 295 vom 29. 10. 1997, S. 23.

[44] Die Richtlinie 95/62/EG des Europäischen Parlaments und des Rates vom 13. 12. 1995 zur Einführung des offenen Netzzugangs bei Sprachtelefondienst, ABl. EG L 321 vom 30. 12. 1995, S. 6, in der Fassung der Änderungsrichtlinie 98/10/EG, ABl. EG L 101 vom 1998, S. 24; dazu vgl. *D. Stolz*, Die neue ONP-Richtlinie der EG. Offener Netzzugang bei Sprachtelefon- und Universaldiensten, K&R 1998, S. 292 ff.

Rücksicht auf bestimmte Faktoren ein davon abweichendes Kriterium zu stellen (Art. 4 Abs. 3).

Die Zusammenschaltung soll vorrangig im Wege des Abschlusses eines privatrechtlichen Vertrages zwischen den beteiligten Parteien erfolgen (Art. 3 Abs. 1). Das Entgelt für die Zusammenschaltung muss kostenorientiert sein. Die nationalen Regulierungsbehörden dürfen gem. Art. 9 Abs. 6 dieser Richtlinie erst als letzte Möglichkeit eine Netzzusammenschaltung anordnen, wenn die nachgefragten Organisationen die Zusammenschaltung verweigert haben. Der Grundsatz der Verhältnismäßigkeit und die Interessen der Benutzer sind hierbei zu berücksichtigen.

*c) Die Zusammenschaltungsempfehlungen*

Neben Richtlinien wird der gemeinschaftsrechtliche Rahmen für die Zusammenschaltung auch in Gestalt der Empfehlung ausgestaltet. Die Kommission hat auf der Grundlage des Art. 7 Abs. 5 der Zusammenschaltungsrichtlinie im Jahre 1998 die Empfehlung bezüglich der Zusammenschaltungsentgelte und der Transparenz der Kostenrechnung im Bereich der Zusammenschaltung erlassen, die in zwei Teilen ergangen ist[45].

*d) Die Teilnehmeranschlussverordnung*

Um die Wettbewerbsförderung auf dem Markt für Teilnehmeranschlüsse zu verstärken, wurde vor kurzem die Verordnung des Europäischen Parlaments und des Rates über den entbündelten Zugang zum Teilnehmeranschluss am 18. 12. 2000 (Teilnehmeranschlussverordnung)[46] erlassen. Angesichts der allgemeinen Geltung und unmittelbar rechtlichen Verbindlichkeit der EG-Verordnung für alle Mitgliedstaaten (Art. 249 Abs. 2 EGV) wird die Liberalisierung der „Letzten Meile“ des Telefonnetzes innerhalb der Europäischen Gemeinschaft gewährleistet.

Nach Art. 3 Abs. 2 S. 1 der Teilnehmeranschlussverordnung werden Betreiber öffentlicher Telefonfestnetze mit beträchtlicher Marktmacht verpflichtet, ab dem 31. 12. 2000 angemessenen Anträgen von Wettbewerbern auf entbündelten Zugang zu ihren Teilnehmeranschlüssen und zu zugehörigen Einrichtungen unter transparenten, fairen und nichtdiskriminierenden Bedingungen stattzugeben. Die

---

[45] Empfehlung der Kommission 98/195/EG vom 8. 1. 1998 zur Zusammenschaltung in einem liberalisierten Telekommunikationsmarkt (Teil 1 – Zusammenschaltungsentgelte), ABl. EG L 73, S. 42, und Empfehlung der Kommission 98/322/EG vom 8. 4. 1998 zur Zusammenschaltung in einem liberalisierten Telekommunikationsmarkt (Teil 2 – getrennte Buchführung und Kostenrechnung), ABl. EG L 141, S. 6.; dazu näher vgl. *A. Bartosch* (Fn. 39), S. 425 f.

[46] ABl. EG L 336 v. 30. 12. 2000, S. 4 ff.

Bereitstellung des entbündelten Zugangs zum Teilnehmeranschluss oder zu zugehörigen Einrichtungen soll dem Standardangebot der marktbeherrschenden Netzbetreiber zugeordnet werden (Art. 3 Abs. 1). Danach wurden Ortsnetze der ehemaligen TK-Monopolisten in den Mitgliedstaaten vollständig für Mitbewerber geöffnet. Eine Verweigerung des entbündelten Zugangs zum Teilnehmeranschluss ist gem. Art. 3 Abs. 2 S. 2 der Teilnehmeranschlussverordnung nur auf Grund objektiver Kriterien möglich, die sich auf die technische Machbarkeit oder die notwendige Aufrechterhaltung der Netzintegrität beziehen.

Die Teilnehmeranschlussverordnung schreibt des Weiteren die Rolle der nationalen Regulierungsbehörden vor. Den nationalen Regulierungsbehörden stehen nach Art. 4 der Teilnehmeranschlussverordnung im Wesentlichen die Befugnisse zur Gestaltung der entbündelten Netzzugangsentgelte und zur Behandlung der Streitigkeiten zwischen TK-Unternehmen. Gem. Art. 3 Abs. 3 der Teilnehmeranschlussverordnung werden marktbeherrschende Betreiber öffentlicher Telefonfestnetze grundsätzlich verpflichtet, sich die Preise für den entbündelten Zugang zum Teilnehmeranschluss an den „Kosten“ zu orientieren. Diese Verpflichtung kann freilich von der nationalen Regulierungsbehörde entbindet werden, wenn sie feststellt, dass auf dem Markt für den Zugang zum Teilnehmeranschluss hinreichender Wettbewerb herrscht (Art. 4 Abs. 4). Bei Streitigkeiten zwischen den Vertragsparteien über den entbündelten Zugang zum Teilnehmeranschluss findet das in der Zusammenschaltungsrichtlinie 97/33/EG, insbesondere in Art. 9 Abs. 5, festgelegte Streitbeilegungsverfahren zur Anwendung (Art. 4 Abs. 5).

#### *3. Fazit*

Die EG-telekommunikationsrechtlichen Netzzugangsregelungen werden in Art. 82 EGV, der Teilnehmeranschlussverordnung, den ONP-Richtlinien und den Zusammenschaltungsempfehlungen der Kommission verankert.

## III. Vorgaben im deutschen Recht

### *1. Die sektorspezifische Regulierung des besonderen Netzzugangs und der Zusammenschaltung im TKG*

#### *a) Adressat von Netzzugangs- und Zusammenschaltungspflichten*

Die oben erörterten gemeinschaftsrechtlichen Vorgaben des offenen Netzzugangs und der Zusammenschaltung wurden auf nationaler Ebene durch das Telekommunikationsgesetz und die darauf beruhenden Ausführungsverordnungen umgesetzt[47]. Abweichend von der gemeinschaftsrechtlichen Konzeption wird im TKG systematisch zwischen besonderem Netzzugang und Zusammenschaltung ausdrücklich unterschieden.

Nach § 35 Abs. 1 TKG wird die Verpflichtung zur Gewährung besonderen Netzzugangs nur ***bestimmten Netzbetreibern*** auferlegt, die Telekommunikationsdienstleistungen für die Öffentlichkeit anbieten und auf einem solchen Markt über eine beherrschende Stellung nach § 19 GWB verfügen[48]. Angesichts der gegenwärtigen Marktssituation ist die Deutsche Telekom AG als das Nachfolgeunternehmen des ehemaligen Monopolisten der Deutschen Bundespost Telekom auf Grund des Besitzes der Mehrheit von Teilnehmeranschlussleitungen noch das beherrschende Telekommunikationsunternehmen im Ortsbereich des Telekommunikationsfestnetzes[49].

Im Gegensatz zur asymmetrischen Regulierung des § 35 TKG ist gem. § 36 Satz 1 TKG *jeder* Betreiber öffentlicher Telekommunikationsnetze verpflichtet, anderen Betreibern solcher Netze auf Nachfrage ein Angebot auf Zusammenschaltung abzugeben. Somit kommt es für die Verhandlungspflicht zum Abschluss von Zusammenschaltungsvereinbarungen im Gegensatz zur Verpflichtung zur Gewährung besonderen Netzzugangs des § 35 TKG nicht darauf an, ob der Netzbetreiber über eine marktbeherrschende Stellung verfügt. Sie gilt sowohl für marktbeherrschende Netzbetreiber als auch für nicht-marktbeherrschende Netzbetreiber[50]. Im Ergebnis ist die Zusammenschaltungsanordnung nach § 37 Abs. 1 TKG auch gegenüber nicht-marktbeherrschenden Netzbetreibern möglich.

---

[47] Vgl. *W. Hoffmann-Riem* (Fn.42), S. 125 ff.

[48] Zu Kriterien der Marktbeherrschung im GWB vgl. *U. Immenga*, Auslegung des Marktbeherrschungsbegriffs im TKG, MMR 2000, S. 141 ff.; zum Umsetzungsproblem des § 35 TKG vgl. *A. Bartosch*, Europäisches Telekommunikationsrecht im Jahr 1999, EuZW 2000, S. 389 (391), insbes. Fn. 32, der klarstellt, dass die Beschränkung der Netzzugangspflicht in § 35 TKG auf marktbeherrschende Unternehmen i.S.d. § 19 GWB übersehen werde, dass das Gemeinschaftsrecht eine zweite, unterhalb der Marktbeherrschung liegende Regulierungsschwelle eingeführt habe.

[49] VG Köln, Urteil vom 5. 11. 1998 = MMR 1999, S. 113; OVG Münster, Beschl. vom 7. 2. 2000 = NVwZ 2000, S. 697 ff.; s. auch *K. Holthoff-Frank/M. Paulus*, Wettbewerb auf TK- und Postmärkten? Zum Sondergutachten der Monopolkommission, MMR 2000, S. 187. Im Gegensatz zu den nachgelagerten Märkten, auf denen Telekommunikationsdienstleistungen für Endkunden erbracht werden, stehen Vorleistungsmärkte, auf denen Leistungen erbracht werden, die für den Marktzutritt erforderlich sind. Dazu zählen Zusammenschaltungs- und Wiederverkaufsmärkte. § 35 TKG bezieht sich zwar auf die Regelung, die potentiellen Wettbewerbern den Zugang zu Vorleistungsmärkten gewährleistet. Aber nur nachgelagerte Märkte sind entscheidend für die Beurteilung der Marktbeherrschung. Dazu vgl. *U. Immenga*, Relevante Märkte und Marktbeherrschung in der Regulierungspraxis, MMR 2000, S. 196 ff.

[50] BT-Drucks. 13/4864, S. 78; unzutreffend *M. Etling-Ernst*, TKG, 1. Aufl., 1996, § 37, Rn. 1.

Der adressatenbezogene Unterschied in § 35 TKG einerseits und §§ 36 und 37 TKG andererseits lässt sich aus der jeweils unterschiedlichen Zielsetzung herleiten[51]. Während der besondere Netzzugang des § 35 TKG einschließlich der Zusammenschaltung in erster Linie eine „wettbewerbsrechtliche" Zielsetzung hat, wobei der Marktzutritt neuer Wettbewerber durch die Mitbenutzung des Netzes des ehemaligen Monopolisten hergestellt und erleichtert werden soll[52], dient die Netzzusammenschaltung der §§ 36 und 37 TKG vorwiegend der Gewährleistung einer „technisch" effizienten Netzintegration, nämlich der Ermöglichung der Kommunikation der Nutzer verschiedener öffentlicher Telekommunikationsnetze untereinander (any-to-any Prinzip). Dieses Ziel wird erst dann erreicht, wenn öffentliche Telekommunikationsnetze miteinander verbunden sind, unabhängig davon, ob die Betreiber der Netze marktbeherrschend sind.

*b) Beschränkungen der Vertragsfreiheit*

Der Durchsetzung der Netzzugangsgewährungsverpflichtung nach § 35 Abs. 1 TKG liegt in erster Linie eine vertragliche Vereinbarung zwischen den Beteiligten zugrunde (§§ 35 Abs. 2 TKG)[53]. Eine solche Netzzugangsvereinbarung ist ihrer Natur nach ein privatrechtlicher Vertrag[54], so dass ihr Abschluss grundsätzlich dem zivilrechtlichen Leitgedanken der Privatautonomie unterliegt. Die abgeschlossene Vereinbarung über besondere Netzzugänge muss der RegTP unverzüglich vorgelegt werden. Dies gilt auch für die Zusammenschaltungsvereinbarung, an der ein marktbeherrschender Netzbetreiber beteiligt ist. Im Hinblick auf den gerichtlichen Rechtsschutz ist das Zivilgericht für Streitigkeiten aus vereinbarten Netzzugangs- und Zusammenschaltungsvereinbarungen zuständig[55].

Unter Berücksichtigung der ungleichen Marktmacht der Beteiligten und der Wahrung des Gemeinwohls liegt keine vollständige Vertragsfreiheit der beiden Verhandlungspartner vor[56]. Das Telekommunikationsgesetz und die einschlägigen Rechtsverordnungen setzen vielmehr einen Ordnungsrahmen, der in vielfältiger Weise die Abschluss-, Form- und Inhaltsfreiheit der Vereinbarungen begrenzt und von den Beteiligten bei der Verhandlung zu berücksichtigen ist. Dazu zählen beispielsweise der Kontrahierungszwang zur Netzzugangsvereinbarung

---

[51] Vgl. *Chr. Koenig/S. Loetz*, Rechtsnatur und Inhalt der Zusammenschaltungsanordnung nach § 37 TKG, K&R 1999, S. 301.

[52] Dazu siehe unten Dritter Teil, § 6 II.

[53] *H.-J. Piepenbrock* (Fn. 6), § 36, Rn. 1.; zur empirischen Diskussion um die Zusammenschaltungsvereinbarungen zwischen der Deutschen Telekom AG und anderen Netzbetreibern vgl. *A. Badura/R. Schneider*, Interconnection – Der Anspruch auf Netzzusammenschaltung in der Praxis, RTkom 1999, S. 162.

[54] So auch Begründung der BR zur NZV, BR-Drucks. 655/96, S. 10 zu § 5 Abs. 2.

[55] Vgl. *L. Gramlich* (Fn. 14), S. 70.

[56] Vgl. *K. W. Riehmer* (Fn. 19), S. 59.

(§ 35 Abs. 1 TKG), die Objektivität, Nachvollziehbarkeit und Diskriminierungsfreiheit der Vereinbarungen (§ 35 Abs. 2 S. 1 TKG), enumerative Beschränkungsgründe für besondere Netzzugänge und Zusammenschaltungsanordnungen in Koppelung mit der ONP-Rahmenrichtlinie (§§ 35 Abs. 2 S. 2 u. 37 Abs. 3 S. 3 TKG), das Entbündelungsgebot marktbeherrschender Netzbetreiber (§ 2 NZV)[57], die Kollokation (§ 3 NZV), die Schriftform der Vereinbarungen über besondere Netzzugänge (§ 35 Abs. 2 S. 3 TKG i.V.m. § 5 Abs. 1 NZV), der Katalog für Soll-Bestandteile einer Vereinbarung über besondere Netzzugänge einschließlich der Zusammenschaltung (§ 5 Abs. 2 NZV und Anlage) und die Aufnahme des von der RegTP veröffentlichten Grundangebots in die Allgemeinen Geschäftsbedingungen marktbeherrschender Netzbetreiber (§ 6 Abs. 5 NZV)[58].

### c) *Staatliche Intervention beim Marktversagen*

Der Vorrang privatautonomer Vereinbarung über den besonderen Netzzugang und die Zusammenschaltung entspricht der regulatorischen Systematik der privatisierten Telekommunikationsmärkte, weil die Marktmechanismen von Angebot und Nachfrage als „Regelfall" privatwirtschaftlicher Betätigung angesehen werden. Das verfassungsrechtliche Gebot für die Privatwirtschaftlichkeit von Telekommunikationsdienstleistungen des Art. 87f Abs. 2 GG ist bei der Regulierung stets zu berücksichtigen[59]. Nach dieser Überlegung dürfen hoheitliche Mittel zur Einwirkung auf privatwirtschaftliche Abläufe nur dann eingesetzt werden, wenn die liberalisierten Telekommunikationsmärkte selbst versagen[60]. Dementsprechend ermächtigt das TKG die RegTP, *imperative* Regulierungsmaßnahmen subsidiär einzusetzen, wenn Vereinbarungen über den besonderen Netzzugang und die Zusammenschaltung zwischen den Beteiligten nicht regelmäßig abgeschlossen worden sind oder sie trotz der Verhandlungen überhaupt

---

[57] Zur Rechtsprechung vgl. VG Köln, Beschl. vom 18. 8. 1997 = AfP 1999, S. 103 ff.; OVG Münster, Beschl. vom 29. 9. 1997 = MMR 1998, 98 ff.; VG Köln, Urteil vom 5. 11. 1998 = CR 2000, S. 109.

[58] Zur Unvereinbarkeit der Vorschrift über das Grundangebot im Gemeinschaftsrecht und in NZV vgl. *M. Geppert/E.-O. Ruhle/F. Schuster* (Fn. 4), Rn. 301.

[59] In diesem Sinne auch § 9 Abs. 4 NZV: Bei einer Entscheidung nach § 37 Abs. 1 des Gesetzes (TKG) hat die RegTP die Interessen der Nutzer sowie die unternehmerische Freiheit jedes Netzbetreibers zur Gestaltung seines Telekommunikationsnetzes zu berücksichtigen. Aus Sicht der Wirtschaftsverfassung vgl. *H. Sodan*, Vorrang der Privatheit als Prinzip der Wirtschaftsverfassung, DÖV 2000, S. 361 ff.

[60] So auch § 2 Abs. 3 des Gesetzes über die Regulierung der Telekommunikation und des Postwesens v. 14. 9. 1994 (BGBl. I, S. 2325, 2371). Danach waren „die Ziele der Regulierung nach Maßgabe der gesetzlichen Vorschriften ‚mit möglichst marktkonformen Maßnahmen' zu verfolgen". Gleiches gilt auch für das TKG, obwohl eine ähnliche Aussage nicht in diesem Gesetz auftritt. Denn das Telekommunikationsgesetz als Konkretisierung des Art. 87 f GG ist verfassungskonform auszulegen. Dazu näher unten Dritter Teil, § 7 III 2 b) cc) aaa)); s. auch *W. Hoffmann-Riem*, Tendenzen in der Verwaltungsrechtsentwicklung, DÖV 1997, S. 433 ff.

nicht zustande kommen. Im Hinblick auf diese Regelungsstruktur, die eine Kombination von der privatwirtschaftlichen Selbstregulierung und der administrativen Anordnung darstellt, kann man von „staatlich regulierter privatwirtschaftlicher Selbstregulierung" sprechen[61].

*aa) Die nicht mit dem TKG übereinstimmenden Netzzugangsvereinbarungen*

Sind Vereinbarungen über die Gewährung von besonderen Netzzugängen nach § 35 TKG durch die Beteiligten freiwillig abgeschlossen worden, erzeugt dieses Zustandekommen der Vereinbarungen noch nicht automatisch von Gesetzes wegen die Wirksamkeit. Nach § 38 Abs. 1 TKG sind diese Vereinbarungen unwirksam, soweit sie geeignet sind, die Wettbewerbsmöglichkeiten anderer Unternehmen auf einem Markt der Telekommunikation ohne sachlich gerechtfertigten Grund zu beeinträchtigen. Dazu zählt beispielsweise die missbräuchliche Ausnutzung der marktbeherrschenden Stellung des Netzbetreibers. Ein Missbrauch wird vermutet, wenn sich der marktbeherrschende Netzbetreiber selbst ohne sachlich gerechtfertigten Grund den Zugang zu seinen intern genutzten und zu seinen am Markt angebotenen Leistungen zu günstigeren Bedingungen ermöglicht, als er sie den Wettbewerbern bei der Nutzung dieser Leistungen für ihre Dienstleistungsangebote einräumt[62]. In dieser Konstellation steht gem. § 38 Abs. 2 i.V.m. § 33 Abs. 2 TKG der RegTP die Kompetenz zu, diese Vereinbarungen ganz oder teilweise für unwirksam zu erklären.

*bb) Das Nichtzustandekommen von Netzzugangsvereinbarungen*

Im Fall des Nichtzustandekommens von Netzzugangsvereinbarungen ist weiter zwischen dem Nichtzustandekommen von Vereinbarungen über besondere Netzzugänge und dem Nichtzustandekommen von Vereinbarungen über die Zusammenschaltung zu unterscheiden.

---

[61] Privatwirtschaftliche Selbstregulierung wird allgemein dadurch gekennzeichnet, dass die Privatwirtschaft aus eigenen Interessen an Verbesserung der Wettbewerbsbedingungen oder an Vermeidung des Verlustes freiwillig das gesetzlich gebotene Verhalten befolgt oder bei gesetzlich verbotenem Verhalten untätig bleibt. Dazu allgemein *H.-H. Trute*, Die Verwaltung und das Verwaltungsrecht zwischen gesellschaftlicher Selbstregulierung und staatlicher Steuerung, DVBl. 1996, S. 950 ff.; s. auch *M. Schmidt-Preuß*, Verwaltung und Verwaltungsrecht zwischen gesellschaftlicher Selbstregulierung und staatlicher Steuerung, VVDStRL 56 (1997), S. 162 ff.; *U. Di Fabio*, Verwaltung und Verwaltungsrecht zwischen gesellschaftlicher Selbstregulierung und staatlicher Steuerung, VVDStRL 56 (1997), S. 235 ff.; für den Telekommunikationssektor vgl. *W. Wegmann*, Regulierte Marktöffnung in der Telekommunikation. Die Steuerungsinstrumente des Telekommunikationsgesetzes (TKG) im Lichte »regulierter Selbstregulierung«, 2001.

[62] Zum Regelungsverhältnis zwischen TKG und GWB siehe unten § 4 III. 3.

*aaa) Nichtzustandekommen von Vereinbarungen über besondere Netzzugänge*

Bei Streitigkeiten über Vereinbarungen über besondere Netzzugänge nach § 35 Abs. 1 TKG können die Verhandlungspartner gem. § 8 NZV *gemeinsam* die RegTP zur „Schlichtung" anrufen[63]. Der Streitgegenstand ist von den Parteien zu bestimmen. Nur im Rahmen dieses von den Parteien bestimmten Streitgegenstandes ist die RegTP befugt, unter Berücksichtigung der beiderseitigen Interessen über das Anrufungsbegehren zu entscheiden. Fraglich ist, ob jeder Anrufende im Schlichtungsverfahren seine Anrufung beliebig widerrufen kann, um das Schlichtungsverfahren zu beenden. Anders als § 9 Abs. 2 NZV sieht § 8 NZV nicht die Widerrufbarkeit der Anrufung vor. Im Hinblick auf die Herrschaft der Verhandlungspartner über Anträge und den Anrufungsgegenstand ist der Widerruf der Anrufung zwar grundsätzlich zu bejahen. Er soll aber nur *gemeinsam* möglich sein[64]. Dies gilt auch für die Veränderung des Anrufungsgegenstandes.

Die Entscheidung der RegTP nach § 8 NZV ergeht nach § 73 Abs. 1 S. 2 TKG durch Verwaltungsakt[65]. Infolgedessen entfaltet sie rechtliche *Bindungswirkung* für beide Verhandlungspartner. Die in der Entscheidung festgelegten Punkte, über die die Parteien zuvor keine Einigung erzielen konnten, müssen in Vereinbarungen über besondere Netzzugänge aufgenommen werden. Das Argument, die Entscheidung der RegTP nach § 8 NZV sei als „Vorschlag" der Schlichtungsstelle ohne Außenwirkung zu verstehen und solle erst durch die Implementierung der Parteien in die Netzzugangsvereinbarung Gültigkeit erlangen[66], ist nicht zutreffend[67]. Dabei wird der Zweck der in § 8 NZV geregelten Schlichtung übersehen, nämlich dass die RegTP über aufgetretene Streitpunkte zwischen den verhandelnden Parteien entscheiden kann[68].

Ungeklärt bleibt noch, wie sich der Kontrahierungszwang des § 35 TKG durchsetzen lässt, wenn die Voraussetzung für den Antrag auf Schlichtung, nämlich eine gemeinsame Anrufung, nicht gegeben ist. Diese Fragestellung ist ins-

---

[63] Vgl. *M. Holzhäuser*, Besonderer Netzzugang: Das Verhältnis von § 33 und § 35 TKG, MMR 2000, S. 466 (471), Fn. 58, der § 8 NZV für *europarechtswidrig* hält, da Art. 4a Abs. 3 Unterabsatz 2 der Richtlinie „Vollständiger Wettbewerb" und Art. 9 Abs. 5 der Zusammenschaltungsrichtlinie ein auf das Ersuchen *einer* Partei von der RegTP durchzuführendes Streitbeilegungsverfahren vorsehen würden.

[64] So auch *H.-J. Piepenbrock* (Fn. 6), Anh § 39, § 8 NZV, Rn. 2.

[65] *H.-J. Piepenbrock* (Fn. 6), Anh § 39, § 8 NZV, Rn. 9; zur Geschäftsverteilung der Beschlusskammern der RegTP vgl. *B. Kerkhoff*, Beck'scher TKG-Kommentar, 2. Aufl., 2000, § 73, Rn. 8.

[66] So *K. W. Riehmer* (Fn. 19), S. 61; *K. Oertel*, Die Unabhängigkeit der Regulierungsbehörde nach §§ 66 ff. TKG, 2000, S. 394 f.

[67] Vgl. *L. Gramlich* (Fn. 14), S. 71, der zu Recht feststellt, dass „§ 8 NZV offensichtlich nicht nur eine bloße Vermittlung bezweckt, sondern eine eigene behördliche Streitentscheidung, d.h. einen Akt öffentlicher Gewalt".

[68] Verfügung des Bundesministeriums für Post und Telekommunikation (Vfg. 104/1997), in: Hoeren/Holznagel/Geppert, ITM, Textsammlung, Nr. 445.

besondere für den Rechtsschutz des dem Netzzugang begehrenden Diensteanbieters von Bedeutung, weil die Vorschrift der Zusammenschaltungsanordnung des § 37 Abs. 1 TKG für den besonderen Netzzugang, der nicht zugleich Zusammenschaltung ist, nicht gilt.

In der Literatur wird gelegentlich die Ansicht vertreten, der RegTP fehle im Gesetz die Zuständigkeit für den Erlass einer Anordnung, durch welche der marktbeherrschende Netzbetreiber dazu gezwungen wird, anderen Diensteanbietern Zugang zu eigenem Netz zu gewähren. Diese Regelungslücke führe zu einer Verkürzung des Rechtsschutzes für diejenigen, die nicht Betreiber öffentlicher Telekommunikationsnetze sind[69].

Diese Ansicht erscheint jedoch zweifelhaft. In der Konstellation, in der weder Vereinbarungen über besondere Netzzugänge zustande gekommen sind, noch eine gemeinsame Anrufung zur RegTP gegeben ist, räumt § 35 TKG zwar nicht der RegTP die Befugnis zum Erlass einer „Netzzugangsanordnung" ein. Aber sie kann aus § 33 Abs. 2 S. 1 TKG, der im systematischen Verhältnis zu § 35 TKG als Generalklausel verstanden wird[70], abgeleitet werden[71]. Nach dieser Vorschrift kann die RegTP dem marktbeherrschenden Telekommunikationsanbieter, der gegen § 33 Abs. 1 TKG verstößt, ein Verhalten auferlegen oder untersagen, soweit dieser Anbieter seine marktbeherrschende Stellung missbräuchlich ausnutzt. Nach allgemeiner Auffassung gehört der Zugang zu den Telekommunikationsnetzen eines marktbeherrschenden Unternehmens zur „wesentlichen Leistung" i.S.d. § 33 Abs. 1 TKG[72], weil er für die Entstehung von Wettbewerb auf den

---

[69] *J. Wieland/B. Enderle* (Fn. 9), S. 381; *P. N. Märkl,* Netzzusammenschaltung in der Telekommunikation, 1998, S. 280 f.

[70] So OVG Münster, Beschl. vom 7. 2. 2000 = NVwZ 2000, S. 697 (700): „Folglich hat § 33 I 1 TKG einen weiteren Geltungsumfang als § 35 I 1 TKG und kann als Generalklausel bezeichnet werden."; s. auch *Chr. Koenig/S. Loetz* (Fn. 51), S. 299; ausführlich *M. Holzhäuser* (Fn. 63), S. 466 ff.; a.A. *Chr. Engel/G Knieps*, Die Vorschriften des Telekommunikationsgesetzes über den Zugang zu wesentlichen Leistungen, 1998, S. 56 f.; zum Meinungsstand vgl. *Holznagl/Enaux/Nienhaus*, Grundzüge des Telekommunikationsrechts, 2. Aufl., 2001, S. 99 f.

[71] Ebenso *W. Spoerr*, Zusammenschaltung und offener Netzzugang, MMR 2000, S. 674 (680); a.A. *P. N. Märkl* (Fn. 69), S. 280, der die Anwendbarkeit der Aufsichtskompetenzen der Regulierungsbehörde aus §§ 33 II, 37 TKG auf die Verweigerung des Netzzugangs i.S.d. § 35 I TKG ablehnt mit der Konsequenz, dass es daher nur die *zivilgerichtliche* Klagemöglichkeit auf Grund von § 35 I TKG bleibe.

[72] Zum Begriff der Leistung i.S.v. § 33 Abs. 1 TKG vgl. VG Köln, Urteil vom 5. 11. 1998 = CR 2000, S. 109, in dem das Gericht deutlich klarstellt, dass „der Begriff der ‚Leistung' i.S.v. § 33 Abs. 1 TKG jedenfalls auch solche vom Marktführer intern genutzten Bestandteile seiner Infrastruktur umfasst, die für die Erbringung von ‚Telekommunikationsdienstleistungen' i.S.v. § 3 Nr. 18 TKG erforderlich sind. Dieser Begriff der Leistung ist somit notwendig weiter als der der Telekommunikationsdienstleistung in § 3 Nr. 18 TKG."; zur Entstehungsgeschichte des § 33 Abs. 1 TKG vgl. *Chr. Koenig/S. Loetz*, Fakturierung und Einziehung von TK-Entgelten nach der Inkasso-Entscheidung der RegTP – eine Kritik, K&R 2000, S. 153 (155 f.).

abgeleiteten Märkten für Telekommunikationsleistungen unerlässlich ist[73].

Zusammenfassend kann festgestellt werden, dass die Netzzugangsverweigerung eines marktbeherrschenden Netzbetreibers als Missbrauch der marktbeherrschenden Stellung i.S.d. § 33 Abs. 1 TKG anzusehen ist. Insofern kann die RegTP die in § 33 Abs. 2 S. 1 TKG angeführten Maßnahmen treffen. Ob und ggf. in welcher Weise die RegTP die gesetzwidrigen Gegebenheiten beseitigt, steht in ihrem Ermessen[74]. Dazu zählt auch die Netzzugangsanordnung, wodurch der nachgefragte Netzbetreiber verpflichtet ist, dem begehrenden Wettbewerber Zugang zum eigenen Netz zu gewähren.

*bbb) Nichtzustandekommen von Vereinbarungen über die Zusammenschaltung*

Verstößt der marktbeherrschende Netzbetreiber gegen die Zusammenschaltungspflicht nach § 35 Abs. 1 S. 3 TKG[75], kommt ein hoheitlicher Eingriff nach § 37 TKG in Betracht. § 37 Abs. 1 räumt der RegTP die Anordnungsbefugnis ein[76], deren Einzelheiten in § 9 NZV bestimmt werden.

Gem. § 9 NZV kann *jeder* der an der Zusammenschaltung Beteiligten unter schriftlicher Angabe von Gründen die RegTP anrufen[77], wenn Zusammenschaltungsvereinbarungen nach der ernsthaften Verhandlungsbemühungen ganz oder teilweise nicht zustande gekommen sind[78]. Auf dieser Grundlage kann das Anordnungsverfahren des § 37 Abs. 1 TKG i.V.m. § 9 NZV nicht von Amts wegen erfolgen, sondern es setzt einen verfahrenseinleitenden Antrag eines der Verhandlungsbeteiligten voraus. Die Anrufung ist widerrufbar. Der Anrufungsgrund beschränkt sich nicht nur auf technische Fragen, sondern erstreckt sich auch auf kommerzielle Komponenten[79]. Zu nennen ist beispielsweise eine Nicht-Einigung über die Entgelthöhe. Dies hat zur Folge, dass die an konkrete Anrufungsgründe gebundene Zusammenschaltungsanordnung nach § 37 Abs. 1 TKG in-

---

73 Vgl. *F. J. Säcker/G.-P. Calliess*, Billing und Inkasso fremder Telekommunikationsleistungen (II), K&R 1999, S. 337 ff.

74 OVG Münster, Beschl. vom 7. 2. 2000 = NVwZ 2000, S. 697 (700).

75 Zu beachten ist, dass die in § 36 TKG ausdrücklich festgelegte Verhandlungspflicht lediglich für den nicht marktbeherrschenden Netzbetreiber gilt. Für den marktbeherrschenden Netzbetreiber besteht nicht nur die Verhandlungspflicht, sondern ferner ein „Kontrahierungszwang", der ausdrücklich durch § 35 Abs. 1 S. 3 TKG legitimiert wird. Vgl. *H.-J. Piepenbrock* (Fn. 6), § 35, Rn. 30.

76 Zur Praxis der Zusammenschaltungsanordnungen der RegTP vgl. *H.-J. Piepenbrock/U. Müller*, Interconnection-Regime 2000 – Entscheidungen der Regulierungsbehörde zum IC-Vertragsentwurf der Deutschen Telekom AG, K&R 2000, S. 110 ff.; *L. Gramlich*, Die Regulierungsbehörde für Telekommunikation und Post im Jahr 1999, CR 2000, S. 509 (516).

77 Kritik an Rechtsunsicherheit des § 9 NZV vgl. *N. Nolte* (Fn. 15), S. 2633.

78 Vgl. Entscheidung der Beschlusskammer der RegTP vom 30. 10. 1998 = MMR 1999, S. 52 (54).

79 Vgl. *M. Bock/S. B. Völcker*, Regulatorische Rahmenbedingungen für die Zusammenschaltung von TK-Netzen. Bisherige Erfahrungen in der Praxis, CR 1998, S. 476 f.

haltlich nicht nur technische Regelungen zum Gegenstand hat. Die RegTP hat vielmehr auch die Befugnis, betriebliche Bedingungen anzuordnen, soweit der Anrufende darauf hingewiesen hat, dass zu diesen Punkten keine Einigung erfolgte[80].

Eine Zusammenschaltungsanordnung soll nach Anhörung der Beteiligten innerhalb einer Frist von sechs Wochen ergehen, die um längstens vier Wochen verlängert werden kann. § 28 VwVfG findet hierauf Anwendung[81]. Die Rechtsnatur der Zusammenschaltungsanordnung nach § 37 Abs. 1 TKG, die durch die Beschlusskammer 4 der RegTP im Verfahren nach den §§ 74 ff. TKG erlassen wird, ist gem. § 73 Abs. 1 S. 2 TKG ein Verwaltungsakt, der sich im Rahmen des Dissenses der Parteien an beide betroffenen Betreiber öffentlicher Telekommunikationsnetze richtet[82]. Die Adressaten müssen nach § 9 Abs. 5 NZV der Zusammenschaltungsanordnung innerhalb einer Frist von längstens drei Monaten nachkommen, es sei denn, dass dies aus technischen Gründen objektiv nicht möglich ist.

Fraglich ist, in welcher Weise die Adressaten der Zusammenschaltungsanordnung der RegTP nachkommen sollen. Bildet die Zusammenschaltungsanordnung unmittelbar eine rechtsgestaltende Wirkung auf Rechtsverhältnisse der Parteien oder ist der nachträgliche Abschluss einer privatrechtlichen Zusammenschaltungsvereinbarung unter den angeordneten Bedingungen erforderlich? Die Antwort darauf ist weder dem TKG noch der NZV zu entnehmen.

Nach allgemeiner Ansicht ist die Zusammenschaltungsanordnung nach § 37 Abs. 1 TKG als „privatrechtsgestaltender Verwaltungsakt" zu verstehen[83], mit dem ein privatrechtliches Netzzusammenschaltungsverhältnis zwischen den Verhandlungsparteien begründet wird. Damit ist festzustellen, dass die Zusammenschaltungsanordnung der RegTP nicht unmittelbar zur Entstehung eines öffentlich-rechtlichen Schuldverhältnisses zwischen den Parteien führt[84]. Im Vergleich zu den freiwillig abgeschlossenen Zusammenschaltungsvereinbarungen besteht die öffentlich-rechtliche Wirkung der angeordneten Zusammenschaltung nach § 37 Abs. 1 TKG lediglich darin, ein privatrechtliches Netzzusammenschaltungsverhältnis hoheitlich zu begründen. Das aus der Zusammenschaltungsanordnung abgeleitete Rechtsverhältnis zwischen den Parteien als Ganzes bleibt

---

[80] Ausführlich vgl. *Chr. Koenig/S. Loetz* (Fn. 51), S. 302 f.

[81] Vgl. *H. J. Bonk*, in: Stelkens/Bonk/Sachs, Verwaltungsverfahrensgesetz, Kommentar, 5. Aufl., 1998, § 28.

[82] *K. W. Riehmer* (Fn. 19), S. 62; *W. Spoerr* (Fn. 71), S. 678.

[83] Statt vieler *Chr. Koenig/S. Loetz* (Fn. 51), S. 303; zu privatrechtsgestaltenden Verwaltungsakten vgl. allgemein *E. R. Huber*, Wirtschaftsverwaltungsrecht, Bd. I, 2. Aufl., 1953, § 8; *L. Schmidt*, Unmittelbare Privatrechtsgestaltung durch Verwaltungsakt, 1975; *G. Manssen*, Privatrechtsgestaltung durch Hoheitsakt, Verfassungsrechtliche und verwaltungsrechtliche Grundfragen, 1994, S. 274 ff.; *H. Maurer*, Allgemeines Verwaltungsrecht, 13. Aufl., 2000, § 9, Rn. 45; *Wolff/Bachof/Stober*, Verwaltungsrecht, Bd. 2, 6. Aufl., 2000, § 46, Rn. 3 ff.

[84] So aber *K. W. Riehmer* (Fn. 19), S. 63.

nach wie vor privatrechtlich. Unter diesem Gesichtspunkt kann von einem „angeordneten Vertrag" gesprochen werden[85].

Die in der Anordnung festgelegten Punkte, über die die Parteien zuvor keine Einigung erzielt haben, werden unmittelbar Bestandteil der Zusammenschaltungsvereinbarung und haben somit Bindungswirkung für beide an der Zusammenschaltung beteiligten Betreiber öffentlicher Telekommunikationsnetze. Eine Umsetzung durch den nachträglichen Vertragsabschluss ist überflüssig. Streitigkeiten aus dem angeordneten Vertrag, z.B. über die Zahlung des Zusammenschaltungsentgelts, werden auf dem Wege des Privatrechtwegs entschieden. Dagegen beschränkt sich der Verwaltungsrechtsweg nur auf Klagen gegen die Zusammenschaltungsanordnung der Beschlusskammer der RegTP, die nach § 80 Abs. 2 TKG keine aufschiebende Wirkung haben. Ein Vorverfahren findet auch nicht statt (§ 80 Abs. 1 TKG).

Die behördliche Anordnung nach § 37 Abs. 1 TKG bleibt nur wirksam, soweit und solange die Beteiligten keine Zusammenschaltungsvereinbarung treffen. Demzufolge ist eine neue Zusammenschaltungsvereinbarung zwischen den Adressaten der Anordnung von vornherein von Gesetzes wegen zulässig. Das Zustandekommen einer neuen Zusammenschaltungsvereinbarung soll als „auflösende Bedingung" gelten, die von der Beschlusskammer der RegTP in ihrer Zusammenschaltungsanordnung beizufügen ist[86].

Diese Vorschrift über die *bedingte* Wirksamkeit der Anordnung nach § 37 Abs. 1 TKG entspricht sowohl der grundlegenden Anforderung des Art. 9 Abs. 6 der Zusammenschaltungsrichtlinie als auch der verfassungsrechtlich gebotenen Gewährleistungsverantwortung des Staates bei der Aufgabenprivatisierung, wobei hoheitliche Regulierungsinstrumente des Staates nur als *ultima ratio* eingesetzt werden dürfen. Das Subsidiaritätsprinzip gilt folglich nicht nur für den Erlass der Zusammenschaltungsanordnung, sondern auch für deren Wirksamkeit.

### *d) Regulierung der Entgelte für die Gewährung von besonderem Netzzugang und Zusammenschaltung*

Von besonderer Bedeutung für die staatliche Einflussnahme auf den Wettbewerb auf den Telekommunikationsmärkten ist die Regulierung der Entgelte für die Gewährung von besonderem Netzzugang und Zusammenschaltung. § 39 TKG stellt klar, dass ein besonderer Netzzugang nach § 35 TKG und eine angeordnete Zusammenschaltung nach § 37 TKG nur „entgeltlich" gewährt und durchgesetzt werden können. Dieses Netzzugangs- und Zusammenschaltungsentgelt stellt eine finanzielle Kompensation für die konkurrentennützige Inanspruchnahme des

---

[85] *Chr. Koenig/S. Loetz* (Fn. 51), S. 303.

[86] Zu Nebenbestimmungen vgl. *H.-U. Erichsen*, in: ders. (Hrsg.), Allgemeines Verwaltungsrecht, 11. Aufl., 1998, § 14.

Netzeigentums dar[87]. Mit anderen Worten: Das Mitbenutzungsentgelt in der Telekommunikation wird als finanzielle Gegenleistung für die Leistung der Netzbereitstellung des nachgefragten Betreibers öffentlicher Telekommunikationsnetze bezeichnet. Die Regulierung der Entgelte für die Gewährung eines besonderen Netzzugangs und für die Durchsetzung einer angeordneten Zusammenschaltung zielt wie die Netzzugangs- und Zusammenschaltungsverpflichtung selbst auf die Wettbewerbsförderung ab.

*aa) Die Kostenorientierung*

Nach § 39 TKG gelten die Bestimmungen der §§ 24 ff. TKG, die die Regulierung von Entgelten für das Angebot von Telekommunikationsdienstleistungen für Endkunden betreffen[88], für die Regulierung der Netzzugangs- und Zusammenschaltungsentgelte entsprechend. Deshalb haben sich Mitbenutzungsentgelte auch an den „Kosten der effizienten Leistungsbereitstellung" zu orientieren. Sie dürfen ohne sachlich gerechtfertigten Grund weder Aufschläge, die nur von einem marktbeherrschenden Betreiber durchgesetzt werden können, noch Abschläge, die die Wettbewerbsmöglichkeiten anderer Telekommunikationsunternehmen beeinträchtigen, enthalten.

*bb) Die Ex-ante-Regulierung*

Im Hinblick auf das konkrete Regulierungsverfahren unterliegen die Entgelte für die Gewährung von Netzzugang und Zusammenschaltung auf Grund der Verweisung des § 39 TKG auf § 25 Abs. 1 TKG der *Ex-ante*-Regulierung und sind somit genehmigungspflichtig[89]. Eine privatrechtliche Aushandlung der Netzzugangsentgelte ohne Genehmigung der RegTP wird durch das TKG selbst ausgeschlossen. Der Umfang der Genehmigung umfasst sowohl die Entgelte, welche ein marktbeherrschender Anbieter anderen Nutzern für den physisch-logischen Anschluss an sein Netz in Rechnung stellt, als auch das jeweils von ihm erhobene Entgelt für die Inanspruchnahme eines jeden Leistungsmerkmals dieses

---

[87] Vgl. *M. Fehling*, Der finanzielle Ausgleich für die Mitbenutzung fremder Infrastruktur bei Schienenwegen, Energieversorgungs- und Telekommunikationsleistungen, VerwArch. 1995, S. 600 ff. (606 ff.).

[88] Hierzu allgemein *V. Großkopf/K. Ritgen*, Entgeltgenehmigung nach dem Telekommunikationsgesetz, CR 1998, S. 86 ff.

[89] Siehe auch OVG Münster, Beschl. vom 5. 7. 2000 = RTkom 2000, S. 224 ff.; *R. Schütz/R.-G. Müller*, Entgeltregulierung in der Telekommunikation, MMR 1999, S. 129; *S. Lünenbürger*, Rückwirkende Entgeltgenehmigung im Telekommunikationsrecht?, CR 2001, S. 84 ff.; zur Praxis der genehmigten Zusammenschaltungsentgelte in Deutschland vgl. *Holznagl/Enaux/Nienhaus* (Fn. 70), S. 104 ff.

Netzes[90]. Es handelt sich hierbei um eine präventive Erlaubnis mit Genehmigungsvorbehalt. Der netzzugangsverpflichtete Netzbetreiber hat damit einen Anspruch auf die Erteilung der Genehmigung, wenn die in § 27 Abs. 3 TKG i.V.m. § 24 TKG bestimmten Voraussetzungen erfüllt sind.

*cc) Rechtsfolgenverweisung oder Rechtsgrundverweisung des § 39 TKG?*

In der Literatur ist die Auslegung des Verhältnisses von Verweisungsnorm und Bezugsnorm umstritten. Fraglich ist insbesondere, ob die angeordnete Zusammenschaltung zwischen *nicht*-marktbeherrschenden Netzbetreibern auch der Entgeltregulierung i.S.d. § 25 Abs. 1 TKG unterliegt, die sich lediglich auf marktbeherrschende Unternehmen bezieht. Sowohl die Praxis der RegTP als auch die überwiegende Auffassung im Schrifttum bejahen dies mit dem Argument, dass sich die angeordnete Zusammenschaltung des § 37 Abs. 1 TKG nicht nur auf die Zusammenschaltung von Netzen marktbeherrschender Betreiber, sondern auch auf die Zusammenschaltung von Netzen nicht marktbeherrschender Netzbetreiber beziehe. Auf diese Grundlage sei die Ex-ante-Regulierung von Entgelten des § 25 Abs. 1 TKG, auf die verwiesen wird, auch auf nicht-marktbeherrschende Unternehmen anwendbar, die von § 39 2. Alt. TKG erfasst wird[91].

Diese Auffassung ist jedoch in zweierlei Hinsicht bedenklich. Auf der einen Seite sieht § 39 TKG ausdrücklich vor, dass die Entgeltregulierungsregeln des Dritten Teils „entsprechend" auch für die Durchsetzung einer angeordneten Zusammenschaltung nach § 37 TKG gelten. Aus diesem Wortlaut ergibt sich, dass eine unmittelbare Anwendung der Rechtsfolge des § 25 Abs. 1 TKG auf § 39 TKG ausgeschlossen ist. „Entsprechende" Anwendung ist dann gegeben, wenn sowohl Tatbestandsmerkmale als auch Rechtsfolgen der in Bezug genommenen Vorschrift berücksichtigt werden[92]. Es handelt sich bei § 39 TKG im Ergebnis nicht um eine bloße Rechtsfolgenverweisung, sondern um eine „Rechtsgrundverweisung"[93].

---

[90] RegTP, Beschl. vom 23. 12. 1999 = CR 2000, S. 298.

[91] RegTP, Entscheidung vom 13. 5. 1998 = MMR 1998, S. 621; RegTP, Entscheidung vom 31. 7. 1998 = MMR 1998, S. 682; RegTP, Entscheidung vom 28. 8. 1998 = MMR 1999, S. 114 (116); RegTP, Beschl. vom 23. 12. 1999 = CR 2000, S. 298 (299): „Zudem kommt es bei § 39 2. Alt. TKG, anders als bei den §§ 25 ff. TKG nicht auf die Marktbeherrschung an".; aus der Literatur vgl. *H.-J. Piepenbrock* (Fn. 6), § 39, Rn. 1; *H.-W. Hefekäuser/Chr. Dreier*, Der gesetzliche Rahmen für Netzzugang und Netzzusammenschaltungen, CR 1997, S. 110 (111); *K. Schmidt*, Entgeltregulierung für Telekommunikationsdienstleistungen, K&R 1999, 385 (387).

[92] Vgl. *J. Scherer/U. Ellinghaus*, Unzulässigkeit der Regulierung von Zusammenschaltungsentgelten nicht marktmächtiger Netzbetreiber, MMR 2000, S. 201 (202).

[93] In diesem Sinne *K.-M. Fuhr/B. Kerkhoff*, Entgelte für die Gewährung von Netzzugang gemäß § 39 TKG, NJW 1997, S. 3209 (3210); *Th. Tschentscher/A. Neumann*, Das telekommunikationsrechtliche Regulierungsverfahren – Verfahrensfragen, Missbrauchsaufsicht, Ent-

Auf der anderen Seite bezweckt § 39 TKG zwar, durch die Entgeltregulierung die angeordnete Zusammenschaltung nach § 37 TKG durchzuführen. Aber das Endziel dieser Regelung stellt auch die Wettbewerbsförderung auf den gerade privatisierten Telekommunikationsmärkten dar. Dieses Ziel wird nicht durch die Gleichbehandlung aller Netzbetreiber, sondern nur durch die asymmetrische Regulierung gegenüber ehemaligen Monopolisten mit marktbeherrschender Stellung erreicht. Eine Ex-ante-Regulierung von Zusammenschaltungsentgelten der Netzbetreiber, die nicht über eine marktbeherrschende Stellung verfügen, verstößt offensichtlich gegen die Zielsetzung des § 39 TKG[94].

Zusammenfassend kann festgestellt werden, dass es sich bei § 39 TKG nicht um eine bloße Rechtsfolgenverweisung, sondern um eine „Rechtsgrundverweisung" handelt. Dies bedeutet, dass nur die Netzzusammenschaltung zwischen dem marktbeherrschenden und dem nicht marktbeherrschenden Netzbetreiber der Entgeltregulierung des § 39 TKG unterliegen. Für die Entgelte für die Netzzusammenschaltung zwischen nicht-marktbeherrschenden Netzbetreibern gilt § 39 TKG nicht.

*dd) Die Wirkung der Entgeltgenehmigung*

Die Entgeltgenehmigung der RegTP bildet eine „unmittelbare" Wirkung für das Rechtsverhältnis zwischen den Netzzugang- und Zusammenschaltungspartnern, wonach eine privatrechtliche Entgeltschuld direkt entsteht. Dies bedeutet, dass das genehmigte Entgelt ohne nachträgliche Vertragsänderung durch die Beteiligten unmittelbar an die Stelle des vereinbarten Entgelts tritt, wenn sich die beiden Entgelte nicht einig sind. Verwaltungsrechtlich fällt diese Entgeltgenehmigung auch in die Kategorie eines privatrechtsgestaltenden Verwaltungsakts[95]. Diese Konsequenz folgt offenbar aus dem Wortlaut des § 29 Abs. 2 S. 1 TKG, wonach „Verträge über Dienstleistungen, die andere als die genehmigten Ent-

---

bündelung, BB 1997, S. 2437 (2440); *N. Lübben*, Rechtsfragen des Zugangs zu Telekommunikationsmärkten, in: Immenga/Lübben/Schwintowski, Telekommunikation: Vom Monopol zum Wettbewerb, 1998, S. 47 (59 f.); *Chr. Koenig/A. Neumann*, Zusammenschaltungs-Entgeltregulierung unterhalb der Schwelle »beträchtlicher Marktmacht«?, RTkom 2000, S. 27 (30 f.); *H.-W. Moritz*, Entgeltregulierung in Theorie und Praxis – Eine Zwischenbilanz, RTkom 2000, S. 102 (117).

94 *Chr. Koenig/A. Neumann* (Fn. 93), S. 29 f.; . *J. Scherer/U. Ellinghaus* (Fn. 92), S. 203 f.; *Th. Tschentscher*, Anmerkung zum Beschluss der RegTP vom 23. 12. 1999, CR 2000, S. 301 (302).

95 So auch *K. Hummel*, Die vorläufige Entgeltgenehmigung beim besonderen Netzzugang, CR 2000, S. 291; zur sich aus der Genehmigung ergebenden verwaltungsgerichtlichen Klagebefugnis Dritter vgl. BVwGE 95, 133 ff.; auch *Th. Groß*, Kriterien des Drittschutzes bei Tarifgenehmigungen, DÖV 1996, S. 52 ff.

gelte enthalten, mit der Maßgabe wirksam sind, dass das genehmigte Entgelt an die Stelle des vereinbarten Entgelts tritt"[96].

Einzelheiten über die Entgeltregulierung werden in der Telekommunikations-Entgeltregulierungsverordnung vom 1. Okt. 1996 (TEntgV)[97] präzisiert. Von Bedeutung ist hierfür § 7 TEntgV, der kostenbedingte Zusammenhänge zwischen Endkundenentgelten und Entgelten für besondere Netzzugänge vorschreibt und die Wettbewerbsmöglichkeit der Diensteanbieter sicherstellt, die auf die besondere Netzzugangsleistung eines marktbeherrschenden Telekommunikationsunternehmens angewiesen sind[98]. Um einen entgeltgenehmigungslosen Zustand zu vermeiden, kann die RegTP die vorläufige Entgeltgenehmigung erlassen, bevor eine endgültige Entscheidung fällt[99].

### *2. Die allgemeine Netzzugangsregelung nach § 19 Abs. 4 Nr. 4 GWB*

Der Zugang zu Netzen hat sich im deutschen Recht nicht nur im TKG und in sonstigen sektorspezifischen Gesetzen, namentlich in §§ 28 und 29 PostG, § 14 AEG und § 6 EnWG niedergeschlagen[100], sondern er ist nun auch Gegenstand des allgemeinen Kartellrechts. Mit der 6. GWB-Novelle vom 7. 5. 1998[101] ist die sektorübergreifende Netzzugangsregelung in § 19 Abs. 4 Nr. 4 neu eingefügt worden[102]. Damit wird die unbillige Verweigerung des Zugangs eines anderen Unternehmens zu den eigenen Netzen oder anderen wesentlichen Einrichtungen als ein Regelbeispiel des Missbrauchs einer marktbeherrschenden Stellung bezeichnet. Entsprechend dem in Art. 82 EGV determinierten europäischen Wettbewerbsrecht wird durch die Einfügung des § 19 Abs. 4 Nr. 4 GWB deutlich, dass die „essential facilities"-Doktrin als allgemeiner Auffangtatbestand nunmehr im deutschen Kartellrecht kodifiziert worden ist[103].

Mit Blick auf den Tatbestand des § 19 Abs. 4 Nr. 4 GWB liegt ein Missbrauch vor, wenn ein marktbeherrschendes Unternehmen als Anbieter oder Nachfrager

---

[96] Vgl. ausführlich *V. Großkopf/K. Ritgen* (Fn. 88), S. 95 f.

[97] BGBl I, S. 1120.

[98] Vgl. *H.-W. Hefekäuser/Chr. Dreier* (Fn. 91), S. 113.

[99] Ausführlich vgl. *K. Hummer* (Fn. 95), S. 291 ff.; *S. Lünenbürger* (Fn. 89), S. 86; zu vorläufigen Verwaltungsakten allgemein vgl. *F. J. Kopp*, Vorläufiges Verwaltungsverfahren und vorläufiger Verwaltungsakt, 1992.

[100] Dazu näher siehe unten Zweiter Teil, § 5.

[101] BGBl. I, S. 2521.

[102] Zur Auffassung für und gegen die rechtspolitische Aufnahme des § 19 IV Nr. 4 GWB vgl. *H.-J. Bunte* (Fn. 32), S. 302 ff.; *A. Klimisch/M. Lange*, Zugang zu Netzen und anderen wesentlichen Einrichtungen als Bestandteil der kartellrechtlichen Missbrauchsaufsicht, WuW 1998, S. 26; *G. v. Wallenberg*, Diskriminierungsfreier Zugang zu Netzen und anderen Infrastruktureinrichtungen, K&R 1999, S. 153 f.

[103] Kritisch daran vgl. *H.-J. Bunte* (Fn. 32), S. 311; zu Art. 82 EGV vgl. ausführlich oben Zweiter Teil, § 4 II 1 b).

einer bestimmten Art von Waren oder gewerblichen Leistungen sich weigert, einem anderen Unternehmen gegen angemessenes Entgelt Zugang zu den eigenen Netzen oder anderen Infrastruktureinrichtungen zu gewähren, wenn es dem anderen Unternehmen aus rechtlichen oder tatsächlichen Gründen ohne die Mitbenutzung nicht möglich ist, auf dem vor- oder nachgelagerten Markt als Wettbewerber des marktbeherrschenden Unternehmens tätig zu werden; dies gilt nicht, wenn das marktbeherrschende Unternehmen nachweist, dass die Mitbenutzung aus betriebsbedingten oder sonstigen Gründen nicht möglich oder nicht zumutbar ist.

Über den Anwendungsbereich und einzelne Tatbestandselemente dieser Vorschrift bestehen in der Literatur Meinungsunterschiede[104]. Eine weitgehende Auseinandersetzung über Streitigkeiten kann hier nicht geboten werden. Festzustellen ist immerhin, dass das durch die physische Netzstruktur charakterisierte Telekommunikationsnetz von § 19 Abs. 4 Nr. 4 GWB erfasst wird[105]. Daraus ergibt sich, dass die Problematik des Zugangs der Neuwettbewerber zu Netzen marktbeherrschender Netzbetreiber auf den Telekommunikationsmärkten dem Anwendungsbereich des § 19 Abs. 4 Nr. 4 GWB unterfällt. Demzufolge besteht grundsätzlich der Missbrauch einer marktbeherrschenden Stellung im Sinne des § 19 Abs. 4 Nr. 4 GWB, wenn sich ein marktbeherrschender Betreiber öffentlicher Telekommunikationsnetze in diskriminierender Weise weigert, einem anderen Wettbewerber den Zugang zu eigenem Netz und die Zusammenschaltung mit dem eigenen Netz zu gewähren, soweit der Netzzugang für die Erbringung von Telekommunikationsdienstleistungen des anderen Wettbewerbers unerlässlich ist.

### *3. Das Verhältnis zwischen TKG und GWB*

Zwar besteht Einigkeit darüber, dass das GWB grundsätzlich einen *bestehenden* funktionsfähigen Wettbewerb unterstellt und sich nur auf die nachträgliche Verhinderung missbräuchlichen Verhaltens marktbeherrschender Unternehmen richtet, während das TKG darüber hinausgeht und durch sektorspezifische Regulierungen unmittelbar in die Märkte eingreift, um einen fairen und funktionsfähigen Wettbewerb auf den gerade liberalisierten Telekommunikationsmärkten *herzustellen* und zu *fördern*[106]. Aber die oben dargestellte materiellrechtliche Parallelität der Tatbestände der Netzzugangregelung zwischen §§ 33 ff. TKG einerseits und § 19 Abs. 4 Nr. 4 GWB andererseits wirft die Frage auf, im wel-

---

[104] Vgl. *B. Martenczuk/K. Thomaschki*, Der Zugang zu Netzen zwischen allgemeinem Kartellrecht und sektorieller Regulierung, RTkom 1999, S. 22 ff.; *J. Oechsler* (Fn. 33), S. 479 ff.

[105] So auch Entwurfsbegründung zum GWB-Reformgesetz v. 29. 7. 1997, S. 15.

[106] So Begründung der Bundesregierung zum Entwurf des TKG, BT-Drucks. 13/3609, S. 34; siehe auch *Holznagl/Enaux/Nienhaus* (Fn. 70), S. 35.

chen Verhältnis beide Gesetze im Rahmen des Netzzugangs bestehen. Diese Fragestellung ist Voraussetzung für die Untersuchung der Zuständigkeitsverteilung zwischen der RegTP und dem Bundeskartellamt, auf die an einer späteren Stelle eingegangen wird[107].

§ 2 Abs. 3 TKG sieht ausdrücklich vor, dass die Vorschriften des GWB „unberührt bleiben"[108]. Damit wird deutlich, dass das GWB *neben* den Vorschriften des TKG auf dem Gebiet der Telekommunikation anwendbar ist[109]. Das allgemeine Kartellrecht des GWB wird grundsätzlich nicht durch die sektorspezifischen Regulierungsregelungen des TKG verdrängt, sondern es ergänzt sie[110]. Diese Ergänzungsfunktion des GWB steht darüber hinaus mit den Leitlinien der Europäischen Kommission für die Anwendung der EG-Wettbewerbsregeln im Telekommunikation[111] und der „Mitteilung über die Anwendung der Wettbewerbsregeln auf Zugangsvereinbarungen im Telekommunikationsbereich – Rahmen, relevante Märkte und Grundsätze"[112] in Einklang.

Mit Blick auf die Gesetzesbegründung formulierte die Bundesregierung in ihrem Gesetzesentwurf zu § 2 Abs. 3 TKG allerdings, dass die Regelung das Verhältnis der sektorspezifischen Verhaltensaufsicht im Bereich der Telekommunikation als „Spezialgesetz" gegenüber dem allgemeinen Wettbewerbsrecht und insbesondere gegenüber dem Gesetz gegen Wettbewerbsbeschränkungen unterstreiche, das *subsidiär* immer dann Anwendung findet, wenn keine Spezialregelung getroffen sei[113]. Damit ist festzustellen, dass Gesetzeswortlaut und Gesetzesbegründung nicht miteinander vereinbar sind[114]. Insofern ist das Verhältnis zwischen TKG und GWB vorrangig vom Wortlaut des § 2 Abs. 3 TKG abhängig.

Zusammenfassend kann festgestellt werden, dass die Netzzugangsregulierung der §§ 33 ff. TKG keineswegs als lex specialis vor der Vorschrift des § 19 Abs. 4

---

107 Siehe unten § 4 III 4.

108 Die gleiche Bestimmung findet sich auch für den Bereich des Postwesens in § 2 Abs. 3 PostG und für den der Elektrizitätsversorgung in § 6 Abs. 1 S. 4 EnWG. Hierzu vgl. *M. Habersack*, Die besondere Missbrauchsaufsicht gemäß § 32 PostG – Teil I, K & R 2001, S. 121 (129); *G. Kühne*, Der Netzzugang und seine Verweigerung im Spannungsfeld zwischen Zivilrecht, Energierecht und Kartellrecht, RdE 2000, S. 1 ff.

109 Vgl. *D. Schroeder*, Telekommunikationsgesetz und GWB, WuW 1999, S. 15 f.; *B. Martenczuk*, Regulierungsbehörde contra Bundeskartellamt? Das Verhältnis der Kompetenzen auf dem Gebiet der Telekommunikation, CR 1999, 364.

110 *E.-J. Mestmäcker*, Regulierende Missbrauchsaufsicht, in: Festschrift für Wolfgang Fikentscher zum 70. Geburtstag, 1998, S. 557 (565); *M. Geppert*, in: Beck'scher TKG-Kommentar, 2. Aufl., 2000, § 82, Rn. 1 f.

111 ABl. EG C 233 vom 6. 9. 1991, S. 2.

112 ABl. EG C 265 vom 22. 8. 1998, S. 2; vgl. *K. W. Riehmer*, EG-Wettbewerbsrecht und Zugangsvereinbarungen in der Telekommunikation. Die neue Mitteilung der Europäischen Kommission, MMR 1998, S. 355 ff.

113 BT-Drucks. 13/3609, S. 36.

114 *D. Schroeder* (Fn. 109), S. 15; a.A. *H.-W. Moritz* (Fn. 93), S. 121.

Nr. 4 GWB vorgeht. Vielmehr sind §§ 33 ff. TKG und § 19 Abs. 4 Nr. 4 GWB „nebeneinander" auf Netzzugang und Zusammenschaltung im Bereich der Telekommunikation anwendbar[115].

### *4. Die Zuständigkeitsverteilung von RegTP und Bundeskartellamt im Hinblick auf die Netzzugangsregulierung*

#### *a) Grundsatz der Doppelzuständigkeit*

Die Normenkonkurrenz für die Missbrauchsaufsicht auf den Telekommunikationsmärkten führt in organisationsrechtlicher Hinsicht grundsätzlich zur „Doppelzuständigkeit" zwischen der RegTP einerseits und dem Bundeskartellamt andererseits[116]. Der Gesetzgeber hat nicht nur normativ das TKG erlassen, das die sektorspezifische Regulierung im Bereich der Telekommunikation betrifft, sondern auch organisatorisch die RegTP errichtet, die als Bundesoberbehörde im Geschäftsbereich des Bundesministeriums für Wirtschaft nach § 66 Abs. 1 TKG für die Wahrnehmung der sich aus dem TKG und darauf gestützten Rechtsverordnungen ergebenden Regulierungsaufgaben zuständig ist[117]. Aus dieser Doppelzuständigkeit für die Missbrauchsaufsicht im Bereich der Telekommunikation könnte allerdings die Gefahr folgen, dass die RegTP und das Bundeskartellamt für gleiche Sachverhalt unterschiedliche Entscheidungen treffen. Um diesen potentiellen Konflikt zu verhindern, hat sich der Gesetzgeber in § 82 TKG für das „Koordinationsmodell" entschieden.

#### *b) Mitwirkungsformen des Bundeskartellamts*

Je nach Sachverhalt ist die Art der Mitwirkungshandlung des Bundeskartellamts und der RegTP unterschiedlich[118]. Gem. § 82 Satz 1 und 2 TKG dürfen Entscheidungen der RegTP über den Ausschluss vom Vergabeverfahren nach § 11 Abs. 3 TKG, die Abgrenzung sachlich und räumlich relevanter Märkte und die Feststellung einer marktbeherrschenden Stellung im Rahmen des TKG nur „im Einvernehmen" mit dem Bundeskartellamt fallen.

---

[115] Unzutreffend *P. N. Märkl* (Fn. 69), S. 275: „Das TKG hat insofern bei telekommunikationsspezifischen Sachverhalten trotz der Regelung des § 2 III TKG als lex specialis zu gelten"; s. auch *Chr. Engel/G. Knieps* (Fn. 70), S. 59.

[116] Vgl. *M. Geppert* (Fn. 110), § 82, Rn. 2.

[117] Vgl. oben Erster Teil, § 3 III 4 b).

[118] Vgl. *M. Paulweber*, Regulierungszuständigkeiten in der Telekommunikation. Sektorspezifische Wettbewerbsaufsicht nach dem TKG durch die Regulierungsbehörde im Verhältnis zu den allgemeinen kartellrechtlichen Kompetenzen des Bundeskartellamts und der Europäischen Kommission, 1999; *M. Geppert* (Fn. 110), § 82, Rn. 3 ff.

Im Gegenteil hat die RegTP gem. § 82 Satz 3 TKG hinsichtlich Entscheidungen nach dem *Dritten* und *Vierten* Teil des TKG und der Beifügung von Lizenz-Nebenbestimmungen nach § 8 Abs. 2 S. 1, die den Dritten und Vierten Teil dieses Gesetzes betreffen, dem Bundeskartellamt „Gelegenheit zur Stellungnahme" zu geben. Nach diesem Wortlaut kann eine Stellungnahme vom Bundeskartellamt abgegeben werden, aber sie ist nicht unbedingt erforderlich. Die Verpflichtung der RegTP besteht folglich nur darin, beim Erlass von Anordnungen nach § 33 Abs. 2 S. 1 TKG, Entscheidungen nach § 8 NZV, Zusammenschaltungsanordnungen nach § 37 Abs. 1 TKG i.V.m. § 9 NZV und Entgeltgenehmigungen nach § 39 i.V.m. § 25 Abs. 1 TKG zuvor dem Bundeskartellamt „Gelegenheit" zur Stellungnahme zu geben[119]. Erfolgt diese Verfahrenspflicht nicht, ist der von der RegTP erlassene Verwaltungsakt zwar nicht nichtig, aber nach § 44 Abs. 3 Nr. 4 VwVfG formell rechtswidrig[120]. Auf die Heilung und Rechtsfolgen dieses verfahrensfehlenden Verwaltungsakts finden §§ 45 und 46 VwVfG Anwendung.

### *c) Die Wirkung der Stellungnahme des Bundeskartellamts*

Ungeklärt bleibt, welche Wirkung die Stellungnahme des Bundeskartellamts nach § 82 Satz 3 TKG gegenüber der RegTP erzeugt, wenn sie tatsächlich abgegeben worden ist. Von dieser Fragestellung zu unterscheiden ist zunächst die Frage nach der Außenwirkung der Mitwirkungshandlung einer anderen Behörde in einem mehrstufigen Verwaltungsverfahren. Nach allgemeiner Ansicht stellt die Mitwirkungshandlung der mitwirkenden Behörde grundsätzlich nur eine *verwaltungsinterne* Handlung dar und ist als solche kein Verwaltungsakt i.S.d. § 35 VwVfG[121]. Dies sagt jedoch nichts über das verwaltungsinterne Verhältnis zwischen der mitwirkenden Behörde und der entscheidenden Behörde aus. Die Frage, ob die entscheidende Behörde an die Mitwirkungshandlung einer anderen Behörde gebunden ist, hängt vielmehr von der Art der Mitwirkungshandlung ab.

Angesichts des Wortlauts des § 82 Satz 3 TKG, wonach statt „Einvernehmen" in Satz 1 „Stellungnahme" bewusst verwendet wird, ist festzustellen, dass die Stellungnahme des Bundeskartellamts bezüglich Entscheidungen über den Netzzugang und die Zusammenschaltung „keine" Bindungswirkung gegenüber der

---

[119] Vgl. *K. König/Chr. Theobald*, Liberalisierung und Regulierung netzgebundener Güter und Dienste, in: Festschrift für Willi Blümel zum 70. Geburtstag, 1999, 277 (306), der im Zusammenhang mit der Zuständigkeit für den offenen Netzzugang zutreffend darauf hinweist, dass die RegTP eine „innere Verfallzeit" aufweist. Nämlich kann nach erfolgreichem Abschluss der Gestaltung des Marktes die Aufsicht im nachhinein und damit innerhalb des Bundeskartellamtes erfolgen.

[120] *M. Geppert* (Fn. 110), § 82, Rn. 14.

[121] Vgl. *D. Ehlers*, Das Verwaltungsverfahrensgesetz im Spiegel der Rechtsprechung, Die Verwaltung 1998, S. 53 (64); *Kopp/Ramsauer*, VwVfG, 7. Aufl., 2000, § 35, Rn. 76.

RegTP entfaltet[122]. Infolgedessen ist die RegTP im Rahmen der Netzzugangs- und Zusammenschaltungsregulierung in der Telekommunikation nicht an die Stellungnahme des Bundeskartellamts gebunden. Sie kann abweichend von der Stellungnahme des Bundeskartellamts Entscheidungen über besondere Netzzugänge und die daraus resultierenden Entgelte auf den Telekommunikationsmärkten treffen, obwohl § 82 Satz 5 TKG sowohl die RegTP als auch das Bundeskartellamt verpflichtet, auf eine einheitlich und den Zusammenhang mit dem GWB wahrende Auslegung hinzuwirken. Hätte der Gesetzgeber die Intention gehabt, dass die RegTP an das Bundeskartellamt gebunden sein soll, würde er, wie in § 82 Satz 1 TKG, den Wortlaut „Einvernehmen" verwenden. Denn nach allgemeiner Auffassung in der Rechtsprechung wie in der Literatur verdeutlichen die Begriffe Einvernehmen und Zustimmung in einem Mitwirkungsverfahren, dass die entscheidende Behörde beim Erlass des Verwaltungsakts an die mitwirkende Behörde gebunden ist.

### *d) Bindungswirkung der netzzugangsbezogenen Entscheidungen der RegTP*

Die von der RegTP erlassenen Verwaltungsakte, die den Netzzugang und die Zusammenschaltung zum Gegenstand haben, entfalten für andere Behörden, auch für das Bundeskartellamt, und Gerichte eine Bindungswirkung[123]. Ist das Verweigerungsverhalten eines marktbeherrschenden Netzbetreibers, einem Wettbewerber Zugang zu eigenem Netz zu gewähren, beispielsweise bereits nach § 33 Abs. 2 S. 1 TKG von der RegTP untersagt worden, soll das Bundeskartellamt im Rahmen des gleichen Sachverhalts im Verfahren des § 32 i.V.m. § 19 Abs. 1 und Abs. 4 Nr. 4 GWB an diese Untersagungsentscheidung der RegTP gebunden sein.

### *e) Fazit*

Die Mitwirkungsmöglichkeit des Bundeskartellamts nach § 82 Satz 3 TKG erfolgt durch die Stellungnahme. Es handelt sich dabei eher um eine bloß formelle Beteiligung am Verwaltungsverfahren als um materielle Zusammenentscheidung. Die RegTP ist nicht an die Stellungnahme des Bundeskartellamts gebunden. Umgekehrt entfalten Entscheidungen der RegTP über den Netzzugang eine Bindungswirkung für das Bundeskartellamt.

---

[122] So auch *M. Geppert* (Fn. 110), § 82, Rn. 13.

[123] Vgl. *B. Martenczuk* (Fn. 109), S. 366 f.; zur Bindungswirkung von Verwaltungsakten allgemein vgl. *J. Ipsen*, Verbindlichkeit, Bestandskraft und Bindungswirkung von Verwaltungsakten. Versuch einer begrifflichen Klärung, Die Verwaltung 1984, 169 (186 ff.); *M. J. Seibert*, Die Bindungswirkung von Verwaltungsakten, 1989.

## IV. Zusammenfassung

Die rechtlichen Rahmenbedingungen für den konkurrentennützigen Netzzugang sind in §§ 33 ff. TKG und der NZV vorgesehen. Dabei ist zu unterscheiden zwischen der Zusammenschaltung nach §§ 36 und 37 TKG und anderen besonderen Netzzugängen nach § 35 Abs. 1 S. 2 TKG. Während die Zusammenschaltung sich auf die Verbindung von Telekommunikationsnetzen unterschiedlicher Netzbetreiber beschränkt, handelt es beim besonderen Netzzugang, der nicht die Zusammenschaltung betrifft, um den Zugang von Diensteanbietern zum Telekommunikationsnetz des marktbeherrschenden Netzbetreibers.

§ 35 Abs. 1 TKG stellt einen Kontrahierungszwang dar, wonach der marktbeherrschende Netzbetreiber verpflichtet wird, durch privatrechtliche Netzzugangsvereinbarungen Diensteanbietern den Zugang zum eigenen Telekommunikationsnetz zu gewähren. Die Entgelte für die Gewährung eines Netzzugangs unterliegt gem. § 39 1. Alt. TKG der Ex-ante-Regulierung. Kommen Vereinbarungen über besondere Netzzugänge nicht zustande, können die Verhandlungspartner gem. § 8 NZV gemeinsam die RegTP zur Schlichtung anrufen. Die Entscheidung der RegTP ergeht durch Verwaltungsakt. Ist die Voraussetzung für die Anrufung nicht gegeben, ist die RegTP nach § 33 Abs. 2 S. 1 TKG befugt, den Netzzugang anzuordnen. Die Leistung i.S.d. § 33 Abs. 1 TKG umfasst auch die Bereitstellung des Telekommunikationsnetzes für die Mitbenutzung durch Wettbewerber.

Die Verpflichtung des marktbeherrschenden Netzbetreibers zur Gewährung der Zusammenschaltung nach § 35 Abs. 1 S. 3 TKG erfolgt ebenfalls in erster Linie durch den freiwilligen Abschluss von Zusammenschaltungsvereinbarungen. Im Fall des Scheiterns der Verhandlung kann jeder der Beteiligten die RegTP anrufen. Der RegTP steht nach § 37 Abs. 1 TKG die Befugnis zu, die Zusammenschaltung anzuordnen. Die Zusammenschaltungsanordnung stellt einen privatrechtsgestaltenden Verwaltungsakt dar. Im Hinblick auf die Regulierung der Zusammenschaltungsentgelte unterliegt wegen der Rechtsgrundverweisung des § 39 TKG nur die angeordnete Zusammenschaltung zwischen dem marktbeherrschenden und nicht-marktbeherrschenden Netzbetreiber der Ex-ante-Regulierung.

Im Verhältnis zum GWB stellt sich das TKG nicht als lex specialis dar. §§ 33 ff. TKG und § 19 Abs. 4 Nr. 4 GWB als Missbrauchsaufsicht sind grundsätzlich auf den besonderen Netzzugang im Telekommunikationssektor in vollem Umfang anwendbar. Freilich räumt § 82 Satz 3 TKG der RegTP Letztentscheidungsbefugnisse bezüglich besonderer Netzzugänge ein. Die auf die Netzzugangsanordnung bezogene Stellungnahme des Bundeskartellamtes hat keine Bindungswirkung gegenüber der RegTP.

Nach alledem ist festzuhalten, dass die sektorspezifische Netzzugangsregulierung nach §§ 33 ff. TKG als „staatlich regulierte privatwirtschaftliche Selbstregulierung“ bezeichnet werden kann. Durch die Netzzugangsgewährungsverpflichtung marktbeherrschender Netzbetreiber wird der Marktzutritt neuer Wettbewerber ermöglicht.

# § 5 Parallelregelungen in den Bereichen Post, Eisenbahn und Energiewirtschaft

Im Blick auf die geltende deutsche Rechtsordnung finden sich Netzzugangsregelungen nicht nur im Bereich der Telekommunikation. Vielmehr wird das Regulierungsinstrument der Mitbenutzungsrechte Dritter an fremder Netzinfrastruktur als Privatisierungsfolgenrecht parallel auch in andere netzgebundene Märkte eingeführt, die gleichfalls in letzter Zeit durch Verwaltungs- bzw. Regionalmonopole geprägt waren und in der letzten Zeit für den Wettbewerb geöffnet wurden. Zu nennen sind hier insbesondere die Wirtschaftszweige Postwesen, Eisenbahn sowie Energieversorgung.

Ein Überblick über Parallelentwicklungen der Netzzugangsregulierung auf anderen Märkten ist für diese Untersuchung von Bedeutung, weil das gemeinsame Ziel der Einführung der Netzzugangsregelungen in solche Wirtschaftsbereiche darin besteht, mittels der Auferlegung der gesetzlichen Netzzugangspflicht zu Lasten der ehemaligen Monopolisten den Wettbewerb im Markt zu fördern[1]. Ausgeklammert bleiben hingegen die medienrechtlichen Vorschriften über den Zugang zu Kabelanlagen, da sie mit der hier interessierenden Wettbewerbsförderung durch Netzzugang in keinem unmittelbaren Zusammenhang stehen[2].

## I. Postwesen

### *1. Grundentscheidung für Privatisierung und Regulierung*

Die deutsche Postreform erschöpfte sich nicht im Bereich der Telekommunikation. Davon wurde das Postwesen ebenfalls erfasst[3]. Die verfassungsrechtliche Grundsatznorm für die Aufgabenprivatisierung und Regulierung im Bereich des Postwesens findet sich in Art. 87f GG, der einerseits Dienstleistungen im Bereich des Postwesens als privatwirtschaftliche Tätigkeiten bezeichnet, die durch die aus dem Sondervermögen Deutsche Bundespost hervorgegangenen Unter-

---

[1] Zur Zielsetzung der Netzzugangsregulierung im Bereich der Telekommunikation siehe unten Dritter Teil, § 6.

[2] Zur Verpflichtung des Breitbandkabel-Netzbetreibers zur Kabeleinspeisung der sog. „must carry-Programme" nach §§ 52 und 53 des zum 1. 4. 2000 in Kraft getretenen Rundfunkstaatsvertrages vgl. *R. Weisser*, Der neue Rundfunkstaatsvertrag, NJW 2000, S. 3526 ff.

[3] Zu Liberalisierungsbestrebungen der Europäischen Gemeinschaft im Bereich des Postwesens vgl. insbesondere Grünbuch über die Entwicklung des Binnenmarktes für Postdienste, KOM 1992, S. 476.

nehmen, nämlich die Deutsche Post AG und die Deutsche Postbank AG, und durch andere private Anbieter erbracht werden, und andererseits den Bund verpflichtet, die Regulierungsverantwortung zu übernehmen. Zur Umsetzung und Konkretisierung dieser Verfassungsaufträge wurde das Postgesetz (PostG) vom 22. 12. 1997[4] als Rechtsrahmen erlassen, dessen Zweck es ist, durch Regulierung im Bereich des Postwesens den Wettbewerb zu fördern und flächendekkend angemessene und ausreichende Dienstleistungen zu gewährleisten (§ 1 PostG).

Allerdings ist das Postwesen im Vergleich zur Telekommunikation bisher noch nicht vollständig privatisiert worden. Auf der Grundlage des Art. 143b Abs. 2 S. 1 GG sieht § 51 Abs. 1 PostG vor, dass bis zum 31. 12. 2002 der Deutschen Post AG das ausschließliche Recht zusteht, Briefsendungen und adressierte Kataloge, deren Einzelgewicht weniger als 200 Gramm und deren Einzelpreis bis zum Fünffachen des am 31. 12. 1997 geltenden Preises für entsprechende Postsendungen der untersten Gewichtsklasse beträgt, gewerbsmäßig zu befördern[5]. Zu beachten ist, dass diese befristete gesetzliche Exklusivlizenz zugunsten der Deutschen Post AG nach der Begründung der Bundesregierung zum Gesetzentwurf lediglich „eine ausreichende Grundlage zur Bewältigung des anstehenden Strukturwandels“ bieten soll und damit als Übergangslösung bezeichnet wird[6]. Der Verfassungsauftrag, freien Wettbewerb im deutschen Postmarkt zu eröffnen, bleibt bestehen.

### 2. *Offener Netzzugang nach §§ 28 und 29 PostG*

#### *a) Die Übertragbarkeit der Netzzugangsregulierung auf das sog. „Postnetz“?*

Zunächst ist klarzustellen, dass das sog. „Postnetz“ sachlich nicht ohne weiteres den Telekommunikationsnetzen und Energieversorgungsleitungen vergleichbar ist[7]. Zum einen bestehen beim Postnetz keine physischen Übertragungswege, sondern nur Organisationen und Einrichtungen, die der Abholung, Bearbeitung

---

[4] BGBl. I, S. 3294; zum Normgehalt im Einzelnen vgl. *P. J. Tettinger*, Das aktuelle Postrecht, NVwZ 2000, S. 633 ff.

[5] Die Bundesregierung hat am 28. 3. 2001 einen Entwurf zur Änderung des PostG gestellt, wonach die in § 51 Abs. 1 S. 1 PostG geregelte Befristung der Exklusivlizenz auf Grund der Verzögerung der Liberalisierung des europäischen Postmarktes über den 31. 12. 2002 hinaus bis zum 31. 12. 2007 verlängert werden soll. Hierzu vgl. http://www.bmwi.de/Homepage/download/rechtgrundlagen/postg-novelle.pdf.

[6] BT-Drucks. 13/7774, S. 33; vgl. auch *G. Hermes*, Staatliche Infrastrukturverantwortung, 1998, S. 187.

[7] Vgl. *P. Badura*, Unternehmenswirtschaftlichkeit und Infrastrukturgewährleistung im Bereich des Postwesens – Ausgleichsfonds, Exklusivlizenz und offener Netzzugang bei Universaldienstleistungen –, ArchivPT 1997, S. 277 (284); *J. Sedemund*, in: Beck'scher PostG-Kommentar, 2000, § 28, Rn. 7.

und Zustellung von Postsendungen dienen[8]. Zum anderen bedarf der Aufbau eines Postnetzes aus ökonomischer Sicht keiner hohen Investitionskosten, so dass das Postnetz auch nach traditioneller Betrachtung kein natürliches Monopol im volkswirtschaftlichen Sinne bildet.

Gleichwohl ist die Rechtsfigur des offenen Netzzugangs, die grundsätzlich nur auf die netzgebundenen Wirtschaftszweige anwendbar ist, auch vom deutschen einfachen Gesetzgeber auf die Erbringung von Postdienstleistungen übertragen und normativ in §§ 28 und 29 PostG eingeführt worden[9]. Der Gesetzgeber geht davon aus, dass Netzzugangspflichten im PostG, wie im TKG, als Regulierungsmittel der Verhinderung der von der Deutschen Post AG als Nachfolgeunternehmen des ehemaligen Monopolisten verursachten Marktzugangsbarrieren und Förderung des Wettbewerbs auf dem Postsektor dienen sollen[10]. Diese Betrachtung entspricht dem 25. Erwägungsgrund und Art. 11 der Postdienst-Richtlinie 97/67/EG[11], wonach Maßnahmen zur Gewährleistung des transparenten und nichtdiskriminierenden Zugangs zum öffentlichen Postnetz zu beschließen sind.

Beim offenen Netzzugang im Bereich des Postwesens ist zwischen Angebot von Teilleistungen (§ 28 Abs. 1 S. 1 PostG), Zugang zu Postfachanlagen (§ 29 Abs. 1 S. 1 PostG) und Zugang zu Informationen über Adressänderungen (§ 29 Abs. 2 PostG) zu unterscheiden. Darauf wird im Folgenden näher eingehen.

### *b) Angebot von Teilleistungen gegenüber Wettbewerbern*

§ 28 Abs. 1 S. 1 PostG verpflichtet zunächst den marktbeherrschenden Lizenznehmer auf einem Markt für lizenzpflichtige Postdienstleistungen, Teile der von ihm erbrachten Beförderungsleistungen gesondert anzubieten, sofern ihm dies wirtschaftlich zumutbar ist. Für diese Untersuchung ist Satz 1, der sich auf die Nachfrage-Angebot-Beziehung zwischen Kunden und marktbeherrschenden Postdienstunternehmen beschränkt, nicht von Bedeutung. Relevant ist nur Satz 2, bei dem es sich um das Verhältnis der Wettbewerber untereinander handelt.

---

[8] Art. 2 Nr. 2 der Richtlinie 97/67/EG vom 15. 12. 1997 über gemeinsame Vorschriften für die Entwicklung des Binnenmarktes der Postdienste der Gemeinschaft und die Verbesserung der Dienstequalität (ABl. EG L, S. 14 ff.) definiert „öffentliches Postnetz" als die Gesamtheit der Organisation und der Mittel jeglicher Art, die von dem Anbieter bzw. den Anbietern von Universaldienstleistungen eingesetzt werden, so dass insbesondere die Abholung, die Weiterleitung und Bearbeitung und die Zustellung der Postsendungen erbracht werden können.

[9] Kritik daran vgl. *P. Badura* (Fn. 7), S. 284.

[10] Vgl. *Th. Gerloff*, Privatisierung und Regulierung aus der Sicht der Deutschen Post AG als betroffenem Unternehmen, in: König/Benz (Hrsg.), Privatisierung und staatliche Regulierung, 1997, S. 221 ff.

[11] Richtlinie des Europaeischen Parlaments und des Rates vom 15. Dez. 1997 über gemeinsame Vorschriften für die Entwicklung des Binnenmarktes der Postdienste der Gemeinschaft und die Verbesserung der Dienstequalität, ABl. EG L 15 v. 21. 1. 1998, S. 14 ff.

Nach § 28 Abs. 1 S. 2 PostG besteht die Verpflichtung zum Angebot von Teilleistungen gegenüber einem anderen Anbieter von Postdienstleistungen *nur dann*, wenn das nachfragende Unternehmen nicht marktbeherrschend ist und wenn ansonsten Wettbewerb auf demselben oder einem anderen Markt unverhältnismäßig behindert würde. Diese Vorschrift beruht auf der Vorstellung der sog. „essential facilities"-Doktrin und ist kartellrechtlicher Herkunft[12]. Nach der Begründung der Bundesregierung zielt § 28 Abs. 1 S. 2 PostG darauf ab, dass „durch die Existenz sog. ‚Bottleneck-Ressourcen' auf seiten des Marktbeherrschers die Entstehung und Entwicklung wettbewerblicher Strukturen nicht verhindert wird"[13].

Im Hinblick auf die materiellen Tatbestandsmerkmale sind unter „Teilleistungen" Abschnitte der gesamten Beförderungskette zu verstehen, die vom Einsammeln von Postsendungen beim Absender bis hin zum Weiterleiten oder Ausliefern an den Empfänger reichen. Das OVG Münster hat in diesem Zusammenhang folgendes formuliert:

> „Eine Teilleistung i.S. des § 28 I PostG ist in Übereinstimmung mit der Ansicht beider Bet. die um den vom Nachfrager/Kunden als seine Vorleistung erbrachten Teil reduzierte vom marktbeherrschenden Unternehmen ansonsten als Ganzes erbrachte Beförderungsleistung, wobei unter die gesamte Wertschöpfungskette vom Absender bis zum Empfänger zu verstehen ist"[14].

Die Teilleistungsverpflichtung des marktbeherrschenden Anbieters von Postdienstleistungen beschränkt sich auf *lizenzpflichtige* Postdienstleistungen i.S. des § 5 Abs. 1 PostG, nämlich auf Briefsendungen, die gewerbsmäßig für andere befördert werden und deren Einzelgewicht nicht mehr als 1000 Gramm beträgt. Im Rahmen lizenzpflichtiger Postdienstleistungen hat der Marktbeherrscher grundsätzlich dem begehrenden, nicht marktbeherrschenden Wettbewerber die entgeltliche Mitbenutzung der Teile seiner Beförderungskette zu gestatten, soweit diese für den Wettbewerb des begehrenden Unternehmens gegenüber dem Netzinhaber auf dem beherrschten oder einem dritten Markt wesentlich ist. Dies ist der Fall, wenn die Investition zum Aufbau vergleichbarer Postnetze für den Begehrenden unzumutbar ist oder wenn der Markteintritt aufseiten der Wettbewerber ohne diese Teilleistung unmöglich ist oder unverhältnismäßig gefährdet wird.

Die Verpflichtung zur Erbringung von Teilleistungen besteht gem. § 28 Abs. 1 S. 3 PostG nicht, wenn hierdurch die Funktionsfähigkeit der vom marktbeherr-

---

[12] Dazu vgl. oben Zweiter Teil, § 4 II 1 b) und III 2.

[13] BT-Drucks. 13/7774, S. 27; a. A. *J. Sedemund* (Fn. 7), § 28, Rn. 8, der aus ökonomischer Sicht die in der Regierungsbegründung zum Ausdruck gekommene Zielsetzung für unzutreffend hält, weil die Investitionskosten für den Aufbau einer postalischen Infrastruktur offensichtlich nicht eine Höhe erreichen würden, die bei Wettbewerbern einen potentiellen Markteintritt verhindere.

[14] OVG Münster, Beschl. vom 26. 1. 2000 = NVwZ 2000, S. 702 (703).

schenden Lizenznehmer betriebenen Einrichtungen oder die Betriebssicherheit gefährdet würde oder im Einzelfall die vorhandenen Kapazitäten für die begehrte Leistung erschöpft sind[15]. Zum Verweigerungsgrund gehört auch die wirtschaftliche Unzumutbarkeit für den marktbeherrschenden Lizenznehmer. Damit wird deutlich, dass die Teilleistungen nur in sehr engen Grenzen zu gestatten sind.

Bei der Regulierung der Entgelte für das Teilleistungsangebot ist gem. § 28 Abs. 2 PostG zwischen genehmigungsbedürftigen und nicht genehmigungsbedürftigen Netzzugangsentgelten zu unterscheiden. Entgelte für Angebote von Teilleistungen bedürfen der Genehmigung nach den §§ 19 und 20 PostG, wenn die Teilleistungen des marktbeherrschenden Anbieters von Postdienstleistungen in seine Allgemeinen Geschäftsbedingungen aufgenommen werden[16]. Im Gegensatz dazu sind Entgelte für Teilleistungen, die nicht in Allgemeinen Geschäftsbedingungen enthalten sind, nicht genehmigungspflichtig, sondern lediglich durch die RegTP gem. § 25 PostG überprüfbar. Sie unterliegen nämlich der *ex post*-Kontrolle.

### *c) Zugang zu Postfachanlagen*

Über das Anbieten von Teilleistungen hinaus erstreckt sich die Netzzugangsverpflichtung des marktbeherrschenden Lizenznehmers nach § 29 Abs. 1 S. 1 PostG darauf, auf dem Markt für gewerbsmäßige Briefsendungen, deren Einzelgewicht nicht mehr als 1000 Gramm beträgt, Wettbewerbern gegen Entrichtung eines Entgelts die Zuführung von Postsendungen zu den von ihm betriebenen Postfachanlagen zu gestatten. Ziel ist es zu vermeiden, dass die Wettbewerbsmöglichkeiten für Konkurrenten des Markbeherrschers wegen der nicht vollständigen Beförderung der Briefsendungen, die an Postfachadressen beim marktbeherrschenden Lizenznehmer gerichteten sind, beeinträchtigt werden[17]. Denn ohne den Zugang der Wettbewerber zu Postfachanlagen des marktbeherrschenden Lizenznehmers käme der Anbieterwechsel vom marktbeherrschenden Lizenznehmer zu einem Wettbewerber aufseiten der Absender sehr wahrscheinlich nicht in Frage[18]. Insofern werden die Postfachanlagen vom Gesetzgeber als „wesentliche Einrichtungen" für den Marktzutritt betrachtet.

Im Unterschied zu § 28 Abs. 1 S. 3 PostG legt der Gesetzgeber im Hinblick auf die Verweigerung der Zugangsgewährungspflicht zu Postfachanlagen lediglich in § 29 Abs. 1 S. 1 PostG ein negatives Tatbestandsmerkmal fest. Die Pflicht, die Zuführung zu den Postfachanlagen zu gestatten, besteht nicht, wenn

[15] Dazu näher *J. Sedemund* (Fn. 7), § 28, Rn. 56 ff.

[16] Vgl. *J. Sedemund* (Fn. 7), § 28, Rn. 94 ff.; *M. Habersack*, Die besondere Missbrauchsaufsicht gemäß § 32 PostG – Teil I, K & R 2001, S. 121 (126).

[17] BT-Drucks. 13/7774, S. 27.

[18] *J. Sedemund* (Fn. 7), § 29, Rn. 3.

dies sachlich nicht gerechtfertigt ist. Der Umfang sachlicher Rechtfertigungsgründe ist enger gefasst als der der Ausschlussgründe nach § 28 Abs. 1 S. 3 PostG[19]. Die Beweislast für den Mangel der sachlichen Rechtfertigung trifft den verpflichteten marktbeherrschenden Lizenznehmer.

*d) Zugang zu den Informationen über Adressänderungen*

Von erheblicher Bedeutung für die Wettbewerbsförderung ist ferner der Zugang zu den bei einem marktbeherrschenden Lizenznehmer vorhandenen Informationen über Adressänderungen nach § 29 Abs. 2 PostG. Die Bundesregierung ging in ihrer Begründung zum Gesetzesentwurf davon aus, dass „kleine und mittlere Anbieter von Postdienstleistungen nur dann erfolgreich in den Markt eintreten können werden, wenn die Rate unzustellbarer Sendungen gering gehalten werden kann. Wenn zukünftig eine Vielzahl von Wettbewerbern im Markt ist, kann vom einzelnen Bürger (Empfänger) nicht erwartet werden, dass er alle Anbieter von Beförderungsleistungen über Adressänderungen informiert. Aus diesem Grund erscheint es im Kundeninteresse, aber auch im Hinblick auf die *Förderung von Wettbewerb* im Postmarkt, sinnvoll, dass Marktbeherrscher entsprechende Informationssysteme Dritten gegen Entgelt zur Verfügung stellen“[20].

Zu beachten ist, dass es sich bei den Empfängeradressen um „personenbezogene Daten“ handelt, die Gegenstand des Grundrechtes auf informationelle Selbstbestimmung aus Art. 2 Abs. 1 i.V.m. Art. 1 Abs. 1 GG sind[21]. Das Verhältnis zwischen Kunden und Postdienstunternehmen ist im Zuge der Privatisierung vom Bürger-Staat-Verhältnis zu einem Verhältnis der Privatsubjekte untereinander umgewandelt worden. Um personenbezogene Daten vor Eingriffen privater Postdienstunternehmen zu schützen, dienen die bereichspezifisch datenschutzrechtlichen Vorgaben, insbesondere die auf der Grundlage des § 10 Abs. 1 RegTPG erlassene Postdienstunternehmen-Datenschutzverordnung vom 4. 11. 1996[22] (PDSV) und § 41 PostG, der Umsetzung grundrechtlicher Schutzpflichten des Staates[23].

Der verpflichtete Lizenznehmer hat bei der Verarbeitung der vorhandenen Informationen über Adressänderungen die datenschutzrechtlichen Vorgaben zu berücksichtigen, damit die Erfüllung der Netzzugangsverpflichtung des marktbeherrschenden Lizenzunternehmens aus § 29 Abs. 2 PostG und das Grundrecht der Kunden auf informationelle Selbstbestimmung gleichzeitig gewährleistet werden können. Im Vordergrund stehen das „Einwilligungserfordernis“ des Betroffenen und der Grundsatz der „Zweckbindung“. Die Weitergabe der Informa-

[19] Dazu näher *J. Sedemund* (Fn. 7), § 29, Rn. 30 ff.
[20] BT-Drucks. 13/7774, S. 27 f.
[21] BVerfGE 65, 1 ff. (Volkszählungsurteil).
[22] BGBl. I, S. 1636.
[23] Vgl. *K. Stern*, in: Beck'scher PostG-Kommentar, 2000, § 41, Rn. 6.

tionen über Adressänderungen an das nachfragende Postdienstunternehmen darf nur dann erfolgen, wenn der Betroffene hierfür eingewilligt bzw. nicht widersprochen hat und sich der Zweck der Weitergabe von Adressänderungen ausschließlich auf den Postverkehr, nämlich die Zustellung von Briefsendungen, beschränkt[24].

### *3. Die Durchführung des offenen Netzzugangs*

Die oben erwähnten Netzzugangsverpflichtungen des marktbeherrschenden Lizenznehmers aus §§ 28 und 29 PostG lassen sich, wie im Telekommunikationssektor, grundsätzlich durch den Abschluss von Verträgen zwischen den beteiligten Parteien durchsetzen. Die abgeschlossenen Netzzugangsverträge sind nach § 30 PostG der RegTP innerhalb eines Monats von dem marktbeherrschenden Anbieter vorzulegen. Beeinträchtigt der marktbeherrschende Anbieter durch solche Verträge die Wettbewerbsmöglichkeiten der anderen Vertragspartei, kann die RegTP gem. § 32 Abs. 2 PostG die Verträge ganz oder teilweise für unwirksam erklären. Eine parallele Regelung findet sich in den §§ 33 und 38 TKG[25].

Kommen Verträge über Leistungen nach den §§ 28 und 29 PostG nicht zustande, räumt § 31 PostG nach dem Vorbild der Netzzugangsregelungen des TKG und der NZV der RegTP die Befugnis zur Schlichtung und zum Erlass der Netzzugangsverordnung ein. Welche Rolle die RegTP im Einzelfall spielen darf, ist freilich von dem Willen der Beteiligten abhängig. Im Falle des Nichtzustandekommens von Netzzugangsvereinbarungen können die Verhandlungsbeteiligten entweder gem. § 31 Abs. 1 PostG die RegTP als „Schlichtungsstelle" oder gem. § 31 Abs. 2 PostG als „Anordnungsbehörde" anrufen. Während im ersteren Fall eine *gemeinsame* Anrufung erforderlich ist, reicht im Letzteren die Anrufung durch *einen* der Beteiligten bereits aus. Die Einschaltung der RegTP von Amts wegen ist ausgeschlossen.

Anders als in § 8 S. 2 NZV steht der RegTP im Rahmen des § 31 Abs. 1 PostG keine eigenständige Entscheidungsbefugnis zu, sondern lediglich die Befugnis, eine Einigung zwischen den Beteiligten zu „versuchen"[26]. Im Gegensatz dazu kann die RegTP, wie in § 37 TKG i.V.m. § 9 NZV, nach § 31 Abs. 2 PostG innerhalb einer bestimmten Frist die Bedingungen eines Vertrages festlegen und die Geltung dieses Vertrages anordnen. Vor Abschluss des Anordnungsverfahrens soll dem Bundeskartellamt Gelegenheit zur Stellungnahme gegeben werden (§ 48 S. 2 PostG). An diese Netzzugangsanordnung als Verwaltungsakt sind die Parteien gebunden.

---

[24] Vgl. *J. Sedemund* (Fn. 7), § 29, Rn. 51 ff.

[25] Vgl. oben Zweiter Teil, § 4 III 1 c) aa) und bb) aaa); zum § 32 PostG vgl. ausführlich *M. Habersack* (Fn. 16), S. 126 ff.

[26] Vgl. *J. Sedemund* (Fn. 7), § 31, Rn. 6, 27.

#### *4. Fazit*

Abgesehen von Bedenken gegen die Übertragbarkeit der telekommunikationsrechtlichen Netzzugangsregulierung auf das Postwesen, findet der Zugang der Wettbewerber zum Postnetz des marktbeherrschenden Anbieters seine positivrechtliche Grundlage in §§ 28 und 29 PostG. Er wird unterteilt in Angebot von Teilleistungen, Zugang zu Postfachanlagen und Zugang zu Informationen über Adressänderungen. Sie alle dienen der Ermöglichung des Marktzutritts kleiner und mittlerer Anbieter von Postdienstleistungen und der Wettbewerbsförderung.

Der Netzzugang erfolgt zunächst durch den freiwilligen Abschluss einer Netzzugangsvereinbarung. Im Vergleich zur Netzzugangsverpflichtung nach § 29 PostG besteht die Pflicht zur Teilleistungsgewährung nach § 28 Abs. 1 PostG nur in sehr engen Grenzen. Die Teilleistungsverweigerung kann auch durch die wirtschaftliche Unzumutbarkeit des verpflichteten Anbieters legitimiert werden.

Netzzugangsentgelte sind genehmigungspflichtig, wenn die Teilleistungen nach § 28 Abs. 1 PostG und die Zugangsgewährung zu Postfachanlagen und Informationen über Adressänderungen nach § 29 PostG vom verpflichteten Anbieter in seine Allgemeinen Geschäftsbedingungen aufgenommen werden.

Der Status der RegTP kann von den Verhandlungsbeteiligten selbst bestimmt werden. Die RegTP kann entweder gem. § 31 Abs. 1 PostG als Schlichtungsstelle, um die Einigung über den Streitgegenstand zu fördern, oder gem. § 31 Abs. 2 PostG als Anordnungsbehörde angerufen werden. Im Rahmen des Schlichtungsverfahrens nach § 31 Abs. 1 PostG steht der RegTP keine Befugnis zum Erlass einer rechtsverbindlichen Anordnung zu.

## II. Eisenbahn

### *1. Die Trennung von Verkehrsleistungen und Schienennetz durch Art. 87e GG*

Die Bahnreform in Deutschland wurde, wie die Postreform, durch eine Grundgesetzänderung eingeleitet[27]. Nach Art. 87e Abs. 3 GG[28] werden Eisenbahnen des Bundes statt als Sondervermögen des Bundes nunmehr als Wirtschaftsunternehmen in privatrechtlicher Form geführt und unterliegen damit der Privatnützigkeit und Gewinnerzielung.

---

[27] Zur Geschichte des deutschen Eisenbahnwesens vgl. *M. Ronellenfitsch*, Privatisierung und Regulierung des Eisenbahnwesens, DÖV 1996, S. 1028 (1030 ff.); zum Hintergrund der Bahnreform vgl. *E. Schmidt-Aßmann/H. Chr. Röhl*, Grundpositionen des neuen Eisenbahnverfassungsrechts (Art. 87e GG), DÖV 1994, S. 577 ff.

[28] Art. 2 des 40. Gesetzes zur Änderung des GG vom 20. 12. 1993, BGBl. I, S. 2089.

Je nach den Aufgaben lassen sich diese Eisenbahnunternehmen zwischen Verkehrsunternehmen und Infrastrukturunternehmen unterscheiden. Während eine Aufgabenvollprivatisierung der „Erbringung von Eisenbahnverkehrsleistungen" nicht von Verfassungs wegen ausgeschlossen wird, wobei Verkehrsleistungen vollständig privatwirtschaftlicher Initiative überlassen werden können, beschränkt sich der „Betrieb des Schienennetzes" dagegen grundsätzlich auf die Organisationsprivatisierung[29]. Die privatrechtlich organisierten Eisenbahninfrastrukturunternehmen, deren Tätigkeit den Bau, die Unterhaltung und das Betreiben von Schienenwegen umfasst, stehen im Eigentum des Bundes. Eine weitgehende Vermögensprivatisierung solcher Unternehmen ist zwar verfassungsrechtlich zugelassen, darf jedoch nur auf Grund eines förmlichen Gesetzes mit Zustimmung des Bundesrates erfolgen. Die Mehrheit der Anteile an diesen Unternehmen verbleibt aber beim Bund. Im Ergebnis bleiben Infrastrukturunternehmen auch künftig stets „Eisenbahnen des Bundes" i.S. des Art. 73 Nr. 6a GG, die entweder in Form der Eigengesellschaften des Bundes oder gemischt-wirtschaftlicher Unternehmen organisiert werden.

Der Grund für die Privatisierungsbeschränkungen bei den Infrastrukturunternehmen bestand darin, durch den doppelten Einsatz der Regulierung „von außen" und „von innen" den Verfassungsauftrag staatlicher Infrastrukturgewährleistungsverantwortung in Art. 87e Abs. 4 GG effektiver zu erfüllen[30]. Somit ist festzustellen, dass der verfassungsändernde Gesetzgeber in gewissem Maße unterschiedliche Regulierungskonzepte für das Eisenbahnschienennetz einerseits und die telekommunikative Netzinfrastruktur andererseits festlegte[31]. Denn anders als im Eisenbahnbereich unterteilt die Telekommunikation in unternehmensorganisatorischer Hinsicht nicht in Infrastruktur und Dienstleistungen.

### *2. Die Mitbenutzungsverpflichtung der Infrastrukturunternehmen nach § 14 AEG und der EIBV*

Um einen Marktzutritt neuer Eisenbahnverkehrsunternehmen zu ermöglichen und damit einen chancengleichen Wettbewerb insbesondere gegenüber der Deutschen Bahn AG herzustellen, wird der konkurrentennützige Zugang zur Eisenbahninfrastruktur im Allgemeinen Eisenbahngesetzes vom 27. 12. 1993

[29] Vgl. *K. Windthorst*, in: Sachs (Hrsg.), GG, Kommentar, 2. Aufl., 1999, Art. 87e, Rn. 31 ff.; *J. Wieland*, in: H. Dreier (Hrsg.), GG, Bd. III, 2000, Art. 87e, Rn. 13.

[30] So auch *K. Windthorst*, ebenda, Rn. 47; zur Einwirkungspflicht des Bundes gegenüber Eisenbahninfrastrukturunternehmen vgl. *E. Schmidt-Aßmann/H. Chr. Röhl* (Fn. 27), S. 585.

[31] Vgl. *M. Fehling*, Mitbenutzungsrechte Dritter bei Schienenwegen, Energieversorgungs- und Telekommunikationsleitungen vor dem Hintergrund staatlicher Infrastrukturverantwortung, AöR 121 (1996), S. 59 (70); *P. Lerche*, Infrastrukturelle Verfassungsaufträge (zu Nachrichtenverkehr, Eisenbahnen), in: Festschrift für Karl Heinrich Friauf zum 65. Geburtstag, 1996, S. 251 ff.

(AEG)[32] vorgesehen. Nach § 14 AEG haben Eisenbahnverkehrsunternehmen mit Sitz in der Bundesrepublik Deutschland das Recht auf diskriminierungsfreie Benutzung der Eisenbahninfrastruktur von Eisenbahninfrastrukturunternehmen, die dem öffentlichen Verkehr dienen. Demgemäß wurde die Schieneninfrastruktur der Bundeseinsenbahnen nach der Bahnreform im Wege der Netzzugangsgewährungsverpflichtung für dritte Eisenbahnverkehrsunternehmen geöffnet.

Die Netzzugangsgewährungsverpflichtung des § 14 AEG wird durch die Eisenbahninfrastruktur-Benutzungsverordnung vom 17. 12. 1997 (EIBV)[33] konkretisiert. Nach § 3 Abs. 1 dieser Verordnung haben Eisenbahninfrastrukturunternehmen die diskriminierungsfreie Benutzung ihrer Eisenbahninfrastruktur i.S. des § 14 AEG zu gewährleisten. Sie sollen insbesondere über Anmeldungen auf Benutzung der Eisenbahninfrastruktur ohne sachlich gerechtfertigten Grund nicht unterschiedlich entscheiden und einheitliche allgemeine Geschäftsbedingungen für alle Eisenbahnverkehrsunternehmen aufstellen. Die Beschränkung technischer und betrieblicher Anforderungen an die Benutzung der Eisenbahninfrastruktur darf nur im Rahmen des Erfordernisses für einen sicheren Betrieb erfolgen.

Diese nationalen Vorgaben über Mitbenutzungsrechte dritter Eisenbahnverkehrsunternehmen an der Infrastruktur fremder Eisenbahnunternehmen dienen der Umsetzung der Richtlinie 91/440/EWG vom 29. 7. 1991 zur Entwicklung der Eisenbahnunternehmen der Gemeinschaft[34] und der Richtlinie 95/19/EG vom 19. 6. 1995 über die Zuweisung von Fahrwegkapazität der Eisenbahn und die Berechnung von Wegeentgelten[35]. Nach Art. 10 Abs. 1 der erstgenannten Richtlinie erhalten Eisenbahnunternehmen Zugangs- und Transitrechte in den Mitgliedstaaten, in denen die ihnen angeschlossenen Eisenbahnunternehmen ihren Sitz haben, sowie Transitrechte in den anderen Mitgliedstaaten für grenzüberschreitende Verkehrsleistungen zwischen den Mitgliedstaaten, in denen die ihnen angeschlossenen Eisenbahnunternehmen ihren Sitz haben.

### *3. Die Durchführung der Mitbenutzungsverpflichtung*

Der Zugang von Eisenbahnverkehrsunternehmen zur Schieneninfrastruktur anderer Eisenbahninfrastrukturunternehmen wird in erster Linie durch den Abschluss einer privatrechtlichen Netzzugangsvereinbarung zwischen betroffenen Eisenbahnunternehmen ermöglicht (§ 14 Abs. 4 AEG). Um ein Angebot zum Abschluss einer solchen Vereinbarung vom Eisenbahninfrastrukturunternehmen zu erhalten, sollen sich Eisenbahnverkehrsunternehmen nach § 4 Abs. 2 EIBV

[32] BGBl. I, S. 2378, 2396.
[33] BGBl. I, S. 3153.
[34] ABl. EG L 237, S. 25.
[35] ABl. EG L 143, S. 75.

spätestens acht Monate vor Beginn einer Fahrplanperiode beim Eisenbahninfrastrukturunternehmen anmelden.

Die Vereinbarung muss die Nutzungsbedingungen und das zu entrichtende Entgelt enthalten. Gem. § 5 Abs. 1 EIBV können Eisenbahninfrastrukturunternehmen grundsätzlich die Entgelte für die Benutzung ihrer Eisenbahninfrastruktur frei gestalten. Sie sind nicht genehmigungspflichtig, sondern ihre Verzeichnisse sind gem. § 3 Abs. 2 EIBV lediglich zur Einsicht bereitzuhalten.

Kommt eine Vereinbarung über den Zugang zu einer Eisenbahninfrastruktur nicht zustande, so entscheidet gem. § 14 Abs. 5 S. 1 AEG auf Antrag *eines* der beteiligten Unternehmen das Eisenbahn-Bundesamt. Es wurde als selbständige Bundesoberbehörde am 1. 1. 1994 auf Grund des Eisenbahnverkehrsverwaltungsgesetzes[36] eingerichtet und ist neben dem Bundesministerium des Verkehrs für die Ausübung hoheitlicher Eisenbahnverkehrsverwaltung i.S. des Art. 87e Abs. 1 GG einschließlich der Wettbewerbsaufsicht zuständig[37]. Die Einschaltung des Eisenbahn-Bundesamtes dient der Erfüllung staatlicher Gewährleistungsverantwortung für einen fairen Wettbewerb auf der Schiene.

#### *4. Fazit*

Insgesamt ist festzuhalten, dass gem. § 14 AEG Eisenbahninfrastrukturunternehmen verpflichtet sind, Eisenbahnverkehrsunternehmen die diskriminierungsfreie Mitbenutzung ihrer Schieneninfrastruktur zu gestatten. Dabei sind privatautonomen Vereinbarungen Vorrang einzuräumen. Die Mitbenutzungsentgelte sind nicht genehmigungspflichtig.

Die Mitbenutzungsverweigerung bedarf eines sachlichen Rechtfertigungsgrundes. Das Eisenbahn-Bundesamt als Aufsichtsbehörde ist nach § 14 Abs. 5 S. 1 AEG befugt, auf Antrag eines der beteiligten Unternehmen die Mitbenutzung anzuordnen.

### III. Energiewirtschaft

#### *1. Eröffnung spartengleichen Wettbewerbs*

Auch der leitungsgebundene Wirtschaftsbereich der Energieversorgung wurde vor kurzer Zeit in Deutschland liberalisiert und dereguliert. Mit Inkrafttreten des Gesetzes zur Neuregelung des Energiewirtschaftsrechts (EnWG)[38] am 29. 4.

---

[36] BGBl. I, S. 2378, 2398.

[37] Zu Aufgabenfeldern des Eisenbahn-Bundesamtes vgl. *H.-J. Kühlwetter*, Privatisierung und Regulierung aus der Sicht des Eisenbahnbundesamtes als Regulierungsbehörde, in: König/Benz (Hrsg.), Privatisierung und staatliche Regulierung, 1997, S. 93 (99 ff.); zum Umfang der Eisenbahnverkehrsverwaltung vgl. *E. Schmidt-Aßmann/H. Chr. Röhl* (Fn. 27), S. 583.

[38] BGBl. I, S. 730.

1998 wurden in der deutschen Energieversorgungswirtschaft die bisherigen Gebietsmonopole einzelner Energieversorgungsunternehmen abgeschafft[39]. Stattdessen herrscht nunmehr Wettbewerb im Energieversorgungsmarkt, in dem spartengleicher Wettbewerb zwischen verschiedenen EVU um dieselben Kunden möglich ist. Mit anderen Worten können Kunden ihrerseits zwischen verschiedenen EVU frei wählen.

Der Wettbewerb im Energieversorgungsmarkt bedeutet nicht mehr die volkswirtschaftlich schädliche Betätigung[40], sondern stellt umgekehrt ein effizientes strukturelles Mittel zur Sicherstellung einer angemessenen und preisgünstigen Energieversorgung dar. Hintergrund für diesen Gedankenwechsel waren nicht zuletzt die europarechtlichen Vorgaben[41], insbesondere die Elektrizitätsrichtlinie 96/92/EG vom 19. 12. 1996[42]. Das neue deutsche Energiewirtschaftsgesetz ist daher zugleich Umsetzung des EU-Energierechts.

### 2. *Durchleitungsvorgaben*

#### *a) Die Rechtslage bis 1998*

Die grundlegende Veränderung des rechtlichen Rahmens in der deutschen Energiewirtschaft hat sich auch auf das System des Netzzugangs ausgewirkt. Bis zum Inkrafttreten des neuen Energiewirtschaftsrechts fand sich eine Durchleitungsregelung zwar bereits seit 1980 in § 103 Abs. 5 S. 2 Ziffer 4 GWB a.F.[43], wonach die unbillige Durchleitungsverweigerung eines Versorgungsunternehmens einen Missbrauch darstellte. Aber diese Vorschrift war wegen des Widerspruchs gegen das energierechtliche Modell der geschlossenen Versorgungsgebiete für die Durchleitungspraxis von geringer Bedeutung[44].

---

[39] Zur Rechtslage im alten EnWG vgl. *P. J. Tettinger*, Recht der Energiewirtschaft, in: R. Schmidt (Hrsg.), Öffentliches Wirtschaftsverwaltungsrecht, BT 1, 1995, S. 691 ff.

[40] So aber die Präambel des EnWG a.F.

[41] Vgl. *P. J. Tettinger*, Energierecht in Europa. – Kritische Randbemerkungen –, in: Festschrift für Ulrich Everling, 1995, Bd. II, S. 1529 ff.; *H. Lecheler*, Energiewirtschaft und Energierecht im Wandel, in: Festschrift für K. Stern zum 65. Geburtstag, 1997, S. 529 ff.; zu übrigen Motiven der Energierechtsreform vgl. *U. Büdenbender*, Energierecht nach der Energierechtsreform, JZ 1999, S. 62 (64 f.).

[42] ABl. EG 1997, L 27, S. 20.; hierzu vgl. *M. Kuxenko*, Liberalisierung und Deregulierung im Energiewirtschaftsrecht, DÖV 2001, S. 141 (145).

[43] Die 4. GWB-Novelle vom 26. 4. 1980, BGBl. I, S. 458; aus gemeinschaftsrechtlicher Sicht vgl. ausführlich *U. Hüffer/K. Ipsen/P. J. Tettinger*, Die Transitrichtlinien für Gas und Elektrizität, 1991.

[44] Zum einzigen Durchleitungsfall vgl. BGHZ 128, 17 (VNG-Beschluss); hierzu vgl. *M. Schmidt-Preuß*, Verfassungskonflikt um die Durchleitung? – Zum Streitstand nach dem VNG-Beschluß des BGH –, RdE 1996, S. 1 ff.; *H.-J. Papier*, Durchleitungen und Eigentum, BB 1997, S. 1213 ff.

*b) Die Durchleitungsverpflichtung nach § 6 EnWG*

Nach der Energiereform 1998 hat sich die Rechtslage verändert. Um freien Wettbewerb zu eröffnen, sind zum einen §§ 103 und 103a GWB a.F. gem. dem neuen § 103b GWB nicht mehr anwendbar. Zum anderen ist eine sektorspezifische Durchleitungsregelung in § 6 EnWG n.F. neu eingeführt worden[45], wonach die Betreiber von Elektrizitätsversorgungsnetzen verpflichtet sind, anderen Unternehmen ihr Netz für Durchleitungen von Strom gegen Entrichtung eines Entgelts diskriminierungsfrei zur Verfügung zu stellen. Von einer „Durchleitung" kann man dann sprechen, wenn Elektrizität an einem Netzpunkt eingespeist und zeitgleich an einem anderen räumlich entfernteren Netzpunkt eine entsprechende Strommenge entnommen wird[46]. Zwar sind, wie im Bereich der Telekommunikation, sowohl „Wettbewerb um Netz" als auch „Wettbewerb im Netz" gesetzlich geschafft worden. Aber die Elektrizitätsversorgung über den Bau neuer eigener Leitungsinfrastrukturen spielt aus faktischen und ökonomischen Gründen nur eine untergeordnete Rolle. Vor diesem Hintergrund stellt die Durchleitung ein bevorzugtes Mittel zur Förderung von Wettbewerb im Strommarkt dar.

Durchleitungspflichtig ist jeder Betreiber von Elektrizitätsversorgungsnetzen ohne Rücksicht darauf, ob er zugleich Netzeigentümer ist[47]. Durchleitungsberechtigt sind hingegen andere Unternehmen, die die kartellrechtlich weitgefasste Unternehmensqualität besitzen und Zugang zu dritten Versorgungsnetzen begehren. Ob das Unternehmen selbst auch ein eigenes Netz besitzt, ist unerheblich. Entscheidend ist vielmehr der Elektrizitätstransport über „fremde" Leitungen. Demzufolge gilt der Durchleitungsanspruch für alle Versorgungs- und Spannungsstufen.

Nach der heutigen Rechtslage finden Durchleitungsansprüche in der Elektrizitätswirtschaft eine *doppelte* materiellrechtliche Grundlage jeweils in § 6 Abs. 1 EnWG und in §§ 19 Abs. 4 Nr. 4 und 32 GWB[48], soweit der begehrte Netzbe-

---

[45] In der Gesetzesvorlage der Bundesregierung wurde eine Durchleitungsregelung ursprünglich mit Absicht nicht vorgesehen (BT-Drucks. 13/7274, S. 4.). Eingefügt wird sie erst in den Beratungen des Wirtschaftsausschusses des Bundestags. Zum Gesetzgebungsverfahren näher vgl. *H. Lutz*, Durchleitung von Gas nach Inkrafttreten des Gesetzes zur Neuregelung des Energiewirtschaftsrechts und der Sechsten GWB-Novelle, RdE 1999, S. 102 (104 f.).

[46] Vgl. *V. Emmerich*, Kartellrecht, 8. Aufl., 1999, S. 376; *Ph. F. v. Wilmowsky*, Die Durchleitung von Elektrizität im deutschen, europäischen und U. S.-amerikanischen Recht, Diss. Saarland, 1998, S. 19 f.

[47] Vgl. *U. Büdenbender*, Durchleitung elektrischer Energie nach der Energierechtsreform, RdE 1999, S. 1.

[48] Zum Normgehalt des § 19 Abs. 4 Nr. 4 GWB siehe oben Zweiter Teil, § 4 III 2.

treiber i.S.d. § 6 Abs. 1 EnWG zugleich auch das marktbeherrschende Unternehmen i.S.d. § 19 Abs. 4 Nr. 4 GWB ist[49].

*c) Das System des verhandelten Netzzugangs*

Entsprechend dem Art. 17 Abs. 1 der Elektrizitätsrichtlinie erfolgt der Zugang zu Elektrizitätsversorgungsnetzen gem. §§ 5 und 6 EnWG im normalen Fall durch den Abschluss eines Durchleitungsvertrages zwischen den beteiligten Unternehmen. Hierbei spricht man von einem System des „verhandelten" Netzzugangs[50]. Die Rechtsnatur dieses Durchleitungsvertrages wird, worauf *P. Salje* hinweist, als privatrechtlicher „Geschäftsbesorgungsvertrag mit Werkvertragscharakter" (§ 675 i.V.m. § 631 BGB) qualifiziert[51].

Nicht zu verkennen ist, dass der verhandelte Netzzugang i.S.d. § 6 EnWG nicht nur einen Anspruch auf Aufnahme von Vertragsverhandlungen über den Netzzugang gewährt[52], sondern weitgehend eine Regelung des *Kontrahierungszwanges* zum Ausdruck bringt[53]. Der verhandelte Netzzugang ist als Gegenbegriff des „angeordneten" Netzzugangs zu verstehen. Die privatrechtliche Autonomie der beteiligten Partner besteht nicht in der Anschlussfreiheit eines Durchleitungsvertrages, sondern nur in der *eingeschränkten* Inhaltsfreiheit[54].

Zum Element des Durchleitungsvertrages gehören auch die Durchleitungsentgelte, die als Gegenleistung der Netzbenutzung bezeichnet werden. Für die Entgeltbemessung bietet das Gesetz zwei Alternativen an. Das Durchleitungsentgelt kann nämlich entweder durch die unternehmensinterne Verrechnung nach § 6

---

[49] Zur Normkonkurrenz zwischen § 6 Abs. 1 EnWG und § 19 Abs. 1 GWB vgl. *V. Emmerich* (Fn. 46), S. 377; *G. Kühne*, Der Netzzugang und seine Verweigerung im Spannungsfeld zwischen Zivilrecht, Energierecht und Kartellrecht, RdE 2000, S. 1 (4 ff.); zu verfahrensrechtlichen Auswirkungen grundlegend vgl. *M. Ungemach/Th. Weber*, Verfahrensfragen des Netzzugangs bei Elektrizität und Gas. Teil 1: Einschaltung der Kartellbehörden, RdE 1999, S. 11 ff.; *dies.*, Verfahrensfragen des Netzzugangs bei Elektrizität und Gas. Teil 2: Zivilklage und einstweilige Verfügung, RdE 1999, S. 131 ff.

[50] Vgl. *J.-Chr. Pielow*, Grundstrukturen öffentlicher Versorgung, 2001, S. 606 ff.

[51] *P. Salje*, Der Durchleitungsvertrag, RdE 1998, S. 169 ff.

[52] So aber *R. Lukes*, Die Neuregelung des Energiewirtschaftsrechts, BB 1998, S. 1217 (1219); *K. König/Chr. Theobald*, Liberalisierung und Regulierung netzgebundener Güter und Dienste, in: Grupp/Ronellenfitsch (Hrsg.), Festschrift für Willi Blümel zum 70. Geburtstag, 1999, S. 277 (295); vgl. auch LG Potsdam, Urteil v. 2. 2. 2000 = RdE 2000, S. 203 ff; LG Magdeburg, Urteil v. 14. 2. 2000 = RdE 2000, S. 206 ff.

[53] Vgl. BT-Drucks. 13/9211, S. 24; *G. Kühne* (Fn. 49), S. 2; *B. J. Hermann/C. Dick*, Die Kundenbündelung und ihre Bedeutung für das Energie- und Konzessionsabgabenrecht, BB 2000, S. 885 (889 f.); *Chr. Theobald/I. Zenke*, Wettbewerb in Stromnetzen: Eine Rechtsprechungsübersicht, NJW 2001, S. 797 (798 f.).

[54] *G. Kühne* (Fn. 49), S. 2.

Abs. 1 EnWG[55] oder durch die vom Bundesministerium für Wirtschaft per Rechtsverordnung festgelegten Kriterien zur Bestimmung von Durchleitungsentgelten i.S. des § 6 Abs. 2 EnWG bestimmt werden. Anders als die Netzzugangs- und Zusammenschaltungsentgelte nach § 39 TKG[56], unterliegen die Entgelte für die Durchleitung in der Energiewirtschaft nicht der *Ex-ante*-Regulierung. Sie sind nämlich nicht genehmigungspflichtig. In der Praxis des deutschen Strommarktes werden angemessene Durchleitungsbedingungen und die Kriterien für die Bemessung des Durchleitungsentgeltes durch die privatwirtschaftlich selbstregulative, sog. „Verbändevereinbarung" zwischen dem Bundesverband der deutschen Industrie (BDI), dem Verband der industriellen Kraftwirtschaft (VIK) und der Vereinigung deutscher Elektrizitätswerke (VDEW) bestimmt[57]. Diese Verbändevereinbarung entfaltet aber keine rechtsverbindliche Wirkung. Sie stellt lediglich eine „Empfehlung" an die vertragsschließenden Parteien dar[58].

*d) Verweigerungsgründe*

Die Durchleitung lässt sich allerdings nicht unbeschränkt von Gesetzes wegen durchsetzen. Sie kann vielmehr unter bestimmten gesetzlichen Bedingungen ausnahmsweise vom Netzbetreiber abgelehnt werden. § 6 Abs. 1 S. 2 EnWG räumt dem Netzbetreiber das Recht ein, im Fall der von ihm nachweisbaren „Unmöglichkeit" oder „Unzumutbarkeit" der Durchleitung aus betriebsbedingten oder sonstigen Gründen unter Berücksichtigung der Ziele des § 1 EnWG die Durchleitung zu verweigern. Was zu solchen legitimen Verweigerungsgründen gehört, definiert das Gesetz selbst jedoch nicht. In Betracht kommen z.B. die Gefährdung der Betriebssicherheit, mangelnde Netzkapazität, der Schutz der energiewirtschaftlich förderungswürdigen Formen der Stromerzeugung nach § 6 Abs. 3 EnWG[59], die Alleinversorgung von Letztverbrauchern nach § 7 EnWG, die negative Reziprozität des Art. 4 § 2 des Gesetzes zur Neuregelung des Energiewirtschaftsrechts, der Braunkohlenschutz des Art. 4 § 3 des Gesetzes zur

---

[55] Zum Übergangscharakter der Entgeltbemessung nach § 6 Abs. 1 EnWG vgl. *U. Büdenbender* (Fn. 47), S. 8.

[56] Vgl. oben Zweiter Teil, § 4 III 1 d) bb).

[57] Vgl. *A.-R. Börner*, Erste Überlegungen zu den privaten Normierungen der Stromdurchleitung: Stringenz und Kartellrecht (Teil 1 u. 2), RdE 2000, S. 55 ff. u. 94 ff.; *M. Kuxenko* (Fn. 42), S. 147 f.; *K. Markert*, Verbändevereinbarung Strom II und Kartellrecht, BB 2001, S. 105 ff.

[58] *J.-Chr. Pielow* (Fn. 50), S. 612.

[59] Vgl. BVerfG, 2 BvR 801/99 v. 27. 4. 2000 = NVwZ 2000, S. 789 ff.; *W. Harms*, Zur Anwendung der Schutzklauseln für Öko-, KWK- und Braunkohlestrom im Neuregelungsgesetz vom 24. 4. 1998, RdE 1999, S. 165 ff.

Neuregelung des Energiewirtschaftsrechts usw.[60]. Unzulässig ist dagegen nach der aktuellen Entscheidung des Landgerichts Hamburg die Durchleitungsverweigerung wegen der Herbeiführung eines Vertragsbruchs[61].

### *e) Die Durchsetzung des Durchleitungsanspruchs*

Ein Rechtanspruch anderer EVU auf Zugang zu den bestehenden Stromnetzen der Netzbetreiber kann wegen der doppelten materiellrechtlichen Regelung grundsätzlich in zwei unterschiedlichen Verfahren durchgesetzt werden. Der Durchleitungspetent kann nämlich entweder im Wege einer „Zivilklage" oder im kartellbehördlichen „Kartellverwaltungsverfahren" seinen Durchleitungsanspruch geltend machen[62].

Wie oben dargelegt, enthält § 6 EnWG einen Fall des Kontrahierungszwanges[63]. Dieser auf dem (energie-)gesetzlichen Schuldverhältnis beruhende Durchleitungsanspruch kann gerichtlich unmittelbar durchgesetzt werden[64]. Nach dem Inkrafttreten des novellierten EnWG haben EVU zur Durchsetzung von Durchleitungsansprüchen oft von diesem zivilgerichtlichen Verfahren Gebrauch gemacht[65].

Neben der Zivilklage hat der Durchleitungspetent kartellrechtlich die Möglichkeit, eine Untersagungsverfügung der Kartellbehörde gegenüber dem marktbeherrschenden Netzbetreiber zu erwirken[66]. Auf Antrag eines Durchleitungspatenten kann die zuständige Kartellbehörde das Kartellverwaltungsverfahren einleiten und gem. § 32 GWB die Durchleitungsverweigerung eines marktbeherrschenden Netzbetreibers untersagen, soweit sie als missbräuchliche Ausnutzung einer marktbeherrschenden Stellung i.S.d. § 19 Abs. 4 GWB oder unbillige Behinderung oder Diskriminierung i.S.d. § 20 Abs. 1 GWB angesehen wird[67]. Mit Hilfe der Untersagungsverfügung kann dem marktbeherrschenden Netzbetreiber

---

[60] Dazu ausführlich vgl. *U. Büdenbender* (Fn. 47), S. 2 ff.; *K. M. Walter/J. v. Keussler,* Der diskriminierungsfreie Zugang zum Netz: Reichweite des Anspruchs auf Durchleitung (Teil 2), RdE 1999, S. 223 ff.; *M. Kuxenko* (Fn. 42), S. 147.

[61] LG Hamburg, Urteil vom 3. 2. 2000, 406 O 17/00 = RdE 2000, S. 231 ff.; hierzu s. auch *H. A. Giermann,* Der diskriminierungsfreie Durchleitungsanspruch gemäß § 6 Abs. 1 EnWG und die Verweigerung der Durchleitung in der Praxis, RdE 2000, S. 222 ff.

[62] Vgl. *M. Ungemach/Th. Weber* (Fn. 49), RdE 1999, S. 11 ff., 131 ff.; *H. A. Giermann* (Fn. 61), S. 229 ff.

[63] Siehe oben § 5 III 2 c).

[64] *M. Cronenberg,* Das neue Energiewirtschaftsrecht, RdE 1998, S. 85 (87); *M. Ungemach/Th. Weber* (Fn. 49), Teil 2: Zivilklage und einstweilige Verfügung, S. 131 ff.

[65] Z.B. LG Berlin = NJWE-WettbR 2000, S. 270; LG Magdeburg = NJWE-WettbR 2000, S. 199; LG Hamburg = RdE 2000, S. 231; vgl. auch *Chr. Theobald/I. Zenke* (Fn. 53), S. 797 ff.

[66] Vgl. ausführlich *M. Ungemach/Th. Weber* (Fn. 49), Teil 1: Einschaltung der Kartellbehörden, S. 11 (12 ff.).

[67] BVerfG, 2 BvR 801/99 v. 27. 4. 2000 = RdE 2000, S. 194 (198).

nur die unbillige Durchleitungsverweigerung untersagt, nicht aber die Durchleitung als solche geboten werden. Ausgeschlossen ist vor allem die Festlegung der Höhe des Durchleitungsentgeltes durch die kartellbehördliche Untersagungsverfügung nach § 32 GWB[68].

Aus der verfahrensrechtlichen Durchsetzung von Durchleitungsansprüchen ergibt sich, dass anders als in anderen liberalisierten Wirtschaftszweigen wie etwa bei Telekommunikation, Post und Eisenbahn der einfache Gesetzgeber im Bereich der Energiewirtschaft auf eine „Institutionalisierung spezieller Regulierungsbehörden" verzichtet hat[69]. Der Energieaufsichtsbehörde steht keine Befugnis zum Erlass einer Durchleitungsanordnung gegenüber dem Netzbetreiber zu. § 18 Abs. 1 S. 2 EnWG stellt keine energierechtliche Generalklausel zur energieaufsichtsbehördlichen Durchsetzung der materiellen Durchleitungsverpflichtung des Netzbetreibers nach § 6 EnWG dar[70].

### 3. Fazit

Mit der Abschaffung der geschlossenen Versorgungsgebiete im Jahre 1998 wurde der deutsche Energieversorgungsmarkt geöffnet. Mit Blick auf die sektorspezifische Regulierung wird die Durchleitungsverpflichtung der Betreiber von Elektrizitätsversorgungsnetzen ausdrücklich in § 6 EnWG festgelegt. Nach dem System des verhandelten Netzzugangs ist die Durchleitung durch den Abschluss eines privatrechtlichen Durchleitungsvertrages durchzuführen. Es handelt sich hierbei um einen Kontrahierungszwang. Die Durchleitung darf nur ausnahmsweise vom Netzbetreiber verweigert werden, wenn die legitimen Verweigerungsgründe nach §§ 6 Abs. 1 S. 2 und 6 Abs. 3 EnWG vorliegen.

Im Fall der unbilligen Durchleitungsverweigerung des marktbeherrschenden Netzbetreibers stehen sowohl die zivilgerichtliche als auch die kartellbehördliche Verfahrensart dem Durchleitungspetenten zur Durchsetzung seines Durchleitungsanspruchs aus § 6 Abs. 1 EnWG und § 19 Abs. 4 GWB zur Verfügung.

## IV. Zusammenfassung

Die Liberalisierung in den netzgebundenen Infrastrukturbereichen Post, Eisenbahn und Energieversorgung ist mit der Netzzugangsregulierung eng verbunden. Die Verpflichtung des Netzinhabers, Wettbewerbern den diskriminierungsfreien

---

68 *H. A. Giermann* (Fn. 61), S. 230.

69 *P. J. Tettinger*, Energierecht – nunmehr ein Anhängsel zum Wettbewerbsrecht?, RdE 2001, S. 41 (42); s. auch *G. Kühne* (Fn. 49), S. 1.

70 So aber *U. Büdenbender*, Die Energieaufsicht über Energieversorgungsunternehmen nach dem neuen Energiewirtschaftsgesetz, DVBl. 1999, S. 7 (15 ff.); *A.-R. Börner*, Versorgungswirtschaft, 1999, S. 77 (79).

Zugang zum eigenen Netz bzw. zu eigenen Leistungen zu gewähren, wird jeweils mit §§ 28 und 29 PostG, § 14 AEG und § 6 EnWG begründet. Das gemeinsame Ziel ist es, den Wettbewerb um Endkunden auf dem jeweiligen Markt zu ermöglichen.

Besonderheiten und Gemeinsamkeiten für diese sektorspezifischen Netzzugangsgewährungsverpflichtungen ergeben sich aus Einflüssen des Europäischen Gemeinschaftsrechts, dem Vorrang der privatwirtschaftlichen Selbstregulierung, der Diskriminierungsfreiheit der Zugangsgewährung, der eingeschränkten Gestaltungsfreiheit der Netzzugangsentgelte und der Zulässigkeit der Verweigerung aus sachlich gerechtfertigten Gründen. Allerdings bestehen im Einzelfall auch Unterschiede. Insbesondere die Regulierung der Netzzugangsentgelte ist je nach dem Wirtschaftssektor unterschiedlich. Während die Netzzugangs- und Zusammenschaltungsentgelte nach § 39 TKG und Teilleistungsentgelte nach § 28 Abs. 2 S. 1 PostG der Ex-ante-Genehmigung der RegTP bedürfen, sind die Netzzugangsentgelte im Bereich der Eisenbahn und Energieversorgung hingegen nicht genehmigungspflichtig. Sie unterliegen lediglich bestimmten objektiven Bemessungskriterien.

Die Einführung des konkurrentennützigen Netzzugangs in unterschiedliche Wirtschaftszweige zeigt, dass die Netzzugangsgewährungsverpflichtung marktbeherrschender Netzinhaber ein effizientes Regulierungsmittel zur Herstellung und Förderung eines chancengleichen und funktionsfähigen Wettbewerbs im Gewährleistungsstaat darstellt.

Dritter Teil:

# Verfassungsrechtliche Beurteilung der staatlichen Netzzugangsregulierung

Die Netzzugangsregulierung im Bereich der Telekommunikation gewinnt ihre rechtliche Bedeutung keineswegs lediglich aus gemeinschaftsrechtlicher und wirtschaftsverwaltungsrechtlicher Perspektive. Vielmehr steht sie als Wirtschaftsregulierung ebenso wie anderes wirtschaftsrelevantes Staatshandeln auch mit dem Verfassungsrecht in engem Zusammenhang. Unter diesem Aspekt stellt sich die Netzzugangsgewährungsverpflichtung des marktbeherrschenden Netzbetreibers als „verfassungsrechtliche Frage" dar. Es handelt sich hierbei zum einen um die Frage, ob sich die Wettbewerbsförderung als Regulierungsziel des konkurrentennützigen Netzzugangs vor dem Verfassungsrecht begründen lässt, und zum anderen um die Frage, ob und ggf. inwieweit die gesetzliche Inpflichtnahme des Betreibers eines öffentlichen Telekommunikationsnetzes zur Wettbewerbsförderung mit dem Grundrechtsschutz in Einklang steht.

Im Folgenden wird zunächst die verfassungsrechtliche Legitimation der staatlichen Förderung eines chancengleichen und funktionsfähigen Wettbewerbs untersucht (§ 6). In den Blick genommen werden sollen insbesondere Art. 87f Abs. 2 GG, die Grundrechte, die verfassungsrechtlichen Kompetenznormen und die Wirtschaftsverfassung des Grundgesetzes. In Anschluss daran sind die Netzzugangsregelungen des TKG und der NZV der Prüfung am Maßstab der Grundrechte des Netzinhabers zu messen, woraus sich möglicherweise verfassungsrechtliche Grenzen für den Netzzugang festlegen lassen (§ 7).

## § 6 Die staatliche Förderung des funktionierenden Wettbewerbs aus verfassungsrechtlicher Sicht

### I. Die Zielgebundenheit der regulierenden Verwaltung

Wie zuvor bereits dargelegt, ist die Regulierung als hoheitliche Aufgabe keineswegs Selbstzweck. Als Korrektur- und Einwirkungsmittel hat sie vielmehr bestimmte Gemeinwohlziele zu verfolgen[1]. Die Zielgebundenheit der Regulie-

[1] Zum instrumentalen Charakter der Regulierung vgl. *M. Ruffert*, Regulierung im System des Verwaltungsrechts, AöR 124 (1999), S. 243 f.

rung korrespondiert mit der staatsrechtlichen Staatszwecklehre[2]. Hierbei geht es zum einen um die Frage, ob die staatliche Tätigkeit an Ziele gebunden sein muss, und zum anderen, welche Staatszwecke als legitim betrachtet werden und damit Staatsaufgaben und -tätigkeiten rechtfertigen können.

Zur ersten Fragestellung besteht in der staatsrechtlichen Literatur Einigkeit darüber, dass im Gegensatz zu natürlichen Personen die Entstehung und Existenz des Staates als „Zweckeinheit" ausschließlich an bestimmte Zwecke ausgerichtet sind. Staatsaufgaben stehen mit den Staatszwecken in einem unlöslichen Zusammenhang. Der Staat wird dann gerechtfertigt, wenn seine Tätigkeit diese Ziele und Zwecke verfolgt[3]. Eine Staatsaufgabe ohne Zielsetzung und -orientierung lässt sich staatstheoretisch und verfassungsrechtlich nicht legitimieren. *O. Mayer* hat zu Recht bei der Beschreibung des Begriffs der Verwaltung verdeutlicht, dass Verwaltung „die Tätigkeit des Staates zur *Verwirklichung seiner Zwecke* unter seiner Rechtsordnung außerhalb der Justiz" sei[4].

Während die Zielgebundenheit von Staatsaufgaben heute als selbstverständlich gilt, wird die Frage, welcher Staatszweck als legitim angesehen werden soll, kaum generell und abschließend beantwortet. Nach herrschender Auffassung gibt es keine absoluten, für alle Zeiten gültigen Staatszwecke, sondern nur „relative" Staatszwecke[5]. Die Setzung der Staatszwecke ist, abgesehen von vernunftrechtlichen Vorstellungen, auf die Politik und tatsächliche Bedürfnisse angewiesen und damit dynamisch. Die drei klassischen Staatszwecke sind, historisch gesehen, die Sicherheit[6], Freiheit und soziale Wohlfahrt. Im modernen demokratischen und sozialen Rechtsstaat dürfen die Staatszwecke nicht beliebig festgesetzt werden, sondern müssen immer auf das Gemeinwohl bezogen sein[7]. Letzteres kann infolgedessen als Staatszweck *in der abstraktesten Stufe* bezeichnet werden[8]. Hieraus resultiert konsequent die „Gemeinwohlbindung" des Staates[9].

---

[2] Vgl. allgemein *G. Jellinek*, Allgemeine Staatslehre, 3. Aufl., 1913, S. 230 ff.; *Chr.-F. Menger*, Die Bestimmung der öffentlichen Verwaltung nach den Zwecken, Mitteln und Formen des Verwaltungshandelns, in: ders., Verfassung und Verwaltung in Geschichte und Gegenwart, 1982, S. 180 ff.

[3] Vgl. *G. Ress*, Staatszwecke im Verfassungsstaat – nach 40 Jahren Grundgesetz, VVDStRL 48 (1990), S. 56 ff. (111); *R. Herzog*, Ziele, Vorbehalte und Grenzen der Staatstätigkeit, in: Isensee/Kirchhof (Hrsg.), HdbStR III, 1988, § 58, Rn. 6.

[4] *O. Mayer*, Deutsches Verwaltungsrecht, Bd. I, 3. Aufl., 1924, S. 13.

[5] Statt vieler *G. Jellinek* (Fn. 2), S. 250 ff.; auch *R. Herzog* (Fn. 3), Rn. 7.

[6] BVerfGE 46, 24 (56 f.).

[7] *H. Krüger*, Allgemeine Staatslehre, 2. Aufl., 1966, S. 763 ff.; *H. P. Bull*, Staatszwecke im Verfassungsstaat, NVwZ 1989, S. 805; *D. Ehlers*, Ziele der Wirtschaftsaufsicht, 1997, S. 16 f.; *J.-Chr. Pielow*, Grundstrukturen öffentlicher Versorgung, 2001, S. 293 ff.; siehe auch BVerfGE 42, 312 (332).

[8] In diese Richtung vgl. *J. Isensee*, Gemeinwohl und Staatsaufgaben im Verfassungsrecht, in: ders./Kirchhof (Hrsg.), HdbStR III, 2. Aufl., 1996, § 57, Rn. 2; *Chr. Link*, Staatszwecke im Verfassungsstaat – nach 40 Jahren Grundgesetz, VVDStRL 48 (1990), S. 7 (19 ff.).

[9] So ausdrücklich Art. 3 Abs. 1 S. 2 BayLV: „Er (Bayern) dient dem Gemeinwohl".

Der Inhalt des Gemeinwohls oder der öffentlichen Interessen ist umfassend und in verschiedenen Rechtsgebieten unterschiedlich zu verstehen[10]. Auch bei der netzgebundenen Infrastruktur sind die Regulierungsziele nicht völlig identisch[11]. Während z.B. der Umweltschutz und die Ressourcenschonung im Eisenbahn- und Energieversorgungsbereich eine herausragende Rolle spielen[12], ist der Schutz des Post- und Fernmeldegeheimnisses von erheblicher Bedeutung für die Wirtschaftszweige des Postwesens und der Telekommunikation[13]. Ungewiss ist bislang, ob durch Mobilfunkanlagen emittierte elektromagnetische Felder für die menschliche Gesundheit schädlich sind[14].

Trotz dieser Unterschiede besteht Einigkeit darüber, dass die Förderung des funktionsfähigen Wettbewerbs auf den vor kurzem eröffneten Märkten im Zusammenhang mit der Privatisierung und Liberalisierung eine der wichtigsten gemeinwohlorientierten Zielsetzungen der Regulierung darstellt. *M. Fehling* bezeichnet in Anlehnung an die Kategorie der sekundären Staatsziele Wettbewerb als „sekundäres Gemeinwohlziel"[15]. Im Bereich der netzgebundenen Infrastrukturen wurde die Wettbewerbsförderung mittels Netzzugang vor allem ord-

---

[10] Vgl. *P. Häberle,* Öffentliches Interesse als juristisches Problem. Eine Analyse von Gesetzgebung und Rechtsprechung, 1970; *R. Uerpmann,* Das öffentliche Interesse. Seine Bedeutung als Tatbestandsmerkmal und als dogmatischer Begriff, 1999, insbes. § 13; zur philosophischen Auseinandersetzung vgl. *A. Bleckmann,* Staatsrecht I – Staatsorganisationsrecht, 1993, § 7.

[11] Vgl. *J. Ehmer,* Regulierung im Telekommunikationswesen. Sind die tatsächlichen Gegebenheiten und der rechtliche Rahmen mit der Energiewirtschaft vergleichbar?, 1998.

[12] Im Blick auf die Energieversorgung vgl. § 1 EnWG, siehe auch *Chr. Theobald,* Rechtliche Steuerung von Wettbewerb und Umweltverträglichkeit in der Elektrizitätswirtschaft, AöR 122 (1997), S. 372 (385 ff.); *H.-J. Papier,* Die Regelung von Durchleitungsrechten, 1997, S. 25 ff.

[13] Vgl. *G. Hermes,* Staatliche Infrastrukturverantwortung, 1998, S. 396; zur Problematik des Datenschutzes nach der Post- und Telekommunikationsprivatisierung vgl. *Th. Groß,* Die Schutzwirkung des Brief-, Post- und Fernmeldegeheimnisses nach der Privatisierung der Post, JZ 1999, S. 326 ff.; *R. P. Schenke,* Verfassungsrechtliche Probleme einer präventiven Überwachung der Telekommunikation. Eine Untersuchung anhand telekommunikativer Standortbestimmungen, AöR 125 (2000), S. 1 ff.; auf der gemeinschaftsrechtlichen Ebene siehe Die Richtlinie 97/66/EG des Europäischen Parlaments und des Rates v. 15. 12. 1997 über die Verarbeitung personenbezogener Daten und den Schutz der Privatsphäre im Bereich der Telekommunikation, ABl. EG L, S. 1; hierzu näher *Chr. Koenig/E. Röder,* Die EG-Datenschutzrichtlinie für Telekommunikation – Verpflichtung auch für Internetdienstleister, CR 2000, S. 668 ff.

[14] Hierzu jüngst OVG Lüneburg, Beschl. v. 19. 1. 2001 – 1 O 2761/00 = NVwZ 2001, S. 456 ff.; zur staatlichen Schutzpflicht zur Gesundheit im Bereich von Mobilfunkanlagen vgl. *L. Determann,* Neue gefahrverdächtige Technologien als Rechtsproblem – Beispiel: Mobilfunk-Sendeanlagen, 1996, *ders.,* BVerfG zur staatlichen Pflicht zum Schutz der Gesundheit vor elektromagnetischen Feldern, NJW 1997, S. 2501 ff.; s. auch VO über elektromagnetische Felder v. 16. 12. 1996 (26. BImSchV), BGBl. I, S. 1966.

[15] Vgl. *M. Fehling,* Mitbenutzungsrechte Dritter bei Schienenwegen, Energieversorgungs- und Telekommunikationsleitungen vor dem Hintergrund staatlicher Infrastrukturverantwortung, AöR 121 (1996), S. 59 (75).

nungspolitisch festgelegt und positivrechtlich umgesetzt. § 2 Abs. 2 Nr. 2 TKG sieht ausdrücklich vor, dass die Sicherstellung eines chancengleichen und funktionsfähigen Wettbewerbs auf den Märkten der Telekommunikation Ziel der Regulierung ist.

Die nachstehende Auseinandersetzung soll sich ausschließlich auf die primäre Zielsetzung des besonderen, konkurrentennützigen Netzzugangs einschließlich der Netzzusammenschaltung, nämlich die Förderung des Wettbewerbs, konzentrieren. Die anderen Zielsetzungen der Netzzugangsregulierung, z.B. die Kommunikationsermöglichung der Nutzer verschiedener Netze im Bereich der Zusammenschaltung nach § 36 TKG, bleiben im Folgenden unberücksichtigt. Die Untersuchung der Regulierungsziele ist rechtsstaatlich relevant, da allein die Befugnisnorm staatlicher Netzzugangsregulierung in §§ 35 ff. TKG kein Freibrief für beliebige staatliche Intervention der unternehmerischen Entscheidung ist. Vielmehr bedarf die Netzzugangsregulierung als Eingriff in die Grundrechte von betroffenen Netzbetreibern, insbesondere in die Berufsfreiheit und Eigentumsgarantie, noch einer legitimen Zielsetzung[16].

## II. Die Wettbewerbsförderung als Ziel der Netzzugangsregulierung

Das Ziel, das der Gesetzgeber mit der Netzzugangsregulierung zu erreichen sucht, besteht primär darin, einen chancengleichen und funktionsfähigen Wettbewerb auf den Telekommunikationsmärkten herzustellen und zu fördern. Die Wettbewerbsförderung wird insoweit auch vom Gesetzgeber als „Gemeinwohl" bezeichnet.

Dieses Regulierungsziel wird zwar nicht unmittelbar in §§ 33 ff. TKG ausdrücklich festgelegt. Nach dem Wortlaut des § 36 TKG kommt lediglich das Ziel der Netzzusammenschaltung, die Kommunikation der Nutzer verschiedener öffentlicher Telekommunikationsnetze untereinander zu ermöglichen und zu verbessern, zum Ausdruck. Aber die Wettbewerbsförderung als Ziel des besonderen Netzzugangs lässt sich der Entstehungsgeschichte des TKG entnehmen. Die Bundesregierung brachte in ihrer Begründung zum Gesetzesentwurf eindeutig zum Ausdruck, dass im Interesse der Sicherstellung eines chancengleichen und der Förderung eines funktionsfähigen Wettbewerbs marktbeherrschende Unternehmen einer besonderen Regulierung unterworfen seien. Dies betreffe insbesondere die Regulierung von Entgelten und Allgemeinen Geschäftsbedingungen

[16] Siehe BVerfG, Urteil vom 27. 10. 1998 = NJW 1999, S. 841 (842): „Beschränkungen der Berufsausübungsfreiheit sind im übrigen mit der Verfassung nur vereinbar, wenn sie vernünftigen Zwecken des Gemeinwohls dienen und den Berufstätigen nicht übermäßig oder unzumutbar treffen". Zu grundrechtlichen Grenzen der Netzzugangsgewährungspflichten siehe unten Dritter Teil, § 7.

und die Gewährleistung eines offen Netzzugangs[17]. Insofern kann man von „Wettbewerbsregulierungen“ sprechen.

Die Zielsetzung der Netzzugangsregulierung, einen funktionierenden Wettbewerb zu fördern, kommt auf europäischer Ebene auch dementsprechend in der Zusammenschaltungsrichtlinie zum Ausdruck. In ihrem Erwägungsgrund Nr. 2 ist anerkannt, dass „chancengleiche, verhältnismäßige und nichtdiskriminierende Zusammenschaltungs- und Interoperabilitätsbedingungen Schlüsselfaktoren der Förderung offener, wettbewerbsfähiger Märkte sind“.

## III. Die Relevanz der staatlichen Wettbewerbsförderung in der Anfangsphase der Marktöffnung

Einigkeit besteht darüber, dass die Regulierung besonderer Netzzugänge aus faktischen und ökonomischen Gründen eine unentbehrliche Voraussetzung für einen chancengleichen und funktionsfähigen Wettbewerb zwischen dem ehemaligen Monopolisten und neuen Anbietern von Telekommunikationsdienstleistungen darstellt[18].

Die Deutsche Telekom AG verfügt in der Anfangsphase der Öffnung der Telekommunikationsmärkte über die Mehrheit von Teilnehmeranschlüssen und besitzt trotz der Telekommunikationsprivatisierung in unabsehbarer Zeit noch eine beherrschende Marktstellung auf dem Festnetzmarkt. Diese nach der Privatisierung noch bestehende beträchtliche Marktmacht könnte vom ehemaligen Monopolisten missbräuchlich ausgenutzt werden und zur wettbewerblichen Benachteiligung anderer Anbieter führen[19], weil Wettbewerb im Telekommunikationsmarkt seiner Natur nach in hohem Maße abhängig von der Netzinfrastruktur ist.

Auch im ökonomischen Hinblick bedarf der Aufbau einer parallelen Netzinfrastruktur durch neue Wettbewerber hoher Investitionskosten und längerer Zeit, obwohl die ökonomische Eigenschaft der Telekommunikationsinfrastruktur als natürliches Monopol wegen des technischen Fortschritts heute nicht mehr vorliegt.

Aus dieser gegenwärtigen Marktsituation und der Eigenart der Telekommunikation ergibt sich die Privatisierungsfolgenverantwortung des Staates, den chancengleichen und funktionierenden Wettbewerb auf den gerade liberalisierten Telekommunikationsmärkten zu sichern und ggf. zu fördern. Dementsprechend

---

[17] BT-Drucks. 13/3609, S. 34.

[18] Vgl. *A. Benz*, Privatisierung und Regulierung im Post- und Fernmeldewesen, in: K. König/A. Benz (Hrsg.), Privatisierung und staatliche Regulierung, 1997, S. 262 (305 ff.); *H. Wendland*, Beck'scher TKG Kommentar, 2. Aufl., 2000, Vor § 33, Rn. 16 ff.

[19] Vgl. *H.-W. Moritz*, Entgeltregulierung in Theorie und Praxis – Eine Zwischenbilanz, RTkom 2000, S. 102 f.; *J. Wieland*, in: H. Dreier (Hrsg.), GG, Bd. III, 2000, Art. 87f, Rn. 17.

hat die Bundesregierung bereits in ihrer Begründung zum Telekommunikationsgesetzentwurf zu Recht darauf hingewiesen, dass „sich wettbewerbliche Strukturen nicht allein durch die Aufhebung von Monopolrechten entwickeln. Potentielle Anbieter haben ohne besondere regulierende Vorkehrungen keine Chance gegenüber dem dominanten Anbieter“[20].

Aus instrumentaler Sicht hat sich der Gesetzgeber für eine asymmetrische Regulierung gegenüber dem ehemaligen Monopolisten, nämlich der Deutschen Telekom AG, entschieden, um Wettbewerbsmöglichkeiten anderer Anbieter auf den Telekommunikationsmärkten zu ermöglichen und ggf. zu verstärken. Dazu zählt insbesondere die Rechtsfigur des Wettbewerbs „in“ Netzen[21]. Durch die Verpflichtung des ehemaligen Monopolisten zur diskriminierungsfreien Netzzugangsgewährung wird der Zugang neuer Wettbewerber zu den gerade privatisierten Telekommunikationsmärkten erleichtert.

Insgesamt ist somit festzuhalten, dass aus faktischen und ökonomischen Gründen die „Netzzugangsgewährungsverpflichtung“ seitens des ehemaligen Monopolisten bzw. das „Mitbenutzungsrecht“ seitens der Konkurrenten das geeignete und effektive Instrument zur Wettbewerbsförderung in der Anfangsphase der Marktöffnung darstellt[22].

## IV. Die verfassungsrechtliche Legitimation der staatlichen Wettbewerbsförderung

Anders als das Europäische Gemeinschaftsrecht, Verfassungen einiger deutscher Bundesländer und das deutsche Telekommunikationsgesetz, die die materiellen Vorschriften zur Sicherung des unverfälschten Wettbewerbs und zum Verbot des Missbrauchs einer marktbeherrschenden Stellung enthalten[23], fehlt dem Grundgesetz die ausdrückliche Vorgabe über die Förderung und Sicherung eines funktionierenden Wettbewerbs. Gleichwohl darf man nicht vorschnell aus diesem Umstand den Schluss ziehen, dass sich das Regulierungsziel der Wettbewerbssicherung und -förderung weder unmittelbar noch mittelbar aus dem Grundgesetz ergibt. Vielmehr ist eine nähere Analyse der einzelnen Verfassungsbestimmungen notwendig. Hierfür kommen die sektorspezifische Vorschrift des Art. 87f Abs. 2 GG, die Schutzpflicht des Staates aus der wirtschaftlichen Wettbewerbsfreiheit, ein potentiell materieller Gehalt aus der Gesetzgebungskompetenznorm des Art.

---

[20] BT-Drucks. 13/3609, S. 33 f.

[21] *G. Hermes* (Fn. 13), S. 252, 321 f.

[22] Vgl. allgemein *M. Fehling* (Fn. 15), S. 59 (71 ff.).

[23] Vgl. Art. 3 Abs. 1 lit. g, 81 und 82 EGV; zu Landesverfassungen vgl. Art. 42 Abs. 1 S. 2 bbg. LV; Art. 24 berl. Verf.; Art. 52 Abs. 2 S. 2 rh.-pf. LV; s. auch §§ 2 Abs. 2 Nr. 2 und 33 TKG; aus der Literatur ausführlich *M. Bohne*, Funktionsfähiger Wettbewerb auf Telekommunikationsmärkten. Herstellung und Erhalt durch das europäische Wettbewerbsrecht, 1998, S. 60 ff.

74 Abs. 1 Nr. 16 GG und die sog. „Wirtschaftsverfassung" des Grundgesetzes in Betracht.

### *1. Art. 87f Abs. 2 S. 1 GG?*

Nach Art. 87f Abs. 2 S. 1 GG werden Telekommunikationsdienstleistungen als privatwirtschaftliche Tätigkeiten qualifiziert und durch das aus dem Sondervermögen Deutsche Bundespost hervorgegangene Unternehmen Deutsche Telekom AG und durch andere private Anbieter erbracht. Fraglich ist, ob diese Aussage einen Verfassungsauftrag enthält, der den Staat, insbesondere den einfachen Gesetzgeber, verpflichtet, durch die Schaffung normativer Rahmenbedingungen den Wettbewerb auf dem Telekommunikationsmarkt herzustellen. Dieses wurde von der Bundesregierung bejaht. Ihre Begründung zum Entwurf des TKG lautet wie folgt:

> „In Erfüllung des verfassungsrechtlichen Auftrags, die Versorgung mit Telekommunikationsdienstleistungen im Wettbewerb sicherzustellen, besteht ein wesentliches Ziel der gesetzlichen Bestimmungen darin, die staatlichen Rahmenbedingungen in der Telekommunikation so zu gestalten, dass chancengleicher Wettbewerb durch die neu hinzutretenden Anbieter ermöglicht wird, sowie durch regulierende Eingriffe in das Marktverhalten beherrschender Unternehmen einen funktionsfähigen Wettbewerb zu fördern."[24]

Diese von der Bundesregierung vertretene Auffassung ist jedoch zweifelhaft. Eine solche extensive Auslegung kann nicht ohne weiteres aus dem Wortlaut des Art. 87f Abs. 2 S. 1 GG gefolgert werden. Zwar steht der Begriff der Privatwirtschaftlichkeit mit dem Wettbewerbsprinzip in untrennbarem Zusammenhang[25]. Aber dabei ist thematisch zwischen der „Zulässigkeit" des wirtschaftlichen Wettbewerbs und der darüber hinausgehenden „Förderung" des Wettbewerbs zu unterscheiden[26]. Während erstere durch den Abbau staatlicher Monopole erreicht werden kann, bezieht sich letztere auf eine Handlungspflicht. Sie setzt das Vorliegen der Marktwirtschaft, nämlich die Zulässigkeit des Wettbewerbs auf dem zu fördernden Markt, voraus. Der Begriff der Privatwirtschaftlichkeit in Art. 87f Abs. 2 S. 1 GG allein bringt maximal lediglich die *Instituierung von freiem Wettbewerb*, also das Wettbewerbsmodell, auf den Telekommunikationsmärkten zum Ausdruck. Der darüber hinausgehende Verfassungsauftrag der Wettbewerbsförderung lässt sich ihm nicht entnehmen.

Auch die systematische und teleologische Interpretation führen zu diesem Ergebnis. Das Ziel des Art. 87f Abs. 2 S. 1 GG besteht ausschließlich darin, die

---

[24] BT-Drucks. 13/3609, S. 34.

[25] Zur Frage der Anwendbarkeit des Wettbewerbsprinzips auf den staatlichen Bereich vgl. *H. P. Bull*, Finanzausgleich im „Wettbewerbsstaat". Bemerkungen zur neuen Föderalismustheorie und zu ihrer Bedeutung für den Länderfinanzausgleich, DÖV 1999, S. 269 ff.

[26] Vgl. *H. Krüger* (Fn. 7), S. 463.

Qualifikation der Telekommunikationsdienste als Leistungsverwaltung des Bundes abzubauen und die Telekommunikationsmärkte für jedermann zu öffnen. Demgemäß besteht die aus Art. 87f Abs. 2 S. 1 GG abgeleitete Verantwortung des Staates nicht darin, durch aktives Tätigwerden den funktionierenden Wettbewerb auf den Telekommunikationsmärkten zu fördern, sondern nur darin, sich aus dem Dienstleistungsbereich der Telekommunikation zurückzuziehen und den Markt zu öffnen[27].

Im Ergebnis kann festgestellt werden, dass die Privatwirtschaftlichkeit nach Art. 87f Abs. 2 S. 1 GG keinen Hinweis auf den Verfassungsauftrag der positiven Wettbewerbsförderung auf den privatisierten Telekommunikationsmärkten enthält. Für die verfassungsrechtliche Legitimation der staatlichen Förderung des gleichen und funktionsfähigen Wettbewerbs sind andere verfassungsrechtliche Vorgaben eher bedeutsam als die sektorspezifische Vorschrift des Art. 87f GG.

### *2. Die grundrechtlich geschützte Wettbewerbsfreiheit*

Aus grundrechtlicher Sicht ist der Schutz wirtschaftsrelevanter Freiheitsrechte von erheblicher Bedeutung für die verfassungsrechtliche Legitimation der staatlichen Wettbewerbsförderung. Im Mittelpunkt steht insbesondere die wirtschaftliche Wettbewerbsfreiheit privater Wirtschaftssubjekte.

#### *a) Die Gewährleistung des freien und gleichen Wettbewerbs*

Unter der Wettbewerbsfreiheit wird nicht die Freiheit *vor* potentieller Konkurrenz durch andere Wettbewerber, sondern die Freiheit der „Teilnahme am freien Wettbewerb“ verstanden[28]. Hierbei handelt es sich nämlich um die Gewährleistung eines freien Zugangs zum Markt (Freiheit zum Wettbewerb) und die Sicherstellung eines konkurrierenden Angebots von Waren und Dienstleistungen für Verbraucher (Freiheit im Wettbewerb)[29]. Darüber hinaus garantiert die Wettbewerbsfreiheit im Zusammenhang mit dem Gleichheitssatz des Art. 3 Abs. 1 GG auch die Gleichheit der Wettbewerbschancen[30]. Unter diesem Gesichtspunkt bedeutet der grundrechtliche Schutz der Wettbewerbsfreiheit stets Schutz der

---

[27] In diese Richtung auch *M. Ruffert* (Fn. 1), S. 247, wenn er darauf hinweist, dass es für das Ziel der Herstellung und Förderung von Wettbewerb keinen *unmittelbaren* Anhaltspunkt im Grundgesetz gebe. S. auch *Chr. Engel/G. Knieps*, Die Vorschriften des Telekommunikationsgesetzes über den Zugang zu wesentlichen Leistungen, 1998, S. 60; a. A. *H.-W. Moritz* (Fn. 19), S. 103.

[28] BVerfGE 34, 252 (256); 55, 261 (269).

[29] Vgl. *W. Kluth*, Eingriff durch Konkurrenz. Zur grundrechtsdogmatischen Verortung kommunaler Teilnahme am wirtschaftlichen Wettbewerb, WiVerw 2000, S. 184 (197, 199).

[30] Zum Begriff der Chancengleichheit vgl. *K. Schweizer*, Der Gleichberechtigungssatz – neue Form, alter Inhalt? Untersuchung zu Gehalt und Bedeutung des neugefaßten Art. 3 Abs. 2 GG unter Einbeziehung Europäischen Gemeinschaftsrechts, 1998, S. 141 ff.

„chancengleichen" Wettbewerbsfreiheit[31], nämlich Schutz einer gleichen Handlungsmöglichkeit zum Marktzugang und Angebot von Waren und Dienstleistungen. Die „Freiheit" und „Gleichheit" sind folglich zwei wesentliche Merkmale des verfassungsrechtlich garantierten Grundrechts auf Wettbewerb.

### *b) Die grundrechtsdogmatische Zuordnung der Wettbewerbsfreiheit*

Weil die Wettbewerbsfreiheit nicht ausdrücklich im Grundrechtskatalog des Grundgesetzes geschützt wird, stellt sich die Frage, wie diese wirtschaftliche Wettbewerbsfreiheit grundrechtsdogmatisch zugerechnet wird[32].

Teilweise wird die Ansicht vertreten, dass die Wettbewerbsfreiheit in den Schutzbereich des Art. 2 Abs. 1 GG falle[33]. Die Freiheit der Teilnahme am Wettbewerb als „allgemeine Handlungsfreiheit im Bereich der Wirtschaft" werde auch durch das gem. Art. 2 Abs. 1 GG gewährleistete Recht auf die freie Entfaltung der Persönlichkeit geschützt[34]. Demgegenüber wird teilweise der wirtschaftliche Wettbewerb als Form der Berufsausübung in der bestehenden Wirtschaftsverfassung bezeichnet und somit von der Berufsfreiheit des Art. 12 Abs. 1 GG erfasst[35].

Aus dem Grund, dass in der freiheitlichen Ordnung die Berufs- und Gewerbeausübung nur durch Wettbewerb denkbar sind, ist die Wettbewerbsfreiheit vorrangig durch Art. 12 Abs. 1 GG zu schützen[36]. Daneben wird mit Blick auf die

---

[31] *W. Leisner*, Die Unzulässigkeit steuerlicher Fiskalprivilegien, BB 1970, S. 405 (410 f.); *R. Scholz*, Entflechtung und Verfassung, 1981, S. 97; *ders.*, in: Mauz/Dürig, GG, Kommentar, Bd. I, Art. 12, Rn. 153; *Chr. Starck*, in: v. Mangoldt/Klein/Starck, Bonner Grundgesetz, Bd. 1, 4. Aufl., 1999, Art. 3, Rn. 43; zur Ableitung der Ansprüche auf Chancengleichheit aus Art. 3 Abs. 1 GG vgl. *L. Osterloh*, in: Sachs (Hrsg.), GG, Kommentar, 2. Aufl., 1999, Art. 3, Rn. 57 ff.; *C. Tsiliotis,* Der verfassungsrechtliche Schutz der Wettbewerbsfreiheit und seine Einwirkung auf die privatrechtlichen Beziehungen, 2000, S. 116 ff.

[32] Vgl. *M. Schulte*, Informales Verwaltungshandeln, DVBl. 1988, S. 512 (515 f.); *C. Tsiliotis* (Fn. 31), S. 70 ff.

[33] BVerwGE 17, 306 (309); 30, 191 (198); 60, 154 (159); 65, 167 (174); 71, 183 (189 f.); *M. Gubelt*, in: v. Münch/Kunig (Hrsg.), Grundgesetz-Kommentar, Bd. 1, 5. Aufl., 2000, Art. 12, Rn. 93.

[34] Zu daraus entwickelten sog. „Konkurrentenklagen" ausführlich vgl. *P.-M. Huber*, Konkurrenzschutz im Verwaltungsrecht, 1991; s. auch *J. Wieland*, Konkurrentenschutz in der neueren Rechtsprechung zum Wirtschaftsverwaltungsrecht, Die Verwaltung 1999, S. 217 ff.

[35] BVerfGE 32, 311 (317); 46, 120 (137); 53, 96 (98); 86, 28 (37 ff.); aus der Literatur vgl. *R. Breuer*, Freiheit des Berufs, in: Isensee/Kirchhof (Hrsg.), HdbStR VI, 1989, § 147, Rn. 63; *R. Scholz* (Fn. 31), Art. 12, Rn. 79 f.; *F. Ossenbühl*, Die Freiheiten des Unternehmers nach dem Grundgesetzes, AöR 115 (1990), S. 1 (23).; *H. D. Jarass*, in: ders./Pieroth, GG, 5. Aufl., 2000, Art. 12, Rn. 15; *J. Wieland*, in: Dreier (Hrsg.), Grundgesetz, Kommentar, Bd. I, 1996, Art. 12, Rn. 61; *P. J. Tettinger*, in: Sachs (Hrsg.), GG, Kommentar, 2. Aufl., 1999, Art. 12, Rn. 14a, 57.

[36] Ähnlich auch BVerfGE 87, 363 (388): „Die Freiheit der Berufsausübung führt notwendig zu Wettbewerb". Weitgehend vgl. *R. Scholz/S. Langer*, Europäischer Binnenmarkt und Energiepolitik, 1992, S. 259; *K. Stern/J. Dietlein*, Netzzugang im Telekommunikationsrecht, Ar-

privatwirtschaftliche Wettbewerbsfreiheit der Ausländer Art. 2 Abs. 1 GG auch für den Grundrechtsschutz der Wettbewerbsfreiheit der Ausländer in Anspruch genommen[37], da sich der personale Schutzbereich des Art. 12 Abs. 1 GG auf „Deutsche" beschränkt. Angesichts der europäischen Integration wird zum Teil die Auffassung vertreten, *EG*-Ausländer könnten sich unter Berücksichtigung des Diskriminierungsverbots des Art. 12 EGV auch unmittelbar auf Art. 12 Abs. 1 GG berufen[38]. Dieser Ansatz hat jedoch den eindeutigen Wortlaut des Art. 12 Abs. 1 GG (alle „Deutschen") ignoriert[39]. *P. J. Tettinger* hat hierfür einen plausiblen Lösungsvorschlag gestellt, dass im Sinne der Rechtsklarheit und des Art. 23 Abs. 1 GG eine „Änderung des Verfassungswortlauts" de constitutione ferenda erwägenswert ist[40]. Daraus folgt, dass sich sowohl EG-Ausländer als auch sonstige Ausländer nach der heutigen deutschen Grundrechtsdogmatik nicht durch Art. 12 Abs. 1 GG, sondern nur durch Art. 2 Abs. 1 GG auf die wirtschaftliche Wettbewerbsfreiheit berufen können.

### c) Eingriff durch Konkurrenz

Wie alle Grundrechte schützt die Wettbewerbsfreiheit primär den Einzelnen vor hoheitlichen Eingriffen. Insofern stellt sie ein „Abwehrrecht" gegen staatliche Wettbewerbsbeeinträchtigungen dar[41]. Zu solchen wettbewerbsbeeinträchtigten Maßnahmen des Staates zählen typischerweise die diskriminierende Erteilung von Genehmigungen und die wirtschaftslenkende Subventionierung von Konkurrenten, da sie zur Verzerrung der Konkurrenz zwischen Privaten führen könnten.

Auch das bloße Auftreten des Staates oder einer Kommune als Konkurrent am Markt, nämlich staatliche Konkurrenzwirtschaft, kann – entgegen der Grundan-

---

chivPT 1998, S. 309 (319). Das BVerwG hat auch in seiner neueren Rechtsprechung die frühe Meinung verändert und verortet die Wettbewerbsfreiheit in Art. 12 Abs. 1 GG. Vgl. BVerwGE 71, 183 (189); 89, 281 (283). Zum Verhältnis des Art. 12 Abs. 1 GG zu Art. 2 Abs. 1 GG vgl. *M. Gubelt* (Fn. 33), Art. 12, Rn. 93.

[37] Vgl. *W. Kahl*, Die Schutzergänzungsfunktion von Art. 2 Abs. 1 Grundgesetz. Zugleich ein Beitrag zur Lehre der Grundrechtskonkurrenzen, 2000, S. 22.

[38] So EuGH Slg. 1985, S. 606 (613); OVG NW = NWVBl. 1995, S. 18; s. auch *R. Breuer* (Fn. 35), S. 895 f., Rn. 21; *H. D. Jarass* (Fn. 35), Art. 12, Rn. 10; *D. Ehlers*, Die Weiterentwicklung des Staatshaftungsrechts durch das europäische Gemeinschaftsrecht, JZ 1996, S. 776 (781); *ders.* (Fn. 7), S. 15; extrem *R. Wernsmann*, Die Deutschengrundrechte des Grundgesetzes im Lichte des Europarechts, Jura 2000, S. 657 (662 f.), der sogar die Auffassung vertritt, dass der deutsche Gesetzgeber die „Pflicht" zu einer Verfassungsänderung des Art. 12 Abs. 1 GG habe.

[39] Vgl. auch *H. Bauer/W. Kahl*, Europäische Unionsbürger als Träger von Deutschen-Grundrechten?, JZ 1995, S. 1077 ff.; *W. Kluth*, Das Grundrecht der Berufsfreiheit – Art. 12 Abs. 1 GG, Jura 2001, S. 371.

[40] *P. J. Tettinger* (Fn. 35), Art. 12, Rn. 20.

[41] Zum Abwehrrechtscharakter der Grundrechte siehe BVerfGE 7, 198 (204); 21, 362 (369); 50, 290 (337); 61, 82 (101); 68, 193 (205).

nahme der Rechtsprechung des Bundesverwaltungsgerichts[42] – als Grundrechtseingriff qualifiziert werden, wenn die Wettbewerbsfreiheit privater Konkurrenten „faktisch" durch die erwerbwirtschaftliche Betätigung der öffentlichen Hand, die vollziehende Gewalt i.S. des Art. 1 Abs. 3 GG ist, beeinträchtigt wird[43]. Insoweit kann man von einem „Eingriff durch Konkurrenz" sprechen[44]. Nach allgemeiner Grundrechtslehre ist der „Grad" der staatlichen Wettbewerbsverdrängung nicht als Maßstab für das *Vorliegen* eines Grundrechtseingriffs zu verstehen. Vielmehr gewinnt er erst auf der Ebene der *Eingriffsrechtfertigung* Bedeutung. Dies bedeutet zugleich, dass die wirtschaftliche Betätigung der öffentlichen Hand als solche nicht von vornherein durch das Grundgesetz ausgeschlossen wird, sondern dass sie legitimationsbedürftig ist.

#### *d) Die grundrechtliche Schutzpflicht des Staates zur Herstellung und Wahrung der Wettbewerbsfreiheit und -gleichheit*

#### *aa) Die grundrechtliche Schutzpflicht im Überblick*

Es ist heute allgemein anerkannt, dass die Grundrechte nicht nur im Sinne der Abwehrrechte verstanden werden. Im Hinblick auf die Funktionserweiterungen der Grundrechte lassen sich Pflichten des Staates zum Schutz vor Grund-

---

[42] BVerwGE 39, 329 (336); Beschluss des BVerwG v. 21. 3. 1995, NJW 1995, S. 2938 (2939), nach denen die Wettbewerbsfreiheit des Art. 12 Abs. 1 GG nicht vor Wettbewerbsteilnahme der öffentlichen Hand als solcher schütze. Das Grundrecht der Berufsfreiheit eines privaten Konkurrenten werde *erst* eingegriffen, *solange* es durch die Konkurrenz eines kommunalen Unternehmens „in unerträglichem Maße" und „unzumutbar" eingeschränkt werde, unmöglich gemacht werde oder insbesondere ein Monopol des öffentlichen Wettbewerbers entstehe. Aus der Literatur vgl. *G. Püttner*, Die öffentlichen Unternehmen, 2. Aufl., 1985, S. 97 ff.; *M. Groepper*, Berufsfreiheit und freie Berufe, GewArch 2000, S. 366 (369); bedingt vgl. *D. Ehlers*, Rechtsprobleme der Kommunalwirtschaft, DVBl. 1998, S. 497 (502); *W. Kluth*, Öffentlich-rechtliche Zulässigkeit gewinnorientierter staatlicher und kommunaler Tätigkeit, in: Stober/Vogel (Hrsg.), Wirtschaftliche Betätigung der öffentlichen Hand, 2000, S. 23 (27 ff.).

[43] In diese Richtung auch *G. Dürig*, in: Maunz/ders., GG, Kommentar, Art. 2 GG, Rn. 52; *P. J. Tettinger*, Rechtsschutz gegen kommunale Wettbewerbsteilnahme, NJW 1998, S. 3473 (3474); *ders.*, Verfassungsrecht und Wirtschaftsordnung. – Gedanken zur Freiheitsentfaltung am Wirtschaftsstandort Deutschland –, DVBl. 1999, S. 679 (686); *U. Hösch*, Wirtschaftliche Betätigung von gemeindlichen Unternehmen und von Privaten – ein Vergleich, WiVerw 2000, S. 159 (177 ff.); *H. Sodan*, Vorrang der Privatheit als Prinzip der Wirtschaftsverfassung, DÖV 2000, S. 361 (371); *H.-U. Erichsen*, Gemeinde und Private im wirtschaftlichen Wettbewerb, 1987, S. 29 f.; bedingt *W. Kluth* (Fn. 29), S. 184 ff.; *W. Löwer*, Der Staat als Wirtschaftssubjekt und Auftraggeber, Leitsätze des Beratungsgegenstands zur Tagung der Vereinigung der Deutschen Staatsrechtlehrer 2000, DVBl. 2000, S. 1757.

[44] *P. J. Tettinger*, Rechtsschutz (Fn. 43), S. 3474; auch *ders.*, Aktuelle Akzente der Berufsfreiheit für Freie Berufe auf europäischer und deutscher Ebene, GewArch 1999, S. 265 (267); zur Rechtswegfrage vgl. OLG Hamm = JZ 1998, S. 785 (Gelsengrün-Entscheidung).

rechtseingriffen oder -gefährdungen durch Dritte auch den Grundrechten entnehmen[45]. Es handelt sich hierbei um die „grundrechtlichen Schutzpflichten" des Staates.

Abgesehen vom staatstheoretischen Fundament[46], wird die Dogmatik der Schutzpflichtlehre in wesentlichem Umfang durch das Bundesverfassungsgericht aus den objektiv-rechtlichen Gehalten der Grundrechte entwickelt. Das BVerfG hat bereits in dem sog. ersten Abtreibungsurteil vom 25. 2. 1975 eindeutig formuliert: „Ob und gegebenenfalls in welchem Umfang der Staat zu rechtlichem Schutz des werdenden Lebens von Verfassungs wegen verpflichtet ist, kann deshalb schon aus dem *objektiv-rechtlichen Gehalt* der grundrechtlichen Normen erschlossen werden"[47]. Insofern verbietet die Schutzpflicht des Staates „nicht nur – selbstverständlich – unmittelbare staatliche Eingriffe in das sich entwickelnde menschliche Leben, sondern gebietet dem Staat auch, sich *schützend* und *fördernd* vor dieses Leben zu stellen, das heißt vor allem, es auch vor rechtswidrigen Eingriffen von Seiten anderer zu bewahren"[48]. Danach besteht der verfassungsrechtliche Grundrechtsschutz nicht nur darin, dass der Staat bloß negativ nicht in die Grundrechte des Einzelnen eingreift. Vielmehr ist er ferner ver-

[45] BVerfGE 39, 1 (41 f.); 46, 160 (164); 49, 89 (142); 53, 30 (57 f.); 56, 54 (78); 65, 54 (73); 76, 1 (49 ff.); 77, 170 (214); 77, 381 (403); 79, 174 (201 f.); 88, 203 (251 ff.); aus der Literatur vgl. *K. Stern*, Das Staatsrecht der Bundesrepublik Deutschland, Bd. III/1, 1988, § 69; *J. Isensee*, Das Grundrecht als Abwehrrecht und als staatliche Schutzpflicht, in: ders./Kirchhof (Hrsg.), HdbStR V, 1992, § 111; *J. Dietlein*, Die Lehre von den grundrechtlichen Schutzpflichten, 1992; *Chr. Starck*, Grundrechtliche Schutzpflichten, in: ders., Praxis der Verfassungsauslegung, 1994, S. 46 ff.; *P. Unruh*, Dogmatik der grundrechtlichen Schutzpflichten, 1996; *M. Dolderer*, Objektive Grundrechtsgehalte, 2000, insbes. §§ 3 und 4.

[46] Vgl. *J. Isensee*, Das Grundrecht auf Sicherheit. Zu den Schutzpflichten des freiheitlichen Verfassungsstaates, 1983; *ders.*, Das staatliche Gewaltmonopol als Grundlage und Grenze der Grundrechte. Der Vorbehalt der Friedlichkeit als Kriterium des Grundrechtstatbestandes und der Schutzpflicht, in: Festschrift für Horst Sendler, 1991, S. 39 ff.; *G. Robbers*, Sicherheit als Menschenrecht. Aspekte der Geschichte, Begründung und Wirkung einer Grundrechtsfunktion, 1987; *Chr. Gusy*, Rechtsgüterschutz als Staatsaufgabe, Verfassungsfragen der „Staatsaufgabe Sicherheit", DÖV 1996, S. 573 ff.

[47] BVerfGE 39, 1 (41 f.); zu den objektiv-rechtlichen Gehalten der Grundrechte vgl. BVerfGE 7, 198 (205); 10, 302 (322); 30, 173 (188); 35, 79 (114); 39, 1 (41); 43, 242 (267); 49, 89 (142); 56, 54 (73); 57, 295 (319 f.); 59, 295 (320); aus der Literatur vgl. *H. D. Jarass*, Grundrechte als Wertentscheidungen bzw. objektivrechtliche Prinzipien in der Rechtsprechung des Bundesverfassungsgerichts, AöR 110 (1985), S. 363 ff.; *K. Stern* (Fn. 45), §§ 65 - 69; *E.-W. Böckenförde*, Grundrechte als Grundsatznormen. Zur gegenwärtigen Lagen der Grundrechtsdogmatik, Der Staat 29 (1990), S. 1 ff.; *R. Alexy*, Grundrechte als subjektive Rechte und als objektive Normen, Der Staat 29 (1990), S. 49 ff.; *H. Dreier*, Subjektiv-rechtliche und objektiv-rechtliche Grundrechtsgehalte, Jura 1994, S. 505 ff.; *J. Schapp*, Grundrechte als Wertordnung, JZ 1998, S. 913 ff.; jüngst *M. Dolderer* (Fn. 45); aus Sicht der Europäischen Menschenrechtskonvention vgl. *A. Bleckmann*, Die Entwicklung staatlicher Schutzpflichten aus den Freiheiten der Europäischen Menschenrechtskonvention, in: Beyerlin/Bothe/Hofmann/Petersmann (Hrsg.), Festschrift für Rudolf Bernhardt, 1995, S. 309 ff.

[48] BVerfGE 39, 42.

pflichtet, mit „aktivem Handeln" grundrechtlich gesicherte Rechtsgüter zu schützen, um Grundrechtsbeeinträchtigungen durch Dritte effektiv abzuwehren[49].

Im Unterschied zur Rechtsfigur der mittelbaren Drittwirkung der Grundrechte[50], die sich lediglich auf die Beziehung Privater untereinander bezieht, verlangen die Schutzpflichten vom Staat seinerseits ein aktives Tätigwerden und haben den Charakter des „Drittschutzes"[51]. Es geht hierbei also um das grundrechtliche Dreiecksverhältnis „Staat – Störer – Opfer"[52].

### *bb) Die Schutzpflicht aus Art. 12 Abs. 1 GG*

Eine Schutzpflicht ergibt sich nicht nur aus dem menschlichen Leben des Art. 2 Abs. 2 S. 1 GG, obwohl dies die meisten Anwendungsfälle der Schutzpflicht in der deutschen Judikatur waren[53]. Im Laufe der Zeit hat das BVerfG den Anwendungsbereich der Schutzpflichtlehre auf andere grundrechtlich gesicherte Rechtsgüter erweitert und somit die Lehre von den grundrechtlichen Schutzpflichten des Staates als objektivrechtliche Schutzpflicht des Staates „verallgemeinert"[54].

Im Hinblick auf die Wettbewerbsfreiheit hat das BVerfG im Beschluss des Ersten Senats vom 7. 2. 1990 betreffend die Wettbewerbsverbote für Handelsvertreter, später auch im sog. Zweitregister-Urteil vom 1. 10. 1995, ausdrücklich eine staatliche Schutzpflicht aus der Berufsfreiheit des Art. 12 Abs. 1 GG anerkannt[55]. Danach ist der Staat, insbesondere der Gesetzgeber, verpflichtet, die in Art. 12 Abs. 1 GG gesicherten Grundrechtsgüter vor Beeinträchtigungen durch Dritte ausreichend zu schützen. Dazu zählt insbesondere die Verpflichtung des

---

[49] *J. Dietlein* (Fn. 45), S. 34.

[50] Zur unmittelbaren Drittwirkung der Grundfreiheiten des EGV vgl. EuGH Slg. 1995, 4921 = EuZW 1996, S. 82 (Bosman-Urteil); kritisch daran *W. Kluth*, Die Bindung privater Wirtschaftsteilnehmer an die Grundfreiheiten des EG-Vertrages. – Eine Analyse am Beispiel des Bosman-Urteils des EuGH –, AöR 122 (1997), S. 557 ff.; s. auch *R. Streinz/S. Leible*, Die unmittelbare Drittwirkung der Grundfreiheiten, EuZW 2000, S. 459 ff.

[51] Vgl. *G. Hermes*, Grundrechtsschutz durch Privatrecht auf neuer Grundlage? Das BVerfG zu Schutzpflicht und mittelbarer Drittwirkung der Berufsfreiheit, NJW 1990, S. 1764 ff.

[52] Vgl. *J. Isensee*, Das Grundrecht auf Sicherheit (Fn. 46), S. 34 ff.

[53] Aufgezählt vgl. *J. Isensee* (Fn. 45), Rn. 78 ff.; auch *G. Hermes*, Das Grundrecht auf Schutz von Leben und Gesundheit. Schutzpflicht und Schutzanspruch aus Art. 2 Abs. 2 Satz 1 GG, 1987.

[54] BVerfGE 66, 39 (61); 92, 26 ff.; zur allgemeinen Geltung der Schutzpflicht für alle Freiheitsgrundrechte statt vieler *K. Stern* (Fn. 45), S. 944 m. w. Nachw.

[55] BVerfG 81, 242 (Handelsvertreter); BVerfGE 92, 26 (46) (Zweitregister); aus der Literatur vgl. W. *Höfling*, Vertragsfreiheit. Eine grundrechtsdogmatische Studie, 1991, S. 55 ff.; *C. Tsiliotis* (Fn. 31), S. 467 ff. und 482 ff.; *M. Gubelt* (Fn. 33), Art. 12, Rn. 2a; *P. J. Tettinger*, Aktuelle Akzente der Berufsfreiheit (Fn. 44), S. 267, der zu Recht darauf hinweist, dass Art. 12 GG als wertentscheidende Grundsatznorm zum einen Begrenzungen des einfachen Gesetzgebers enthält und zum anderen aber auch positive Schutzpflichten impliziert.

Staates, einen gleichen und funktionsfähigen Wettbewerb unter privaten Wirtschaftssubjekten zu schützen und gegebenenfalls zu fördern[56]. Die grundrechtliche Neutralitätspflicht des Staates gilt nur dann, wenn sich der wirtschaftliche Wettbewerb der Konkurrenten im Rahmen des „legitimen" Spielraums bewegt[57].

### *cc) Mittel zur Wettbewerbsförderung*

Zwar lässt sich eine Schutzpflicht des Staates zu einem funktionierenden Wettbewerb aus der objektiven Wertordnung des Art. 12 Abs. 1 GG ableiten. Aber nach ständiger Rechtsprechung des BVerfG steht dem einfachen Gesetzgeber bei der Erfüllung der grundrechtlichen Schutzpflichten ein weiter Gestaltungsspielraum für „Art und Umfang" der Schutzmaßnahmen zu[58]. Schutz auf bestimmte Weise wird erst von Verfassungs wegen gerechtfertigt, wenn diese Art von Schutzmaßnahmen die einzige Lösung zur *hinreichenden* und *wirksamen* Gewährleistung der Rechtsgüter ist[59].

Für die Wettbewerbsgarantie und -förderung kommen grundsätzlich das Privatrecht und das öffentliche Recht, das allgemeine Wettbewerbsrecht und das sektorspezifische Wirtschaftsverwaltungsrecht in Betracht, soweit sie das angestrebte Ziel erreichen können[60]. Der gesetzgeberische Gestaltungsspielraum wirkt sich zugleich auf die Prüfungsgrenze des BVerfG aus. Das BVerfG hat grundsätzlich den Spielraum des Gesetzgebers zu beachten. Es kann erst eingreifen, „wenn die staatlichen Organe gänzlich untätig geblieben sind oder wenn offensichtlich ist, dass die getroffenen Maßnahmen völlig ungeeignet oder unzugänglich (für den Grundrechtsschutz) sind"[61]. Aus diesem „Untermaßverbot" ergibt sich ein subjektives Anspruchsrecht des Betroffenen auf Tätigwerden des Gesetzgebers[62].

---

[56] *F. Ossenbühl* (Fn. 35), S. 22 f.; *H. D. Jarass* (Fn. 35), Art. 12, Rn. 15.

[57] In diese Richtung auch *J. Isensee* (Fn. 45), Rn. 98.

[58] BVerfGE 77, 381 (405); 88, 203 (294 f.); 98, 265 (314); s. auch *F. Dirnberger,* Grundrechtliche Schutzpflicht und Gestaltungsspielraum. Eine kurze Betrachtung zur Rechtsprechung des Bundesverfassungsgerichts, DVBl. 1992, S. 879 ff.

[59] Vgl. *P. Preu*, Freiheitsgefährdung durch die Lehre von den grundrechtlichen Schutzpflichten. – Überlegungen aus Anlass des Gentechnikanlagen-Beschlusses des Hessischen Verwaltungsgerichtshofs, JZ 1990, 88 –, JZ 1991, S. 265 (268); zur prozessualen Geltendmachung vgl. grundlegend *M. Möstl*, Problem der verfassungsprozessualen Geltendmachung gesetzgeberischer Schutzpflichten. Die Verfassungsbeschwerde gegen legislatives Unterlassen, DÖV 1998, S. 1029 ff.

[60] Zur Erfüllung der grundrechtlichen Schutzpflicht durch das Privatrecht vgl. *M. Oldiges*, Neue Aspekte der Grundrechtsgeltung im Privatrecht, in: Festschrift für K. H. Friauf zum 65. Geburtstag, 1996, S. 281 ff.

[61] BVerfGE 56, 54 (71, 80 ff.); 77, 381 (405); 88, 203 (251 ff., 254 ff.); 92, 26 (46).

[62] BVerfGE 77, 170 (214 ff.); 88, 203 (254, 259 f.); vgl. auch *P. Badura*, Die verfassungsrechtliche Pflicht des gesetzgebenden Parlaments zur „Nachbesserung" von Gesetzen, in: Festschrift für K. Eichenberger zum 60. Geburtstag, 1982, S. 481 ff.; kritisch daran siehe *K.*

### dd) Staatliche Schutzpflichten als Privatisierungsfolgenrecht

Die Schutzpflicht des Staates zu einem funktionierenden wirtschaftlichen Wettbewerb ist für die Aufgabenprivatisierung von erheblicher Bedeutung. *F. Scholz* bezeichnet in diesem Kontext staatliche Schutzpflichten als „Privatisierungsfolgenrecht“ [63]. Der Wegfall von Monopolrechten des Staates befreit zwar private Wirtschaftssubjekte von der Berufssperre. Danach können Grundrechtsträger grundsätzlich miteinander im Wettbewerb stehen, um ihre Waren oder Dienstleistungen am Markt anzubieten. Diese ideale privatwirtschaftliche Marktstruktur könnte aber auf Grund der missbräuchlichen Verhaltensweisen des ehemaligen Monopolisten nicht entstehen. Der Gesetzgeber im Grundrechtsstaat muss daher bei der Marktöffnung zugleich die einschlägigen Rahmenbedingungen und normativen Voraussetzungen für die „Chancengleichheit“ und „Funktionsfähigkeit“ des wirtschaftlichen Wettbewerbs schaffen[64], damit das Grundrecht der Wettbewerbsfreiheit neuer Anbieter nicht durch die unbilligen Verhaltensweisen anderer privater Konkurrenten, namentlich durch die missbräuchliche Ausnutzung der marktbeherrschenden Stellung, beeinträchtigt oder bedroht wird[65]. Ein Unternehmen, das auf einem privatisierten Markt über eine marktbeherrschende Stellung verfügt und seine marktbeherrschende Stellung missbräuchlich ausnutzt, ist als „Grundrechtsstörer“ im Sinne der Schutzpflichtlehre anzusehen. Die grundrechtliche Schutzpflicht setzt folglich der Selbstverantwortlichkeit marktbeherrschender Unternehmen Grenzen[66].

Die sich aus dem objektiv-rechtlichen Gehalt der Wettbewerbsfreiheit ergebende Verpflichtung des Staates, einen chancengleichen und funktionsfähigen Wettbewerb unter privaten Wirtschaftssubjekten zu schützen und zu fördern, wurde im Zuge der Telekommunikationsprivatisierung vom einfachen Gesetzgeber in das TKG umgesetzt. Durch die Netzzugangsregelungen in §§ 33 ff. TKG ermöglicht der Gesetzgeber den Zugang neuer Anbieter zu den liberalisierten Telekommunikationsmärkten. Die Beeinträchtigung der Wettbewerbsfreiheit neuer Anbieter durch den ehemaligen Monopolisten wird durch die rechtliche Netzzugangsregulierung vermeidet.

---

*Stern*, Das Staatsrecht der Bundesrepublik Deutschland, Bd. III/2, 1994, § 84 III 10.

[63] Vgl. *F. Schoch*, Öffentlich-rechtliche Rahmenbedingungen einer Informationsordnung, VVDStRL 57 (1998), S. 158 (206 f.).

[64] Vgl. *R. Scholz* (Fn. 31), Entflechtung und Verfassung, S. 96 ff.; *J. Isensee*, Das Dilemma der Freiheit im Grundrechtsstaat. Grundrechte zwischen Privatwillkür und Gemeinwohlerwartung, in: Kästner/Nörr/Schlaich (Hrsg.), Festschrift für Martin Heckel zum 70. Geburtstag, 1999, S. 739 (759).

[65] So auch *W. Kluth* (Fn. 29), S. 199.

[66] Zum Verhältnis zwischen der grundrechtlichen Schutzpflicht und gesellschaftlicher Selbstregulierung vgl. *M. Schmidt-Preuß*, Verwaltung und Verwaltungsrecht zwischen gesellschaftlicher Selbstregulierung und staatlicher Steuerung, VVDStRL 56 (1997), S. 160 (172 ff).

### e) Zwischenergebnis

Insgesamt ist somit festzuhalten, dass die staatliche Handlungspflicht zur wirtschaftlichen Wettbewerbsförderung den grundrechtlichen Schutzpflichten des Staates entnommen wird. Aus dem objektiv-rechtlichen Gehalt der in Art. 12 Abs. 1 GG, ggf. in Art. 2 Abs. 1 GG, geschützten Wettbewerbsfreiheit resultiert die Handlungspflicht des Staates zur Schaffung rechtlicher Rahmenbedingungen für einen chancengleichen und funktionsfähigen Wettbewerb, um Grundrechtsträgern vor Beeinträchtigungen anderer privater Konkurrenten zu schützen. Die wettbewerbsfördernden Netzzugangsregelungen der §§ 33 ff. TKG stellt letztlich eine Umsetzung der grundrechtlichen Schutzpflicht des Staates aus der Wettbewerbsfreiheit dar.

## 3. Art. 74 Abs. 1 Nr. 16 GG

Für die staatliche Wettbewerbsförderung ist auch die Kompetenznorm des Art. 74 Abs. 1 Nr. 16 GG von Bedeutung. Diese Vorschrift verleiht dem Bund die konkurrierende Gesetzgebungskompetenz zur Verhütung des Missbrauchs wirtschaftlicher Machtstellung, um das Ziel der „Erhaltung eines funktionsfähigen Wettbewerbs" zu erreichen[67]. Danach ist nicht das Entstehen wirtschaftlicher Machtstellung *als solches*, sondern erst ihr „Missbrauch" zu verhüten[68]. Der Missbrauch wirtschaftlicher Machtstellung wird dadurch gekennzeichnet, dass der Gebrauch der Überlegenheit eines wirtschaftlichen Unternehmens in einem Markt vom normalen, von der Rechtsordnung gebilligten Gebrauch abweicht und somit den funktionierenden Wettbewerb beeinträchtigt[69]. Dazu zählen beispielsweise die Illegitimität des Zwecks, der Mittel-Zweck-Verbindung oder der Wirkung. Allerdings wird der Maßstab für die Unterscheidung zwischen legalem Gebrauch und illegalem Missbrauch von Art. 76 Abs. 1 Nr. 16 GG selbst nicht beantwortet, sondern er überlässt es als „Wertbeurteilung" dem einfachen Gesetzgeber.

---

[67] BGHZ 76, 55 (64); siehe auch *Th. Maunz*, in: ders./Dürig, GG, Kommentar, Art. 70, Rn. 26, der in diesem Zusammenhang auch darauf hinweist: „Aus Art. 74 Nr. 16 GG kann geschlossen werden, dass das Grundgesetz den Missbrauch wirtschaftlicher Machtstellung bekämpfen und dem Bundesgesetzgeber die Aufgabe dafür zuweisen will, den Begriff der wirtschaftlichen Machtstellung und ihres Missbrauchs näher zu bestimmen".

[68] Vgl. *Th. Maunz* (Fn. 67), Art. 74, Rn. 192 (Stand: 1984); *S. Oeter*, in: v. Mangoldt/Klein/Starck, Bonner Grundgesetz, Bd. 2, 4. Aufl., 2000, Art. 74, Rn. 143 ff.; *R. Sannwald*, in: Schmidt-Bleibtreu/Klein, GG, 9. Aufl., 1999, Art. 74, Rn. 145; *B. Pieroth*, in: Jarass/ders., GG, 5. Aufl., 2000, Art. 74, Rn. 35; a.A. vgl. *P. Kunig*, in: v. Münch/ders. (Hrsg.), GG, Bd. 3, 3. Aufl., 1996, Art. 74, Rn. 74; *R. Stettner*, in: Dreier (Hrsg.), Grundgesetz, Kommentar, Bd. II, 1998, Art. 74, Rn. 76.

[69] Vgl. *Th. Maunz* (Fn. 67), Art. 74, Rn. 192; *S. Oeter* (Fn. 68), Art. 74, Rn. 143.

### *a) Der konkurrentennützige Netzzugang als Mittel zur Verhütung des Missbrauchs wirtschaftlicher Machtstellung*

Die Mittel zur Verhütung des Missbrauchs wirtschaftlicher Machtstellung sind umfassend. Neben den allgemein anerkannten Kartellverboten, Fusionskontrollen und Entflechtungen[70] fällt die Rechtsfigur des konkurrentennützigen Netzzugangs auch in die in Art. 74 Abs. 1 Nr. 16 GG zugewiesene Materie. Ein Beispiel dafür ist die Einführung des § 19 Abs. 4 Nr. 4 GWB. Denn die Pflicht zur Gewährung des Netzzugangs dient gerade unmittelbar der Vorbeugung des Missbrauchs wirtschaftlicher Machtstellung innerhalb der netzgebundenen Branchen. Durch die gesetzliche Festlegung der Verpflichtung marktbeherrschender Unternehmen, Wettbewerbern Zugang zur eigenen Netzinfrastruktur zu gewähren, wird versucht, den Missbrauch einer marktbeherrschenden Stellung auf einem netzgebundenen Markt vorzubeugen und schließlich einen chancengleichen und funktionsfähigen Wettbewerb herzustellen und zu sichern.

Auch die Gesetzgebungskompetenz des Bundes zu *sektorspezifischen* Netzzugangsregelungen, etwa §§ 33 ff. TKG, §§ 28 und 29 PostG, § 14 AEG und § 6 EnWG, kann aus Art. 74 Abs. 1 Nr. 16 GG abgeleitet werden. *P. J. Tettinger* führt in Bezug auf das Verhältnis zwischen Art. 74 Abs. 1 Nr. 16 GG und dem EnWG deutlich aus: „Es ist unerheblich, ob entsprechende Vorschriften in ein Gesetz gegen Wettbewerbsbeschränkungen inkorporiert oder ob sie in ein auf einen einzelnen Wirtschaftszweig bezogenes Spezialgesetz wie etwa das EnWG eingefügt sind. Maßgebliches Kriterium kann nicht eine gesetzgebungstechnische Placierung, sondern nur der sachliche Gehalt einer Regelung sein."[71]

### *b) Materielle Verfassungsaussage für die staatliche Wettbewerbsförderung aus Art. 74 Abs. 1 Nr. 16 GG*

Fraglich ist, ob aus Art. 74 Abs. 1 Nr. 16 GG ein materieller Gehalt für die Sicherung und Förderung eines funktionierenden Wettbewerbs hergeleitet werden kann. Diese Fragestellung greift auf ein allgemeines Thema des Staatsrechts zurück. Es geht hierbei um die Frage nach der Bedeutung der verfassungsrechtlichen Kompetenznormen[72].

Nach allgemeiner Auffassung zielen die Gesetzgebungstitel in Art. 70 ff. GG in erster Linie darauf ab, die Gesetzgebungszuständigkeiten zwischen Bund und

---

[70] *Chr. Degenhart*, in: Sachs (Hrsg.), GG, 2. Aufl., 1999, Art. 74, Rn. 59, der zu Recht darauf hinweist, dass die *präventive* Begrenzung wirtschaftlicher Macht auch von Art. 74 Abs. 1 Nr. 16 GG erfasst wird.

[71] *P. J. Tettinger*, Energierecht – nunmehr ein Anhängsel zum Wettbewerbsrecht?, RdE 2001, S. 41.

[72] Dazu allgemein *R. Stettner*, Grundfragen einer Kompetenzlehre, 1983; *H.-W. Rengeling*, Gesetzgebungszuständigkeit, in: Isensee/Kirchhof (Hrsg.), HdbStR IV, 1990, § 100; *H. Ehmke*, Prinzipien der Verfassungsinterpretation, VVDStRL 20 (1963), S. 53 (90).

Ländern zu verteilen und abzugrenzen[73]. Im Hinblick auf diesen reinen Abgrenzungscharakter enthalten die von Kompetenznormen umfassten Gegenstände grundsätzlich keinen materiellrechtlichen Gehalt[74]. Gleichwohl sind in der Rechtsprechung des BVerfG Ausnahmefälle anerkannt[75]. Insbesondere im sog. Mülheim-Kärlich-Beschluss vom 20. 12. 1979 ging das BVerfG davon aus, dass „die Verfassung selbst die *Nutzung der Kernenergie zu friedlichen Zwecken* durch die Kompetenzvorschrift des Art 74 Nr. 11a GG im Grundsatz als zulässig gebilligt hat“[76]. Aus Kompetenzvorschriften der Verfassung folge eine grundsätzliche Anerkennung und Billigung des darin behandelten Gegenstandes durch die Verfassung selbst[77].

Dieser Auffassung des BVerfG ist nur unter dem restriktiven Aspekt zu folgen[78]. Die materiellrechtliche Legitimationsfunktion der Kompetenznormen darf nicht verallgemeinert werden. Ob ein materieller Gehalt aus Kompetenznormen in Art. 70 ff. GG entnommen werden kann, hängt vielmehr von dem darin behandelten Gegenstand ab.

Trotz der restriktiven Betrachtungsweise wird nach verbreiteter Auffassung bejaht, dass die Kompetenznorm des Art. 74 Abs. 1 Nr. 16 GG eine materielle Aussage trifft[79]. Daraus ergibt sich, dass die Verhütung des Missbrauchs wirtschaftlicher Machtstellung des Art. 74 Abs. 1 Nr. 16 GG als Staatsaufgabe den staatlichen Einfluss auf das wirtschaftliche Geschehen legitimieren kann, soweit dieser der Wahrung oder Förderung eines funktionsfähigen Wettbewerbs dient[80].

---

[73] Vgl. *K. Stern*, Das Staatsrecht der Bundesrepublik Deutschland, Bd. II, 1980, § 37 II.

[74] *Th. Maunz* (Fn. 67), Art. 73, Rn. 7; *Chr. Degenhart* (Fn. 70), Art. 70, Rn. 61; *J. Basedow*, Von der deutschen zur europäischen Wirtschaftsverfassung, 1992, S. 58 f.; *W. Weiß*, Öffentliche Monopole, kommunaler Anschluß- und Benutzungszwang und Art. 12 GG, VerwArch. 1999, S. 415 (418).

[75] BVerfGE 12, 45 (50); 69, 1 (21) – Wehrpflicht aus Art. 73 Nr. 1 GG; BVerfGE 53, 30 (56) – Kernenergienutzung aus Art. 74 Abs. 1 Nr. 11a GG.

[76] BVerfGE 53, 30 (56).

[77] BVerfGE 53, 30 (56).

[78] In diese Richtung auch *Th. Maunz* (Fn. 67), Art. 73, Rn. 7; *Chr. Degenhart* (Fn. 70), Art. 70, Rn. 60; weitgehend *L. Osterloh*, Privatisierung von Verwaltungsaufgaben, VVDStRL 54 (1995), S. 204 (222), Fn. 66; *M. Burgi*, Funktionale Privatisierung und Verwaltungshilfe, Staatsaufgabendogmatik – Phänomenologie – Verfassungsrecht, 1999, S. 30; *H. P. Bull*, Die Staatsaufgaben nach dem Grundgesetz, 2. Aufl., 1977, S. 154; *W. Köck*, Risikovorsorge als Staatsaufgabe, AöR 121 (1996), 1 (14); zur Zweck-Mittel-Beziehung zwischen Aufgabe und Kompetenz vgl. *R. Stettner* (Fn. 72), S. 159 ff.

[79] So ausdrücklich *Chr. Degenhart* (Fn. 70), Art. 74, Rn. 59; *U. Scheuner*, Die staatliche Intervention im Bereich der Wirtschaft, VVDStRL 11 (1954), S. 1 (22 f.); *P. Badura*, Arten der Verfassungsrechtssätze, in: Isensee/Kirchhof (Hrsg.), HdbStR VII, 1992, § 159, Rn. 17; *H.-U. Denner*, Die Verhütung des Missbrauchs wirtschaftlicher Machtstellung. Zum materiellen Gehalt verfassungsrechtlicher Gesetzgebungszuständigkeiten, dargestellt am Beispiel von Art. 74 Nr. 16 GG, 1976, insbes. S. 44 ff.; 69 ff., der Art. 74 Abs. 1 Nr. 16 GG als „unbedingter, impliziter Verfassungsbefehl“ ansieht.

[80] Vgl. *Chr. Pestalozza*, in: v. Mangoldt/Klein/Pestalozza, Das Bonner Grundgesetz, Bd. 8, 3.

Insgesamt ist festzuhalten, dass aus dem materiellen Gehalt des Art. 74 Abs. 1 Nr. 16 GG sich eine verfassungsrechtliche materielle Legitimationsgrundlage für die staatliche Förderung eines funktionierenden Wettbewerbs in der Privatwirtschaft ergibt[81].

### 4. Die Wirtschaftsverfassung des Grundgesetzes

Schließlich könnte einer „Wirtschaftsverfassung des Grundgesetzes", wenn sie im Sinne einer Gesamtheit von wirtschaftsrelevanten Aussagen im Grundgesetz zu verstehen wäre, auch eine erhebliche Bedeutung für das Verhältnis des Staates zur Wirtschaft, namentlich für die staatliche Sicherung der Wettbewerbsordnung, zukommen.

#### a) Der Streit um die Wirtschaftsordnung des Grundgesetzes

Die Frage nach der grundgesetzlichen Entscheidung für ein bestimmtes Wirtschaftssystem wird seit Jahrzehnten kontrovers diskutiert[82]. Während im Schrifttum teilweise die Ansicht vertreten wird, das Grundgesetz enthalte eine wirtschaftspolitische Entscheidung für die soziale Marktwirtschaft, die als Institution verfassungsrechtlich gewährleistet werde[83], hat das BVerfG im Anschluss an die Auffassung *H. Krügers*[84] bereits im sog. Investitionshilfe-Urteil vom 20. Juli 1954 deutlich festgestellt, dass sich der Verfassungsgeber nicht ausdrücklich für ein bestimmtes Wirtschaftssystem entschieden habe. Dies ermögliche dem Gesetzgeber die ihm jeweils sachgemäß erscheinende Wirtschaftspolitik zu verfolgen, sofern er dabei das Grundgesetz beachte. Die gegenwärtige Wirtschafts- und Sozialordnung sei zwar eine nach dem Grundgesetz mögliche Ordnung,

---

Aufl., 1996, Art. 74, Rn. 1090; *R. Stettner* (Fn. 72), S. 61 f., der in diesem Zusammenhang sogar von einem „Auftragsverständnis" der verfassungsrechtlichen Kompetenznormen spricht.

[81] In diese Richtung auch *H.-J. Papier* (Fn. 12), S. 25, der hinsichtlich der grundrechtlichen Eingriffsrechtfertigung der energiewirtschaftsrechtlichen Durchleitung feststellt, dass das gesetzgeberische Ziel der Herstellung, Sicherung oder Beförderung der für die Verkehrswirtschaft notwendigen Grundbedingungen eines freien Wettbewerbsprozesses, wenn nicht gar ein Gebot des Verfassungsrechts, so doch mindestens ein *verfassungslegitimer* (Rechtfertigungs-)Grund für die Einwirkung in bestehende Eigentumspositionen darstelle. Zum Beitrag von materiell-rechtlichen Gehalten der Kompetenznormen zum Legitimationsargument der staatlichen Tätigkeit vgl. *H. Ehmke* (Fn. 72), S. 89 f.

[82] Zu Typen der Wirtschaftsordnung allgemein vgl. *E. R. Huber*, Wirtschaftsverwaltungsrecht, Bd. I, 2. Aufl., 1953, § 4.

[83] Statt vieler *H. C. Nipperdey*, Soziale Marktwirtschaft und Grundgesetz, 3. Aufl., 1965, S. 19, 21 ff.; aus jüngster Zeit siehe auch *H. H. Rupp*, Die soziale Marktwirtschaft in ihrer Verfassungsbedeutung, in: Isensee/Kirchhof (Hrsg.), HdbStR IX, 1997, § 203, S. 129 ff.; *H. Sodan* (Fn. 43), S. 366 f.

[84] Siehe *H. Krüger*, Staatsverfassung und Wirtschaftsverfassung, DVBl. 1951, S. 361 ff.; *ders.*, Wirtschaftsverfassung, Wirtschaftsverwaltung, Rechtsstaat, BB 1953, S. 565.

keineswegs aber die allein mögliche. Sie beruhe auf einer vom Willen des Gesetzgebers getragenen wirtschafts- und sozialpolitischen Entscheidung, die durch eine andere Entscheidung ersetzt oder durchbrochen werden könne[85]. Diese in ständiger Rechtsprechung des Bundesverfassungsgerichts zum Ausdruck kommende These von der „wirtschaftspolitischen Neutralität" wird heute vom ganz überwiegenden Teil des Schrifttums unterstützt[86], auch wenn sich die verfassungsrechtliche und politische Lage im Laufe der Zeit in gewissem Maße verändert hat[87].

Trotz der wirtschaftspolitischen Neutralität des Grundgesetzes ist die „Soziale Marktwirtschaft" *in der Sache* verfassungsgerecht und ferner verfassungsrechtlich notwendig[88]. Diese Konsequenz wird aus einer „Gesamtschau" der einzelnen Vorgaben des Grundgesetzes gezogen.

Auf der einen Seite garantiert das Grundgesetz wirtschaftliche Freiheitsrechte des Einzelnen. Im Vordergrund stehen die Berufsfreiheit des Art. 12 Abs. 1 GG, die Eigentumsgarantie des Art. 14 Abs. 1 GG und die allgemeine Handlungsfreiheit des Art. 2 Abs. 1 GG. Die Privatautonomie, Vertragsfreiheit, Eigenverantwortlichkeit privater Wirtschaftssubjekte, Wettbewerbsfreiheit und Gewinnerzielung, die als Kernelemente der Markwirtschaft bezeichnet werden, fallen gerade in die Schutzbereiche dieser wirtschaftlich relevanten Grundrechte[89]. Unter diesem Gesichtspunkt wird die der Marktwirtschaft entgegenstehende Zentralwirtschaft, die auf der Ablehnung der individuell wirtschaftlichen Freiheit beruht, jedenfalls von Grundgesetzes wegen ausgeschlossen.

Auf der anderen Seite umfasst das Grundgesetz eine Vielzahl von Staatszielbestimmungen, die als Verfassungsnormen mit rechtlich bindender Wirkung für alle Staatsgewalten gelten[90]. Dies hat zur Folge, dass der Gesetzgeber bei der Erfüllung seiner wirtschafts- und sozialpolitischen Gestaltungsfreiheit ver-

---

[85] BVerfGE 4, 7 (17 f.); vgl. ferner BVerfGE 7, 377 (400); 14, 263 (275); 21, 73 (78); 25, 1 (19 f.); 30, 292 (315); 50, 290 (338); 57, 139 (167).

[86] Vgl. *R. Scholz* (Fn. 31), Art. 12, Rn. 77; *M. Gubelt* (Fn. 33), Art. 12, Rn. 3; *H. D. Jarass*, Wirtschaftsverwaltungsrecht mit Wirtschaftsverfassungsrecht, 3. Aufl., 1997, S. 19 f.

[87] Zu verschiedenen Streitphasen vgl. *P. J. Tettinger*, Neuer Streit um die „Wirtschaftsverfassung"?, BB 1977, S. 1617 ff.; *ders.*, Öffentliche Wirtschaft in den neuen Bundesländern. Im Einigungsprozess formulierte Vorgaben und ihre Umsetzung, BB 1992, S. 2 ff.; im Hinblick auf den deutschen Staatsvertrag vgl. *M. Schmidt-Preuß*, Soziale Marktwirtschaft und Grundgesetz vor dem Hintergrund des Staatsvertrages zur Währungs-, Wirtschafts- und Sozialunion, DVBl. 1993, S. 236 ff.; *H. H. Rupp* (Fn. 83), § 203.

[88] So *R. Herzog*, in: Maunz/Dürig, GG-Kommentar, Art. 20, VIII, Rn. 60 f.

[89] So auch *M. Schmidt-Preuß* (Fn. 87), S. 239 ff; a. A. vgl. *R. Scholz* (Fn. 31), Art. 12, Rn. 137, der die Auffassung vertritt, der Schutz der Wettbewerbsfreiheit durch Art. 12 und 14 GG impliziere keine wirtschaftsverfassungsrechtliche Ordnungsentscheidung zugunsten eines marktwirtschaftlichen Modells; die grundgesetzliche Wirtschaftsverfassung sei auch insoweit offen oder neutral.

[90] Vgl. *H. Maurer*, Staatsrecht, 1999, § 6, Rn. 9 ff.; zur Entwicklungsgeschichte der Staatsziele vgl. *K.-P. Sommermann*, Staatsziele und Staatszielbestimmungen, 1997, S. 8 ff.

pflichtet ist, für soziale Gerechtigkeit und Sicherheit zu sorgen (Art. 20 Abs. 1 GG), die natürlichen Lebensgrundlagen zu schützen (Art. 20a GG) sowie den Erfordernissen des gesamtwirtschaftlichen Gleichgewichts (Art. 109 Abs. 2 GG) Rechnung zu tragen[91].

Nach alledem ist festzustellen, dass die Wirtschaftsordnung des Grundgesetzes sowohl die *privatwirtschaftliche* Dimension als auch die *soziale* Dimension enthält. Letztere beschränkt einerseits die Ausübung der Grundrechtsfreiheiten des Bürgers und begründet andererseits die staatliche Einwirkung auf die Wirtschaft. Aus dieser Gesamtbetrachtung der Verfassungsbestimmungen ergibt sich, dass lediglich eine „relative" Offenheit der Wirtschaftspolitik im Grundgesetz vorliegt[92].

### b) Der Einfluss der europäischen Wirtschaftsverfassung

Die Frage nach der grundgesetzlichen Wirtschaftsverfassung gewann in jüngerer Zeit im Zuge der europäischen Integration wiederum an Aktualität. Anders als das Grundgesetz, enthält das Europäische Gemeinschaftsrecht eine „Systementscheidung" über die Wirtschaftsverfassung[93]. In Art. 4 Abs. 1, 98 und 105 Abs. 1 EGV wird der Grundsatz einer „offenen Marktwirtschaft mit freiem Wettbewerb" als europäische Wirtschaftspolitik ausdrücklich festgelegt, der ferner durch die Grundfreiheiten und Wettbewerbsregeln des EGV konkretisiert und ergänzt wird.

Die gemeinschaftsrechtliche Wirtschaftsverfassung hat auf Grund des Vorrangs des Europarechts vor nationalem Recht[94] unmittelbar verbindliche Folgen für die Wirtschaftsordnung der Mitgliedstaaten[95]. Zwar ist die Gestaltung der nationalen Wirtschaftspolitik nach wie vor Sache der Mitgliedstaaten. Aber nach Art. 98 EGV richten die Mitgliedstaaten ihre Wirtschaftspolitik so aus, dass sie im Rahmen der in Art. 99 Abs. 2 EGV genannten Grundzüge zur Verwirklichung der

---

[91] Im einzelnen vgl. *K.-P. Sommermann* (Fn. 90).

[92] *R. Schmidt*, Staatliche Verantwortung für die Wirtschaft, in: Isensee/Kirchhof (Hrsg.), HdbStR III, 1988, § 83, Rn. 23; *R. Herzog* (Fn. 88), Rn. 60; in diese Richtung auch BVerfGE 50, 290 (338): „Allerdings darf die Berücksichtigung der Gestaltungsfreiheit des Gesetzgebers (...) namentlich nicht zu einer Verkürzung der in den Einzelgrundrechten garantierten individuellen Freiheiten".

[93] *J. Basedow* (Fn. 74), S. 26 ff.; *P. Badura*, Staatsziele und Garantien der Wirtschaftsverfassung in Deutschland und Europa, in: Festschrift für Klaus Stern zum 65. Geburtstag, 1997, S. 409 (410); *ders.*, Das öffentliche Unternehmen im europäischen Binnenmarkt, ZGR 1997, S. 291 (293 ff.); zurückhaltend *D. Ehlers* (Fn. 7), S. 24.

[94] Siehe EuGH, Slg. 1964, 1251 (1269 ff.); Slg. 1970, 1125 Tz. 3; Slg. 1978, 629 Tz. 17 f.; Slg. 1990, 2433 Tz. 18; BVerfGE 31, 145 (174); 75, 223 (242 ff.); zu Grenzen der Übertragung von Hoheitsrechten vgl. BVerfGE 73, 339 (375); 75, 223 (244); 85, 191 (204).

[95] Vgl. *M. Schmidt-Preuß* (Fn. 87), S. 244, der in diesem Zusammenhang feststellt, dass der Begriff der Wirtschaftsverfassung notwendig zu modifizieren sei. Wirtschaftsverfassung sei damit die Summe der wirtschaftsrelevanten Normen mit Verfassungsrang und der einschlägigen Bestimmungen des primären Gemeinschaftsrechts.

Ziele der Gemeinschaft im Sinne des Artikels 2 beitragen. Im Anschluss daran sieht Art. 98 EGV ferner im Satz 2 vor, dass die Mitgliedstaaten und die Gemeinschaft im Einklang mit dem Grundsatz einer offenen Marktwirtschaft mit freiem Wettbewerb handeln. Daraus ergibt sich, dass statt des Leitprinzips der wirtschaftspolitischen Neutralität sich die Marktwirtschaft, der die Wirtschaftsfreiheit und der unverfälschte und lautere Wettbewerb zugrunde liegt, als „gemeinschaftsrechtskonformes" Wirtschaftssystem der Bundesrepublik Deutschland erweist[96]. *H. Sodan* zieht sogar den Schluss, dass spätestens seit dem in Maastricht 1992 unterzeichneten Vertrag über die Europäische Union die These von der „wirtschaftspolitischen Neutralität" des Grundgesetzes vollends *überholt* sei[97]. Danach wird der einfache Gesetzgeber aufgefordert, bei der Wahrnehmung seiner wirtschaftspolitischen Gestaltungsfreiheit sich an der Gewährleistung wirtschaftlicher Freiheitsrechte des Einzelnen und des unverfälschten Wettbewerbs zu orientieren.

Im Ergebnis kann festgestellt werden, dass die seit Jahrzehnten in der deutschen Staatsrechtslehre beherrschende These von der wirtschaftspolitischen Neutralität des Grundgesetzes durch die europäische Wirtschaftsverfassung modifiziert wurde. Die Soziale Marktwirtschaft als Verklammerung der grundgesetzlichen und europäischen Wirtschaftsverfassungen stellt nach der gegenwärtigen Rechtslage ein verfassungsgerechtes und gemeinschaftsrechtskonformes Wirtschaftssystem der Bundesrepublik Deutschland dar, das vom Gesetzgeber bei der Gestaltung von Wirtschafts- und Wettbewerbspolitiken zu berücksichtigen ist[98].

### *c) Funktionierender Wettbewerb als Element der sozialen Marktwirtschaft*

Das Grundprinzip der bestehenden Wirtschaftsverfassung besteht, wie das BVerfG deutlich ausgeführt hat, im grundsätzlich freien Wettbewerb der als An-

---

[96] Vgl. *P. Badura*, Staatsziele und Garantien der Wirtschaftsverfassung (Fn. 93), S. 411 ff.; *G. Manssen*, in: v. Mangoldt/Klein/Starck, Bonner Grundgesetz, Bd. 1, 4. Aufl., 1999, Art. 12, Rn. 30; zur Empfehlung einer Verfassungsergänzung in Art. 109 Abs. 2 S. 2 GG vgl. *M. Schmidt-Preuß* (Fn. 87), S. 247: „Die wirtschafts- und finanzpolitischen Maßnahmen müssen mit den Prinzipien der Sozialen Marktwirtschaft in Einklang stehen."

[97] *H. Sodan* (Fn. 43), S. 367.

[98] Auf Landesebene wurde die Wirtschaftsordnung der sozialen Marktwirtschaft mittlerweile normativ umgesetzt. Vgl. Art. 51 rh.-pf. LV: „Die soziale Marktwirtschaft ist die Grundlage der Wirtschaftsordnung. Sie trägt zur Sicherung und Verbesserung der Lebens- und Beschäftigungsbedingungen der Menschen bei, indem sie wirtschaftliche Freiheiten mit sozialem Ausgleich, sozialer Absicherung und dem Schutz der Umwelt verbindet. In diesem Rahmen ist auf eine ausgewogene Unternehmensstruktur hinzuwirken." Siehe auch Art. 42 Abs. 2 bbg. LV: „Das Wirtschaftsleben gestaltet sich nach den Grundsätzen einer sozial gerechten und dem Schutz der natürlichen Umwelt verpflichteten marktwirtschaftlichen Ordnung. Der Mißbrauch wirtschaftlicher Macht ist unzulässig und zu verhindern."

bieter und Nachfolger auf dem Markt auftretenden Unternehmer[99]. In diesem Sinne bedeutet die Marktwirtschaft eine Wettbewerbswirtschaft, in der sich die Produktion und Verteilung der Güter durch in Wettbewerb stehende private Wirtschaftssubjekte vollziehen.

Wettbewerb im Sinne der sozialen Marktwirtschaft bedeutet freilich nicht Wettbewerb *in beliebiger Art*, sondern ist als „funktionierender" Wettbewerb zu verstehen[100]. Der funktionierende und wirksame Wettbewerb wird dadurch gekennzeichnet, dass das freie Spiel wirtschaftlicher Kräfte auf dem jeweiligen Markt nicht durch unlauteres Verhalten, wie z.B. die missbräuchliche Ausnutzung monopolistischer oder oligopolistischer Marktstellung und Kartellabsprachen, verfälscht oder verhindert wird[101]. Das „Soziale" der sozialen Marktwirtschaft erschöpft sich nicht in der Sozialstaatsklausel des Art. 20 Abs. 1 i.V.m. Art. 28 Abs. 1 GG. Dies gilt, wie *H. H. Rupp* zu Recht betont, vielmehr auch für die Konstellation, in der „Markt und Wettbewerb nicht oder nur zu unerträglichen Bedingungen funktionieren"[102]. Der Staat wird in diesem Fall zur Intervention aufgefordert und hat die Korrekturmaßnahmen selbst in die Hand zu nehmen. Unter diesem Aspekt kann die Sicherstellung eines chancengleichen und funktionsfähigen Wettbewerbs als „Staatsaufgabe in der sozialen Marktwirtschaftsordnung" bezeichnet werden.

Dieses Verständnis für den marktwirtschaftlichen Wettbewerb entspricht auch den gemeinschaftsrechtlichen Anforderungen an Wettbewerb. Wettbewerb im Sinne des EGV wird nicht als beliebiger, sondern als „unverfälschter" Wettbewerb verstanden. Nach Art. 81 und 82 EGV werden das Kartell und der Missbrauch einer marktbeherrschenden Stellung als Verhaltensweisen bezeichnet, die mit dem Gemeinsamen Markt unvereinbar und verboten sind.

### *d) Wettbewerbspolitischer Rahmen im Lichte der sozialen Marktwirtschaft*

Die Sicherung funktionierenden Wettbewerbs als wesentliches Element der sozialen Marktwirtschaft bildet zugleich einen verfassungsrechtlichen Rahmen für die Gestaltung der Wirtschafts- und Wettbewerbspolitik. Der Gesetzgeber ist daher verpflichtet, bei der Gestaltung der Wirtschaftspolitik für den funktionierenden Wettbewerb zu sorgen, Marktkräfte auszugleichen und marktbeherrschende Stellungen zu kontrollieren oder zu verhindern[103].

---

[99] BVerfGE 32, 311 (317).

[100] *H.-J. Papier*, Grundgesetz und Wirtschaftsordnung, in: Benda/Maihofer/Vogel (Hrsg.), Handbuch des Verfassungsrechts, 2. Aufl., 1995, Bd. 1, § 18, Rn. 8.

[101] Vgl. *P. Badura*, Wirtschaftsverwaltungsrecht, in: Schmidt-Aßmann (Hrsg.), Besonderes Verwaltungsrecht, 11. Aufl., 1999, 3. Abschnitt, Rn. 7.

[102] *H. H. Rupp* (Fn. 83), Rn. 27.

[103] *H. F. Zacher*, Das soziale Staatsziel, in: HdbStR I, 1987, § 25, Rn. 52; offengelassen siehe BVerfGE 14, 19 (23); in Bezug auf die Mittelstandsförderung vgl. *U. Krüdewagen*, Mittel-

Für die Wettbewerbssicherung und -förderung werden dem Gesetzgeber jedoch breite instrumentale Gestaltungsspielräume eingeräumt. In Betracht kommen zunächst die allgemeine Kartellgesetzgebung[104] und Wirtschaftsaufsicht, die sich auf die nachträgliche Korrektur der Tätigkeit privater Wirtschaftssubjekte bezieht. Darüber hinaus kann die besondere Wettbewerbsregulierung aber auch eingesetzt werden, wenn eine ungleiche Marktmacht zielgemäß modifiziert oder günstige Wettbewerbsmöglichkeiten für neue, am Markt eintretende Wettbewerber hergestellt werden sollen[105]. Dieses gilt besonders für solche Märkte, die vor kurzem durch den Abbau von Monopolen geöffnet wurden und wo der ehemalige Monopolist in unabsehbarer Zeit noch über einen überwiegenden Marktanteil verfügen wird. Musterbeispiel dafür ist der deutsche Telekommunikationsmarkt, der erst seit Anfang 1998 vollständig liberalisiert worden ist. Angesichts dieser Marktsituation reicht die allgemeine, auf die nachträgliche Korrektur bezogene Wettbewerbsaufsicht offensichtlich nicht aus, um die staatliche Verantwortung für die Sicherung des Wettbewerbs wahrzunehmen. Vielmehr ist der Gesetzgeber ferner verpflichtet, einen chancengleichen und funktionsfähigen Wettbewerb auf den Telekommunikationsmärkten „herzustellen“. Die Wettbewerbsförderung durch die Netzzugangsgewährungsverpflichtung marktbeherrschender Telekommunikationsunternehmen ist folglich Ausdruck der Wettbewerbspolitik im Wirtschaftssystem der sozialen Marktwirtschaft.

Die instrumentale Entscheidung des Gesetzgebers für die Sicherung funktionierenden Wettbewerbs hängt im Wesentlichen von der Marktsituation ab. Soweit der Wettbewerb auf den Telekommunikationsmärkten zukünftig funktioniert, muss sich der Staat dann aus seiner Förderungsverantwortung zurückziehen und privaten Wirtschaftssubjekten mehr Eigenverantwortlichkeit und Autonomie zukommen lassen. Denn diese beiden Faktoren stellen gerade das Wesen der Marktwirtschaft dar. Unter diesem Aspekt enthalten die sektorspezifischen Netzzugangsregelungen den Charakter von „Übergangsbestimmungen“.

Zu beachten ist jedoch, dass der Wegfall des sektorspezifischen Mitbenutzungsrechts Dritter auf fremde Netzinfrastruktur nicht als Rückzug des Staates aus der Verantwortung für die Sicherstellung des Wettbewerbs, sondern als „Veränderung der Gewährleistungsmittel“ zu verstehen ist. Die Zielsetzung der Sicherung des Wettbewerbs dauert angesichts des Wirtschaftssystems des Grundgesetzes an und damit liegt die Pflicht des Staates, für das Funktionieren des Wettbewerbs zu sorgen, ständig vor. Die *allgemeine* Wettbewerbsaufsicht als minimale Garantie des Wettbewerbs bleibt nach wie vor erforderlich.

---

standsförderung auf EG-, Bundes- und Landesebene, GewArch 1999, S. 235 (236), der ablehnt, dass aus dem Gesichtspunkt der Wirtschaftsverfassung des Grundgesetzes eigenständige Folgerungen für die verfassungsrechtliche Zulässigkeit der Mittelstandsförderung gezogen wird.

[104] Vgl. BVerfGE 32, 311 (317 ff.).

[105] Vgl. *R. Breuer* (Fn. 35), Rn. 31.

*e) Zwischenergebnis*

Die verfassungsrechtliche Legitimationsgrundlage für die staatliche Wettbewerbsförderung kann auch von der Wirtschaftsverfassung des Grundgesetzes, die gemeinschaftsrechtskonform eine wirtschaftspolitische Entscheidung für die soziale Marktwirtschaft enthält, abgeleitet werden.

*5. Fazit*

Die Überprüfung der verfassungsrechtlichen Vorgaben in Bezug auf die staatliche Wettbewerbsförderung ergibt, dass die staatliche Förderung eines chancengleichen und funktionsfähigen Wettbewerbs in der Privatwirtschaft durch die staatliche Schutzpflicht aus der grundrechtlich geschützten Wettbewerbsfreiheit, den materiellen Gehalt der Kompetenznorm des Art. 74 Abs. 1 Nr. 16 GG und die Wirtschaftsverfassung des Grundgesetzes legitimiert wird. Art. 87f Abs. 1 S. 1 GG als Marktöffnungsklausel führt dagegen noch nicht dazu, einen Verfassungsauftrag zur „Förderung" funktionierenden Wettbewerbs im deutschen Telekommunikationsmarkt zu begründen.

## V. Zusammenfassung

Die Netzzugangsregulierung in §§ 33 ff. TKG als Hoheitsaufgabe ist an das gemeinwohlbezogene Ziel gebunden. Die Förderung des gleichen und funktionsfähigen Wettbewerbs als Ziel der Netzzugangsregulierung findet nicht nur in § 2 Abs. 2 Nr. 2 TKG ihre Rechtsgrundlage, sondern lässt sich über diese einfachgesetzliche Grundlage hinaus auch durch die Verfassung legitimieren. Die staatliche Wettbewerbsförderung ist zwar in der Anfangsphase der Marktöffnung für die Entstehung einer fairen Wettbewerbsordnung besonders relevant. Aber sie erschöpft sich nicht darin. Der chancengleiche und funktionsfähige Wettbewerb als „verfassungslegitimer Gemeinwohlbelang" ist allgemein und auf Dauer herzustellen und ggf. zu fördern, sofern der privatwirtschaftliche Wettbewerb zwischen Konkurrenten noch nicht oder nicht mehr funktioniert.

# § 7 Verfassungsrechtliche Grenzen der staatlichen Netzzugangsregulierung

Die staatliche Netzzugangsregulierung wird durch die Inpflichtnahme des marktbeherrschenden Netzbetreibers zugunsten neuer Konkurrenten durchgesetzt. Auf diese Weise beeinträchtigt sie die Ausübung der grundrechtlichen „Telekommunikationsfreiheit" des in Anspruch genommenen Netzbetreibers[1], die sich als Ausfluss der Privatisierungsentscheidung des Art. 87f Abs. 2 S. 1 GG darstellt. Insoweit ist die Netzzugangsregulierung als „grundrechtsrelevante staatliche Hoheitsaufgabe" zu bezeichnen, die im Spannungsfeld zwischen der Einhaltung öffentlicher Interessen einerseits und dem Grundrechtsschutz des betroffenen Netzinhabers andererseits steht[2].

Angesichts der verfassungsrechtlichen Gewährleistung von Freiheitsrechten ist die auf die Wettbewerbsförderung abzielende Netzzugangsregulierung neben der vorangehend geschilderten gemeinwohlorientierten Betrachtung zugleich an den Grundrechten zu messen. Sie muss vor allem den Grundsatz der Verhältnismäßigkeit berücksichtigen. Die Wirtschaftsregulierung und Wirtschaftsfreiheiten stehen so in einer Konfliktlage. Demzufolge stellen sich die Grundrechte als verfassungsrechtliche Prüfungsmaßstäbe für Grenzen der staatlichen Netzzugangsregulierung dar.

## I. Die Grundrechtsfähigkeit von Kapitalgesellschaften

Die in §§ 33 ff. TKG und der NZV vorgesehenen Netzzugangsgewährungspflichten sind an den Betreiber eines öffentlichen Telekommunikationsnetzes, der in Form einer Kapitalgesellschaft des Privatrechts organisiert wird, adressiert. Ähnliches gilt auch für Netzzugangs- bzw. Durchleitungsregelungen in Bereichen des Postwesens, des Eisenbahnwesens und der Energiewirtschaft. Vor diesem Hintergrund ist zunächst zu klären, ob und inwieweit der zur Netzzugangsgewährung verpflichtete Netzbetreiber in einer Rechtsform der juristischen Person des Privatrechts grundrechtsberechtigt ist, bevor materielle Grundrechtseingriffe behandelt werden.

---

[1] So *F. Schoch*, Öffentlich-rechtliche Rahmenbedingungen einer Informationsordnung, VVDStRL 57 (1998), S. 158 (191); zum Stellenwert der staatlichen Einwirkung auf die Energiewirtschaft bereits *H. D. Jarass*, Formen staatlicher Einwirkung auf die Energiewirtschaft, Der Staat 1978, S. 508.

[2] Vgl. *H.-H. Trute*, Öffentlich-rechtliche Rahmenbedingungen einer Informationsordnung, VVDStRL 57 (1998), S. 216 (226).

Für die Diskussion ist zwischen rein privaten Netzbetreibern und der aus dem ehemaligen Monopolisten hervorgegangenen Deutschen Telekom AG, die bisher noch in Gestalt eines gemischt-wirtschaftlichen Unternehmens organisiert wird, zu unterscheiden.

### *1. Die grundsätzliche Anerkennung der Grundrechtsfähigkeit juristischer Personen des Privatrechts in Art. 19 Abs. 3 GG*

Angesichts der ursprünglichen Grundrechtsfunktion werden die Grundrechte einstimmig als Abwehrrechte des *Individuums* gegen die öffentliche Gewalt verstanden[3]. Hingegen war die Frage nach der Grundrechtsfähigkeit juristischer Personen in verfassungsgeschichtlicher Hinsicht lange umstritten[4]. In der Bundesrepublik Deutschland ist die wesensgemäße Geltung der Grundrechte für inländische juristische Personen ausdrücklich in Art. 19 Abs. 3 GG anerkannt worden[5].

Der Wortlaut des Art. 19 Abs. 3 GG lässt jedoch die Frage offen, welche Art von juristischen Personen grundrechtsberechtigt ist. Das BVerfG hat im Zusammenhang mit der Grundrechtsfähigkeit juristischer Personen in seiner ständigen Rechtsprechung folgendes formuliert:

> „Nur wenn die Bildung und Betätigung einer juristischen Person Ausdruck der freien Entfaltung der privaten, natürlichen Personen sind, wenn insbesondere der *Durchgriff* auf die hinter den juristischen Personen stehenden Menschen es als sinnvoll oder erforderlich erscheinen lässt, ist es gerechtfertigt, juristische Personen als Grundrechtsinhaber anzusehen und sie kraft dessen auch in den Schutzbereich bestimmter materieller Grundrechte einzubeziehen."[6]

Von dieser Durchgriffstheorie her lässt sich bei der Beurteilung der Grundrechtsfähigkeit nach Art. 19 Abs. 3 GG zwischen juristischen Personen des öffentlichen Rechts und juristischen Personen des Privatrechts differenzieren.

---

[3] Vgl. BVerfGE 50, 290 (337); 61, 82 (100); *H. Krüger*, in: Sachs (Hrsg.), GG, Kommentar, 2. Aufl., 1999, Art. 19, Rn. 44.

[4] Zur verfassungsgeschichtlichen Entwicklung der Grundrechtsberechtigung juristischer Personen vgl. *K. Stern*, Das Staatsrecht der Bundesrepublik Deutschland, Bd. III/1, 1988, § 71 II.

[5] Zur Entstehungsgeschichte des Art. 19 Abs. 3 GG vgl. *H. Dreier*, in: ders. (Hrsg.), GG, Kommentar, Bd. I, 1996, Art. 19 III, Rn. 1 ff.; im Hinblick auf die europäischen gemeinschaftsrechtlichen Vorgaben vgl. *P. J. Tettinger*, Zur Grundrechtsberechtigung von Energieversorgungsunternehmen im Europäischen Gemeinschaftsrecht, in: Festschrift für Börner zum 70. Geburtstag, 1992, S. 625 ff.; *M. Kotzur*, Der Begriff der inländischen juristischen Personen nach Art. 19 Abs. 3 GG im Kontext der EU, DÖV 2001, S. 192 ff.

[6] BVerfGE 21, 362 (369); 61, 82 (101); 68, 193 (205 f.); 75, 192 (200); kritisch hieran vgl. *B. Pieroth*, Die Grundrechtsberechtigung gemischt-wirtschaftlicher Unternehmen, NWVBl. 1992, S. 85 (87).

### a) Juristische Personen des öffentlichen Rechts

Die Grundrechtsfähigkeit der juristischen Personen des öffentlichen Rechts wird grundsätzlich abgelehnt, da hinter diesen keine natürlichen Personen, sondern stets Träger öffentlicher Gewalt stehen[7]. Der Staat könne nicht gleichzeitig Adressat und Berechtigter der Grundrechte sein und gegen sich selbst grundrechtlichen Schutz begehren[8]. Auch die anderen juristischen Personen des öffentlichen Rechts als mittelbare Staatsverwaltung, wie etwa Gemeinden und Sparkassen, sind lediglich „verlängerter Arm" des Staates und von der Anwendbarkeit des Art. 19 Abs. 3 GG auszuschließen[9]. Sie sind nicht grundrechtsberechtigt, sondern grundrechtsverpflichtet. Als Ausnahmen ist bisher die Grundrechtsfähigkeit von Universitäten und Fakultäten[10], Rundfunkanstalten[11] sowie Kirchen[12] vom BVerfG anerkannt worden, weil diese keine staatlichen Aufgaben ausüben, sondern unmittelbar einem durch bestimmte Grundrechte, nämlich Art. 5 Abs. 3, Art. 5 Abs. 1 Satz 2 und Art. 4 Abs. 1 GG, geschützten Lebensbereich zugeordnet werden.

### b) Juristische Personen des Privatrechts

Im Gegensatz zu juristischen Personen des öffentlichen Rechts bestehen grundsätzlich keine Bedenken dagegen, dass Art. 19 Abs. 3 GG auf inländische juristische Personen des *Privatrechts* anwendbar ist[13]. Besonders die privatrechtliche

---

[7] BVerfGE 21, 362 (369 ff.); 45, 63 (78); 61, 82 (101); 68, 193 (206); a.A. *K. A. Bettermann*, Juristische Personen des öffentlichen Rechts als Grundrechtsträger, NJW 1969, S. 1321 ff., der die Auffassung vertritt, die öffentliche Hand könne auch wie eine Privatperson der öffentlichen Gewalt unterworfen sein. Nach dem Wesen der Grundrechte, die öffentliche Gewalt zu begrenzen, sei der Grundrechtsschutz einer öffentlichen Hand dann sinnvoll, wenn sie dem Zwang eines Hoheitsträgers nach Art des Bürgers ausgesetzt sei. Insoweit sei die öffentliche Hand grundrechtsfähig. Zur Berufung juristischer Personen des öffentlichen Rechts auf die Verfahrensgrundrechte vgl. BVerfGE 6, 45 (49 f.); 13, 132 (139 f.); 61, 82 (104); zur Frage der Geltungserstreckung des Art. 19 Abs. 3 GG im Hinblick auf die objektivrechtliche Dimension der Grundrechte vgl. *F. Ossenbühl*, Zur Geltung der Grundrechts für juristische Personen, in: Festschrift für K. Stern zum 65. Geburtstag, 1997, S. 887 ff.

[8] Zum sog. „Konfusionsargument" vgl. BVerfGE 15, 256 (262).

[9] Vgl. BVerfGE 45, 63 (78 f.); 61, 82 (101 ff.); 75, 192 (197 ff.); BVerfG, Beschl. vom 1. 9. 2000 = NVwZ-RR 2001, S. 93; s. auch *G. Dürig*, in: Maunz/Dürig, (Hrsg.), GG, Kommentar, Art. 19 Abs. 3, Rn. 48; *H. Bethge*, Die Grundrechtsberechtigung juristischer Personen nach Art. 19 Abs. 3 Grundgesetz, 1985, S. 61 ff.

[10] BVerfGE 15, 256 (262); 31, 314 (322).

[11] BVerfGE 31, 314 (321 f.); 34, 160 (162); 35, 202 (222); 59, 231 (254 f.); 61, 82 (102); 83, 238 (296).

[12] BVerfGE 19, 1 (5); 53, 366 (386); 61, 82 (102); 70, 138 (160 f.).

[13] So die ständige Rechtsprechung des BVerfG, vgl. BVerfGE 3, 383 (390); 4, 7 (12, 17); 21, 362 (368); 50, 290 (319); 53, 1 (13); 53, 366 (386); 67, 100 (142); 68, 193 (212 ff.); 70, 138 (160); aus der Literatur vgl. *G. Dürig* (Fn. 9), Art. 19 Abs. 3, Rn. 29; *H. Bethge* (Fn. 9), S.

Kapitalgesellschaft beruht auf einem privatautonomen Gründungsakt der privaten natürlichen Personen und dient dazu, die erwerbswirtschaftlichen Interessen der hinter ihr stehenden einzelnen, privaten Gesellschafter in kollektiver Weise wahrzunehmen[14].

Vom Grundgedanken eines personalen Substrats her lässt sich weiterhin feststellen, dass sich staatliche und kommunale Eigengesellschaften und gemischt-öffentliche Unternehmen, deren Anteile sich *hundertprozentig* in der öffentlichen Hand befinden und die durch Gesetz mit Aufgaben öffentlicher Verwaltung betraut werden, ebenso wenig wie juristische Personen des öffentlichen Rechts auf die Grundrechte berufen können. Die Anwendbarkeit des Art. 19 Abs. 3 GG wird auf sie ausgeschlossen[15]. Denn hinter derartigen Unternehmen stehen keine natürlichen Personen, sondern ausschließlich die Hoheitsträger als alleiniger Anteilseigner. Deswegen liegt auch keine Privatpersonen vergleichbare grundrechtstypische Gefährdungslage vor. Die allgemein anerkannte Wahlfreiheit der Rechtsformen durch die Verwaltung entbindet keineswegs den Staat von seinem grundrechtlichen Status als Grundrechtsadressat[16]. Die Erfüllung von Verwaltungsaufgaben in den Organisationsrechtsformen des Privatrechts stellt auch „vollziehende Gewalt" i.S.d. Art. 1 Abs. 3 GG dar.

---

36; im Hinblick auf die Grundrechtsfähigkeit verschiedener Typen der juristischen Personen des Privatrechts vgl. *H. Krüger* (Fn. 3), Art. 19, Rn. 54 ff.; zum Grundrechtseingriff durch Konkurrenz der öffentlichen Hand s. oben Dritter Teil, § 6 IV 2 c).

[14] Vgl. *K. Stern* (Fn. 4), § 71 IV, S. 1116; *P. Badura*, Die Unternehmensfreiheit der Handelsgesellschaften. – Ein Problem des Grundrechtsschutzes juristischer Personen des Privatrechts –, DÖV 1990, S. 353 (360 f.).

[15] BVerfGE 45, 63 (79 f.); 68, 193 (212 f.); 70, 1 (18); aus der Literatur vgl. *W. Rüfner*, Die Subjekte der Freiheitsrechte, in: Isensee/Kirchhof (Hrsg.), HdbStR V, 1992, § 116, Rn. 80; *W. Spannowsky*, Der Einfluss öffentlich-rechtlicher Zielsetzungen auf das Statut privatrechtlicher Eigengesellschaften in öffentlicher Hand. – Öffentlich-rechtliche Vorgaben, insbesondere zur Ingerenzpflicht –, ZGR 1996, S. 400 (408); a.A. vgl. *K. A. Bettermann*, Gewerbefreiheit der öffentlichen Hand, in: Festschrift für E. E. Hirsch zum 65. Geburtstag, 1968, S. 1 (7 f.), der feststellt, eine juristische Person des öffentlichen Rechts habe die Grundrechtsfähigkeit, soweit sie sich in privatrechtlichen Formen als *Unternehmer* betätige. Ähnlich s. auch *G. Püttner*, Die öffentlichen Unternehmen, 2. Aufl., 1985, S. 119 ff., der ausführt, Art. 19 III GG diene der Rechtsklarheit und Verfahrensvereinfachung. Danach sei die Anerkennung der Grundrechtsberechtigung juristischer Personen allein von den *Privatrechtsformen* abhängig. Eine weitere Differenzierung durch unterschiedliche Kriterien sei nicht mit Art. 19 III GG vereinbar. Für die Grundrechtsfähigkeit von Eigengesellschaften auch *M. Schmidt-Preuß*, Kollidierende Privatinteressen im Verwaltungsrecht, 1992, S. 68 f.; *ders.*, Verfassungskonflikt um die Durchleitung? – Zum Streitstand nach dem VNG-Beschluß des BGH –, RdE 1996, S. 1 (3).

[16] Vgl. *Wolff/Bachof/Stober*, Verwaltungsrecht, Bd. 1, 11. Aufl., 1999, § 23, Rn. 32.

### *2. Die Grundrechtsfähigkeit der rein privaten Betreiber öffentlicher Telekommunikationsnetze*

Aus den oben geschilderten Überlegungen ergibt sich, dass das zur Netzzugangsgewährung verpflichtete private Telekommunikationsunternehmen, das in einer Rechtsform der privatrechtlichen Kapitalgesellschaft errichtet wird und dessen Anteile vollständig in privater Hand liegen, nach Art. 19 Abs. 3 GG grundrechtsberechtigt ist, soweit die Grundrechte ihrem Wesen nach auf dieses anwendbar sind[17]. Dies gilt jedenfalls für den Fall, indem sich grundrechtlich geschützte wirtschaftliche Freiheiten des verpflichteten Netzinhabers aus Art. 12 Abs. 1, 14 Abs. 1 und 2 Abs. 1 GG, die *korporativ* ausgeübt werden können, durch die staatliche Netzzugangsregulierung eingreifen lassen.

### *3. Zur Problematik der Grundrechtsträgerschaft der Deutschen Telekom AG*

Nach der bisherigen Marktlage besitzt die deutsche Telekom AG die überwiegende Mehrheit von Teilnehmeranschlüssen im Bereich des Ortsnetzes und ist damit noch der einzige marktbeherrschende Betreiber eines öffentlichen Telekommunikationsnetzes i.S. des § 35 TKG. In organisationsrechtlicher Hinsicht wurde das Teilsondervermögen Deutsche Bundespost TELEKOM nach Art. 143b Abs. 1 GG i.V.m. § 1 PostUmwG vom 28. 10. 1994 in einer Rechtsform der privatrechtlichen Aktiengesellschaft mit der Bezeichnung „Deutsche Telekom AG" umgewandelt. Zu beachten ist, dass die Anteile an diesem Unternehmen bisher noch nicht ausschließlich in privater Hand liegen. Vielmehr hält der Bund nach dem Ende des zweiten Börsenganges heute noch übergangsweise einen mehrheitlichen Teil von Aktien, obwohl er nach der Privatisierungsentscheidung des Art. 87f Abs. 2 S. 1 GG verpflichtet ist, künftig die Kapitalbeteiligung an der Deutschen Telekom AG „vollständig" aufzugeben[18].

Aus der überlegenen Anteilseignerposition des Bundes ergibt sich jedoch die Frage, ob die Deutsche Telekom AG grundrechtsfähig ist, weil hinter ihr nicht allein private Rechtspersonen stehen. Diese Fragestellung greift wiederum auf die in der allgemeinen Grundrechtslehre grundlegende, aber umstrittene Frage nach der Grundrechtsberechtigung gemischt-wirtschaftlicher Unternehmen zurück. Unter gemischt-wirtschaftlichen Unternehmen sind Unternehmen zu verstehen, die in der Form des privaten Gesellschaftsrechts geführt werden und an denen mindestens eine öffentliche Institution und mindestens ein privater Gesellschafter beteiligt sind[19]. Angesichts dieser eigentumsrechtlichen Eigenart

[17] Zur Aufzählung der Grundrechte, die ihrem Wesen nach auf juristische Personen des Privatrechts anwendbar sind, vgl. *H. Dreier* (Fn. 5), Art. 19 III, Rn. 24.

[18] Siehe oben Erster Teil, § 3 II 2 b).

[19] Zum Begriff des gemischt-wirtschaftlichen Unternehmens näher vgl. *E. Schmidt-Aßmann*, Der Grundrechtsschutz gemischt-wirtschaftlicher Unternehmen nach Art. 19 Abs. 3

wird in der Rechtsprechung und Lehre die Grundrechtsfähigkeit gemischtwirtschaftlicher Unternehmen anders als die Grundrechtsfähigkeit der Eigengesellschaften der öffentlichen Hand beurteilt.

### *a) Die Rechtsprechung des Bundesverfassungsgerichts zur Frage der Grundrechtsfähigkeit gemischt-wirtschaftlicher Unternehmen*

Im engen Zusammenhang mit der Diskussion über die Grundrechtsfähigkeit des gemischt-wirtschaftlichen Unternehmens steht der sog. HEW-Beschluss der 3. Kammer des Ersten Senats des Bundesverfassungsgerichts vom 16. 5. 1989[20]. Es ging hierbei um eine Verfassungsbeschwerde der Hamburgischen Electricitäts-Werke AG (HEW), deren Anteile die Freie und Hansestadt Hamburg zu etwa 72% hält. Die übrigen etwa 28% liegen in privater Hand. Mit diesem Beschluss wurde diese Verfassungsbeschwerde nicht zur Entscheidung angenommen, weil die HEW AG nach Art. 19 III 3 GG nicht grundrechtsfähig und damit nicht beschwerdebefugt sei.

Das BVerfG ging vom oben bereits erläuterten Grundgedanken des „Durchgriffs" aus und begründete diese Entscheidung in erster Linie mit Hilfe des Kriteriums der „Funktion" des Unternehmens. Bestehe diese Funktion in der Wahrnehmung gesetzlich zugewiesener und geregelter öffentlicher Aufgaben der Daseinsvorsorge, so sei die juristische Person insoweit ebenso (wie juristische Personen des öffentlichen Rechts) nicht grundrechtsfähig. Nach Ansicht des BVerfG gehört die Funktion der HEW AG, nämlich die Durchführung der Versorgung mit Strom, gerade zur typischen, die Daseinsvorsorge betreffenden Aufgabe der kommunalen Gebietskörperschaften[21].

Darüber hinaus bezog das BVerfG auch das „Beteiligungsverhältnis" in den Anhaltspunkt zur Begründung ein und hat ausgeführt, dass durch die überwiegende Kapitalbeteiligung an der HEW AG die Stadt Hamburg die Möglichkeit habe, auf die Geschäftsführung entscheidenden Einfluss zu nehmen.

### *b) Kritik in der Literatur*

Diese negative Entscheidung des BVerfG für die Grundrechtsfähigkeit des gemischt-wirtschaftlichen Unternehmens ist in der Literatur auf vielfältige Reaktionen gestoßen[22].

---

GG, BB 1990, Beilage 34, S. 2 ff.; *R. Becker*, Die Erfüllung öffentlicher Aufgaben durch gemischtwirtschaftliche Unternehmen, 1997, S. 23 f.

[20] BVerfG, Beschl. v. 16. 5. 1989 – 1 BvR 705/88 = NJW 1990, S. 1783.

[21] Siehe auch BVerfGE 38, 258 (270 f.).

[22] Zusammenfassend vgl. *G. Hermes*, Staatliche Infrastrukturverantwortung, 1998, S. 87 ff.; s. auch *Th. Poschmann*, Grundrechtsschutz gemischt-wirtschaftlicher Unternehmen. Ein Bei-

Einerseits spricht Einiges dafür, dass sich eine Handelsgesellschaft, die von der öffentlichen Hand im Wege einer „Mehrheitsbeteiligung" beherrscht wird oder auf die die öffentliche Hand entscheidenden Einfluss nehmen kann, nicht auf die materiellen Grundrechte berufen könne[23].

Andererseits hat die Auffassung des BVerfG Kritik erfahren. Nach der herrschenden Meinung sei Art. 19 Abs. 3 GG auf das gemischt-wirtschaftliche Unternehmen als juristische Person des *Privatrechts* anwendbar. Ein solches Unternehmen sei grundrechtsfähig. Dieser Ansatz wird in der Literatur unter verschiedenen Aspekten diskutiert.

*aa) Vorrang der Interessen privater Anteilseigner*

Ein weit verbreitetes Argument dafür besteht zunächst in der Berücksichtigung der Grundrechte der privaten Anteilseigner[24]. Der Grundrechtsschutz der am gemischt-wirtschaftlichen Unternehmen beteiligten privaten Gesellschafter dürfe nicht durch die Beteiligung der öffentlichen Hand ausgehöhlt werden. Vielmehr seien die erwerbswirtschaftlichen Interessen dieser hinter dem Unternehmen stehenden privaten Gesellschafter gerade auf Grund des menschenorientierten „Durchgriffsgedankens" des Art. 19 Abs. 3 GG schutzbedürftig. Daraus folge, dass die prinzipielle Anerkennung der Grundrechtsfähigkeit gemischt-wirtschaftlicher Unternehmen nicht dem Sinn und Zweck des Art. 19 Abs. 3 GG widerspreche, sondern durchaus diesem entspreche.

*bb) Gesellschaftsrechtliche Argumentation*

Darüber hinaus wird das Argument des BVerfG in Bezug auf die entscheidende Einwirkungsmöglichkeit des Mehrheitsgesellschafters auf das Beteiligungsunternehmen auch im Schrifttum abgelehnt. In gesellschaftsrechtlicher Hinsicht stehe die Einwirkungsintensität nicht unbedingt mit den Beteiligungsanteilen in

trag zur Bestimmung des personalen Geltungsbereiches der Grundrechte unter besonderer Berücksichtigung der Privatisierung öffentlicher Aufgaben, 2000.

[23] So *P. Badura* (Fn. 14), S. 354; *H. D. Jarass*, Wirtschaftsverwaltungsrecht mit Wirtschaftsverfassungsrecht, 3. Aufl., 1997, § 12, Rn. 25; *H.-J. Papier*, in: Maunz/Dürig, GG, Kommentar, Art. 14, Rn. 211; *ders.*, Die Regelung von Durchleitungsrechten, 1997, S. 16 f., 41.

[24] Vgl. *K. Stern* (Fn. 4), S. 1170; *H.-G. Koppensteiner*, Zur Grundrechtsfähigkeit gemischtwirtschaftlicher Unternehmungen, NJW 1990, S. 3105 (3109); *G. Kühne*, Anmerkung zum HEW-Beschluss des BVerfG, JZ 1990, S. 335 (336); *B. Pieroth* (Fn. 6), S. 87; *D. Ehlers*, Die wirtschaftliche Betätigung der öffentlichen Hand in der Bundesrepublik Deutschland, JZ 1990, S. 1089 (1096); *Chr. Treffer*, Zur Verfassungswidrigkeit des Stromeinspeisungsgesetzes, UPR 1996, S. 130; *W. Spannowsky*, Öffentlich-rechtliche Bindungen für gemischt-wirtschaftliche Unternehmen, ZHR 1996, S. 560 (572); *W. Höfling*, in: Sachs (Hrsg.), GG, Kommentar, 2. Aufl., 1999, Art. 1, Rn. 96.

einem proportionalen Verhältnis[25]. Die Je-desto-Formel sei ein ungeeigneter Ansatz[26]. Die Einflussmöglichkeiten der Aktionäre würden, so formuliert *Kühne*, sich in dem vom Aktienrecht vorgesehenen Rahmen bewegen müssen[27]. Die Organe eines gemischt-wirtschaftlichen Unternehmens seien dem Unternehmensinteresse verpflichtet und insbesondere nicht unmittelbar der Weisung des Mehrheitsaktionärs, sondern der Leitung des Vorstands unterworfen (§ 76 Abs. 1 AktG). Umgekehrt könne der Minderheitsaktionär beispielsweise auch durch die gesellschaftsrechtliche Institution der Mehrstimmenaktien oder den Abschluss eines Gesellschaftsvertrages beherrschenden Einfluss ausüben[28].

*cc) Kompetenzrechtliche Argumentation*

Schließlich ist das vom BVerfG tendierte funktionale Kriterium in der Literatur ebenso wenig auf Zustimmung gestoßen[29]. *R. Scholz* weist in diesem Zusammenhang darauf hin, die schlichte Wahrnehmung einer daseinsvorsorgerischen Aufgabe sage über deren Qualität als staatliche Zuständigkeit oder als gesellschaftliche Freiheit noch nichts aus. Ein gemischt-wirtschaftliches Unternehmen könne nur dann als grundrechtsunfähiges öffentliches Unternehmen anerkannt werden, wenn kraft vorherigen öffentlich-rechtlichen Kompetenzentscheides definitiv feststehe, dass das Unternehmen einer öffentlich-rechtlichen, also nicht nur schlicht-öffentlichen Aufgabe zu dienen bestimmt sei. Der Faktor bloßer staatlicher Beteiligung verkörpere einen solchen Kompetenzentscheid jedoch noch nicht[30].

*c) Eigene Stellungnahme*

Die Schwierigkeit für das Problem der Grundrechtsfähigkeit gemischt-wirtschaftlicher Unternehmen besteht im Wesentlichen in der Interessenkollision zwischen dem staatlichen Anteilseigner einerseits und den anderen privaten Anteilseignern andererseits. Die herrschende Auffassung in der Literatur hat zwar zu Recht betont, dass die Grundrechte der privaten Gesellschafter trotz der Kapitalbeteiligung der öffentlichen Hand zu berücksichtigen sind. Aber aus dieser

[25] Vgl. *H.-G. Koppensteiner* (Fn. 24), S. 3108; *R. Scholz*, Grundrechtsschutz gemischt-wirtschaftlicher Unternehmen, in: Festschrift für Werner Lorenz zum 70. Geburtstag, 1991, S. 213 (221).

[26] *E. Schmidt-Aßmann* (Fn. 19), S. 10.

[27] *G. Kühne* (Fn. 24), S. 336.

[28] Vgl. *W. Spannowsky* (Fn. 24), S. 571.

[29] Vgl. *E. Schmidt-Aßmann*, Zur Bedeutung der Privatrechtsform für den Grundrechtsstatus gemischt-wirtschaftlicher Unternehmen, in: Festschrift für H. Niederländer zum 70. Geburtstag, 1991, S. 383 (394); *R. Scholz* (Fn. 25), S. 222 f.

[30] *R. Scholz* (Fn. 25), S. 222 f.

undifferenzierten Interessenabwägung zugunsten der privaten Gesellschafter könnte die „Flucht in ein gemischt-wirtschaftliches Unternehmen“ folgen, wobei sich der Staat oder eine Kommune durch die organisatorische Institution des gemischt-wirtschaftlichen Unternehmens von der rechtsstaatlichen Grundrechtsbindung befreit[31]. Die Beachtung der Grundrechte der privaten Gesellschafter darf nicht zum „Durchbruch“ des Grundrechtsstatus des Staates als Grundrechtsadressat führen. Für den verfassungsrechtlichen Grundrechtsschutz des Individuums sind sowohl die Grundrechtsverpflichtung des Staates als auch die Grundrechtsberechtigung der natürlichen Person von gleichwertiger Bedeutung.

Maßgeblich für die Frage der Grundrechtsfähigkeit des gemischt-wirtschaftlichen Unternehmens ist vielmehr die vom Unternehmen wahrgenommene „Aufgabe“[32]. Geht man davon aus, dass der Begriff des gemischt-wirtschaftlichen Unternehmens nicht durch die materielle Funktion, sondern durch die formelle Beteiligung von staatlichen und privaten Gesellschaftern gekennzeichnet wird, kann sich die vom gemischt-wirtschaftlichen Unternehmen wahrgenommene Aufgabe zwischen der „Staatsaufgabe“ und der „erwerbswirtschaftlichen Tätigkeit“[33] unterscheiden. Je nach der Unternehmensaufgabe ist die Frage der Grundrechtsfähigkeit des gemischt-wirtschaftlichen Unternehmens unterschiedlich zu beantworten.

Ist ein gemischt-wirtschaftliches Unternehmen der Erfüllung von *Verwaltungsaufgaben*, vornehmlich der Leistungsverwaltung, gewidmet, stellt es als ganzes „vollzielende Gewalt“ i.S. des Art. 1 Abs. 3 GG dar und ist daher unmittelbar grundrechtsverpflichtet[34], auch wenn es zumindest zum Teil in privater Hand ist. Die Unternehmensinteressen und Gemeinwohlinteressen des Staates decken sich insoweit miteinander. Die an diesem Unternehmen beteiligten privaten Anteilseigner gelten infolgedessen nicht als Grundrechtsträger, sondern als Staat im materiellen Sinne. Daraus ergibt sich, dass das vom BVerfG im HEW-Beschluss herausgearbeitete Funktionskriterium nach hier vertretener Auffassung auf Zustimmung stößt. Das BVerfG hat zwar dort den Begriff „öffentliche

---

[31] Vgl. *A. Bleckmann*, Staatsrecht II – Die Grundrechte, 4. Aufl., 1997, § 9, Rn. 12, der sogar die Auffassung vertritt, ein gemischt-wirtschaftliches Unternehmen müsse als Träger von Grundrechten anerkannt werden, solange es auch nur *einen* Grundrechtsträger gibt, der Anteile an diesem Unternehmen besitzt.

[32] In diese Richtung auch *N. Zimmermann*, Der grundrechtliche Schutzanspruch juristischer Personen des öffentlichen Rechts, 1993, S. 226 ff.; *P. Badura*, Staatsrecht, 2. Aufl., 1996, C 13; *K.-M. Fuhr/B. Kerkhoff*, Entbündelter Zugang – Vereinbarkeit mit der Eigentumsgarantie des Art. 14 GG?, MMR 1998, S. 6 (9).

[33] Zur Definition siehe § 107 Abs. 1 S. 3 GO NW, wonach als wirtschaftliche Betätigung der Betrieb von Unternehmen zu verstehen ist, die als Hersteller, Anbieter oder Verteiler von Gütern oder Dienstleistungen am Markt tätig werden, sofern die Leistung ihrer Art nach von einem Privaten mit der Absicht der Gewinnerzielung erbracht werden könnte.

[34] In diese Richtung auch *K. Stern/J. Dietlein*, Netzzugang im Telekommunikationsrecht. – Zu verfassungsrechtlichen Problematik eines „entbündelten“ Zugangs zu den Teilnehmeranschlussleitungen –, ArchivPT 1998, S. 309 (316).

Aufgaben" verwendet, aber nach dem Kontext der Formulierung tatsächlich „Staatsaufgaben" gemeint. Denn es handelte sich nicht um *reine* öffentliche Aufgaben, sondern um die „gesetzlich zugewiesenen und geregelten" öffentlichen Aufgaben. Durch diese kompetenzrechtliche Zuweisung wurde die betroffene daseinsvorsorgerische öffentliche Aufgabe als Staatsaufgabe qualifiziert.

Umgekehrt besteht eine Interessenkollision zwischen staatlichen und privaten Gesellschaftern häufig, soweit ein gemischt-wirtschaftliches Unternehmen seine Leistung erwerbswirtschaftlich am Markt erbringt. Denn die wirtschaftliche Betätigung der öffentlichen Hand muss bestimmten normativen Vorgaben unterliegen, obwohl sie als solche nach herrschender Auffassung nicht von Verfassungs wegen ausgeschlossen wird[35]. „Ein wichtiges Interesse" bzw. „ein dringender öffentlicher Zweck" ist für die Beteiligung der öffentlichen Hand am Wettbewerb jedenfalls erforderlich[36]. Was zum öffentlichen Zweck gehört, ist im Einzelfall zu beurteilen. Gleichwohl ist dies für die Frage der Grundrechtsfähigkeit des gemischt-wirtschaftlichen Unternehmens unerheblich, weil auch ein rein privates Wirtschaftsunternehmen nicht in vollem Umfang erwerbswirtschaftlich tätig werden kann. In der geltenden Rechtsordnung wird mehr oder weniger das Gemeinwohl in Anspruch genommen. Der öffentliche Zweck darf keineswegs der Verwaltungsaufgabe gleichgestellt werden. Entscheidend ist, dass ein gemischt-wirtschaftliches Unternehmen nicht mehr wie in der zuvor erwähnten Konstellation auf die Wahrnehmung der Verwaltungsaufgabe ausgerichtet ist. Vielmehr übt es wie die privaten Rechtspersonen eigenverantwortlich mit Absicht der Gewinnerzielung die wirtschaftliche Freiheit aus. Eine derartige juristische Person des Privatrechts ist ihrer Geschäftstätigkeit nach grundrechtsfähig.

Der hier vertretene Anknüpfungspunkt entspricht auch der europarechtlichen Gemeinschaftsrechtsordnung, wonach nicht die Rechtsform, sondern die konkrete Funktion für die Grundrechtsgeltung der juristischen Personen der Mitgliedstaaten maßgebend ist[37].

Insgesamt ist festzuhalten, dass die Art der Unternehmensbetätigung maßgeblich für die Frage der Grundrechtsfähigkeit von gemischt-wirtschaftlichen Unternehmen ist. Übt ein gemischt-wirtschaftliches Unternehmen die Verwaltungsaufgabe aus, ist es als vollzielende Gewalt i.S.d. Art. 1 Abs. 3 GG unmittelbar grundrechtsverpflichtet. Nimmt dagegen ein gemischt-wirtschaftliches Unternehmen erwerbswirtschaftliche Tätigkeiten wahr, ist es grundrechtsfähig.

---

[35] Auf der Kommunalebene jüngst vgl. *F. W. Held*, Ist das kommunale Wirtschaftsrecht noch zeitgemäß? – Zugleich ein Beitrag zur wirtschaftlichen und nicht-wirtschaftlichen Betätigung der Gemeinde –, WiVerw 1998, S. 264 ff.; *P. Badura*, Wirtschaftliche Betätigung der Gemeinde zur Erledigung von Angelegenheiten der örtlichen Gemeinschaft im Rahmen der Gesetze, DÖV 1998, S. 818 ff; *D. Ehlers*, Rechtsprobleme der Kommunalwirtschaft, DVBl. 1998, S. 497 ff.; *Wolff/Bachof/Stober* (Fn. 16), § 23, Rn. 10 ff.

[36] Vgl. § 65 Abs. 1 Nr. 1 BHO und § 107 Abs. 1 Nr. 1 GO NW.

[37] Dazu näher *P. J. Tettinger* (Fn. 5), S. 637 ff.

*d) Folgerungen für die Deutsche Telekom AG*

Der hier vertretene Maßstab gilt auch für die Deutsche Telekom AG, die gegenwärtig ein gemischt-wirtschaftliches Unternehmen darstellt. Wie zuvor bereits vielfach ausgeführt, ist die Erbringung von Telekommunikationsdienstleistungen im Zuge der Postreform II von 1994 auf Grund des Art. 87f Abs. 2 S. 1 GG von der daseinsvorsorgerischen Leistungsverwaltung in eine grundrechtlich geschützte privatwirtschaftliche Tätigkeit umgewandelt worden, obwohl die Grundversorgung mit Telekommunikation für die moderne Informationsgesellschaft von zunehmender Bedeutung ist und einen daseinsvorsorgerischen Charakter hat[38]. Die Erfüllung dieser Aufgabe liegt schließlich nicht mehr in der Hand des Bundes, sondern ausschließlich bei privaten Akteuren.

Diese verfassungsrechtliche Grundentscheidung für die Aufgabenprivatisierung im Bereich der Telekommunikation hat auch grundrechtliche Auswirkungen. Bis zur Postreform von 1994 waren die Deutsche Bundespost und die DBP TELEKOM als (Teil-)Sondervermögen des Bundes wegen der Erfüllung der *bundeseigenen Verwaltung* im Fernmeldebereich grundrechtsverpflichtet. Die Postnutzer konnten sich gegenüber der Deutschen Bundespost und der DBP TELEKOM unmittelbar auf die Grundrechte, vornehmlich das Fernmeldegeheimnis des Art. 10 Abs. 1 GG und das Recht auf informationelle Selbstbestimmung aus Art. 2 Abs. 1 i.V.m. Art. 1 Abs. 1 GG, berufen[39].

Dieser grundrechtliche Status der DBP TELEKOM und ihres Nachfolgeunternehmens Deutsche Telekom AG wurde jedoch ab dem 1. 1. 1998 grundlegend geändert. Nach dem Wegfall des bis dahin fortbestehenden Telefondienstmonopols wird die Deutsche Telekom AG nicht mehr durch die „Erfüllung von Verwaltungsaufgaben in der Rechtsform einer Aktiengesellschaft" gekennzeichnet. Vielmehr wird sie als rein privatwirtschaftliches Dienstleistungsunternehmen *in vollem Umfang* den anderen privaten Anbietern gleichgestellt und ist letztlich grundrechtsfähig[40]. Sie übt ihrerseits *ausschließlich* die grundrechtlich

---

[38] Vgl. *U. Di Fabio,* Rechtliche Rahmenbedingungen neuer Informations- und Kommunikationstechnologien, in: M. Schulte (Hrsg.), Technische Innovation und Recht. Antrieb oder Hemmnis?, 1996, S. 117 ff.; *I. Ebsen,* Öffentlich-rechtliche Rahmenbedingungen einer Informationsordnung, DVBl. 1997, S. 1039 ff.; *H.-H. Trute* (Fn. 2), S. 216 ff.

[39] Zur grundrechtlichen Rechtslage bis 1994 vgl. *A. v. Arnauld*, Grundrechtsfragen im Bereich von Postwesen und Telekommunikation. – Ein Beitrag zur Geltung der Grundrechte für und gegen gemischtwirtschaftliche Unternehmen und staatliche Eigengesellschaften –, DÖV 1998, S. 437 (438 ff.).

[40] So auch *M. Fehling,* Mitbenutzungsrechte Dritter bei Schienenwegen, Energieversorgungs- und Telekommunikationsleitungen vor dem Hintergrund staatlicher Infrastrukturverantwortung, AöR 121 (1996), S. 59 (91); *A. v. Arnauld* (Fn. 39), S. 445, 450 f.; *M. Möstl,* Grundrechtsbindung öffentlicher Wirtschaftstätigkeit. Insbesondere die Bindung der Nachfolgeunternehmen der Deutschen Bundespost an Art. 10 GG nach der Postreform II, 1999, S. 166 ff.

geschützte Telekommunikationsfreiheit aus und verfolgt die unternehmenseigenen Interessen und Gewinnerzielung.

Auch die aktuelle Rechtslage, nach der der Bund derzeit noch die mehrheitlichen Anteile an der Deutschen Telekom AG hält, ändert nichts daran, dass die Deutsche Telekom AG als Grundrechtsträger anzuerkennen ist und sich damit auf die Grundrechte berufen kann[41]. Denn nach der hier vertretenen Auffassung besteht die Funktion der Deutschen Telekom AG nicht mehr in der Wahrnehmung der telekommunikativen Verwaltungsaufgabe, sondern ausschließlich in der Verfolgung der rein privatwirtschaftlichen Interessen. Diese verfassungsrechtliche Qualifikation der Unternehmenstätigkeit als privatwirtschaftliche Tätigkeit ist von den Kapitalanteilen des Bundes unabhängig[42]. Hinzu kommt, dass sich die Kapitalbeteiligung des Bundes lediglich als „Übergangskonstellation" bezeichnen lässt. Eine unternehmensinterne Interessenkollision zwischen der Erfüllung der Leistungsverwaltung seitens der staatlichen Anteilseigner und der Ausübung der wirtschaftlichen Freiheit seitens der privaten Anteilseigner liegt bei der Deutschen Telekom AG nicht (mehr) vor.

Die Grundrechtsberechtigung der Deutschen Telekom AG gilt auch, wenn diese für den Netzzugang nach §§ 33 ff. TKG in Anspruch genommen wird. Denn diese gemeinwohlorientierte, der Erfüllung staatlicher Förderungsverantwortung dienende Netzzugangsgewährungspflicht wird nach den Vorgaben des TKG nicht als „öffentlich-rechtliche Befugnis" auf die Deutschen Telekom AG oder andere marktbeherrschende Netzbetreiber übertragen. Sie stellt vielmehr eine öffentlich-rechtliche „Bürgerpflicht" dar[43]. Das verpflichtete Telekommunikationsunternehmen wird deswegen bei der Erfüllung dieser Bürgerpflicht nicht als der Beliehene qualifiziert[44], sondern bleibt stets ein Privatrechtssubjekt im materiellen Sinne und ist grundrechtsfähig[45].

Diese Überlegung wird in den letzten Zeiten auch von Verwaltungsgerichten ausdrücklich bestätigt[46]. Das OVG Münster hat in seinem Beschluss bezüglich

---

[41] Vgl. *K. Stern/J. Dietlein* (Fn. 34), S. 316 f.

[42] Vgl. *M. Heintzen,* Die Postprivatisierung im Spiegel des Petitionsgrundrechts, in: J. Isensee/H. Lecheler (Hrsg.), Festschrift für Walter Leisner zum 70. Geburtstag, 1999, S. 531 (545).

[43] Vgl. *F. Ossenbühl*, Die Erfüllung von Verwaltungsaufgaben durch Private, VVDStRL 29 (1971), S. 137 (149); zum Begriff der gesetzlichen Indienstnahme vgl. *H. P. Ipsen*, Gesetzliche Indienstnahme privater für Verwaltungsaufgaben, in: Festgabe für E. Kaufmann zu seinem 70. Geburtstag, 1950, S. 141 ff.

[44] So aber *G. Hermes* (Fn. 22), S. 380 ff.; kritisch hieran vgl. *J.-Chr. Pielow*, Der Rechtsstatus von Stromversorgungsnetzen: »Öffentliche Einrichtung« oder Grundrechtsschutz des Betreibers?, RdE 2000, S. 45 ff.

[45] Vgl. *M. Ruffert*, Regulierung im System des Verwaltungsrechts. – Grundstrukturen des Privatisierungsfolgerechts der Post und Telekommunikation –, AöR 124 (1999), S. 237 (270); *M. Möstl* (Fn. 40), S. 172 f.

[46] Vgl. z.B. VG Köln, Beschl. v. 18. 8. 1997 – 1 L 2317/97 = ArchPT 1998, S. 66 (68); VG Berlin, Beschl. v. 12. 8. 1997 – VG 27 A 272.97 = MMR 1998, S. 164.

der Netzzugangsgewährungsverpflichtung der Deutschen Telekom AG zu Recht folgendes formuliert:

„Die von den Regelungen des § 33 TKG gegenwärtig als einzige marktbeherrschende Anbieterin allein betroffene Klägerin (nämlich die Deutsche Telekom AG) kann Grundrechtsschutz aus Art. 12 und 14 GG in Anspruch nehmen. Sie ist als juristische Person des Privatrechts grundrechtsfähig. Wie jedes andere privatrechtlich verfaßte, im Telekommunikationsbereich tätige Wirtschaftsunternehmen ist auch ihre Geschäftstätigkeit allein kaufmännisch und wettbewerbsorientiert, wobei sie u.a. ihr sächliches Vermögen, wie das Telekommunikationsnetz, in Wahrnehmung ihrer Eigentümerbefugnis wertschöpfend einsetzt. Mithin verfolgt sie rein privatwirtschaftliche Interessen und nicht etwa nur im Gewand eines privatrechtlichen Unternehmens staatliche Aufgaben beispielsweise der Daseinsvorsorge, wofür Grundrechtsschutz nicht in Anspruch genommen werden kann.“[47]

## II. Die grundrechtliche Relevanz der Netzzugangsgewährungsverpflichtung

Aus grundrechtlicher Sicht könnte die staatliche Netzzugangsregulierung nach §§ 33 ff. TKG und den Vorgaben der NZV angesichts ihrer hoheitlichen Auferlegung der Netzzugangsgewährungspflichten gegenüber dem marktbeherrschenden Telekommunikationsunternehmen Eingriffe in die Berufsfreiheitsgarantie des Art. 12 Abs. 1 GG und in das Eigentumsgrundrecht des verpflichteten Netzbetreibers aus Art. 14 Abs. 1 GG darstellen[48]. Im Folgenden soll daher die grundrechtliche Eingriffsqualität der auf den konkurrentennützigen Netzzugang abzielenden Regulierungsmaßnahmen näher untersuchen werden.

### *1. Eingriff in die Berufsfreiheit des Art. 12 Abs. 1 GG*

Art. 12 Abs. 1 schützt das Grundrecht der Berufsfreiheit, die ein maßgebliches Grundrecht der freien wirtschaftlichen Betätigungen darstellt. Vom Wortlaut her garantiert es sowohl die Freiheit der *Wahl* des Berufes (Satz 1) als auch die Freiheit der *Ausübung* des Berufes (Satz 2). Während es bei ersterer um das „Ob“ geht, einen Beruf zu betreiben, schützt letztere die „Art und Weise“ der beruflichen Tätigkeit.

Im Hinblick auf den personalen Schutzbereich kommt das Grundrecht der Berufsfreiheit in erster Linie den natürlichen Personen, und zwar Deutschen, zu[49].

---

[47] OVG Münster, Beschl. v. 7. 2. 2000 – 13 A 180/99 = NVwZ 2000, S. 697 (701) = NWVBl. 2000, S. 254 (259).

[48] So sind auch die Prüfungsmaßstäbe des OVG Münster für die Verfassungsmäßigkeit der §§ 33 Abs. 1 u. 2, 35 TKG. Vgl. OVG Münster, Beschl. v. 7. 2. 2000 = NVwZ 2000, S. 701.

[49] Zum individualrechtlich-personalen Grundzug der Berufsfreiheit vgl. BVerfGE 50, 290 (362).

Geschützt werden grundsätzlich jede auf Dauer angelegte und nicht nur vorübergehende, der Schaffung und Erhaltung einer Lebensgrundlage dienende Betätigung[50]. Eine juristische Person kann zwar einen Beruf nicht im Sinne einer Lebensaufgabe ausüben, jedoch ist die Berufsfreiheit gem. Art. 19 Abs. 3 GG auch auf sie anwendbar, soweit die juristische Person „eine Erwerbszwecken dienende Tätigkeit betreibt und diese Tätigkeit ihrem Wesen und ihrer Art nach in gleicher Weise von einer juristischen wie von einer natürlichen Person ausgeübt werden kann“[51]. Aus der Tendenz von *personalen* Grundzügen zu *ökonomischen* Grundzügen[52] ergibt sich, dass sich Handelsgesellschaften jedenfalls auf die Gewerbefreiheit, die allgemeiner Auffassung nach Ausfluss des Art. 12 Abs. 1 GG ist, berufen können[53]. Die Grundrechtsträgerschaft von Handelsgesellschaften ist von ihrer Größe unabhängig. Sowohl Klein- und Mittelunternehmen als auch Großunternehmen, wie etwa marktbeherrschende Unternehmen, sind Schutzadressaten des Art. 12 Abs. 1 GG.

### *a) Errichtung und Betrieb eines Telekommunikationsnetzes als Beruf i.S.d. Art. 12 Abs. 1 GG*

Im Hinblick auf den materiellen Schutzbereich ist zunächst zu untersuchen, ob die Erbringung von Telekommunikationsdienstleistungen und der Betrieb eines öffentlichen Telekommunikationsnetzes „Beruf“ i.S. des Art. 12 Abs. 1 GG sind.

Nach allgemeiner Auffassung in Rechtsprechung und Lehre setzt der grundrechtliche Schutz der Berufsfreiheit nicht bestimmte Berufsbilder voraus[54]. Der Begriff „Beruf“ ist vielmehr weit auszulegen. Dazu gehört generell auch die in staatliche Monopole fallende Tätigkeit, soweit diese weder „vom Grundgesetz“ als staatliches Monopol anerkannt ist[55] noch als „Verwaltungsmonopol genuin-

[50] BVerfGE 7, 377 (397); 30, 292 (334); 54, 301 (313).

[51] So die ständige Rechtsprechung des BVerfG. Vgl. BVerfGE 21, 261 (266); 22, 380 (383); 30, 292 (312); 42, 212 (219); 50, 290 (363); 65, 196 (209 f.); 74, 129 (148 f.); BVerwGE 97, 12 (23).

[52] So *P. J. Tettinger*, in: Sachs (Hrsg.), GG, Kommentar, 2. Aufl., 1999, Art. 12, Rn. 22; auch *ders.*, Das Grundrecht der Berufsfreiheit in der Rechtsprechung des Bundesverfassungsgerichts, AöR 108 (1983), S. 92 (104 f.).

[53] Zur sog. Unternehmerfreiheit vgl. neuerdings *F. Ossenbühl*, Die Freiheiten des Unternehmers nach dem Grundgesetz, AöR 115 (1990), S. 1 ff.

[54] BVerfGE 17, 232 (241); 39, 334 (369); 75, 246 (266 f.); 97, 12 (33 f.); BVerfG, Beschluss v. 19. 7. 2000 = GewArch 2001, S. 61; aus der Literatur vgl. *R. Scholz*, in: Maunz/Dürig, GG, Kommentar, Bd. I, Art. 12, Rn. 18; *P. J. Tettinger* (Fn. 52), Art. 12, Rn. 27.

[55] Vgl. BVerfGE 14, 105 (111); 37, 314 (322); 41, 205 (227 f.), in denen das BVerfG klargestellt hat, bestimmte Tätigkeiten seien nicht dem Prinzip der Gewerbe- und Unternehmerfreiheit und damit nicht dem Maßstab des Art. 12 GG unterstellt, soweit für sie staatliche Monopole vom Grundgesetz anerkannt oder vorausgesetzt seien. Hierzu kritisch *W. Weiß*, Öffentliche Monopole, kommunaler Anschluß- und Benutzungszwang und Art. 12 GG, VerwArch. 1999, S. 415 (417 ff.).

hoheitlicher Art“ bezeichnet wird, das naturgemäß staatlichen Organen vorbehalten sein muss und somit nicht dem Schutzbereich des Art. 12 Abs. 1 GG unterfällt[56].

Mit diesen Kriterien kann festgestellt werden, dass die Erbringung von Telekommunikationsdienstleistungen und der Betrieb von Telekommunikationsnetzen sowohl vor der Postreform als auch nach der Postreform stets als Beruf i.S.d. Art. 12 Abs. 1 GG anerkannt sind. Denn das Fernmeldemonopol wurde zum einem nicht unmittelbar durch das Grundgesetz selbst, sondern lediglich *einfachgesetzlich* gem. § 1 Abs. 1 S. 1 FAG gerechtfertigt[57]. Eine Erwerbstätigkeit kann nicht die Eigenschaft eines Berufes i.S.d. Art. 12 Abs. 1 GG dadurch verlieren, dass sich durch einfaches Gesetz verboten und/oder für strafbar erklärt wird[58]. Zum anderen wurden die Erbringung und der Betrieb von Fernmeldeanlagen jedenfalls nicht als Verwaltungsmonopol *genuin-hoheitlicher* Art bezeichnet. Vielmehr galten sie als Verwaltungsmonopol *daseinsvorsorgerischer* Art, das sich vom durch staatliches Gewaltmonopol charakterisierten Verwaltungsmonopol genuin-hoheitlicher Art unterscheidet[59]. Im Ergebnis zog das Fernmeldemonopol Tätigkeiten im Bereich der Telekommunikation nicht aus dem Schutzbereich der Berufsfreiheit heraus, sondern stellte nur eine „objektive Berufssperre“ i.S.d. Stufentheorie dar, durch die jeder Bürger generell daran gehindert wurde, im Monopolbereich beruflich tätig zu werden[60].

Nach dem vollständigen Wegfall der staatlichen Monopole im Bereich der Telekommunikation zum 1. 1. 1998 besteht diese absolute Berufssperre demgemäß nicht mehr. Statt dessen ist die Erbringung von Telekommunikationsdiensten nunmehr grundsätzlich für jedermann zulässig. Sie erfüllt als Erwerbstätigkeit jedenfalls alle Voraussetzungen des Berufes i.S.d. Art. 12 Abs. 1 GG.

### *b) Die Berufsausübungsfreiheit*

Soweit die Erbringung von Telekommunikationsdienstleistungen und der Betrieb eines öffentlichen Telekommunikationsnetzes als Beruf i.S. des Art. 12 Abs. 1 GG anerkannt sind, berührt die in §§ 33 ff. TKG und den entsprechenden Vorgaben der NZV auferlegte Verpflichtung des marktbeherrschenden Netz-

---

[56] BVerwGE 96, 302 (308); eingehend hierzu *U. M. Gassner*, Glücksspiel und Berufsfreiheit, NVwZ 1995, S. 449 f.; *H.-J. Papier*, Staatliche Monopole und Berufsfreiheit – dargestellt am Beispiel der Spielbanken, in: Festschrift für K. Stern zum 65. Geburtstag, 1997, S. 543 ff.

[57] Siehe oben Erster Teil, § 2 IV 2.

[58] BVerwGE 22, 286 (288). Aus demselben Grund fällt die „unerlaubte“ Tätigkeit auch in den Begriff „Beruf“ i.S. des Art. 12 Abs. 1 GG. Siehe hierzu BVerwGE 96, 293 (296 f.).

[59] Vgl. *R. Scholz* (Fn. 54), Art. 12, Rn. 407 f.; *H.-J. Papier* (Fn. 56), S. 549.

[60] Vgl. *Th. Langer*, Monopole als Handlungsinstrumente der öffentlichen Hand, 1998, S. 69 f.; zur grundrechtlichen Rechtfertigung von Verwaltungsmonopol vgl. BVerfGE 21, 245 (250 f.); 21, 261 (266 ff.); 41, 204 (218).

betreibers, die Mitbenutzung von Wettbewerbern an seinem Netz zu gewähren, den Schutzbereich der Berufsausübungsfreiheit des verpflichteten Unternehmens[61]. Die Berufsausübungsfreiheit gewährleistet die Freiheit, Inhalt, Umfang und Weise einer beruflichen oder gewerblichen Tätigkeit nach freiem Willen zu bestimmen und zu entscheiden. Die gesetzliche und administrative Netzzugangsregulierung zwingt jedoch den marktbeherrschenden Netzbetreiber, sein unternehmerisches Geschäft „in einer bestimmten Weise", nämlich in *konkurrentennützziger* und *entbündelter* Weise, zu führen. Demzufolge erweisen sich die Netzzugangsgewährungspflichten als Eingriff in die Berufsausübungsfreiheit.

### *c) Die Wettbewerbsfreiheit*

Nach herrschender Auffassung gewährleistet Art. 12 Abs. 1 GG auch das Recht, die unternehmerische Dispositionsfreiheit im Wettbewerb mit anderen „ohne staatliche wettbewerbsverzerrende Beeinträchtigung und Einwirkung" wahrzunehmen[62]. Es geht nämlich in Art. 12 Abs. 1 GG um einen verfassungsrechtlichen Schutz gegen Wettbewerbsverfälschung durch die öffentliche Gewalt. Insofern greifen die Netzzugangsgewährungspflichten als staatliche Wettbewerbsverzerrungsmaßnahme zu Gunsten der Wettbewerbschancen neuer marktzutretender Konkurrenten in die Wettbewerbsfreiheit des verpflichteten Unternehmens ein[63]. Eine Wettbewerbsverzerrung liegt, wie *Nipperdey/Schneider* ausgeführt haben, vor, wenn neben die natürlichen Leistungsfaktoren des wirtschaftlichen Konkurrenzkampfes außerökonomische Umstände (z.B. durch staatliche Intervention) treten, die hinreichend einflussreich sind, um die Wettbewerbschancen von Marktteilnehmern verändern (verbessern oder verschlechtern) zu können[64].

Zu beachten ist, dass die konkurrentennützige Netzzugangsregulierung auf den „Funktionskonflikt" der Wettbewerbsfreiheit stößt. Auf der einen Seite ergeben sich aus der objektiven Wertentscheidung der Wettbewerbsfreiheit staatliche Schutzpflichten, Wettbewerbsvoraussetzungen, insbesondere die Wettbewerbschancengleichheit auf einem Markt, herzustellen und zu gewahren[65]. Auf der anderen Seite greift diese auf der objektiv-rechtlichen Funktion der Wettbewerbsfreiheit beruhende, staatliche Netzzugangsregulierung zugleich in die Wettbewerbsfreiheit des verpflichteten Unternehmens ein, da die Wettbewerbsposition des auf Netzzugang in Anspruch genommenen Unternehmens dadurch verschlechtert wird und somit seine Erwerbs- und Absatzmöglichkeit auch reduziert wird. In diesem Zusammenhang weist *R. Scholz* deutlich darauf hin, dass

---

[61] So auch OVG Münster, Beschl. v. 7. 2. 2000 = NVwZ 2000, S. 701.

[62] BVerfGE 32, 311 (317); 46, 120 (137 f.).

[63] Vgl. *K. Stern/J. Dietlein* (Fn. 34), S. 319.

[64] *H. C. Nipperdey/H. Schneider*, Die Steuerprivilegien der Sparkassen, 1966, S. 73.

[65] Siehe oben Dritter Teil, § 6 IV 2 d).

einer solchen staatlichen Wettbewerbspolitik mit anderen Worten sowohl der Charakter der *grundrechtsfördernden Gestaltung* als auch der Charakter des *potentiellen Grundrechtseingriffs* eigentümlich sei[66].

*d) Die Vertragsfreiheit*

Schließlich greifen der Kontrahierungszwang zur besonderen Netzzugangsvereinbarung nach § 35 Abs. 1 TKG und die Verankerung bestimmter Bestandteile in einer derartigen Netzzugangsvereinbarung nach § 5 Abs. 2 NZV ferner in die „Vertragsfreiheit" des verpflichteten Netzbetreibers ein. Die Vertragsfreiheit wird thematisch als Element der Unternehmerfreiheit bezeichnet und im gewerblichen Kontext grundrechtlich auch vom Art. 12 Abs. 1 GG erfasst[67]. Zu beachten ist, dass es hierbei nicht nur um den Eingriff in die Freiheit des Vertragsabschlusses, sondern auch in gewissem Maße um den Eingriff in die inhaltliche Gestaltungsfreiheit geht. Denn das verpflichtete Unternehmen kann weder seinem Willen entsprechend den Vertragpartner wählen noch die wesentlichen Vertragstatbestande bestimmen.

*e) Die Freiheit der Berufswahl?*

Da der marktbeherrschende Netzbetreiber nach §§ 33 Abs. 1 und 35 Abs. 1 TKG gezwungen wird, Wettbewerbern sein intern genutztes Telekommunikationsnetz oder Teile desselben *zusätzlich* zur Verfügung zu stellen, handelt es sich hierbei um eine „Tätigkeitserweiterung"[68]. In der Literatur wird gelegentlich die Auffassung vertreten, der entbündelte Netzzugang nach §§ 33 ff. TKG und § 2 NZV stelle einen Eingriff in die Berufs*wahl*freiheit des verpflichteten Netzbetreibers dar[69], da „die genannten Regelungen das betroffene Unternehmen, de facto also die Deutsche Telekom AG dazu verpflichten, ihre Netzinfrastruktur sowie insbesondere auch seine bislang intern genutzten Leistungen, womöglich aber auch sonstige Leistungen, nunmehr in entbündelter Form auf dem Markt

[66] *R. Scholz*, Entflechtung und Verfassung, 1981, S. 98.

[67] Zur grundrechtlichen Verortung der Vertragsfreiheit ausführlich vgl. *W. Höfling*, Vertragsfreiheit. Eine grundrechtsdogmatische Studie, 1991, S. 4 ff.; zum Verhältnis zwischen Vertragsfreiheit und Wettbewerbsordnung vgl. *E.-J. Mestmäcker*, Recht und ökonomisches Gesetz. Über die Grenzen von Staat, Gesellschaft und Privatautonomie, 1978, S. 320 ff.

[68] Vgl. *P. J. Tettinger* (Fn. 52), Art. 12, Rn. 61; zum Gegenbeispiel für eine Tätigkeitseinschränkung durch die UMTS-Lizenzvergabe nach § 11 TKG vgl. *B. Varadinek*, Rechtmäßigkeit des UMTS-Lizenzvergabeverfahrens im Hinblick auf das TKG und Art. 12 GG, CR 2001, S. 17 (23).

[69] Vgl. *K. Stern/J. Dietlein* (Fn. 34), S. 320 f.; speziell für die Entbündelungspflichten in der Energiewirtschaft vgl. *R. Scholz/S. Langer*, Europäischer Binnenmarkt und Energiepolitik, 1992, S. 265 f.

anzubieten“[70]. Dies führe dazu, dass das vom betroffenen Unternehmen autonom geprägte Berufsbild durch die gesetzliche Verpflichtung zur Funktionstrennung „inhaltlich umgeprägt“ worden sei. Es handele sich hierbei deshalb nicht nur um den Eingriff in die Berufsausübung, sondern auch um den Eingriff in die Berufs*wahl*, wobei der Grundrechtsträger gezwungen werde, einen *anderen* Geschäftsbetrieb zu eröffnen[71]. Dieses äußerlich als Eingriff in die Berufsausübungsfreiheit qualifizierte, gesetzliche Entbündelungsgebot schlage im Ergebnis auf die Freiheit der Berufswahl durch[72].

Dieser Ansatz ist freilich zweifelhaft. Festzuhalten ist, dass jede Berufsausübungsregelung in der Tat eine gewisse inhaltliche Umprägung des autonom geprägten Berufsbildes betrifft, da der Betroffene dadurch gezwungen wird, seinerseits das erwünschte Verhalten zu verhindern oder das unerwünschte Verhalten einzuhalten. Eine scharfe Trennlinie zwischen der Berufsausübungsregelung und Berufswahlbestimmung liegt, wie das BVerfG auch anerkannt hat, nicht vor[73]. Maßgeblich ist, ob ein zusätzliches übernommenes Tätigkeitsfeld lediglich als „integrative Modalität“ eines bereits ausgeübten Berufes oder als Zuwahl eines „eigenständigen Zweitberufes“ anzusehen ist[74].

Nach § 2 NZV i.V.m. § 35 TKG wird der marktbeherrschende Netzbetreiber verpflichtet, Wettbewerbern Zugang zu allen Teilen seines Telekommunikationsnetzes einschließlich des Zugangs zu den Teilnehmeranschlussleitungen *in einer Weise* zu gewähren, dass „keine Leistungen abgenommen werden müssen, die nicht nachgefragt werden“. Diese Vorgabe der Funktionstrennung ändert jedoch nichts daran, dass das verpflichtete Unternehmen nach der eigenen Vorstellung seine Telekommunikationsdienstleistungen auf der Basis des eigenen Telekommunikationsnetzes auf dem Markt anbietet. Das Entbündelungsgebot zu Gunsten der Wettbewerber bezieht sich lediglich auf eine „Modalität“ von Telekommunikationsdienstleistungen, die sich noch im Rahmen des vom betroffenen Unternehmen autonom geprägten Berufsbildes bewegen.

---

[70] *K. Stern/J. Dietlein* (Fn. 34), S. 321.

[71] *K. Stern/J. Dietlein* (Fn. 34), S. 320 f; Zur Freiheit der inhaltlichen Berufsprägung des Einzelnen näher vgl. *R. Scholz/S. Langer* (Fn. 69), S. 265; *R. Scholz* (Fn. 54), Art. 12, Rn. 263 ff.

[72] *R. Scholz/S. Langer* (Fn. 69), S. 266, die in Bezug auf die Entbündelungspflichten der GemVGas-RL darauf hingewiesen haben, dass die „Umprägung“ real bestehender, wirtschaftsfreiheitlich geprägter Berufe und eine entsprechende Lenkung der betroffenen Unternehmen in andere als die ausgeübten Berufe eingreifen würden. Die Funktionentrennung stelle daher einen Eingriff in die Freiheit der Berufsausübung nur der *äußeren* Form nach, der materiellen Wirkung nach jedoch einen auf die Freiheit der Berufswahl durchschlagenden Eingriff dar.

[73] Vgl. BVerfGE 7, 377 (415 ff.); 11, 30 (42 f.); 30, 292 (313 f.); 61, 291 (309); 82, 209 (229); 87, 363 (382 ff.); s. auch *G. Manssen*, in: v. Mangoldt/Klein/ Pestalozza (Hrsg.), Bonner Grundgesetz, Bd. 1, 4. Aufl., 1999, Art. 12, Rn. 47.

[74] So *P. J. Tettinger* (Fn. 52), Art. 12, Rn. 61.

Folgt man der hier vertretenen Auffassung, kann man den Schluss ziehen, dass die Netzzugangsregelungen in §§ 33 ff. TKG nicht den marktbeherrschenden Netzbetreiber zur Eröffnung eines eigenständigen, völlig neuen Geschäftsbetriebs verpflichten. Sie stellen ausschließlich Berufsausübungsregelungen dar. Das vom verpflichteten Netzbetreiber autonom geprägte Berufsbild als „Telekommunikationsunternehmen" bleibt inhaltlich unverändert[75].

*f) Zwischenergebnis*

Insgesamt ist festzuhalten, dass die Netzzugangsgewährungsverpflichtung nach §§ 33 ff. TKG in die Berufsausübungs-, Wettbewerbs- und Vertragsfreiheit des verpflichteten Netzbetreibers eingreift. Die betroffenen Freiheiten fallen einheitlich unter den Schutzbereich des Grundrechts der Berufsfreiheit nach Art. 12 Abs. 1 GG.

*2. Eingriff in die Eigentumsgarantie des Art. 14 Abs. 1 GG*

Neben der Berufs- und Gewerbefreiheit des Art. 12 Abs. 1 GG ist insbesondere die Eigentumsgarantie nach Art. 14 Abs. 1 GG für die grundrechtliche Beurteilung der Netzzugangsgewährungspflichten von hervorgehobener Bedeutung. Zwar ist allgemein anerkannt, dass Art. 14 Abs. 1 S. 1 GG gegenstandsbezogen und bestandsschützend das Erworbene, das Ergebnis einer Betätigung, schützt, während Art. 12 GG personenbezogen und zukunftsorientiert den Erwerb, die Betätigung selbst, garantiert[76]. Aber dies bedeutet nicht, dass sich die Berufsfreiheit des Art. 12 Abs. 1 GG und die Eigentumsgarantie des Art. 14 Abs. 1 S. 1 GG völlig ausschließen. *Scholz/Langer* haben zu Recht klargestellt, dass „zwischen beidem allerdings nur bedingt ein Gegensatz besteht. Häufig geht es nur um einen zeitlich-phasenmäßigen Unterschied in der jeweiligen Freiheitsbetätigung, als nicht um einen auch qualitativen Rechtsunterschied"[77].

Die Netzzugangsregelungen der §§ 33 ff. TKG und der NZV verpflichtet nicht nur einen Netzbetreiber, der über eine marktbeherrschende Stellung auf einem Markt verfügt, seine unternehmerische Tätigkeit *in bestimmter Weise* vorzunehmen. Es handelt sich hierbei vielmehr auch um eine „Idealkonkurrenz" zwischen der unternehmerischen Betätigung einerseits und dem wirtschaftlich genutzten Eigentum andererseits[78], wobei die Handlungsverpflichtung des be-

---

[75] In diese Richtung auch *H. D. Jarass*, in: ders./Pieroth, GG, 5. Aufl., 2000, Art. 12, Rn. 26: „Erweiterung der Berufstätigkeit betrifft regelmäßig nur die Ausübung".

[76] Vgl. BVerfGE 30, 292 (335); 84, 133 (957); 88,366 (377).

[77] *R. Scholz/S. Langer* (Fn. 69), S. 256.

[78] So auch *K. Stern/J. Dietlein* (Fn. 34), S. 322; zur Idealkonkurrenz vgl. BVerfGE 8, 71 (79 ff.); 21, 150 (154 f.); 50, 290 (339 ff.); aus der Literatur vgl. *R. Breuer*, Freiheit des Berufs, in: Isensee/Kirchhof (Hrsg.), HdbStR VI, 1989, § 147, Rn. 100; *R. Scholz* (Fn. 54), Art.

troffenen Unternehmens durch die Gestattung einer konkurrentennützigen Mitbenutzung an seinem Telekommunikationsnetz erfüllt wird. Daraus folgt, dass das Nebeneinander von Berufsfreiheit des Art. 12 Abs. 1 GG und Eigentumsgarantie des Art. 14 Abs. 1 GG jedenfalls im vorliegenden Zusammenhang anerkannt wird. Insofern lässt sich die Netzzugangsregulierung, wie OVG Münster ausdrücklich feststellt, nicht nur als *berufsrelevante* Staatsmaßnahmen, sondern auch als *eigentumsrelevante* ansehen[79]. Aus dem gleichen Grund stellt die parallele Auseinandersetzung über die Verfassungsmäßigkeit der Durchleitung im Bereich der Energiewirtschaft auch den Schwerpunkt in den Eigentumsschutz von Netzinhabern[80].

*a) Eigentum am Telekommunikationsnetz*

Art. 14 Abs. 1 S. 1 GG gewährleistet das Eigentum. Der Begriff „Eigentum" wird nicht unmittelbar durch das Grundgesetz selbst konstituiert. Vielmehr weist Abs. 14 Abs. 1 S. 2 GG dem einfachen Gesetzgeber eine „Definitionskompetenz" bezüglich Inhalt und Umfang des Eigentums zu. Demgemäß werden nach allgemeiner Auffassung in Rechtsprechung und Literatur als Eigentum i.S. des Grundrechts generell alle „einfachgesetzlich ausgestalteten[81], erworbenen und bestehenden vermögenswerten Rechtspositionen" des Bürgers verstanden, die dem Einzelnen die Entfaltung und eigenverantwortliche Lebensgestaltung ermöglichen[82]. Dazu gehört neben dem sachenrechtlichen Eigentumsbegriff auch eine Vielzahl von privatrechtlich und öffentlich-rechtlich geschützten Rechten und Ansprüchen[83].

*aa) Postreform und Eigentumsgarantie*

Von der Frage nach dem konkreten Umfang des Eigentumsgegenstandes abgesehen, bestehen nach der heutigen Rechtslage keine Bedenken dagegen, dass die Telekommunikationsnetzinfrastruktur als *Sache* jedenfalls „Eigentum" i.S.d. Art. 14 GG ist. Dieser Festlegung liegt die eigentumsrechtliche Auswirkung der Aufgabenprivatisierung zugrunde. Bis zur Postreform I von 1989 wurde das Privateigentum am öffentlichen Telekommunikationsnetz noch gesetzlich ausgeschlossen. Die Errichtung und der Betrieb von Fernmeldeanlagen verblieben

---

12, Rn. 113, 122 ff.; *W. Kahl,* Die Schutzergänzungsfunktion von Art. 2 Abs. 1 Grundgesetz. Zugleich ein Beitrag zur Lehre der Grundrechtskonkurrenzen, 2000, S. 25 ff.

[79] OVG Münster, Beschl. v. 7. 2. 2000 = NVwZ 2000, S. 701.

[80] Vgl. *M. Schmidt-Preuß* (Fn. 15), Verfassungskonflikt um die Durchleitung?, S. 1 ff.; *H.-J. Papier*, Durchleitungen und Eigentum, BB 1997, S. 1213 ff.; *ders.* (Fn. 23), S. 13 ff.

[81] BVerfGE 58, 300 (336).

[82] BVerfGE 51, 193 (218).

[83] Hierzu näher vgl. *F. Ossenbühl*, Staatshaftungsrecht, 5. Aufl., 1998, S. 149 ff.

ausschließlich dem Bund. Das Telekommunikationsnetz der Deutschen Bundespost wurde noch als „Staatseigentum" betrachtet. Der Staat und juristische Personen des öffentlichen Rechts können zwar Eigentümer i.S. des *Privatrechts* sein. Aber unter dem Gesichtspunkt der Funktion des grundrechtlichen Eigentums, dem Grundrechtsträger einen „Freiheitsraum im vermögensrechtlichen Bereich" zu sichern[84], schützt die Eigentumsfreiheit nach Art. 14 Abs. 1 GG nur das Eigentum *Privater*. Das „Eigentum der öffentlichen Hand" steht keineswegs wie das Privateigentum in einer besonderen „grundrechtstypischen Gefährdungslage" und ist thematisch vom Schutzgegenstand des Art. 14 GG ausgeschlossen[85].

Mit der Postreform I hat sich die Rechtslage hinsichtlich des Eigentums am Telekommunikationsnetz geändert. Bereits im Rahmen des Funkanlagenmonopols wurde das Eigentum Privater an Funkanlagen durch die Ausnahmevorschrift des § 2 Abs. 1 FAG von 1989 zugelassen. Nach der gesetzlichen Abschaffung des Netzmonopols zum 1. 8. 1996 und des Sprachtelefondienstmonopols zum 1. 1. 1998 können zunächst Übertragungswege einschließlich der zugehörigen Abschlusseinrichtungen und später auch das der Vermittlung von Sprache für andere dienende Telekommunikationsnetz von Privatrechtspersonen errichtet und betrieben werden. Die seitdem von privaten Netzbetreibern errichteten Übertragungswege und technischen Einrichtungen werden als „Eigentum Privater" qualifiziert und fallen demzufolge in den Schutzbereich der Eigentumsgarantie des Art. 14 Abs. 1 GG[86].

### *bb) Das Netzeigentum der Deutschen Telekom AG*

Der Grundrechtsschutz des Eigentums am Telekommunikationsnetz gilt auch in vollem Umfang für die Deutsche Telekom AG. Nach § 2 Abs. 1 PostUmwG hat sie als Rechtsnachfolgerin des Teilsondervermögens der DBP TELEKOM die gesamte unternehmerische Vermögensposition übernommen und ist die neue Eigentümerin des vorhandenen Telekommunikationsnetzes, das bislang am Teilsondervermögen der DBP TELEKOM zugeordnet wurde[87]. Mit dem Wegfall des Netzmonopols zum 1. 8. 1996 und des Sprachtelefondienstmonopols zum 1. 1. 1998 stellen die Errichtung und der Betrieb von Übertragungswegen und Festnetzen endgültig privatwirtschaftliche Betätigungen dar. Die Deutsche Tele-

---

[84] BVerfGE 50, 290 (339).

[85] BVerfGE 61, 82 (108 f.); a.A. *J. Wieland*, in: H. Dreier (Hrsg.), GG, Kommentar, Bd. I, 1996, Art. 14, Rn. 62; zur verfassungsrechtlichen Problematik des Staatseigentums vgl. *J. Burmeister*, Über die Notwendigkeit einer neuen „Theorie des Staatseigentums" im demokratischen Verfassungsstaat, in: Festschrift zum 125jährigen Bestehen der Juristischen Gesellschaft zu Berlin, 1984, S. 61 ff.

[86] In Bezug auf das Stromversorgungsnetz vgl. ausführlich *J.-Chr. Pielow* (Fn. 44), S. 45 ff.

[87] Zu Einzelheiten vgl. *J. Burmeister/R. Röger*, Postumwandlungsgesetz, in: K. Stern (Hrsg.), Postrecht der Bundesrepublik Deutschland, 1997, Teil F, § 2.

kom AG ist in diesen Aufgabenbereichen nicht mehr das öffentliche Unternehmen in privater Rechtsform, sondern wird als ein rein privatwirtschaftliches Unternehmen – übergangsweise ein gemischt-wirtschaftliches Unternehmen – anderen privaten Anbietern gleichgestellt.

Dieser Statuswechsel wirkte sich auch auf die Eigentumsqualität aus. Das Telekommunikationsnetz der deutschen Telekom AG wurde nämlich vom Staatseigentum ins Privateigentum umgewandelt. Es kann folglich den Eigentumsschutz des Art. 14 GG genießen. Dabei ist es für den grundrechtlichen Eigentumsschutz unerheblich, ob der Eigentümer den Eigentumsgegenstand entgeltlich oder unentgeltlich erworben hat[88]. Entscheidend ist allein, dass das Eigentum in der Hand *Privater* liegt[89]. Im Ergebnis kann festgestellt werden, dass sich der marktbeherrschende Netzbetreiber i.S. des § 35 Abs. 1 TKG einschließlich der Deutschen Telekom AG auf die Eigentumsfreiheit nach Art. 14 Abs. 1 GG berufen kann[90], soweit *sein* Eigentum am Telekommunikationsnetz durch den gesetzlichen Mitbenutzungszwang betroffen wird.

*cc) Das Telekommunikationsnetz als unternehmerisches Eigentum*

Das Telekommunikationsnetz eines Netzbetreibers kann neben dem selbständigen Sacheigentum als „unternehmerisches Eigentum" angesehen werden[91]. Unter unternehmerischem Eigentum ist eine organisatorische Einheit zu verstehen, die als wirtschaftlich zusammengehörige Funktionseinheit über die bloße Addition einzelner Vermögensgegenstände hinausreicht[92]. Im Vergleich zum Recht am eingerichteten und ausgeübten Gewerbebetrieb, das nach verbreiteter Auffassung in zivilrechtlicher Judikatur und Literatur auch als Eigentum i.S. des Art. 14 GG qualifiziert wird[93], wird unternehmerisches Eigentum im *engeren* Sinne

---

[88] In diese Richtung vgl. OVG Münster, Beschl. v. 7. 2. 2000 = NVwZ 2000, S. 701; s. auch *K. Stern/J. Dietlein* (Fn. 34), S. 322.

[89] BVerfGE 61, 82 (108 f.).

[90] Zur Grundrechtsfähigkeit juristischer Personen des Privatrechts im Hinblick auf die Eigentumsgarantie nach Art. 14 Abs. 1 GG vgl. BVerfGE 4, 7 (17); 53, 336 (345); 66, 116 (130).

[91] Vgl. *W. Leinser*, Eigentum, in: Isensee/Kirchhof (Hrsg.), HdbStR VI, 1989, § 149, Rn. 109; *F. Ossenbühl* (Fn. 53), S. 28; *Chr. Engel*, Eigentumsschutz für Unternehmen, AöR 118 (1993), S. 169 ff.; ablehnend *B.-O. Bryde*, in: v. Münch/Kunig (Hrsg.), GG, Bd. 1, 5. Aufl., 2000, Art. 14, Rn. 18 m. w. Nachw.

[92] *P. J. Tettinger*, in: ders./R. Wank, Gewerbeordnung, 6. Aufl., 1999, Einl., Rn. 18 m. w. Nachw.; vgl. auch BVerfGE 93, 165 (175).

[93] BGHZ 55, 261 (263); 98, 341 (351); 111, 349; aus dem Schrifttum vgl. *P. Badura*, Der Eigentumsschutz des eingerichteten und ausgeübten Gewerbebetriebes, AöR 98 (1973), S. 153 ff.; *ders.*, Der Eigentumsschutz des eingerichteten und ausgeübten Gewerbebetriebes gegenüber der staatlichen Intervention im Bereich der Wirtschaft, in: Festschrift zum 125jährigen Bestehen der Juristischen Gesellschaft zu Berlin, 1984, S. 1 ff.; *Chr. Engel* (Fn. 91), S. 169 ff.; zurückhaltend BVerfGE 51, 193 (221); *P. J. Tettinger* (Fn. 92), Einl., Rn. 16 f.

verstanden. Substantiell nichtbegründbare Rechte, wie etwa geschäftliche Beziehungen, der Kundenstamm, und der gute Ruf eines Unternehmens, sind vom Begriff des unternehmerischen Eigentums auszuschließen[94].

Die Schutzwürdigkeit des unternehmerischen Eigentums als eigenständige Eigentumskategorie besteht darin, dass ein Unternehmen als wirtschaftliche Funktionseinheit in der Regel wertvoller und mehr als die Summe seiner Bestandteile ist[95]. Weil die Durchführung des Netzzugangs oft gleichzeitig die Netzinfrastruktur, Einrichtungen und Betriebsgrundstücke des verpflichteten Netzbetreibers betrifft, ist das unternehmerische Eigentum als Funktionseinheit für den Rechtsschutz des verpflichteten Netzbetreibers von praktischer Bedeutung.

*b) Das exklusive Recht des Netzeigentümers*

Da die in §§ 33 ff. TKG und in NZV vorgesehene Netzzugangsregulierung den marktbeherrschenden Netzbetreiber dazu verpflichtet, Wettbewerbern entbündelten Zugang zu allen Teilen seines Telekommunikationsnetzes einschließlich des entbündelten Zugangs zu den Teilnehmeranschlussleitungen zu gewähren, berührt sie das exklusive Recht des in Dienst genommenen Netzbetreibers[96]. Unter dem exklusiven Recht ist das Recht des Eigentümers zu verstehen, anderen Rechtssubjekten Einwirkungen auf das ihm zugeordnete Eigentumsobjekt verbieten zu dürfen. In diesem Sinne lässt sich auch gelegentlich im Schrifttum vom „Verbotsrecht“ sprechen[97]. Das exklusive Recht des Eigentümers kommt einfachrechtlich bereits in § 903 S. 1 BGB zum Ausdruck, wonach der Eigentümer einer Sache, soweit nicht das Gesetz oder Rechte Dritter entgegenstehen, mit der Sache nach Belieben verfahren und andere von jeder Einwirkung ausschließen kann. Aus verfassungsrechtlicher Sicht ist es auch völlig unbestritten, dass die Exklusivität des Eigentums dem Schutzbereich der Eigentumsgewährleistung nach Art. 14 Abs. 1 GG zugeordnet wird[98].

Das exklusive Recht des Eigentümers hängt häufig mit anderen Rechten des Eigentümers zusammen[99]. Beispielsweise stellt die Exklusivität des Nutzungsrechts eine Form von verfassungsrechtlichem Eigentumsschutz dar. Es handelt sich hierbei darum, dass der Eigentümer das Recht hat, ohne Mitbenutzung Drit-

---

[94] *P. J. Tettinger* (Fn. 92), Einl., Rn. 17.

[95] *Chr. Engel* (Fn. 91), S. 177, 215.

[96] Vgl. OVG Münster, Beschl. v. 7. 2. 2000 = NVwZ 2000, S. 701; *K. Stern/J. Dietlein* (Fn. 34), S. 323; *U. Hösch*, Eigentum und Freiheit. Ein Beitrag zur inhaltlichen Bestimmung der Gewährleistung des Eigentums durch Art.14 Abs.1 Satz 1 GG, 2000, S. 44 f., 163.

[97] *U. Hösch* (Fn. 96), § 3, insbesondere S. 138 f.

[98] Vgl. *J.-R. Sieckmann*, Modelle des Eigentumsschutzes. Eine Untersuchung zur Eigentumsgarantie des Art. 14 GG, 1998, S. 91 ff.

[99] Vgl. im Einzelnen *J.-R. Sieckmann* (Fn. 98), S. 90 ff.

ter Nutzungshandlungen hinsichtlich des Eigentumsgegenstands vorzunehmen oder nicht vorzunehmen[100]. Gleiches gilt auch für die Exklusivität des Verfügungsrechts[101].

Zusammenfassend kann festgehalten werden, dass die telekommunikationsrechtliche Netzzugangsgewährungspflicht in das Recht des verpflichteten Netzbetreibers eingreift, Dritten, insbesondere Konkurrenten, Zugang zum eigenen Netzeigentum zu verbieten. Da das exklusive Recht des Eigentümers in den Schutzbereich des Eigentums nach Art. 14 Abs. 1 S. 1 GG fällt, stellen die Netzzugangsregelungen der §§ 33 ff. TKG letztlich einen Eingriff in Art. 14 Abs. 1 S. 1 GG dar[102]. Dies gilt auch für die physische Kollokation nach § 3 Abs. 2 S. 1 NZV. Es handelt sich dabei nicht um die Einwirkung auf das Netzeigentum, sondern die Einwirkung auf die *Grundstücke* des Zugang gewährenden Netzbetreibers. Durch diese räumliche Zugangsgewährungsverpflichtung wird das exklusive Recht des Grundstückeigentümers aus Art. 14 Abs. 1 S. 1 GG beeinträchtigt.

### *c) Der Eingriffscharakter der Netzzugangsregulierung*

Noch zu klären bleibt, ob sich die staatliche Netzzugangsregulierung im TKG dogmatisch als Inhaltsbestimmung des Eigentums oder als Enteignung darstellt. Vom Wortlaut des Art. 14 GG her lässt sich hinsichtlich *rechtlicher* Eingriffsformen zwischen der Inhalts- und Schrankenbestimmung i.S.d. Art. 14 Abs. 1 S.

---

[100] Zur Anerkennung des Nutzungsrechts als Eigentumssubstanz des Art. 14 GG vgl. BVerfGE 79, 292 (304); 84, 382 (384); 91, 294 (308); ferner OVG Münster, Beschl. v. 7. 2. 2000 = NVwZ 2000, S. 701; aus der Literatur vgl. *H.-J. Papier* (Fn. 23), Art. 14, Rn. 366; *M. Schmidt-Preuß,* Die Gewährleistung des Privateigentums durch Art. 14 GG im Lichte aktueller Probleme, AG 1996, S. 1 (6); *F. Ossenbühl*, Eigentumsschutz gegen Nutzungsbeschränkungen, in: Festschrift für W. Leisner zum 70. Geburtstag, 1999, S. 689 (690 f.), der die Nutzungsgarantie des Eigentums ebenso wie den Bestandsschutz als „Eigentumskern" ansieht. Sichtbarer s. auch Art. 1 Abs. 2 des Ersten Zusatzprotokolls zur EMRK und vor allem Art. 17 Abs. 1 S. 1 der Charta der Grundrechte der Europäischen Union: „Jede Person hat das Recht, ihr rechtmäßig erworbenes Eigentum zu besitzen, zu *nutzen*, darüber zu verfügen und es zu vererben". Hierzu vgl. *P. J. Tettinger*, Die Charta der Grundrechte der Europäischen Union, NJW 2001, S. 1010 (1014); a.A. *U. Hösch* (Fn. 96), S. 156 ff., der die Auffassung vertritt, dass die Gewährleistung des Eigentums nur die Zuordnung des Eigentumsobjekts und das Recht, Einwirkungen auf das Eigentumsobjekt verbieten zu dürfen, erfasse. Die Möglichkeit und das Maß, die Eigentumsobjekte zu benutzen, sei keine Frage des Schutzbereiches von Art. 14 Abs. 1 S. 1 GG, weil es nicht um die Möglichkeit gehe, Einwirkung Dritter auf das Objekt abzuwehren.

[101] Zur Verfügungsbefugnis des Eigentümers vgl. BVerfGE 52, 1 (30); 79, 292 (303); 83, 209 (210 f.); 84, 382 (384); 88, 366 (384); 89, 1 (6).

[102] Das gleiche Ergebnis gilt auch für die energiewirtschaftsrechtliche Durchleitungsregelung. Hierzu vgl. *M. Schmidt-Preuß* (Fn. 15), S. 3; *H.-J. Papier* (Fn. 23), S. 17 f.; *ders.* (Fn. 80), Durchleitungen und Eigentum, S. 1214.

2 GG einerseits und der Enteignung i.S.d. Art. 14 Abs. 3 GG andererseits strikt differenzieren[103]. Diese Differenzierung gewinnt in erster Linie auf der Ebene der Eingriffsrechtfertigung Bedeutung, weil je nach der Einordnung unterschiedliche verfassungsrechtliche Anforderungen zu erfüllen sind, um den Eingriff in die Eigentumsgarantie zu rechtfertigen. Auf den grundrechtlichen Rechtfertigungsgrund der Netzzugangsregulierung wird später näher eingegangen[104].

*aa) Abgrenzungskriterium zwischen Art. 14 Abs. 1 S. 2 GG und Art. 14 Abs. 3 GG*

Das Grundgesetz selbst bietet keine Antwort für die Frage nach den Abgrenzungskriterien zwischen der Inhalts- und Schrankenbestimmung und Enteignung. Im Hinblick auf die dogmatische Entwicklung der Eigentumsgarantie lagen sowohl in der gerichtlichen Praxis als auch im Schrifttum vielfältige Ansätze vor. Im Vordergrund standen die sog. „Schwellen- bzw. Umschlagtheorie", nach denen die Einordnung einer staatlichen Eingriffsmaßnahme als Inhaltsbestimmung des Art. 14 Abs. 1 S. 2 GG oder als Enteignung des Art. 14 Abs. 3 GG von der Schwere und Zumutbarkeit des Eingriffs abhängig war. Ein eigentumseingreifendes Gesetz war als Enteignung anzusehen, wenn die Schwelle zur Enteignung überschritten war[105].

Im Gegensatz zu den früheren materiellen Theorien ist heute das vom BVerfG vertretene, vor allem im sog. Nassauskiesungsbeschluss deutlich klargestellte „formale" Kriterium für die Abgrenzung zwischen Inhaltsbestimmung und Enteignung maßgeblich. Demnach legen Inhalts- und Schrankenbestimmungen generell und abstrakt die Rechte und Pflichten des Eigentümers, also den „Inhalt" des Eigentums, fest, während die Enteignung durch Gesetz (Legalenteignung) oder aufgrund eines Gesetzes (Administrativenteignung) einem bestimmten oder bestimmbaren Personkreis konkrete Eigentumsrechte entzieht, die aufgrund der allgemein geltenden Gesetze i.S.d. Art. 14 Abs. 1 S. 2 GG rechtmäßig erworben worden sind[106]. Inhaltsbestimmung, Legalenteignung und Administrativenteignung seien jeweils *eigenständige* Rechtsinstitute, die das Grundgesetz deutlich voneinander absetzt[107].

Es stellt sich weiter die Frage, ob eine auf die Inhaltsbestimmung des Eigentums abzielende objektiv-rechtliche Regelung dogmatisch zugleich als Enteignung qualifiziert werden kann. Das BVerfG hatte dies zunächst bejaht und aus-

---

[103] Zu Formen des Eigentumseingriffs allg. vgl. *H. D. Jarass* (Fn. 75), Art. 14, Rn. 26 ff.

[104] Siehe unten Dritter Teil, § 7 III 2 b).

[105] Vgl. hierzu *F. Ossenbühl* (Fn. 83), S. 169 ff.; *ders.*, Verfassungsrechtliche Fragen eines Ausstiegs aus der friedlichen Nutzung der Kernenergie, AöR 124 (1999); S. 1 (9 ff.).

[106] BVerfGE 58, 300 (330 f.); ferner vgl. BVerfGE 24, 367 (395 f.); 45, 297 (325 f.); 52, 1 (27); 100, 226 (239 f.).

[107] BVerfGE 58, 300 (331); 83, 201 (211 f.); 100, 226 (239 f.).

geführt: „Inhaltsbestimmung, Legalenteignung und Administrativenteignung sind jeweils eigenständige Rechtsinstitute, die das Grundgesetz deutlich voneinander absetzt. Das schließt jedoch nicht aus, daß eine neue, für die Zukunft geltende objektiv-rechtliche Regelung im Sinne des Art. 14 Abs. 1 Satz 2 GG zugleich eine Legalenteignung bewirkt, weil und soweit sie subjektive Rechte entzieht, die der Einzelne aufgrund des alten Rechts ausgeübt hat"[108]. Demgemäß konnte eine objektiv-rechtliche Regelung für Neueigentümer Inhaltsbestimmung und zugleich für Alteigentümer Legalenteignung sein.

Dieser ausnahmsweise gegebene Doppelcharakter eines eigentumsrelevanten Gesetzes wurde später vom BVerfG selbst wieder ausgeschlossen. „Reformgesetze, die das Eigentum neu definieren, werden *schlechthin* und *ausnahmslos* als Inhaltsbestimmungen qualifiziert"[109]. Die Inhalt und Schranken des Eigentums festlegenden Regelungen erhalten auch dann keinen enteignenden Charakter, selbst wenn sie im Einzelfall die Eigentümerbefugnisse über das verfassungsrechtlich zulässige Maß hinaus einschränken[110]. Daraus folgt, dass Inhaltsbestimmung und Enteignung „ausnahmslos" voneinander getrennt werden. Die Enteignung i.S.d. Art. 14 Abs. 3 GG liegt nach der neuen Dogmatik der Eigentumsgarantie nur vor, wenn konkrete subjektive Eigentumspositionen vollständig oder teilweise durch einen Rechtsakt *gezielt*, *konkret* und *individuell* entzogen werden[111].

#### *bb) Die Netzzugangsregelungen als Inhalts- und Schrankenbestimmung i.S.d. Art. 14 Abs. 1 S. 2 GG*

Anhand der Auffassung des BVerfG ist festzustellen, dass das Telekommunikationsnetz des Netzbetreibers durch ein generelles und abstraktes „Gesetz", nämlich die Netzzugangsregelungen der §§ 33 ff. TKG, in die Pflicht zur Mitbenutzung von Wettbewerbern genommen wird. Die Netzzugangsgewährungsverpflichtung des marktbeherrschenden Netzbetreibers stellt sich damit als *Inhalts- und Schrankenbestimmung* i.S.d. Art. 14 Abs. 1 S. 2 GG dar[112]. Der Inhalt und Umfang der Privatnützigkeit des Netzeigentums und der Verfügungsbefugnis des Eigentümers werden somit durch diese fremdnützigen Netzzugangsregelungen in allgemeiner Form bestimmt. Dem einfachen Gesetzgeber wird zwar gem. Art. 14 Abs. 1 S. 2 GG die Befugnis der Ausgestaltung über den Inhalt und Umfang des Eigentums zugewiesen. Aber er darf diese Befugnis nicht nach Belieben ausüben, sondern muss sich im Rahmen des Grundgesetzes bewegen. Unter

[108] BVerfGE 45, 297 (332); 52, 1 (28); 58, 300 (301 f.).

[109] BVerfGE 83, 201 (211); hierzu vgl. *F. Ossenbühl*, Inhaltsbestimmung des Eigentums und Enteignung, JuS 1993, S. 200.

[110] BVerfG, Beschl. v. 16. 2. 2000 = DÖV 2000, S. 867.

[111] Zum enteignungsgleichen und enteignenden Eingriff ausführlich *F. Ossenbühl* (Fn. 83), 5. und 6. Teil.

[112] So auch *K.-M. Fuhr/B. Kerkhoff* (Fn. 32), S. 10; *K. Stern/J. Dietlein* (Fn. 34), S. 323 ff.

diesem Gesichtspunkt ist es anerkannt, dass eine inhaltsbestimmende Vorschrift des einfachen Gesetzgebers auch in das Eigentum nach Art. 14 GG eingreifen kann und ihre Verfassungsmäßigkeit der verfassungsgerichtlichen Kontrolle unterliegt[113]. Diese Betrachtung entspricht der fachgerichtlichen Rechtsprechung, nach der Nutzungsbeschränkungen als Inhaltsbestimmungen des Eigentums kategorisiert werden[114].

#### *d) Zwischenergebnis*

Die Netzzugangsregelungen in §§ 33 ff. TKG und der NZV enthalten einen Eingriff in die Eigentumsfreiheit des verpflichteten Netzbetreibers. Es handelt sich dabei um die Inhalts- und Schrankenbestimmung i.S.d. Art. 14 Abs. 1 S. 2 GG. Das exklusive Nutzungsrecht des Netzeigentümers wird durch die gesetzliche Netzzugangsgewährungsverpflichtung in genereller und abstrakter Weise beschränkt.

### *3. Beeinträchtigung des allgemeinen Gleichheitssatzes gem. Art. 3 Abs. 1 GG*

Schließlich betreffen die Netzzugangsregelungen in §§ 33 ff. TKG das Gebot des allgemeinen Gleichheitssatzes in Art. 3 Abs. 1 GG. Nach der Rechtsprechung des BVerfG ist der Gleichheitssatz dann verletzt, wenn „sich ein vernünftiger, sich aus der Natur der Sache ergebender oder sonst sachlich einleuchtender Grund für die gesetzliche Differenzierung oder Gleichbehandlung nicht finden lässt“ [115]. Mit anderen Worten verlangt der allgemeine Gleichheitssatz grundsätzlich, dass der Staat, insbesondere der Gesetzgeber, Gleiches gleich und Ungleiches ungleich behandelt[116].

Durch die „asymmetrische“ Netzzugangsregulierung zulasten marktbeherrschender Netzbetreiber werden marktbeherrschende und nicht-marktbeherrschende Netzbetreiber durch das TKG ungleich behandelt. Die Netzzugangsgewährungspflicht aus § 35 TKG ist ausschließlich an *marktbeherrschende* Netzbetreiber adressiert. *Nicht*-marktbeherrschende Netzbetreiber werden dagegen nicht durch das TKG verpflichtet, Wettbewerbern ihre Telekommunikationsnetze zur Verfügung zu stellen. Es handelt sich hierbei um eine Differenzierung nach *personenbezogenen* Merkmalen. Nach der vom BVerfG seit 1980 verwen-

---

[113] Vgl. *M. Jestaedt*, Grundrechtsentfaltung im Gesetz, 1999, S. 30 ff.; *U. Battis*, Zur Bestimmung von Inhalt und Schranken des Eigentums durch Gesetzgeber und Gerichte, in: Festschrift für Walter Leisner zum 70. Geburtstag, 1999, S. 679 ff.; zu Prüfungsgrenzen der Gerichte für eigentumsbeschränkende Vorschriften des einfachen Gesetzgebers vgl. BVerfGE 37, 132 (145, 148); 53, 352 (357 f.); BVerfG, Urteil v. 25. 8. 1999 = RdE 2000, S. 22 (24).
[114] Vgl. *F. Ossenbühl* (Fn. 100), S. 692, Fn. 13 m. w. Nachw.
[115] BVerfGE 1, 14 (52); 61, 138 (147); 68, 237 (250); 83, 1 (23); 89, 132 (141).
[116] BVerfGE 3, 58 (135 f.).

deten, sog. „neuen Formel" sind über das Willkürverbot hinausgehende, strenge Anforderungen an die Rechtfertigung der Ungleichbehandlung von Personengruppen geboten[117].

### *4. Ergebnis*

Insgesamt ist festzuhalten, dass die konkurrentennützigen Netzzugangsregelungen nach §§ 33 ff. TKG und der NZV einen Eingriff in die Berufsfreiheit des Art. 12 Abs. 1 GG und die Eigentumsfreiheit des Art. 14 Abs. 1 S. 1 GG des verpflichteten Netzbetreibers und eine Beeinträchtigung des allgemeinen Gleichheitssatzes des Art. 3 Abs. 1 GG darstellen.

## III. Die verfassungsrechtliche Rechtfertigung der Netzzugangsregulierung

Die grundrechtsrelevante wettbewerbsbegründende Netzzugangsregulierung in Gestalt der Inpflichtnahme des marktbeherrschenden Netzbetreibers und seines Netzeigentums wird dann verfassungsrechtlich gerechtfertigt, wenn sich die rechtsstaatlichen Rechtfertigungsanforderungen erfüllen lassen. Das Grundgesetz erkennt zwar keine Schrankenbestimmung an, die für alle Grundrechte generell gilt. Es kommt vielmehr auf das einzelne Grundrecht an. Aber im Hinblick auf die Berufsfreiheit und die Eigentumsgarantie, welche hier betroffen sind, geht das BVerfG in ständiger Rechtsprechung davon aus, dass schrankenrechtlich wesentliche Identität zwischen Art. 12 und Art. 14 besteht[118]. Sie gehören nämlich zu Grundrechten mit schlichten Gesetzesvorbehalten.

### *1. Vorbehalt des Gesetzes*

In formeller Hinsicht erfordert der demokratische und rechtsstaatliche Gesetzesvorbehalt für staatliche Grundrechtseingriffe eine gesetzliche Grundlage. Sowohl die Berufsfreiheit als auch die Eigentumsfreiheit gehören thematisch zu den „Grundrechten mit einfachem Gesetzesvorbehalt", bei denen ein allgemeiner Gesetzesvorbehalt für Eingriffe in das Grundrecht von Grundgesetzes wegen ausreicht. Art. 12 Abs. 1 S. 2 GG sieht vor, dass die Berufsausübung „durch Gesetz" oder „auf Grund eines Gesetzes" geregelt werden kann. Auch Art. 14 Abs. 1 S. 2 GG bringt zum Ausdruck, dass Inhalt und Schranken „durch Gesetze" bestimmt werden.

---

[117] Dazu siehe unten Dritter Teil, § 7 III 3.
[118] BVerfGE 8, 71 (79 ff.); 21, 150 (154 f.); 50, 290 (339 ff.).

Dem Bund steht gem. Art. 73 Nr. 7 GG die ausschließliche Gesetzgebungskompetenz für die Telekommunikation zu. Insofern bestehen mit Blick auf die Gesetzgebungskompetenz des Bundes für das Telekommunikationsgesetz keine Bedenken. Die Netzzugangsgewährungspflicht aus §§ 33 ff. TKG ist folglich formell verfassungsmäßig.

Neben den Netzzugangsregelungen im TKG berühren die Vorgaben der NZV, insbesondere das Entbündelungsgebot nach § 2 NZV, räumlicher Zugang nach § 3 NZV, Informationspflichten nach § 4 NZV, notwendige Bestandteile der Netzzugangsvereinbarung nach der Anlage zu § 5 II NZV und die Netzzusammenschaltungsanordnung nach § 9 NZV, auch die Grundrechte des marktbeherrschenden Netzbetreibers. Hieraus ergibt sich die Besonderheit, dass nicht ein Parlamentsgesetz, sondern eine Rechtsverordnung zu Grundrechtseingriffen führt. Zwar genügen nach allgemeiner Auffassung Gesetze im materiellen Sinne für den Schrankenvorbehalt des Art. 12 Abs. 1 S. 2 und 14 Abs. 1 S. 2 GG[119]. Aber im Fall der Grundrechtseingriffe durch Rechtsverordnungen sind sowohl die Bestimmtheitsanforderungen des Art. 80 Abs. 1 GG als auch die Wesentlichkeitstheorie zu berücksichtigen. Nach Art. 80 Abs. 1 S. 2 GG müssen Inhalt, Zweck und Ausmaß der erteilten Ermächtigung im Gesetz bestimmt werden. Dementsprechend ist das Vorliegen der Anforderungen des Art. 80 Abs. 1 GG bei der Verordnungsermächtigung der § 35 Abs. 5 und § 37 Abs. 3 TKG zum Erlass der NZV nicht zu beanstanden[120].

Fraglich ist allerdings, ob die Vorgaben der NZV mit der Wesentlichkeitstheorie des BVerfG vereinbar sind[121]. Im Schrifttum bestehen gelegentlich Bedenken gegen die Vereinbarkeit des Entbündelungsgebots des § 2 NZV mit dem Parlamentsvorbehalt[122]. Das BVerfG hat in seinem sog. Facharzt-Beschluss ausgeführt, dass Regelungen, die die Freiheit der Berufs*wahl* berühren würden, vom Gesetzgeber *selbst* getroffen werden müssten[123]. Wie oben dargelegt, betrifft das Entbündelungsgebot des § 2 NZV lediglich die Freiheit der Berufsausübung. Damit ist festzuhalten, dass bei der formellen Verfassungsmäßigkeit des entbündelten Netzzugangs das Gesetz im materiellen Sinne genügt.

---

119 Vgl. *D. Ehlers*, Eigentumsschutz, Sozialbindung und Enteignung bei der Nutzung von Boden und Umwelt, VVDStRL 51 (1992), S. 211 (224).

120 Zur Zulässigkeit der blankettartigen Bezugnahme auf das Gemeinschaftsrecht bei der Verordnungsermächtigung vgl. *K. Stern/J. Dietlein*, Netzzugang im Telekommunikationsrecht (Teil 2), RTkom 1999, S. 2 (3).

121 Zur Wesentlichkeitstheorie vgl. BVerfGE 33, 1 (10 ff.); 33, 125 (158 f.); 34, 165 (192); 41, 251 (259); 58, 257 (268); 93, 1 (21 ff.); aus der Literatur neuerdings *Th. v. Danwitz*, Die Gestaltungsfreiheit des Verordnungsgebers, 1989, S. 79 ff.

122 Vgl. *K. Stern/J. Dietlein* (Fn. 120), S. 3 f.

123 BVerfGE 33, 125 (160).

### *2. Verfassungsrechtliche Grenzen der Netzzugangsregulierung im Lichte des Grundsatzes der Verhältnismäßigkeit*

Von wesentlicher Bedeutung für die materiell verfassungsrechtliche Rechtfertigung der normativen Netzzugangsregulierung ist der vom Rechtsstaatsgedanken abgeleitete Grundsatz der Verhältnismäßigkeit. Dieser lässt sich auch als „Schranken-Schranke" bezeichnen[124]. Er erfordert das Vorliegen eines legitimen Ziels[125] und die Geeignetheit, Erforderlichkeit und Proportionalität staatlichen Handelns für die Verfolgung dieses angestrebten Ziels[126]. Demzufolge ist die in §§ 33 ff. TKG vorgeschriebene Netzzugangsgewährungsverpflichtung des marktbeherrschenden Netzbetreibers nur dann materiell verfassungsmäßig, wenn sie das Gemeinwohlinteresse verfolgt und hierfür geeignet, erforderlich und zumutbar ist[127].

#### *a) Die Berufsfreiheit nach Art. 12 Abs. 1 GG*

Das BVerfG hat bereits in seinem Apotheken-Urteil die sog. „Stufentheorie" entwickelt[128], nach der die Anforderungen an die materielle Verfassungsmäßigkeit der berufseingreifenden Staatsmaßnahme von der Eingriffsintensität abhängen. Je nach dem Grad der Schwere des Eingriffs in die Berufsfreiheit ist zwischen Berufsausübungsregelungen, subjektiven Zulassungsvoraussetzungen und objektiven Zulassungsvoraussetzungen zu unterscheiden. Mit der Zunahme der Eingriffsintensität geht das höherwertige Gemeinwohlinteresse einher.

Nach diesen Kriterien werden reine Berufs*ausübungs*regelungen durch jede „vernünftige Erwägung des Gemeinwohls" legitimiert. Dagegen darf die Freiheit der Berufs*wahl* nur eingeschränkt werden, soweit der Schutz besonders wichtiger („überragender") Gemeinschaftsgüter es zwingend erfordert[129]. Hierbei wird noch zwischen subjektiven Zulassungsvoraussetzungen und objektiven Zulassungsvoraussetzungen differenziert. Die subjektiven Voraussetzungen der Berufsaufnahme sind nur für den Schutz „besonders wichtiger Gemeinschaftsgüter" zulässig[130]. Diese Gemeinschaftsgüter sind so wichtig, dass sie der Frei-

---

[124] Auf der gemeinschaftsrechtlichen Ebene vgl. *E. Pache*, Der Grundsatz der Verhältnismäßigkeit in der Rechtsprechung der Gerichte der Europäischen Gemeinschaften, NVwZ 1999, S. 1033 ff.

[125] BVerfGE 13, 97 (107); vgl. auch *R. Wernsmann*, Wer bestimmt den Zweck einer grundrechtseinschränkenden Norm – BVerfG oder Gesetzgeber?, NVwZ 2000, S. 1360 ff.

[126] Vgl. *R. Dechsling*, Das Verhältnismäßigkeitsgebot. Eine Bestandsaufnahme der Literatur zur Verhältnismäßigkeit staatlichen Handelns, 1989.

[127] In Bezug auf die wettbewerbsbegründende Durchleitung vgl. *O. Depenheuer*, in: v. Mangoldt/Klein/Starck (Hrsg.), Bd. 1, 4. Aufl., 1999, Art. 14, Rn. 365.

[128] BVerfGE 7, 377 (405).

[129] BVerfGE 7, 377 (405 f.); 85, 248 (259); 93, 362 (369).

[130] BVerfGE 13, 97 (107); 69, 209 (218); 73, 301 (316 ff.); 93, 213 (235).

heit des Einzelnen vorgehen. Die strengsten Anforderungen an die Rechtfertigung bestehen für objektive Zulassungsvoraussetzungen. Die Aufstellung objektiver Bedingungen für die Berufszulassung wird nur legitimiert, wenn sie der Abwehr nachweisbarer oder höchstwahrscheinlicher schwerer Gefahren für ein „überragend wichtiges Gemeinschaftsgut" dient[131].

Aus dieser vom BVerfG entwickelten Ergänzungsformel des Verhältnismäßigkeitsgrundsatzes folgt, dass eine vernünftige Erwägung des Gemeinwohls genügt, um die im TKG und in der NZV normierte Netzzugangsgewährungsverpflichtung zu legitimieren. Denn insoweit ist nicht die Berufswahl, sondern nur die Berufsausübung betroffen[132]. Das mit dem Netzzugang verfolgte Ziel der Wettbewerbsförderung kann als akzeptiertes Gemeinwohlinteresse verstanden werden.

Auch wenn man behauptet, die Netzzugangsregulierung komme einem Berufswahlzwang nahe[133], bleibt die Verfassungsmäßigkeit der Netzzugangsregelungen nach §§ 33 ff. TKG unbedenklich. Nach der Rechtsprechung des BVerfG sind in diesem Fall die Anforderungen an die Verhältnismäßigkeit mehr streng als bei reinen Berufsausübungsregelungen[134]. Ähnliche Anforderungen wie bei Berufswahlregeln sind zu erfüllen, um die einer Berufswahlbeschränkung nahe kommende, Berufsausübung regelnde Maßnahme zu legitimieren. Dies bedeutet, dass die Netzzugangsregulierung nur für den Schutz „besonders wichtiger Gemeinschaftsgüter" zulässig ist. Wie zuvor dargelegt, dass die Wettbewerbsförderung ihre Legitimation nicht nur im sektorspezifischen TKG, sondern auch im Verfassungsrecht findet[135]. Die verfassungsrechtliche Legitimation soll ausreichen, um das Regulierungsziel der Wettbewerbsförderung als „besonders wichtiges Gemeinschaftsgut" zu bezeichnen.

Somit ist festzuhalten, dass die berufseingreifende Netzzugangsgewährungsverpflichtung nach §§ 33 ff. TKG durch die gemeinwohlorientierte Zielsetzung der Wettbewerbsförderung materiell gerechtfertigt wird.

### *b) Die Eigentumsfreiheit nach Art. 14 Abs. 1 S. 2 GG*

#### *aa) Die Gemeinwohlbindung der Inhalts- und Schrankenbestimmung des Eigentums*

Auch im Hinblick auf die Eigentumsgarantie hat der einfache Gesetzgeber bei der Bestimmung von Inhalt und Schranken des Eigentums nach Art. 14 Abs. 1

---

[131] BVerfGE 7, 377 (408); 25, 1 (11 f.); 75, 284 (296); 84, 133 (151); 85, 360 (374); *P. J. Tettinger* (Fn. 52), Das Grundrecht der Berufsfreiheit, S. 117 ff.

[132] Siehe oben Dritter Teil, § 7 II 1 e).

[133] So *K. Stern/J. Dietlein* (Fn. 34), S. 320 f.

[134] BVerfGE 11, 30 (41); 12, 144 (147); 30, 292 (315 f.); 31, 8 (29); 68, 155 (170 f.); vgl. auch *H. D. Jarass* (Fn. 75), Art. 12, Rn. 25 ff.

[135] Vgl. oben Dritter Teil, § 6 IV.

S. 2 GG ein legitimes Ziel zu verfolgen. Art. 14 Abs. 2 spricht ausdrücklich eine Sozialfunktion des Eigentumsgegenstandes aus[136]. Nach der Rechtsprechung des BVerfG liegt die Sozialpflichtigkeit des Eigentums insbesondere vor, wenn ein Mitbürger auf die Nutzung des fremden Eigentumsgegenstandes angewiesen ist[137].

Die eigentumseinschränkende Netzzugangsgewährungsverpflichtung des marktbeherrschenden Netzbetreibers nach §§ 33 ff. TKG geht gerade von der Angewiesenheit der Wettbewerber auf die Nutzung des Eigentumsobjekts des marktbeherrschenden Netzinhabers aus und stellt darauf ab, durch den Netzzugang einen funktionierenden Wettbewerb auf den Telekommunikationsmärkten zu fördern. Insofern stellt die Wettbewerbsförderung ein schutzwürdiges öffentliches Interesse dar[138].

Zu beachten ist, dass zwischen Wettbewerbsbegründung und Privatnützigkeit strikt zu unterscheiden ist. Die Privatnützigkeit für sich ist keineswegs als legitimes Ziel der Netzzugangsregulierung anzusehen, und zwar deshalb, weil es dabei lediglich um Privatinteressen geht. Mit Blick auf die Netzzugangsregelungen der §§ 33 ff. TKG stellt die Konkurrentennützigkeit nicht das Ziel der Regulierung, sondern nur die „Nebenfolge" der gemeinwohlorientierten Wettbewerbsförderung dar[139].

*bb) Das Gebot der Geeignetheit*

Ein Grundrechtseingriff ist geeignet, wenn das eingesetzte Eingriffsmittel den angestrebten Zweck fördern kann[140]. Der Erfolg muss weder vollständig noch mit der höchsten Wahrscheinlichkeit eintreten. Ob das verwendete Mittel geeignet ist, ist nicht nach der subjektiven Überzeugung des Gesetzgebers, sondern nach objektiven Maßstäben und *ex ante* zu überprüfen. Freilich stehen nach der Rechtsprechung des BVerfG dem Gesetzgeber ein weiter erfasster Einschätzungs- und Beurteilungsspielraum zu[141].

Die Geeignetheit des Regulierungsinstruments der Netzzugangsgewährungsverpflichtung nach §§ 33 ff. TKG ist objektiv zu bejahen, weil mit Hilfe der Mitbenutzung des Telekommunikationsnetzes des verpflichteten Netzbetreibers die Wettbewerbschancen potentieller Anbieter gegenüber marktbeherrschenden Netzbetreibern vergrößert werden.

---

[136] Vgl. auch BVerfGE 37, 132 (140); 38, 348 (370); 42, 263 (294); 52, 1 (32).
[137] BVerfGE 52, 1 (32) – Kleingarten-Entscheidung.
[138] Vgl. *R. Wendt*, in: Sachs (Hrsg.), GG, 2. Aufl., 1999, Art. 14, Rn. 99.
[139] Vgl. *R. Scholz/S. Langer* (Fn. 69), S. 260 ff.
[140] BVerfGE 30, 292 (316); 33, 171 (187); 67, 157 (173).
[141] BVerfGE 25, 1 (12 f.); 39, 210 (231); 96, 10 (23 ff.).

*cc) Das Gebot der Erforderlichkeit*

Ein der Erreichung des angestrebten Zweck dienendes Eingriffsmittel ist dann erforderlich, wenn nicht ein anderes, gleich wirksames, aber weniger eingreifendes Mittel hätte gewählt werden können[142].

*aaa) Vorrang marktkonformer Regulierungsmittel*

Im Zusammenhang mit dem Gebot der Erforderlichkeit stellt es sich die Frage, ob der Gesetzgeber verpflichtet ist, bei der wirtschaftlichen Einwirkung ein marktkonformes Regulierungsmittel vorrangig einzusetzen. Mit Blick auf das Instrumentarium der staatlichen Wirtschaftssteuerung vertritt das BVerfG zwar die Auffassung, die staatliche Pflicht zur Wahl marktkonformen Verwaltungshandelns lasse sich auf Grund der wirtschaftspolitischen Neutralität des Grundgesetzes nicht aus der Verfassung entnehmen[143]. Geht man jedoch vom rechtsstaatlichen Verhältnismäßigkeitsgrundsatz aus, kann der Schluss gezogen werden, dass der „Vorrang marktkonformer Regulierungsmittel" vor marktfeindlichen grundsätzlich im modernen rechtsstaatlichen Verfassungsrecht geboten ist[144].

Soweit der Staat zum Zwecke der Verwirklichung seiner Wirtschafts- und Wettbewerbspolitik auf private Wirtschaftsabläufe Einfluss nimmt, ist er im Hinblick auf den Grundrechtsschutz verpflichtet, in erster Linie die Mittel der Wirtschaftseinwirkung einzusetzen, die wirtschaftliche Freiheiten des Einzelnen *milder* beeinträchtigen. In diesem Sinne sind staatliche Regulierungsinstrumente umso privatwirtschaftskonformer, je milder ihre Eingriffsintensität in grundrechtliche Positionen privater Wirtschaftssubjekte ist. Denn in diesem Fall kann ein privatautonomer Spielraum für die privatwirtschaftliche Betätigung noch im großen Umfang überlassen werden.

Dies bedeutet freilich nicht, dass der Einsatz nicht-marktkonformer Regulierungsinstrumente mit dem Rechtsstaatsprinzip nicht vereinbar wäre. Aus dem Verhältnismäßigkeitsgrundsatz ergibt sich vielmehr lediglich das „Gebot der instrumentalen Abwägung". Festzuhalten ist, dass marktkonforme Steuerungsin-

---

[142] BVerfGE 7, 377 (405); 38, 281 (302); 49, 24 (58).

[143] BVerfGE 4, 7 (17 f.): „Das Grundgesetz garantiert weder (....) noch eine nur mit *marktkonformen* Mitteln zu steuernde „soziale Marktwirtschaft".

[144] Dementsprechend sah § 2 Abs. 3 PTRegG vor, dass die Ziele der Regulierung nach Maßgabe der gesetzlichen Vorschriften mit möglichst *marktkonformen* Maßnahmen zu verfolgen waren. Zur Systemgerechtigkeit der Wirtschaftsintervention vgl. allgemein *P. J. Tettinger*, Rechtsanwendung und gerichtliche Kontrolle im Wirtschaftsverwaltungsrecht, 1980, S. 269; hinsichtlich des Bereiches der Kommunalaufsicht im Ergebnis ebenso *W. Kahl*, Die Staatsaufsicht, 2000, S. 552 f.: „Aus dem Grundsatz der Kooperation (Selbstverwaltungstreue) und dem Verhältnismäßigkeitsprinzip folgt ein grundsätzlicher Vorrang der informalen vor den formalen Aufsichtsmitteln."

strumente keineswegs den traditionellen hoheitlichen Steuerungsmitteln entgegenstehen. Vielmehr ergänzen sich beide miteinander.

### *bbb) Die privatwirtschaftliche Selbstregulierung und das Marktversagen*

Das in §§ 33 ff. TKG verankerte abgestufte System der Netzzugangsregulierung steht grundsätzlich mit dem aus der Erforderlichkeit des Verhältnismäßigkeitsgrundsatz abgeleiteten Gebot des Vorrangs marktkonformer Regulierungsinstrumente im Einklang[145]. Der zwangsweise Abschluss privatrechtlicher Netzzugangsvereinbarungen zwischen dem marktbeherrschenden Netzbetreiber und seinen Konkurrenten als *erste* Regulierungsstufe beschränkt zwar die Vertragsabschlussfreiheit des in Anspruch genommenen Netzbetreibers. Er überlässt ihm aber in gewissem Maße noch Entscheidungsspielräume für den Inhalt und Umfang der Vereinbarung. Das privatwirtschaftlich wesentliche Element der Privatautonomie bleibt prinzipiell erhalten. Insoweit kann der Kontrahierungszwang der Netzzugangsvereinbarungen nach § 35 TKG als eine Art marktkonformer Regulierungsinstrumente angesehen werden.

Darüber hinaus hat nach der Regulierungskonzeption der §§ 33 ff. TKG die privatautonome Netzzugangsvereinbarung gleiche Wirksamkeit für die Wettbewerbsförderung wie die behördliche Netzzugangsanordnung. Der Vorrang privatrechtlicher Vereinbarungen stellen deshalb keinen „unvertretbaren Aufwand einer Alternativlösung“ dar, sondern eine „eindeutig gleichwertige Alternative“[146].

Im Hinblick auf die Zweckorientierungskriterien der Regulierung ist ein intensiveres, der Zielerreichung dienendes Regulierungsmittel weitgehend einzusetzen, sofern das Ziel der Wettbewerbsförderung durch das als erste Regulierungsstufe bezeichnete marktkonforme Interventionsmittel nicht erreicht wurde. Dementsprechend werden die imperativen und marktfremden Regulierungsmaßnahmen als *ultima ratio* weiterhin im TKG statuiert, um das Marktversagen zu verhindern. Es handelt sich hierbei zum einen um die Unwirksamkeit der nicht mit den Vorgaben des TKG und der NZV übereinstimmenden Netzzugangsvereinbarung nach § 38 Abs. 1 TKG und zum anderen um die administrative Netzzugangsanordnung nach § 8 NZV und der Zusammenschaltungsanordnung nach § 37 Abs. 1 TKG i.V.m. § 9 NZV, die *imperativ* den marktbeherrschenden Netzbetreiber verpflichten, Wettbewerbern Zugang zum eigenen Telekommunikationsnetz zu gewähren.

Insgesamt ist festzuhalten, dass das abgestufte System der Netzzugangsregulierung nicht nur Ausdruck der Gestaltungsfreiheit des einfachen Gesetzgebers, sondern auch Ausfluss des Gebotes der Erforderlichkeit ist.

---

[145] Siehe oben Zweiter Teil, § 4 III 1.

[146] BVerfGE 77, 84 (109 ff.); 81, 70 (91 f.); 88, 145 (164); kritisch daran vgl. *M. Sachs*, in ders (Hrsg.), GG, 2. Aufl., 1999, Art. 20, Rn. 153.

### *dd) Das Gebot der Proportionalität*

Nach der Rechtsprechung des BVerfG lässt sich die Verhältnismäßigkeit im engeren Sinne dadurch kennzeichnen, dass Beeinträchtigungen den Betroffenen nicht übermäßig belastet werden und für ihn nicht unzumutbar sind[147]. Eine Gesamtabwägung zwischen der Schwere des Eingriffs und dem Gewicht der ihn rechtfertigenden Gründe ist erforderlich[148]. Hierfür ist die in der Norm enthaltene Wertentscheidung von besonderer Bedeutung[149].

#### *aaa) Kein Grundrecht auf Netzzugang*

Denkbar ist zunächst, dass §§ 35 ff. TKG zur Kollision zwischen dem Grundrecht des Netzzugangsberechtigten auf Netzzugang einerseits und der Eigentumsfreiheit des Netzzugangsverpflichteten nach Art. 14 Abs. 1 GG andererseits führen würden. Nach allgemeiner Auffassung wird das „Grundrecht auf Netzzugang bzw. Durchleitung" jedoch zu Recht abgelehnt[150]. Die in Art. 12 Abs. 1 GG verankerte Wettbewerbsfreiheit gewährleistet, wie zuvor erörtert, lediglich dem Unternehmen das Recht, seine wirtschaftliche Betätigung ohne staatlich bewirkte Einwirkung im Wettbewerb mit anderen zu realisieren[151]. Sie enthält keineswegs dem Staat gegenüber einen Anspruch darauf, durch gesetzliche Inpflichtnahme eines Konkurrenten Wettbewerbsvorteile oder Absatzmöglichkeiten des Unternehmens zu schaffen bzw. zu verbessern. Sie sind unter dem Aspekt des marktwirtschaftlichen Systems durch Marktgesetze zu bestimmen.

Auch aus dem objektiv-rechtlichen Gehalt der Wettbewerbsfreiheit nach Art. 12 Abs. 1 GG ergibt sich nur die Pflicht des Staates, Rahmenbedingungen des Wettbewerbs, namentlich die Chancengleichheit und Funktionsfähigkeit dessen, sicherzustellen. Ein darüber hinausgehender Anspruch auf Einsatz bestimmter Mittel zur Entstehung des gleichen und funktionsfähigen Wettbewerbs lässt sich nicht aus der objektiven Dimension des Art. 12 Abs. 1 GG ableiten. Demzufolge gibt es aus verfassungsrechtlicher Sicht kein Grundrecht auf Netzzugang. Mitbenutzungsrechte Dritter an der Netzinfrastruktur eines Konkurrenten stellen vielmehr einen Ausdruck einfachgesetzgeberischer Gestaltungsspielräume dar und finden somit lediglich auf der *einfachgesetzlichen* Ebene ihre Legitimation.

Zusammenfassend kann festgehalten werden, dass eine echte Grundrechtskollision zwischen Netzzugangspetenten und -verpflichteten im Bereich der tele-

---

[147] BVerfGE 13, 97 (113); 80, 103 (107); 83, 1 (19); 92, 262 (274); 95, 173 (183).

[148] BVerfGE 13, 230 (236); 93, 213 (237 f.).

[149] Zu Abwägungsmaßstäben vgl. *M. Sachs* (Fn. 146), Art. 20, Rn. 155 ff.

[150] Vgl. *M. Schmidt-Preuß* (Fn. 15), S. 6; *H.-J. Papier* (Fn. 80), S. 1217 f.; *P. N. Märkl*, Netzzusammenschaltung in der Telekommunikation, 1998, S. 300 f.; a.A. *G. Meyer-Arndt*, Der Zutritt der neuen Wettbewerber zu den lokalen Märkten der Telekommunikation, ZUM 1996, S. 757 (767 ff.).

[151] Siehe oben Dritter Teil, § 6 IV 2 a).

kommunikationsrechtlichen Regulierung des konkurrentennützigen Netzzugangs nicht vorliegt.

*bbb) Die erhöhte Sozialpflichtigkeit des Telekommunikationsnetzes*

Art. 14 Abs. 2 S. 2 GG bringt deutlich zum Ausdruck, dass der Gebrauch des Eigentums „zugleich" dem Wohle der Allgemeinheit dienen soll. Danach ist der Gesetzgeber bei der Bestimmung von Inhalt und Schranken des Eigentums verpflichtet, die Eigentumsfreiheit des Eigentümers nach Art. 14 Abs. 1 S. 1 GG und die Sozialbindung des Eigentums nach Art. 14 Abs. 2 GG gegeneinander abzuwägen[152]. Insofern erweist die Sozialbindung des Eigentums nach Art. 14 Abs. 2 GG sich sowohl als Rechtfertigungsgrund, als auch als Grenze einer Eigentumsschranke[153].

Fraglich ist, welche Kriterien dem Gesetzgeber bei der Interessenabwägung zur Verfügung stehen können. Nach ständiger Rechtsprechung des BVerfG hängen Maß und Umfang der dem Eigentümer von der Verfassung zugemuteten und vom Gesetzgeber zu realisierenden Bindung wesentlich davon ab, ob und in welchem Ausmaß das Eigentumsobjekt in einem sozialen Bezug und in einer sozialen Funktion steht[154]. Danach ist die Gestaltungsbefugnis des Gesetzgebers nicht für alle Sachbereiche gleich. Vielmehr ist die Freiheit des Gesetzgebers, Inhalt und Schranken des Eigentums zu bestimmen, um so größer, je stärker der soziale Bezug des Eigentumsobjektes ist[155]. Eine gesetzliche Inhalts- und Schrankenbestimmung ist nur verhältnismäßig, wenn sie dem sozialen Bezug und der sozialen Funktion des Eigentumsobjekts entspricht und nicht zu einer übermäßigen Belastung des Eigentümers führt[156]. Für die Intensität des sozialen Bezugs und der sozialen Funktion des Eigentumsobjektes sind dessen „Eigenart" und „Funktion" maßgeblich.

Wendet man diese vom BVerfG entwickelte Je-desto-Formel auf die staatliche Netzzugangsregulierung im Bereich der Telekommunikation an, kann festgestellt werden, dass die Netzzugangsregelungen der §§ 33 ff. TKG nur insoweit ein *verhältnismäßiges* Regulierungsmittel zur Wettbewerbsförderung aufweisen, als das Telekommunikationsnetz seinem Wesen nach einen *erhöhten* sozialen Bezug hat und somit in einer *besonderen* Sozialpflichtigkeit steht[157]. Denn die

---

[152] BVerfGE 25, 112 (117); 68, 361 (367); 70, 191 (200); 79, 174 (198); 84, 382 (385).

[153] BVerfGE 79, 174 (198).

[154] BVerfGE 37, 132 (140 f.); 42, 263 (294); 50, 290 (340 f.); 52, 1 (32); 58, 137 (147); 68, 361 (368); 70, 191 (201); 79, 292 (302); 84, 382 (385).

[155] BVerfGE 50, 290 (340 f.); 53, 257 (292); 100, 226 (241); zuletzt BVerfG, Beschl. v. 16. 2. 2000 = DÖV 2000, S. 867; s. auch *Chr. Engel* (Fn. 91), S. 231.

[156] BVerfGE 21, 150 (155); 53, 257 (292); 58, 137 (148).

[157] In Bezug auf die Gas- und Stromübertragungsleitungen vgl. *Hüffer/Ipsen/Tettinger*, Die Transitrichtlinien für Gas und Elektrizität, 1991, S. 229 f.

Netzzugangsgewährungsverpflichtung enthält eine hohe Eingriffsintensität in die Privatnützigkeit des Netzeigentums und die exklusive Nutzungsbefugnis des verpflichteten Netzbetreibers.

Zur gemeinwohlorientierten Eigenschaft und Funktion netzgebundener Infrastrukturen ist im Schrifttum eine Vielzahl von Ansätzen in unterschiedlicher Hinsicht geäußert worden. Sie reichen von staatstheoretischen[158], öffentlich-sachrechtlichen und enteignungsrechtlichen Gesichtspunkten[159] über die volkswirtschaftliche Theorie der öffentlichen Güter[160] und der natürlichen Monopole bis hin zur tatsächlich-funktionalen Betrachtungsweise über das Eigentum an Übertragungsnetzen[161].

### *(1) Natürliches Monopol des Telekommunikationsnetzes?*

Bei der Diskussion um die Übertragbarkeit der zuvor genannten Ansätze auf den Telekommunikationssektor ist die jeweilige rechtliche, tatsächliche und technische Konstellation zu beachten. Zunächst ist offensichtlich, dass nach dem gegenwärtigen Stand der technischen und gesellschaftlichen Entwicklung der Aufbau eines parallelen Telekommunikationsnetzes für die Öffentlichkeit nicht mehr ökonomisch uneffizient ist. Einerseits sind die Kosten für den Netzaufbau wegen des technischen Fortschritts erheblich gesunken. Andererseits wird die Nachfrage nach der Kapazität des Telekommunikationsnetzes in der modernen Informationsgesellschaft immer größer. Aus diesen Gründen haben sowohl Telekommunikationsfernleitungen, als auch Telekommunikationsortsnetze ihre volkswirtschaftliche Eigenschaft als natürliches Monopol verloren[162]. Die Argumentation, die gemeinwohlorientierte Besonderheit des Telekommunikationsnetzes lasse sich aus der Theorie der natürlichen Monopole ableiten, ist daher obsolet geworden[163].

---

[158] Für die Verkehrswegeinfrastruktur *H. Krüger*, Marktwirtschaftliche Ordnung und öffentliche Vorhaltung der Verkehrswege, 1969, S. 4, 12, der betont, dass der Weg ein Element der Existenz des Staates sei, und zwar im existentiellsten Sinne von Existenz. Ohne Wege wäre ein Staat überhaupt nicht vorhanden. Für das Postwesen ebenso *U. Steiner*, Verkehr und Post, in: Isensee/Kirchhof (Hrsg.), HdbStR III, 2. Aufl., 1996, § 81, Rn. 1 ff.

[159] Vgl. *G. Hermes* (Fn. 22), S. 381 ff.

[160] Zusammenfassend hierzu *M. Fehling* (Fn. 40), S. 85 ff.; *G. Hermes* (Fn. 22), S. 313 ff. m. w. Nachw.

[161] Vgl. *M. Schmidt-Preuß* (Fn. 15), S. 4 f.; *H.-J. Papier* (Fn. 80), S. 1215.

[162] A.A. *G. Hermes* (Fn. 22), S. 319, der anhand der Berichte der Monopolkommission die Auffassung vertritt, dass für Telekommunikations*fernleitungen* die Markteintrittsschwelle für einen Konkurrenten deutlich senke, während für Telekommunikations*ortsnetze* dagegen jedenfalls bislang der natürliche Monopolcharakter nach wie vor anerkannt sei.

[163] Ebenso *K. Stern/J. Dietlein* (Fn. 120), S. 7 m. w. Nachw.; s. auch *A. Klimisch/M. Lange*, Zugang zu Netzen und anderen wesentlichen Einrichtungen als Bestandteil der kartellrechtlichen Missbrauchsaufsicht, WuW 1998, S. 15.

### *(2) Erhöhte Sozialpflicht auf Grund der unentgeltlichen Mitbenutzung der Verkehrswege?*

Darüber hinaus ist der Ansatz auch bedenklich, dass aus der gesetzlichen Privilegierung des Netzeigentümers im Hinblick auf die unentgeltliche Mitbenutzung öffentlicher Wege und Straßen, die typischerweise mit Hilfe der Enteignung nach Art. 14 Abs. 3 GG realisiert werden, sich eine erhöhte Gemeinwohlgebundenheit des Telekommunikationsnetzes ergebe[164]. Demzufolge müsse das Telekommunikationsnetz als sekundäres Netz ebenso wie primäre Infrastrukturnetze auch zweckmäßig der Allgemeinheit zugänglich sein[165].

Dieser Ansatz hat die Gemeinwohlbindung i.S.d. Art. 14 Abs. 3 GG generalisiert und den Unterschied zwischen dem Widmungszweck öffentlicher Wege und dem sozialen Bezug des Telekommunikationsnetzes als solches verkannt[166]. Die Verkehrswege und die darunter verlegten Telekommunikationsnetze sind hinsichtlich der Gemeinwohlbindung differenzierend zu beurteilen, obwohl nach der deutschen rechtlichen Tradition Telekommunikationslinien unentgeltlich durch die Mitbenutzung der Verkehrswege auf- und ausgebaut werden können[167]. Der Widmungszweck der Allgemeinzugänglichkeit gilt nur für den enteigneten Eigentumsgegenstand, nämlich öffentliche Wege und Straßen. Er lässt sich keineswegs automatisch auf unterirdisch verlegte, sekundäre Infrastrukturnetze übertragen. Die Minderung der Rechtsposition des Eigentümers eines sekundären Netzes durch Mitbenutzungsrechte Dritter muss durch einen anderen, völlig vom Widmungszweck der Basiswege unabhängigen Gemeinwohlgrund, der sich ausschließlich an dem in Anspruch genommenen Netz orientiert, gerechtfertigt werden. In Betracht kommen z.B. die Vermeidung einer zusätzlichen Belastung der Träger öffentlicher Verkehrswege, der Wegebenutzer und der Umwelt[168] und die Förderung des Wettbewerbs. Aus diesen Gründen kann ein erhöhter sozialer Bezug des Telekommunikationsnetzes nicht aus der Enteignung der öffentlichen Verkehrswegen dienenden Grundstücke abgeleitet werden.

---

[164] *G. Hermes* (Fn. 22), S. 382 ff.

[165] *G. Hermes* (Fn. 22), S. 387, 375 ff.

[166] In diese Richtung kritisch auch *J.-Chr. Pielow* (Fn. 44), S. 49 f.; *ders.*, Grundstrukturen öffentlicher Versorgung, 2001, S. 625 ff.

[167] Vgl. § 1 TWG und § 50 TKG; s. auch *M. Burgi*, Der telekommunikative Sondergebrauch: Systematischer Standort und Struktur des § 50 TKG, DVBl. 2001, S. 845 ff.; zur Duldungspflicht des Eigentümers des nicht als Verkehrswege i.S.d. § 50 I 2 TKG bezeichneten Grundstücks zur Verlegung von Telekommunikationslinien nach § 57 TKG vgl. BVerfG, Urteil vom 25. 8. 1999 = RdE 2000, S. 22 ff.

[168] *M. Bullinger*, Durchleitungsrechte, Mitbenutzungsrechte und Planfeststellung für konkurrierende Telekommunikationsnetze, ArchivPT 1998, S. 105 (124 ff.).

### *(3) Die Wesentlichkeit des Telekommunikationsnetzes für den Marktzutritt*

Ein erhöhter sozialer Bezug lässt sich allein aus der „technischen Basisfunktion“ des Telekommunikationsnetzes für die Erbringung von Telekommunikationsdienstleistungen ableiten[169]. Soweit Telekommunikationsunternehmen zur eigenen wirtschaftlichen Betätigung auf die Mitbenutzung fremden Netzeigentums angewiesen sind, steht das Telekommunikationsnetz in einem sozialen Bezug und wird durch eine soziale Funktion geprägt[170]. Je stärker diese Angewiesenheit auf die Mitbenutzung ist, desto höher sind der soziale Bezug und die Funktion des Netzeigentums. Nach der oben dargelegten Auffassung des BVerfG ist der Gestaltungsspielraum des Gesetzgebers für Inhalts- und Schrankenbestimmung des Netzeigentums dann umso weiter, je höher das Telekommunikationsnetz in einem sozialen Bezug steht.

Im Hinblick auf den gegenwärtigen Stand der Telekommunikationsmärkte sind ein erhöhter sozialer Bezug und eine besondere Sozialpflicht des Telekommunikationsnetzes jedenfalls gegeben, weil parallele Festnetze bisher noch nicht von neuen Wettbewerbern hinreichend aufgebaut werden. Die Abhängigkeit der Konkurrenten von der Mitbenutzung vorhandener Telekommunikationsnetze marktbeherrschender Netzbetreiber, gegenwärtig nur der Deutschen Telekom AG, ist faktisch noch unentbehrlich. Diese Konstellation führt dazu, dass der Gesetzgeber im Rahmen des Verhältnismäßigkeitsgrundsatzes einen weiten Gestaltungsspielraum für die Beschränkung der Eigentumsfreiheit des Netzeigentümers nach Art. 14 Abs. 1 GG zu Gunsten der Belange neuer Konkurrenten hat.

### *(4) Zwischenergebnis*

Die Angewiesenheit neuer Wettbewerber auf das Telekommunikationsnetz des marktbeherrschenden Netzeigentümers führt dazu, dass das Netzeigentum des zugangsverpflichteten Netzbetreibers in einem erhöhten sozialen Bezug steht. Diese erhöhte Sozialbindung des Netzeigentums rechtfertigt die massive Einschränkung des Verbotsrechts des Netzeigentümers nach §§ 33 ff. TKG. Insofern stellt die Netzzugangsgewährungsverpflichtung ein angemessenes Regulierungsmittel zur Wettbewerbsförderung dar.

---

[169] Ebenso *K. Stern/J. Dietlein* (Fn. 120), S. 6; zur parallelen Problematik in der Energiewirtschaft vgl. *H.-J. Papier* (Fn. 80), S. 1215.

[170] Zur Angewiesenheitstheorie hinsichtlich des sozialen Bezugs des Eigentumsobjekts vgl. BVerfGE 82, 6 (16); 38, 348 (370); 37, 132 (140) – Angewiesenheit des Mieters auf die Mietwohnung; BVerfGE 50, 290 (341) – Angewiesenheit der Arbeitsnehmer auf das Eigentum am Unternehmen; hierzu ausführlich *U. Hösch* (Fn. 96), S. 189 ff.

### *ccc) Übergangscharakter der sektorspezifischen Netzzugangsregelungen*

Geht man von der zeitlichen Dimension aus, ist der Verhältnismäßigkeitsgrundsatz nicht nur auf die Entstehungsphase der Eingriffsmaßnahme anwendbar. Er ist aus rechtsstaatlicher Sicht vielmehr auf Dauer zu berücksichtigen, soweit sich die Grundrechte des Einzelnen dauerhaft von derselben staatlichen Intervention eingreifen lassen. Diese Dauerwirkung des Verhältnismäßigkeitsgrundsatzes ist für die hier diskutierte wettbewerbsbegründende Netzzugangsregulierung von wesentlicher Bedeutung. Im Gegensatz zur sozialstaatlichen Universaldienstregulierung ist die Netzzugangsregulierung nicht *ergebnis*bezogen, sondern nur *prozess*orientiert[171]. Dies bedeutet nämlich, dass sich die konkurrentennützige Netzzugangsregulierung nicht als „Daueraufgabe" des Staates darstellt. Sie scheidet zweckmäßig aus, wenn ein chancengleicher und funktionsfähiger Wettbewerb auf den Telekommunikationsmärkten entstanden ist. Insoweit wird die Rechtsfigur der konkurrentennützigen Netzzugangsgewährungsverpflichtung lediglich als „Geburtshilfe" angesehen[172].

Von der Qualifikation der sektorspezifischen Netzzugangsregulierung als Geburtshilfe her würde die grundrechtsrelevante staatliche Regulierung des konkurrentennützigen Zugangs zum Netz des marktbeherrschenden Netzbetreibers ihr Ziel der Wettbewerbsförderung erreicht und somit die materielle Eingriffsrechtfertigung verlieren. Dies ist der Fall, soweit neue Wettbewerber bereits in der Lage wären, ein eigenes Telekommunikationsnetz hinreichend aufzubauen, und damit zur Erbringung von Telekommunikationsdienstleistungen nicht mehr von der Nutzung eines fremden Netzes abhängig sind[173].

Im Hinblick auf die Gemeinwohlbindung des Netzeigentums aus Art. 14 Abs. 2 GG könnte die Konsequenz zugleich gezogen werden, dass ein erhöhter sozialer Bezug und eine besondere soziale Funktion des Telekommunikationsnetzes in dieser Konstellation *nicht mehr* existieren würde. Eine Interessenabwägung zugunsten der Verfügungsbefugnis des Netzeigentümers wäre folglich erforderlich, damit der rechtsstaatliche Verhältnismäßigkeitsgrundsatz gewahrt bleibt.

---

[171] *K. König/Ch. Theobald,* Liberalisierung und Regulierung netzgebundener Güter und Dienste, in: K. Grupp/M. Ronellenfitsch (Hrsg.), Festschrift für Willi Blümel zum 70. Geburtstag, 1999, S. 277 ff. (301).

[172] *M. Schmidt-Preuß* (Fn. 15), S. 5: „Insofern kann die Durchleitung *a priori* eine Art »Geburtshilfe« sein".

[173] So auch *O. Depenheuer* (Fn. 127), Art. 14, Rn. 365; *A. Benz*, Privatisierung und Regulierung im Post- und Fernmeldewesen, in: König/Benz (Hrsg.), Privatisierung und staatliche Regulierung, 1997, S. 262 (344): „Eine sektorspezifische Verhaltensaufsicht erschien deshalb jedenfalls bei (noch) nicht funktionsfähigem Wettbewerb gerechtfertigt."

### *ddd) Der Ausgleich bei unverhältnismäßigen Belastungen*

Unter dem Gesichtspunkt des Verhältnismäßigkeitsgrundsatzes darf die Netzzugangsgewährungsverpflichtung nicht zu einer übermäßigen Belastung des Netzbetreibers führen. Dies gilt, obwohl das Telekommunikationsnetz, wie oben dargelegt, in einem erhöhten sozialen Bezug steht[174]. Geht man vom zuvor geschilderten, vom BVerfG vertretenen formellen Kriterium für die Abgrenzung zwischen Inhalts- und Schrankenbestimmung und Enteignung aus, wird deutlich, dass eine *übermäßige* gesetzliche Inhaltsbestimmung des Eigentums nach wie vor ihren Rechtscharakter als „Inhaltsbestimmung" behält. Sie schlägt – wie die Schwellen- und Umschlagtheorien behauptet haben – nämlich nicht wegen der Überschreitung der Schwelle zwischen Sozialbindung und Enteignung in eine Enteignung um[175].

Allerdings führt eine unverhältnismäßige Inhaltsbestimmung i.S.d. Art. 14 Abs. 1 S. 2 GG nach der Auffassung des BVerfG nicht ohne weiteres zur Verfassungswidrigkeit[176]. Vielmehr kann sie möglicherweise durch abmildernde, abfedernde Regelungen, Härteklauseln, Übergangsregelungen, Anpassungshilfen oder Entschädigungszahlungen ausgeglichen werden[177]. Durch einen solchen Ausgleich kann ausnahmsweise die verfassungsrechtliche Zulässigkeit einer sonst unverhältnismäßigen oder gleichheitswidrigen Inhalts- und Schrankenbestimmung im Sinne von Art. 12 Abs. 1 S. 2 GG herbeigeführt werden[178]. Enthält die „ausgleichspflichtige" Inhaltsbestimmung keinen Ausgleich solcher Art, ist sie erst dann verfassungswidrig und somit nichtig.

Mit Blick auf die Wahl der Ausgleichsinstrumente hat das BVerfG in seinem jüngeren Denkmalschutz-Beschluss formuliert:

> „Die Bestandsgarantie des Art. 14 Abs. 1 Satz 1 GG verlangt, daß *in erster Linie* Vorkehrungen getroffen werden, die eine unverhältnismäßige Belastung des Eigentümers real vermeiden und die Privatnützigkeit des Eigentums so weit wie möglich erhalten. (....) Ist ein solcher Ausgleich im Einzelfall nicht oder nur mit unverhältnismäßigem Aufwand

---

[174] Vgl. BVerfGE 52, 1 (29 f., 32); 53, 257 (292).

[175] Vgl. BVerfGE 52, 1 (27); 58, 137 (145); 58, 300 (320); 79, 174 (192).

[176] BVerfGE 58, 137 (Pflichtexemplar-Entscheidung); 79, 174 (192); 83, 201 (212 f.); 100, 226 (244); zustimmend BVerwGE 84, 361 (368 ff.); 94, 1 (6); *BVerwG* NuR 1994, S. 225.

[177] BVerfGE 83, 201 (213); aus der Literatur vgl. *A. Schmitt-Kammler*, Ungelöste Probleme der verfassungsrechtlichen Eigentumsdogmatik, in: Festschrift der rechtswissenschaftlichen Fakultät zur 600-Jahr-Feier der Universität zu Köln, 1988, S. 821 (838 f.); *Chr. Külpmann*, Enteignende Eingriffe?, Das Entschädigungsinstitut des enteignenden Eingriffs und die neuere verfassungsrechtliche Dogmatik der Eigentumsgarantie, 2000, S. 113 ff.; *F. Ossenbühl*, Ausgleichspflichtige Inhaltsbestimmungen des Eigentums, in: Festschrift für K. H. Friauf zum 65. Geburtstag, 1996, S. 391 (393, 396); zur Abgrenzung zwischen einfachen und ausgleichspflichtigen Inhalts- und Schrankenbestimmungen vgl. *R. König*, Kriterien für die Begründung der Ausgleichspflicht bei Inhalts- und Schrankenbestimmungen des Eigentums, DVBl. 1999, S. 954 ff.

[178] BVerfGE 100, 226 (244).

möglich, kann für diesen Fall ein *finanzieller* Ausgleich in Betracht kommen oder es kann geboten sein, dem Eigentümer einen Anspruch auf Übernahme durch die öffentliche Hand zum Verkehrswert einzuräumen."[179]

Daraus ergibt sich, dass im Falle der ausgleichspflichtigen Sozialbindung des Eigentums finanzielle Ausgleichsinstrumente nur als *ultima ratio* eingesetzt werden dürfen[180].

Um die Verhältnismäßigkeit der telekommunikationsrechtlichen Netzzugangsregulierung zu sichern, hat der einfache Gesetzgeber im TKG zwei Korrekturinstitutionen zugunsten des Netzeigentümers statuiert, die aus verfassungsrechtlicher Sicht als „Ausgleich" der Beschränkungen des Netzeigentums qualifiziert werden können. Es handelt sich nämlich zum einen um die Verweigerungsgründe des besonderen Netzzugangs nach § 35 Abs. 2 S. 2 TKG und zum anderen um das Mitbenutzungsentgelt nach § 39 TKG. Im Folgenden soll auf die grundrechtliche Ausgleichsfunktion dieser beiden Institutionen ausführlich eingegangen werden.

### *(1) Die Verweigerungsgründe des besonderen Netzzugangs*

§ 35 Abs. 2 S. 2 TKG räumt dem marktbeherrschenden Netzbetreiber das Recht auf Beschränkung des Netzzugangs ein, wenn die auf den grundlegenden Anforderungen i.S.d. Art. 3 Abs. 2 der Richtlinie 90/387/EWG beruhenden Gründe vorliegen und die Beschränkung in Übereinstimmung mit dem sonstigen Recht der Europäischen Gemeinschaft steht. Nach dieser Vorschrift kann der marktbeherrschende Netzbetreiber ausnahmsweise aus Gründen der Sicherheit des Netzbetriebes, der Aufrechterhaltung der Netzintegrität, der Interoperabilität der Dienste und des Datenschutzes den nachgefragten Zugang zu seinem Telekommunikationsnetz beschränken oder verweigern. Zwar werden diese Beschränkungsgründe durch Art. 2 Nr. 2 der Richtlinie als die im „allgemeinen Interesse" liegenden Gründe nichtwirtschaftlicher Art definiert. Aber es ist nicht ausgeschlossen, dass das private Interesse des Netzbetreibers zugleich berücksichtigt wird.

Für den Verhältnismäßigkeitsausgleich ist die Aufrechterhaltung der Netzintegrität von wesentlicher Bedeutung. Wie oben dargelegt[181], wird der Begriff der Netzintegrität sowohl in der Rechtsprechung, als auch in der Literatur einstimmig als die jederzeitige Funktionsfähigkeit des Netzes verstanden. Das Schutzgut beschränkt sich nicht auf die Gewährleistung einer reibungslosen,

---

[179] BVerfGE 100, 226 (245 f.); vgl. auch *H.-J. Papier*, Eigentum in der Planung, in: Festschrift für W. Hoppe zum 70. Geburtstag, 2000, S. 213 (215 ff.).

[180] Vgl. *H. Maurer*, Allgemeines Verwaltungsrecht, 13. Aufl., 2000, § 26, Rn. 83 ff.; *G. Roller*, Enteignung, ausgleichspflichtige Inhaltsbestimmung und salvatorische Klauseln. Eine Bestandsaufnahme im Lichte der neuen Judikatur des BVerfG, NJW 2001, S. 1003 (1008).

[181] Siehe oben Zweiter Teil, § 4 II 2 a), insbesondere Fn. 40.

wartezeitfreien Ende-zu-Ende-Kommunikation aufseiten der Kunden. Es geht hierbei vielmehr auch um die Vermeidung einer übermäßigen Belastung des Netzeigentums aufseiten des Netzbetreibers, da die *funktionsmäßige* Nutzung und Verfügbarkeit des Eigentumsobjekts auch zum Kern des Eigentums gehören[182]. Das Netzeigentum würde unverhältnismäßig in Anspruch genommen, wenn die Interessen der Konkurrenten auf Preis der Gefährdung der Funktionsfähigkeit des Netzes durchgesetzt würden.

Im Ergebnis ist festzustellen, dass eine übermäßige Belastung des Telekommunikationsnetzes durch die Beschränkung des Netzzugangs nach § 35 Abs. 2 S. 2 TKG verhindert wird, soweit der Netzeigentümer beweisen kann, dass der normale Netzbetrieb nach objektiven Kriterien durch die Mitbenutzung von Konkurrenten gefährdet würde[183].

*(2) Das Mitbenutzungsentgelt*

Liegen objektive Verweigerungsgründe für den konkurrentennützigen Netzzugang aus § 35 Abs. 2 S. 2 TKG nicht vor, ist der Netzbetreiber nach §§ 35 ff. TKG dazu verpflichtet, Wettbewerbern Zugang zum eigenen Telekommunikationsnetz zu gewähren. Auch im Rahmen der entgeltlichen Netzzugangsgewährungsverpflichtung dient das gesetzliche Mitbenutzungsentgelt nach § 39 TKG als finanzieller Ausgleich für die konkurrentennützige Mitbenutzung fremder Telekommunikationsnetze in gleicher Weise dazu, die Verhältnismäßigkeit der Inpflichtnahme des Netzeigentums sicherzustellen[184]. In diesem Sinne stellt sich das telekommunikationsrechtliche Mitbenutzungsentgelt nicht nur als Gegenleistung des Zugangs zu fremden Telekommunikationsnetzen i.S.d. Privatrechts dar, sondern im Hinblick auf die Eigentumsgarantie des Art. 14 Abs. 1 GG auch als öffentlich-rechtlich gestalteter „Ausgleich“ der mit der Netzzugangsgewährung unmittelbar verbundenen finanziellen Sonderbelastung des Netzeigentümers[185].

---

[182] In diese Richtung auch Art. 13 Abs. 3 der ONP-Sprachtelefondienstrichtlinie 98/10/EG: „ (...) dass Einschränkungen des Zugangs zu und der Nutzung von festen öffentlichen Telefonnetzen aus Gründen der Aufrechterhaltung der Netzintegrität, (...), auf das Mindestmaß begrenzt werden, das der *normale Netzbetrieb* erfordert.“

[183] Vgl. *H.-J. Piepenbrock*, Beck'scher TKG-Kommentar, 2. Aufl., 2000, § 33, Rn. 84 ff.

[184] *M. Fehling*, Der finanzielle Ausgleich für die Mitbenutzung fremder Infrastruktur bei Schienenwegen, Energieversorgungs- und Telekommunikationsleitungen, VerwArch. 1995, S. 600 (601, 606 f.); *P. N. Märkl* (Fn. 150), S. 298 f.; speziell für das energierechtliche Durchleitungsentgelt i.S.d. § 103 Abs. 5 S. 2 Nr. 4 GWB a.F. vgl. *M. Schmidt-Preuß* (Fn. 15), S. 6 ff.; zur Frage, ob das Mitbenutzungsentgelt über den Verhältnismäßigkeitsausgleich hinaus noch den Lenkungszweck enthält, vgl. *M. Fehling*, ebenda, S. 608 ff.

[185] Vgl. *H.-J. Papier* (Fn. 23), S. 49; zur Unverhältnismäßigkeit der unentgeltlichen Nutzung des Kabelnetzes der Kabel Deutschland GmbH vgl. *Chr. Engel*, Die Kabelbetreiber als

Zu beachten ist, dass sich die Sonderbelastung des Netzeigentümers auf die aus der Netzzugangsgewährung resultierten unmittelbaren Vermögenseinbußen, wie etwa höhere Betriebskosten, beschränkt. Aus dem Verlust bestehender Absatzmöglichkeiten wegen der Vorteilsabschöpfung bei Konkurrenten ergibt sich kein Ausgleichsanspruch i.S.d. Art. 14 Abs. 1 S. 2 GG[186].

Darüber hinaus ist es für den eigentumsrechtlichen Ausgleich unwesentlich, ob sich der finanzielle Ausgleich vom Staat selbst oder von einem begünstigten Dritten leisten lässt[187]. Im hiesigen Zusammenhang reicht die Vorschrift des § 39 TKG allein für das aus dem Verhältnismäßigkeitsgrundsatz abgeleiteten Gebot des finanziellen Ausgleiches aus[188].

### 3. *Rechtfertigender Grund für die Ungleichbehandlung*

Nach allgemeiner Auffassung in der Judikatur des BVerfG und Literatur sind je nach Regelungsgegenstand und Differenzierungsmerkmalen differenzierte Anforderungen an die Rechtfertigung von Ungleichbehandlungen zu stellen. Während eine *sach- oder verhaltensbezogene* Differenzierung einer bloßen Willkürprüfung unterliegt, gilt bei einer *personenbezogenen* Ungleichbehandlung ein eher strenger Prüfungsmaßstab[189]. Nach dieser sog. „neuen" Formel ist nämlich zu überprüfen, ob für die vorgesehene personenbezogenen Differenzierung

---

Mäzene wider Willen. Die Pflicht zur unentgeltlichen Einspeisung von Rundfunkprogrammen in die Kabelnetze nach § 19 LMG Baden-Württemberg 1999, RTkom 2000, S. 189 (203).

[186] *H.-J. Papier* (Fn. 23), S. 50; zur Geltung des Wirtschaftlichkeitsprinzips bei der staatlichen Regulierung von Mitbenutzungsentgelten nach § 39 TKG vgl. *F. Cromme*, Das Wirtschaftlichkeitsprinzip bei öffentlichen Gebühren und bei der staatlichen Genehmigung privater Entgelte. – Zum Ermessens- und Beurteilungsspielraum und zur gerichtlichen Kontrolldichte im Wirtschaftsverwaltungsrecht –, DVBl. 2001, S. 757 (766 ff.).

[187] Vgl. *M. Thormann*, Abstufungen in der Sozialbindung des Eigentums. Zur Bestimmung von Inhalt und Schranken des Eigentums nach Art. 14 Absatz 1 Satz 2 GG im Spannungsfeld von Eigentumsfreiheit und Gemeinwohl, 1996, S. 105 ff.; a.A. im Bereich der Energieversorgung vgl. *M. Schröder*, Kompetenz- und eigentumsrechtliche Fragen bei der Verwirklichung des Elektrizitätsbinnenmarktes, 1993, S. 66 f. und 72 f.; *J. F. Baur*, Wettbewerb in der Elektrizitätsversorgung und energiepolitische Ziele im Europarecht, RdE 1992, S. 165 (170).

[188] Vgl. *M. Schmidt-Preuß* (Fn. 15), S. 7; *M. Fehling* (Fn. 184), S. 607; zur Entschädigungsleistung durch den Begünstigten im Fall der Enteignung zugunsten Privater vgl. BVerfGE 74, 264 (284 ff.); *Chr. Engel*, Die privatnützige Enteignung als Steuerungsinstrument, Die Verwaltung 1998, S. 543 ff.

[189] Vgl. BVerfGE 55, 72 (88 ff.); 88, 87 (96); 88, 87 (96); 91, 346 (362 f.); 92, 365 (407); 93, 99 (111); 95, 267 (316); zur Literatur vgl. *M. Sachs*, Die Maßstäbe des allgemeinen Gleichheitssatzes – Willkürverbot und sogenannte neue Formel, JuS 1997, S. 124 ff.; *H. D. Jarass*, Folgerungen aus der neueren Rechtsprechung des BVerfG für die Prüfung von Verstößen gegen Art. 3 I GG. Ein systematisches Konzept zur Feststellung unzulässiger Ungleichbehandlungen, NJW 1997, S. 2545 ff.; *W. Rüfner*, in: BK, Art. 3, Rn. 25 ff.; *R. Herzog*, in: Maunz/Dürig, GG, Art. 3, Rn. 6 ff.; *L. Osterloh*, in: M. Sachs (Hrsg.), GG, 2. Aufl., 1999, Art. 3, Rn. 13 ff.; *Heun*, in: Dreier (Hrsg.), GG, Bd. 1, 1997, Art. 3, Rn. 20.

„Gründe von solcher Art und solchem Gewicht bestehen, dass sie die Ungleichbehandlung rechtfertigen können“[190]. Bei der Überprüfung ist der Verhältnismäßigkeitsgrundsatz grundsätzlich einzubeziehen[191]. Dies bedeutet, dass das Ausmaß der unterschiedlichen Behandlung der jeweiligen Personengruppen am Zweck der Differenzierungsmaßnahme zu messen ist[192].

Nach diesen Prüfungsmaßstäben des BVerfG für die Rechtfertigung von personenbezogenen Ungleichbehandlungen ist die Netzzugangsgewährungsverpflichtung der §§ 33 ff. TKG nur dann verfassungsrechtlich gerechtfertigt, wenn *sachliche* und *wichtige* Gründe für die Ungleichbehandlung von marktbeherrschenden und nicht-marktbeherrschenden Netzbetreibern bestehen.

Das TKG geht hinsichtlich der asymmetrischen Netzzugangsregulierung davon aus, dass der Wettbewerb auf den liberalisierten Telekommunikationsmärkten nur dann möglich ist, wenn neuen marktzutretenden Wettbewerbern das Recht zugewiesen wird, die TK-Netzinfrastruktur des marktbeherrschenden Netzbetreibers mitzubenutzen[193]. Die Erbringung von Telekommunikationsdienstleistungen basiert nämlich ihrer Natur nach unbedingt auf einem öffentlichen Telekommunikationsnetz. Darüber hinaus ist der Wettbewerb auf den Telekommunikationsmärkten dann sinnvoll und effizient, wenn neue Anbieter im Vergleich zum marktbeherrschenden Betreiber eines öffentlichen Telekommunikationsnetzes auch in der Lage sind, qualitativ und quantitativ *entsprechende* Telekommunikationsdienstleistungen zu erbringen. Dies ist in der Tat erst dann gelungen, wenn der Netzbetreiber, der über eine beherrschende Stellung auf dem Mitleitungsmarkt verfügt, sein Telekommunikationsnetz zur Verfügung stellt. Anderenfalls könnte er seine wirtschaftliche Machtstellung missbrauchen und sich seinen Wettbewerbern gegenüber völlig unabhängig verhalten. Die Entlassung des marktbeherrschenden Netzbetreibers aus dem Wettbewerb würde besonders die Entstehung eines wirksamen Wettbewerbs auf den liberalisierten Telekommunikationsmärkten erschweren[194].

Im Gegensatz dazu leistet der Zugang zum öffentlichen Telekommunikationsnetz des Betreibers, der auf dem vorgelagerten Markt nicht über eine marktbeherrschende Stellung verfügt, keinen Beitrag zur effizienten Wettbewerbsförderung, weil die Marktstellung zwischen dem nicht-marktbeherrschenden Netzbetreiber und dem Netzzugangsbegehrenden nicht in einem großen Abstand steht und somit die Netzzugangsverweigerung vom nicht-marktbeherrschenden

---

[190] BVerfGE 78, 232 (247); 85, 238 (244); 87, 234 (255); 92, 26 (52); 95, 267 (317).

[191] Vgl.. *L. Osterloh* (Fn. 189), Art. 3, Rn. 14; *J. Ennuschat*, Das Kupier-Verbot, NWVBl. 2000, S. 439 (441); *Chr. Starck*, in: v. Mangoldt/Klein/Starck (Hrsg.), Bonner Grundgesetz, Bd. 1, 4. Aufl., 1999, Art. 3, Rn. 11.

[192] *H. D. Jarass* (Fn. 189), S. 2549.

[193] Siehe Bundesregierungsentwurf zum TKG, BT-Drucks. 13/3609, S. 34.

[194] Vgl. *H.-W. Moritz*, Schwächen der TK-Liberalisierung. Folgen der Übereignung des Festnetzes an die Deutsche Telekom AG, CR 1998, S. 13 (16 ff.).

Netzbetreiber für die Netzzugangsbegehrenden nicht zu einem „bedeutenden" Wettbewerbsnachteil oder ferner zur Konkurrenzunfähigkeit führt[195].

Insgesamt ist festzuhalten, dass mit Blick auf die Ungleichbehandlung zwischen marktbeherrschenden und nicht-marktbeherrschenden Netzbetreibern keine Bedenken bestehen. Die Netzverbundenheit der Telekommunikationsdienstleistungen und die Netzherrschaft auf dem vorgelagerten Telekommunikationsmarkt können als sachgerechte und wichtige Gründe angesehen werden und rechtfertigen folglich die gesetzliche Ungleichbehandlung bei der Auferlegung der Netzzugangsgewährungspflicht nach §§ 33 und 35 TKG.

## IV. Zusammenfassung

Die grundrechtliche Überprüfung ergibt zunächst, dass die konkurrentennützigen Netzzugangsregelungen der §§ 33 ff. TKG in die wirtschaftlichen Freiheitsrechte des in Dienst genommenen, marktbeherrschenden Netzbetreibers eingreifen. Betroffen sind die in Art. 12 Abs. 1 verankerte Berufsausübungsfreiheit, Wettbewerbsfreiheit, Vertragsfreiheit sowie die Eigentumsgarantie nach Art. 14 Abs. 1 S. 1 GG. Darüber hinaus verstößt die Netzzugangsgewährungsverpflichtung als asymmetrische Regulierung zu Lasten des marktbeherrschenden Netzbetreibers gegen den allgemeinen Gleichheitssatz nach Art. 3 Abs. 1 GG.

Die Tatsache, dass die Deutsche Telekom AG in der gegenwärtigen Praxis noch der einzige beherrschende Netzbetreiber i.S.d. §§ 33 und 35 TKG ist, ändert nichts daran, dass die Netzzugangsregelungen des TKG als grundrechtsrelevant qualifiziert werden. Die eigentumsrechtliche Eigenschaft der Deutschen Telekom AG als gemischt-wirtschaftliches Unternehmen, dessen mehrheitliche Anteile sich bislang noch in der öffentlichen Hand des Bundes finden, ist für die Beurteilung der Grundrechtsträgerschaft unwesentlich. Entscheidend ist vielmehr, dass die gesamte unternehmerische Betätigung der Deutschen Telekom AG mit der Abschaffung der verbleibenden Monopole zum 1. 1. 1998 *funktional* als rein privatwirtschaftliche Tätigkeit bezeichnet. Daraus folgt, dass die Deutsche Telekom AG grundrechtsfähig ist und die Grundrechtsbeeinträchtigung geltend machen kann.

Die grundrechtseingreifenden Netzzugangsregelungen in §§ 33 ff. TKG sind verfassungsmäßig, wenn formelle und materielle Rechtfertigungsgründe vorliegen. Das Vorliegen des formellen Rechtfertigungsgrundes ist wegen der ausschließlichen Gesetzgebungskompetenz des Bundes über die Telekommunikation nach Art. 73 Nr. 7 GG zu bejahen.

---

[195] Ebenso *H.-J. Piepenbrock* (Fn. 183), § 35, Rn. 2, der zu Recht feststellt, dass eine Erweiterung auf andere Unternehmen aus ordnungs- bzw. wettbewerbspolitischer Sicht nicht notwendig ist. Vgl. auch *K. Stern/J. Dietlein* (Fn. 120), S. 7.

Mit Blick auf den Verhältnismäßigkeitsgrundsatz ist die gesetzliche Netzzugangsgewährungsverpflichtung grundsätzlich für die Erreichung des gemeinwohlorientierten Ziels der Wettbewerbsförderung geeignet, erforderlich und proportional. Die Netzzugangsregulierung als Berufsausübungsregelung wird durch das legitime Gemeinwohl, nämlich die Wettbewerbsförderung, gerechtfertigt. Die aus der Beschränkung der Berufsausübungsfreiheit nach Art. 12 Abs. 1 GG folgende Konkurrentennützigkeit stellt lediglich eine Nebenfolge der Wettbewerbsförderung dar. Die Netzzugangsregulierung dient nicht primär der Privatnützigkeit zu Gunsten der Konkurrenten.

Im Rahmen der Beschränkung der Eigentumsfreiheit nach Art. 14 Abs. 1 S. 1 GG kann die Netzzugangsgewährungsverpflichtung als verhältnismäßig angesehen werden. Das System der staatlich regulierten privatwirtschaftlichen Selbstregulierung steht mit dem Gebot der Erforderlichkeit im Einklang. Aus der wesentlichen Funktion des Telekommunikationsnetzes für die Wettbewerbsöffnung ergibt sich ein erhöhter sozialer Bezug und eine soziale Funktion des Netzeigentums. Dies rechtfertigt nach dem vom BVerfG entwickelten, sog. abgestuften Modell der Sozialbindung des Eigentums einen weiten Gestaltungsspielraum des Gesetzgebers für die Eigentumsschranken zu Lasten des Eigentümers. Darüber hinaus wird eine unverhältnismäßige Belastung des Eigentümers durch die Möglichkeit der Netzzugangsverweigerung und die Entgeltverpflichtung der Nachfrager vermieden.

Die Angewiesenheit der Wettbewerber auf das Telekommunikationsnetz marktbeherrschender Netzbetreiber als sachlicher und wichtiger Grund rechtfertigt ebenfalls die gesetzliche Ungleichbehandlung von marktbeherrschenden und nicht-marktbeherrschenden Netzbetreibern. Die auf der asymmetrischen Regulierung beruhende personenbezogene Differenzierung verstößt infolgedessen nicht gegen den allgemeinen Gleichheitssatz des Art. 3 Abs. 1 GG.

Gleichwohl kann der der Wettbewerbsförderung dienende konkurrentennützige Netzzugang seine verfassungsrechtliche Rechtfertigung verlieren, wenn ein funktionierender Wettbewerb auf Telekommunikationsmärkten hergestellt wurde, d.h. die Konkurrenten sind nicht mehr auf die Mitbenutzung des Telekommunikationsnetzes des marktbeherrschenden Netzbetreibers anwiesen. In diesem Falle stände das Netzeigentum des marktbeherrschenden Netzbetreibers nicht mehr in einem erhöhten sozialen Bezug. Der Gestaltungsspielraum des einfachen Gesetzgebers für die Inhalts- und Schrankenbestimmung des Eigentums nach Art. 14 Abs. 1 S. 2 GG würde auch zwingend reduziert. Das Eigentumsgrundrecht des Netzeigentümers sollte infolgedessen mehr als heute an Gewicht gewinnen. Im Ergebnis ist die sektorspezifische Netzzugangsregulierung nach §§ 33 ff. TKG als Übergangsregelung zu qualifizieren.

Vierter Teil:

# Die Netzzugangsregulierung in der taiwanesischen Rechtsordnung

In Taiwan wurde der Markt für Telekommunikation im Jahre 1996 liberalisiert und privatisiert. Die Erbringung von Telekommunikationsdienstleistungen ist von der bislang durch das Verwaltungsmonopol gekennzeichneten Leistungsverwaltung in eine privatwirtschaftliche Tätigkeit umgewandelt worden. Ebenso wie in Deutschland und der Europäischen Union, steht das Spannungsfeld zwischen Privatisierung einerseits und Regulierung andererseits im Mittelpunkt des Privatisierungsfolgenrechts. Wie in Deutschland, wird das Regulierungsinstrument des Zugangs zum Netz eines anderen Betreiber öffentlicher Telekommunikationsnetze einschließlich der Zusammenschaltung sektorspezifisch im taiwanesischen Telekommunikationsgesetz fixiert. Im Folgenden soll zunächst ein Überblick über Grundlagen und Konzeption der Telekommunikationsprivatisierung in der taiwanesischen Rechtsordnung geboten werden (§ 8). Auf Basis der dabei gewonnenen Erkenntnisse werden anschließend die telekommunikations-, kartell- und verfassungsrechtlichen Rahmenbedingungen für eine wettbewerbsbegründende Netzzugangsregulierung beleuchtet (§ 9).

## § 8 Rechtliche Grundlagen und die Struktur der Telekommunikationsprivatisierung

In Taiwan findet der Sachbereich „Telekommunikation“ sowohl auf der Verfassungsebene (I)[1] als auch auf der einfachgesetzlichen Ebene (II) seinen Niederschlag.

---

[1] Vgl. *Lin, Min-chiang*, Zur Frage der Verfassungsmäßigkeit der Privatisierung öffentlicher Unternehmen, YdLM 15 (1996/8), S. 78 ff.

## I. Die verfassungsrechtliche Zulässigkeit der Telekommunikationsprivatisierung

Die verfassungsrechtliche Zulässigkeit der Privatisierung im Bereich der Telekommunikation kann in zweierlei Hinsicht untersucht werden: zum einem in kompetenzrechtlicher (Art. 107 Nr. 5 der Verfassung der Republik China – Verf. RC –) und zum anderen in aufgabenrechtlicher Hinsicht (Art. 144 Verf. RC).

### *1. Die Kompetenznorm des Art. 107 Nr. 5 Verf. RC*

In kompetenzrechtlicher Hinsicht ist die Verteilung der Gesetzgebungs- und Ausführungsbefugnisse zwischen der Zentrale und lokalen Verwaltung in Art. 107 ff. Verf. RC verankert. Dieses Modell der verfassungsrechtlich ausdrücklichen Trennung der Gesetzgebungshoheit von der Verwaltungshoheit bei vertikaler Gewaltteilung wurde nach dem Vorbild der Weimarer Reichsverfassung in die Verfassung der Republik China eingeführt[2]. Art. 107 Verf. RC weist der Zentralregierung ausschließliche Gesetzgebungs- und Ausführungsbefugnisse zu[3]. Dazu gehören nach Nr. 5 dieses Artikels die Sachbereiche Luftfahrt, Nationalstraßen, staatliche Eisenbahnen, Schifffahrt, Postwesen und Telekommunikation, da sie einen national einheitlichen Charakter besitzen.

Nach der taiwanesischen Verfassungslehre ist Art. 107 Verf. RC lediglich von kompetenzieller Bedeutung. Er zielt ausschließlich darauf ab, die Gesetzgebungs- und Ausführungsbefugnisse zwischen der Zentrale und den lokalen Regierungen kompetenziell zu unterscheiden[4]. Eine aufgabenrechtliche Dimension kann im Gegensatz zu Art. 73 ff. GG auch nicht im Ausnahmefall aus Art. 107 Verf. RC abgeleitet werden. Daraus folgt, dass Art. 107 Nr. 5 Verf. RC keine

---

[2] Vgl. *W. Lasars*, Die Machtfunktion der Verfassung. Eine Untersuchung zur Rezeption von demokratisch-rechtsstaatlichem Verfassungsrecht in China, Jahrbuch des öffentlichen Rechts der Gegenwart, Bd. 41, 1993, S. 597 (621) m. w. Nachw.. Infolgedessen stellt die herrschende Auffassung im Schrifttum fest, dass sich das „bundesstaatliche“ Ausbausystem von der Verfassung entnehmen lassen kann, obwohl es nicht in der Verfassung zum Ausdruck kommt. Hierzu vgl. *Huang, Jing-tang*, Die Autonomie der Provinzen und zentralunmittelbaren Städte – Die Schwierigkeit der Struktur „eine Provinz, zwei Städte“ und ihre Überwindung, in: ders., Studien über die Frage nach der Verrechtlichung der lokalen Selbstverwaltung, 1995, S. 17 (21 f.); *Chen, Shin-min*, Die Interpretation der Verfassung der Republik China, 4. Aufl., 2001, S. 756 ff.

[3] Art. 107 Verf. RC: „Die Gesetzgebung und Ausführung der Zentrale umfassen folgende Gebiete: 5. Luftfahrt, Nationalstraßen, staatliche Eisenbahnen, Schifffahrt, Postwesen und Telekommunikation;“

[4] Vgl. *Lin, Ji-dong*, Kommentar zur Verfassung der Republik China, Bd. IV, 6. Aufl., 1990, Art. 107, S. 41 ff.

Sperrfunktion für die Aufgabenprivatisierung im Bereich der Telekommunikation enthält[5].

*2. Die Monopolklausel des Art. 144 Verf. RC*

Zentrale Bedeutung für die verfassungsrechtliche Maßgabe der Privatisierung im Bereich der Telekommunikation kommt Art. 144 Verf. RC[6] zu. Dieser sieht vor, dass gemeinnützige Betriebe und andere monopolartige Unternehmen „grundsätzlich" von der öffentlichen Hand zu betreiben sind. Allerdings wird in 2. Halbsatz dieses Artikels eine „Ausnahme" erwähnt, wonach derartige Unternehmen bei entsprechender gesetzlicher Regelung von Privaten betrieben werden können. Damit stellt das Verhältnis zwischen der staatlichen Monopolbildung und der Entmonopolisierung eine „Regel-Ausnahme-Relation" dar.

*a) Sachlicher Geltungsbereich*

Es handelt sich in Art. 144 Verf. RC um gemeinnützige Betriebe und monopolartige Unternehmen. Die Begriffe werden nicht von der Verfassung selbst definiert.

*aa) Gemeinnützige Betriebe*

Nach allgemeiner Auffassung sind „gemeinnützige Betriebe" i.S.d. Art. 144 Verf. RC diejenige von Personen und Sachen zusammengefassten Organisationen, die als Hersteller, Anbieter oder Verteiler von für das *Dasein der Bürger* erforderlichen Gütern oder Dienstleistungen am Markt tätig werden. Dazu zählen beispielsweise die Stromversorgung, Post- und Telekommunikationsdienstleistungen sowie der Personen- und Gütertransport per Schiene und Straße[7]. Nach diesem Verständnis spielt die Eigentumszuordnung gemeinnütziger Betriebe für die Begriffsbestimmung keine Rolle. Gemeinnützige Betriebe können sich ihrer Art nach in der öffentlichen Hand befinden und werden darum als öffentliche Unternehmen qualifiziert. Andererseits können sie aber auch Privaten zugeordnet werden und unterliegen dann der Kategorie privater Wirtschaftsunternehmen. § 2 des Gesetzes über die Regulierung der von Privaten betriebenen gemeinnützigen Betriebe sieht vor, dass Stromversorgung, Straßenbahn, Sprach-

[5] So auch *Chen, Ai-e*, Legalität und Legitimität der Privatisierung öffentlicher Unternehmen, YdLM 36 (1998/5), S. 39 (43).

[6] Art. 144 Verf. RC: „Gemeinnützige Betriebe und andere monopolartige Unternehmen sind grundsätzlich von der öffentlichen Hand zu betreiben; sie können bei entsprechender gesetzlicher Regelung von Privaten betrieben werden".

[7] Vgl. IGRR Nr. 428.

telefon im Ortsbereich, fließendes Wasser, Gas, Omnibus und Fernverkehr, Schifffahrt und Luftfahrt von „Privaten" betrieben werden können.

*bb) Monopolartige Unternehmen*

Im Unterschied zu gemeinnützigen Betrieben sind unter „monopolartigen Unternehmen" die Unternehmen zu verstehen, deren Betrieb zwar nicht unbedingt mit der Daseinsvorsorge der Bürger im Zusammenhang steht, aber in der Regel einem großen Investitionskapital bedarf oder sich auf das natürliche Monopol im volkswirtschaftlichen Sinne bezieht[8]. Wettbewerb in diesem Wirtschaftssektor ist aus tatsächlichen Gründen ausgeschlossen. Vor diesem Hintergrund verfügen sie auf dem Markt über eine Monopolstellung.

*cc) Telekommunikationsunternehmen als gemeinnützige Betriebe*

Nach der früher herrschenden Auffassung kamen netzgebundenen Telekommunikationsdienstleistungen sowohl die Eigenschaft der Daseinsvorsorge als auch die eines natürlichen Monopols zu, so dass Telekommunikationsunternehmen begrifflich sowohl gemeinnützige Betriebe als auch monopolartige Unternehmen i.S.d. Art. 144 Verf. RC waren. Das staatliche Fernmeldemonopol fand demzufolge seine verfassungsrechtliche Legitimation unmittelbar in Art. 144 1. Halbsatz.

Unter den heutigen technischen Gegebenheiten handelt es sich bei der Errichtung und dem Betrieb des Telekommunikationsnetzes zwar nicht mehr um natürliche Monopole i.S.d. Volkswirtschaftstheorie. Aber für die Daseinsvorsorge gewinnen Telekommunikationsdienstleistungen in der modernen Informationsgesellschaft sogar noch mehr an Bedeutung. Telekommunikationsunternehmen bleiben nach wie vor gemeinnützige Betriebe.

Daraus ergibt sich, dass Art. 144 Verf. RC nach wie vor Maßstabsnorm für die staatliche Monopolbildung im Bereich der Telekommunikation ist.

*b) Reichweite der Regel-Ausnahme-Relation*

Mit Blick auf die Privatisierung stellt sich jedoch die Frage, ob sich aus der Monopolklausel des Art. 144 Verf. RC eine bedingungslose, absolute Sperrfunktion für die Privatisierung und Liberalisierung gemeinnütziger Betriebe und monopolartiger Unternehmen ergibt[9]. Mit anderen Worten: Steht dem einfachen Ge-

---

[8] *Lin, Ji-dong* (Fn. 4), Bd. IV, Art. 144, S. 284.

[9] Zur Problematik der Erforderlichkeit öffentlicher Monopole vgl. *Liaw, Yih-nan*, Wirtschaftliche Betätigung der öffentlichen Hand. Länderbericht Taiwan, in: Stober/Vogel (Hrsg.), Wirtschaftliche Betätigung der öffentlichen Hand, 2000, S. 267 (271 f.); zum deutschen Recht

setzgeber nach Art. 144 Verf. RC ein völlig freier Gestaltungsspielraum für die Entmonopolisierung zu oder wird diese Entscheidungsfreiheit von der Verfassung selbst begrenzt? Es handelt sich dabei um die Frage der Reichweite der Regel-Ausnahme-Relation gem. Art. 144 Verf. RC. Die Verfassungsauslegung kann Hinweise zur Betrachtung dieser Frage geben.

*aa) Wortlautauslegung*

Der Wortlaut des Art. 144 Verf. RC gibt keine eindeutige Auskunft über die Voraussetzungen und Grenzen des Verwaltungsmonopols für gemeinnützige Betriebe und andere monopolartigen Unternehmen. Die Reichweite des Verwaltungsmonopols lässt sich daher nicht aus dem Wortlaut entnehmen.

*bb) Systematische Auslegung*

In systematischer Hinsicht steht die Bestimmung des Art. 144 Verf. RC im Kapitel XIII mit dem Titel „Grundlegende Staatsprogramme", die vom Verfassungsgeber bewusst nach der Struktur des zweiten Hauptteils der Weimarer Reichsverfassung nachgebildet worden sind[10]. Die Rechtsnatur der in diesem Kapitel angesiedelten Vorgaben ist jedoch umstritten. Im Gegensatz zur früheren Programmsatzlehre[11] werden nach verbreiteter Auffassung die Bestimmungen des Kapitals XIII der Verfassung der Republik China abweichend von der Formulierung des Titels als „Staatszielbestimmungen" bezeichnet und sind für alle Staatsgewalten verbindlich[12].

Gleichwohl können nach der hier vertretenen Auffassung nicht alle Normen, die sich unter diesem Kapitel finden, als Staatszielbestimmungen qualifiziert werden. Vielmehr ist eine differenzierte Betrachtungsweise notwendig. Neben den Staatszielbestimmungen enthält dieses Kapitel auch Vorgaben, die lediglich der Verwirklichung dieser Staatszielbestimmungen dienen[13]. Diese Normen weisen also nur einen *instrumentalen* Charakter auf.

Daraus folgt, dass die volkswirtschaftbezogenen Vorgaben der Art. 143 bis 145 Verf. RC lediglich die Konkretisierungsklauseln der Staatszielbestimmung

---

ausführlich *W. Weiß*, Öffentliche Monopole, kommunaler Anschluss- und Benutzungszwang und Art. 12 GG, VerwArch. 1999, S. 415 (427 ff.).

[10] Zur Rechtsnatur der Regelungen des 2. Hauptteils im WRV vgl. *C. Schmitt*, Verfassungslehre, 8. Aufl. (Neusatz auf Basis der 1928 erschienenen ersten Aufl.), 1993, S. 160.

[11] Siehe *Ge, Ke-chang*, Sozialleistungen und die Steuergerechtigkeit, NTULJ Vol. 25 No. 2, Jan. 1996, S. 139 (143).

[12] Vgl. *Chen, Shin-min* (Fn. 2), S. 801 ff.; *Lin, Min-chiang*, Grundlegende Staatsprogramme, in: Festschrift für Lee, Hong-hsi zum 60. Geburtstag, 1997, S. 1465 ff.

[13] In dieser Richtung auch *Chen, Ai-e*, Freiheit – Gleichheit – Brüderlichkeit. Wechselwirkungen vom Sozialstaats- und Rechtsstaatsprinzip, NTULJ Vol. 26 No. 2, Jan. 1997, S. 121 (124 f.).

des Art. 142 Verf. RC darstellen. Art. 142 Verf. RC sieht vor, dass „in der Volkswirtschaft das Prinzip der Volkswohlfahrt als Grundprinzip zugrunde zu legen ist und gleichmäßige Rechte an Grund und Boden und die Beschränkung des Kapitals durchzuführen sind, um damit den Fortbestand des Staates und die Lebenshaltung des Volkes gleichmäßig sicherzustellen“. Damit wird deutlich, dass die gleichmäßige Sicherstellung des Fortbestandes des Staates und der Lebenshaltung des Volkes als Staatsziel von Legislative, Exekutive und Judikative verwirklicht werden soll[14].

Mittel zur Verfolgung dieses Ziels sind zum einen die Bewirtschaftung vom Grund und Boden und zum anderen die Beschränkung des Kapitals[15]. Während die Durchsetzung gleichmäßiger Rechte an Grund und Boden in Art. 143 Verf. RC näher statuiert wird, handelt es sich bei Art. 144 und 145 Verf. RC um Vorschriften über die Beschränkung des Kapitals[16]. Die Beschränkung des Privatkapitals erfolgt nämlich durch das Verwaltungsmonopol für gemeinnützige Betriebe und monopolartige Unternehmen einerseits (Art. 144 Verf. RC) und die Beschränkung des Vermögens von Privatpersonen und Unternehmen andererseits (Art. 145 Verf. RC).

Es bleibt festzuhalten, dass Art. 144 Verf. RC lediglich einen „instrumentalen“ Charakter enthält. Das Verwaltungsmonopol für gemeinnützige Betriebe ist kein Selbstzweck, sondern dient ausschließlich der Verwirklichung der Staatszielbestimmung des Art. 142 Verf. RC, nämlich der gleichmäßigen Sicherstellung des Fortbestandes des Staates und der Lebenshaltung des Volkes.

*cc) Genetische Auslegung*

Hinsichtlich der Entstehungsgeschichte ging der Verfassungsgeber zunächst davon aus, dass Produkte oder Dienstleistungen gemeinnütziger Betriebe und monopolartiger Unternehmen entweder relevant für die „Daseinsvorsorge“ der Bürger seien oder mit der volkswirtschaftlichen Theorie von „öffentlichen Gütern“ oder „natürlichen Monopolen“ in engem Zusammenhang stünden. Würden gemeinnützige Betriebe oder monopolartige Unternehmen in privater Hand belassen, bestände die Gefahr, dass die Daseinsvorsorge wegen des Marktversagens nicht sichergestellt wäre oder eine Kapitalkonzentration auf ein privates, nicht auf das Gemeinwohl verpflichtetes Großunternehmen entstünde. Um diese

---

[14] Siehe IGRR Nr. 485: „Die Förderung der Volkswohlfahrt als verfassungsrechtliches Grundprinzip wird aus Präambel, Art. 1, grundlegende Staatsprogramme und Art. 10 der Ergänzungsartikel zur Verfassung entnommen. Nach diesem Prinzip ist der Staat *verpflichtet*, eine menschenwürdigende Lebenshaltung der Bevölkerung sicherzustellen, für die wirtschaftlich schwache Bevölkerung zu sorgen und soziale Maßnahmen, beispielsweise in Bezug auf die Gewährleistung der sozialen Sicherheit, wahrzunehmen“.

[15] Vgl. *Lin, Ji-dong* (Fn. 4), Bd. IV, Art. 142, S. 274.

[16] *Lin, Ji-dong* (Fn. 4), Bd. IV, Art. 142 ff., S. 272 ff.; *Lin, Min-chiang* (Fn. 1), S. 80.

mit dem klassischen Kapitalismus verbundene potentielle Gefahr zu verhindern, sollten gemeinnützige Betriebe und monopolartige Unternehmen dem Verwaltungsmonopol unterliegen und von der öffentlichen Hand unter Berücksichtigung auf das Gemeinwohl selbst betrieben werden[17].

Auf Grund der Entstehungsgeschichte ergibt sich, dass das in Art. 144 Verf. RC verankerte Verwaltungsmonopol für gemeinnützige Betriebe und andere monopolartige Unternehmen keineswegs Selbstzweck ist. Es stellt vielmehr lediglich ein „Mittel" zur Korrektur der Schwächen des Kapitalismus und zur Verwirklichung des Volkswohlfahrtprinzips, das mit dem Sozialstaatsprinzip des Art. 20 i.V.m. 28 Abs. 1 GG vergleichbar ist, dar.

### *dd) Teleologische Auslegung*

Wie sich oben bei der systematischen Auslegung bereits angedeutet hat, besteht der Sinn und Zweck des Art. 144 Verf. RC darin, den Fortbestand des Staates und die Lebenshaltung des Volkes gleichmäßig sicherzustellen. Der Großrichterrat, der für Verfassungsbeschwerden, Verfassungsinterpretationen und einheitliche Auslegung von Rechtsnormen zuständig ist, hat in seiner Interpretation vom 23. 5. 1997 in Bezug auf die Verfassungsmäßigkeit der begrenzten Entschädigungshaftung des Postbetriebs klargestellt, dass das Betreiben gemeinnütziger Betriebe durch die öffentliche Hand auf die „Erfüllung der staatlichen Pflicht zur *Daseinsvorsorge* der Bürger und der *Leistungsverwaltung*" abziele. Durch vom Staat selbst betriebene gemeinnützige Betriebe, die einerseits Monopolrechte, wirtschaftliche Begünstigungen und die Haftungsbeschränkung besitzen und andererseits Sonderpflichten und staatlicher Aufsicht unterliegen, würden die für das Dasein der Bürger erforderlichen Güter oder Dienstleistungen mit angemessenen Tarifen universal und zuverlässig angeboten[18].

Im Ergebnis ist festzuhalten, dass sich der staatliche Betrieb gemeinnütziger Betriebe und monopolartiger Unternehmen nach Art. 144 1. Halbsatz Verf. RC nach der gemeinwohlorientierten Zielsetzung des Art. 142 Verf. RC, nämlich der gleichmäßigen Sicherstellung des Fortbestandes des Staates und der Lebenshaltung Volkes, richten muss[19].

### *ee) Auslegungsergebnis*

Mit der systematischen, genetischen und teleologischen Auslegung des Art. 144 Verf. RC ist festzustellen, dass das Monopolgebot nach Art. 144 Verf. RC weder

---

[17] *Lin, Ji-dong* (Fn. 4), Bd. IV, Art. 144, S. 282.

[18] IGRR Nr. 428.

[19] Vgl. *Hsiao, Wen-sheng,* Die rechtlichen Grundlagen und Grenzen der unternehmerischen Tätigkeit des Staates. Ein Vergleich zwischen der Bundesrepublik Deutschland und der Republik China, 1992, S. 84 ff. m. w. Nachw.

Selbst- noch Endzweck ist. Als Konkretisierungsklausel zielt es lediglich darauf, das in Art. 142 Verf. RC festgelegte Ziel zu erreichen. Das in Art. 142 Verf. RC festgelegte Ziel soll das Verwaltungsmonopol für gemeinnützige Betriebe und monopolartige Unternehmen begründen, aber auch zugleich begrenzen.

### *c) Folgerungen für die Privatisierung im Bereich der Telekommunikation*

Die Instrumentalfunktion des Art. 144 Verf. RC wirkt sich auf die verfassungsrechtliche Zulässigkeit der Privatisierung daseinsnotwendiger oder wirtschaftsrelevanter öffentlicher Unternehmen aus. Sie verlangt zunächst vom einfachen Gesetzgeber die dauernde Abwägung zwischen öffentlichen Interessen, insbesondere der angemessenen und ausreichenden Daseinsvorsorge der Bürger, und den privaten Interessen an Berufswahl und -ausübung im Daseinsvorsorgebereich. Soweit die Daseinsvorsorge der Bürger auch durch die Privatwirtschaft effizient gewährleistet werden kann, ist der Gesetzgeber verpflichtet, das bislang bestehende Monopol aufzuheben und damit den Markt „auch" für private Wirtschaftssubjekte zu eröffnen[20]. Ob die Pflicht zur Entmonopolisierung nach Art. 144 2. Halbsatz Verf. RC vorliegt, hängt von der wirtschaftlichen und technischen Entwicklung ab. Dies gilt auch für den Telekommunikationssektor.

## II. Die Privatisierungs- und Regulierungskonzeption im taiwanesischen TKG

Der Liberalisierungstendenz auf den internationalen Telekommunikationsmärkten entsprechend ist der Wettbewerb nunmehr auch in den taiwanesischen Telekommunikationsmarkt eingeführt worden[21]. Mit der am 5. 2. 1996 in Kraft getretenen Novelle des taiwanesischen Telekommunikationsgesetzes (tw. TKG)[22] wurde der bislang monopolistisch strukturierte taiwanesische Telekommunikationsmarkt auch für Private geöffnet. In Taiwan war, anders als in Deutschland, eine Verfassungsänderung für die Privatisierung im Bereich der Telekommunikation nicht erforderlich, da nach dem oben geschilderten Art. 144 2. Halbsatz Verf. RC eine *einfachgesetzliche* Marktöffnung genügt. Das geltende tw. TKG stellt daher ein Liberalisierungsgesetz i.S.d. Art. 144 2. Halbsatz Verf. RC dar.

---

[20] Kritisch hierzu *Chen, Shin-min* (Fn. 2), S. 816, der von der globalen Liberalisierungstendenz ausgeht und die Auffassung vertritt, dass Art. 144 Verf. RC nicht mehr zeitgemäß sei.

[21] Zur Privatisierungspraxis in Taiwan vgl. *Chen, Yin-chin,* Zur Problematik der Privatisierung öffentlicher Unternehmen in der geltenden Rechtsordnung, YdLM 36 (1998/5), S. 47 ff.

[22] ABl. PräsiA Nr. 6078, S. 1 ff.

### *1. Hintergründe der Marktöffnung*

#### *a) Der Einfluss der GATS/WTO*

Der ordnungspolitische Hintergrund für die Telekommunikationsrechtsreform bestand in erster Linie darin, das Liberalisierungskonzept der Welthandelsorganisation (WTO)[23], insbesondere des am 1. 1. 1995 in Kraft getretenen Allgemeinen Übereinkommens über den Handel mit Dienstleistungen von 1994 (GATS), umzusetzen. Das GATS verpflichtet alle Mitgliedstaaten der WTO einschließlich der Beitrittskandidaten, darunter auch Taiwan, die Grundregeln des offenen, multilateralen Handelssystems für den Dienstleistungshandel einzuhalten. Von den Dienstleistungen i.S.d. GATS werden Telekommunikationsdienstleistungen auch erfasst[24]. Insofern wird z.B. der diskriminierungsfreie Zugang jedes Dienstleistungsanbieters zu Telekommunikationsnetzen und -diensten durch die GATS-Anlage zur Telekommunikation (Annex on Telecommunications) ausdrücklich sichergestellt[25].

#### *b) Faktischer Hintergrund*

Im Übrigen ging der Gesetzgeber davon aus, dass sich die Grundversorgung der Bürger mit Telekommunikationsdiensten nach der heutigen technischen und ökonomischen Lage nicht mehr durch das staatliche Monopol gewährleisten lasse. Vielmehr sei die Privatwirtschaft in der Lage und gegebenenfalls sogar noch effizienter als der Staat, Telekommunikationsdienstleistungen anzubieten. Das Modell der Leistungsverwaltung für die Telekommunikation sei daher in der modernen Informationsgesellschaft obsolet[26].

### *2. Trennung zwischen hoheitlichen und unternehmerischen Aufgaben*

Das frühere taiwanesische Telekommunikationsgesetz vom 23. 10. 1958 räumte dem Ministerium für Verkehr und Kommunikation die einheitlichen Aufgaben im Bereich der Telekommunikation ein. Zur Wahrnehmung dieser Aufgaben errichtete das Ministerium nach Maßgabe des § 10 tw. TKG von 1958 das *Di-*

---

[23] Vgl. allgemein *P.-T. Stoll*, Freihandel und Verfassung. Einzelstaatliche Gewährleistung und die konstitutionelle Funktion der Welthandelsordnung (GATT/WTO), ZaöRV 57 (1997), S. 83 ff.

[24] Vgl. *D. Barth*, Das allgemeine Übereinkommen über den Handel mit Dienstleistungen (GATS), EuWZ 1994, S. 455 ff.; *P. N. Märkl*, Netzzusammenschaltung in der Telekommunikation, 1998, S. 331 ff.

[25] Vgl. BGBl. II 1994, S. 1664; s. auch *Holznagel/Enaux/Nienhaus*, Grundzüge des Telekommunikationsrechts, 2. Aufl., 2001, S. 203.

[26] Vgl. *Kao, Kai-sheng*, Theorie und Praxis der Liberalisierung im Bereich der Telekommunikation, SeLIR, No. 19, 1997, S. 37 ff.

*rectorate General of Telecommunications* (DGT) als untergeordnete Behörde. Es war sowohl für die „Aufsicht" als auch für „Dienstleistungen" im Bereich der Telekommunikation zuständig und wurde als Regiebetrieb des Ministeriums für Verkehr und Kommunikation bezeichnet[27].

Mit dem Inkrafttreten des neuen TKG vom 5. 2. 1996 lassen sich, wie in Art. 87f Abs. 1 und 2 GG, die bislang einheitlich strukturierten Aufgaben im Bereich der Telekommunikation zwischen hoheitlich-politischen und betrieblich-unternehmerischen Aufgaben unterscheiden. Während erstere nach wie vor beim Staat verbleibt, wurde das staatliche Monopol für letztere aufgehoben. Telekommunikationsdienstleistungen können nunmehr *auch* durch private Anbieter erbracht werden. Die Marktöffnung gilt sowohl für den Dienstleistungsbereich als auch für den Netzbereich.

### *a) Die Einteilung von TK-Unternehmen*

Je nach der Art der unternehmerischen Betätigung lassen sich Telekommunikationsunternehmen gem. § 11 Abs. 1 tw. TKG weiter in Telekommunikationsunternehmen der Klasse 1 und Telekommunikationsunternehmen der Klasse 2 einteilen[28]. TK-Unternehmen der Klasse 1 sind nach der Legaldefinition des § 11 Abs. 2 tw. TKG die Unternehmen, die eigene Telekommunikationsnetze errichten und auf der Basis selbst betriebener Netze Telekommunikationsdienstleistungen anbieten. Ein solches TK-Unternehmen bedarf einer Lizenz des Ministeriums für Verkehr und Kommunikation und ist in der Rechtsform der Aktiengesellschaft zu organisieren. Zu TK-Unternehmen der Klasse 1 gehören TK-Unternehmen für Mobilfunkdienstleistungen, Satellitenfunkdienstleistungen und Festnetzdienstleistungen. Insofern sind TK-Unternehmen der Klasse 1 i.S.d. § 11 Abs. 1 tw. TKG mit Lizenznehmern i.S.d. § 6 Abs. 2 dt. TKG identisch, die in anderen Vorgaben des dt. TKG, etwa §§ 35 ff. dt. TKG, auch „Betreiber eines Telekommunikationsnetzes" genannt werden. Anders als § 6 Abs. 1 dt. TKG[29], unterscheidet das tw. TKG im lizenzpflichtigen Bereich nicht zwischen Infrastrukturlizenzen und Sprachtelefondienstlizenz. Ein TK-Unternehmen der Klasse 1 bedarf keiner zusätzlichen Lizenz, wenn es Sprachtelefondienst auf der Basis selbst betriebener Telekommunikationsnetze anbietet. Lizenzen i.S.d. tw. TKG beschränken sich auf Infrastrukturlizenzen.

---

[27] Zum Begriff des Regiebetriebs vgl. *Faiss/Faiss/Giebler/Lang/Schmid*, Kommunales Wirtschaftsrecht in Baden-Württemberg. Systematische Darstellung, 3. Aufl., 1983, S. 496; *G. Püttner*, Die Rechtsformen kommunaler Unternehmen, in: ders. (Hrsg.), HbkWP, Bd. 5, 2. Aufl., 1984, § 95, S. 119.

[28] Zur Problematik der Einteilung von Telekommunikationsunternehmen vgl. *Chuang, Yi-fei/Liu, Chorng-jian*, Eine Studie über die Strukturregulierung im Telekommunikationsgesetz, SeLIR, No. 23, 1999, S. 83 (86 ff.).

[29] Vgl. *R. Schütz*, in: Beck'scher TKG-Kommentar, 2. Aufl., 2000, § 6.

TK-Unternehmen der Klasse 2 sind alle Telekommunikationsunternehmen außer den TK-Unternehmen der Klasse 1. Mit anderen Worten: TK-Unternehmen der Klasse 2 sind Anbieter von Telekommunikationsdienstleistungen, die keine eigenen Telekommunikationsnetze betreiben. Die Betätigung eines TK-Unternehmen der Klasse 2 bedarf nach § 17 Abs. 1 tw. TKG einer Genehmigung des DGT. Im Gegensatz dazu unterliegen Anbieter von Telekommunikationsdienstleistungen, die nicht lizenzpflichtig sind, lediglich gem. § 4 dt. TKG der Anzeigepflicht.

Die Differenzierung von TK-Unternehmen wirkt sich auf die Art und den Ausmaß der Regulierung aus. Während TK-Unternehmen der Klasse 1 der strengen Verhaltensregulierung unterliegen, steht TK-Unternehmen der Klasse 2 ein weiter Handlungs- und Wettbewerbsspielraum zu[30].

### *b) Die Umgestaltung des ehemaligen Monopolisten*

Die Trennung zwischen hoheitlichen und unternehmerischen Aufgaben hat ferner zur organisatorischen Umgestaltung des früheren DGT geführt. Durch die Organisationsordnung des DGT vom 5. 2. 1996[31] wird das neu organisierte DGT nicht mehr als Dienstleistungsunternehmen, sondern ausschließlich als „Regulierungsbehörde" angesehen. Es untersteht verwaltungshierarchisch dem Ministerium für Verkehr und Kommunikation und sein Tätigkeitsfeld beschränkt sich ausschließlich auf die hoheitlichen Aufsicht- und Regulierungsaufgaben. Demgegenüber sind die betrieblich-unternehmerischen Aufgaben des früheren DGT nunmehr durch die neu errichtete *Chunghwa* Telekom AG als Nachfolgeunternehmen übernommen worden. Hierauf wird im Folgenden näher eingegangen.

## *3. Art und Umfang der Privatisierung*

### *a) Die Organisations- und Vermögensprivatisierung*

Im Rahmen des bislang mit einer Monopolstellung ausgestatteten öffentlichen Telekommunikationsunternehmens hatte sich der Gesetzgeber zunächst nur für die Organisationsprivatisierung entschieden[32]. § 30 tw. TKG i.d.F. vom 5. 2. 1996 sah vor, dass das Ministerium für Verkehr und Kommunikation zum Zwecke der Erbringung von Telekommunikationsdienstleistungen die Chunghwa Telekom AG als „öffentliches Unternehmen" *zu* errichten *hatte*. Nach der am 5. 2. 1996 in Kraft getretenen Organisationsordnung der Chunghwa Telekom AG[33]

---

30 Vgl. Chuang, Yi-fei/Liu, Chorng-jian (Fn. 28), S. 97 ff.

31 ABl. PräsiA Nr. 6078, S. 1 ff.

32 Zum Privatisierungsbegriff aus chinesischer Literatur vgl. *Hsu, Chiao-ching*, Rechtliche Begriffe der Privatisierung, GERev. Vol. 1 No. 4, Nov. 1999, S. 119 ff.

33 ABl. PräsiA Nr. 6078, S. 1 ff.

stellt die Chunghwa Telekom AG das Nachfolgeunternehmen des früheren DGT dar und wird nach dem Gesellschaftsgesetz in der Rechtsform einer Aktiengesellschaft organisiert.

Vom Wortlaut her verpflichtete § 30 TKG a.F. den Staat nicht nur, die Chunghwa Telekom AG zu errichten, sondern auch, die Qualität der Chunghwa Telekom AG als öffentliches Unternehmen weiterhin zu behalten. Nach der Legaldefinition des § 3 des Gesetzes über die Veräußerung öffentlicher Unternehmen an Private vom 29. 11. 2000[34] lässt sich ein Unternehmen als ein „öffentliches Unternehmen" bezeichnen, wenn es

1) von einem Verwaltungsträger alleine oder zusammen mit anderen Verwaltungsträgern betrieben wird, oder

2) von der öffentlichen Hand und Privaten zusammen errichtet und betrieben wird und der öffentlichen Hand mehr als 50 vom Hundert der Anteile an diesem Unternehmen gehören[35], oder

3) von der öffentlichen Hand und einem unter 1) bzw. 2) genannten öffentlichen Unternehmen zusammen oder von einem unter 1) bzw. 2) genannten öffentlichen Unternehmen alleine finanziert wird und der finanzierenden öffentlichen Hand und/oder dem finanzierenden öffentlichen Unternehmen mehr als 50 vom Hundert der Anteile an diesem Unternehmen gehören[36].

Demgemäß war eine Vermögensprivatisierung der Chunghwa Telekom AG zwar von Telekommunikationsgesetzes wegen zulässig. Aber die „Mehrheit" der Anteile an der Chunghwa Telekom AG musste stets bei der öffentlichen Hand verbleiben, damit die Chunghwa Telekom AG auf Dauer die Eigenschaft des öffentlichen Unternehmens behalten konnte.

#### *b) Die Ermöglichung einer weitergehenden Vermögens- und Aufgabenprivatisierung seit 1999*

Mit der Novelle vom 3. 11. 1999[37] hat sich § 30 TKG a.F. grundlegend verändert. Die Neufassung des § 30 TKG hat einerseits den Wortlaut „als öffentliches Unternehmen" gestrichen. Daraus folgt, dass der Staat von der Beschränkung der weiteren Vermögensprivatisierung befreit wird. Er kann nunmehr die Mehrheit der Anteile an der Chunghwa Telekom AG an Private veräußern und somit

[34] ABl. PräsiA Nr. 6368, S. 14 ff.
[35] Zum Umfang öffentlicher Unternehmen kritisch vgl. *Liu, Kung-chung*, Rechtliche Analyse der Privatisierung öffentlicher Unternehmen, JSSP Vol. 9 No. 2, Jun. 1997, S. 73 ff.
[36] Vgl. IGRR Nr. 41.
[37] ABl. PräsiA Nr. 6306, S. 2 ff.

auf die Qualität der Chunghwa Telekom AG als „öffentliches Unternehmen" verzichten[38].

Andererseits wird der Staat nach § 30 TKG n.F. nicht mehr verpflichtet, die Chunghwa Telekom AG zu betreiben. Ihm wird vielmehr ein Ermessen eingeräumt, ob die Chunghwa Telekom AG als Beteiligungsverwaltung weiter betrieben wird. Dies bedeutet, dass sich der Staat weitgehend durch die Vermögensvollprivatisierung der Chunghwa Telekom AG vollständig aus den unternehmerischen Aufgaben im Telekommunikationssektor zurückziehen kann. Würden die öffentlichen Anteile an der Chunghwa Telekom AG vollständig an Private veräußert, wäre zugleich von einer „Aufgabenvollprivatisierung" der Telekommunikation die Rede.

Dem Ministerium für Verkehr und Kommunikation steht ein Einschätzungsspielraum für eine weitere Privatisierung der Chunghwa Telekom AG zu. Gem. § 5 des Gesetzes über die Veräußerung öffentlicher Unternehmen an Private kann ein öffentliches Unternehmen mit Zustimmung des Verwaltungshofs[39] an Private veräußert werden, wenn die zuständige Behörde nach der Interessenabwägung den fortstehenden Betrieb dieses Unternehmens durch die öffentliche Hand nicht mehr für nötig hält. Bei der Betrachtung der Legitimation der Beteiligungsverwaltung sind insbesondere die rechtsstaatliche Anforderung an das Vorliegen eines öffentlichen Zweckes zu berücksichtigen.

Zusammenfassend lässt sich feststellen, dass sowohl die wirtschaftliche Eigenbetätigung des Staates durch die Minderheitsbeteiligung als auch eine darüber hinausgehende Aufgabenvollprivatisierung im Bereich der Telekommunikation nicht mehr durch das geltende taiwanesische TKG ausgeschlossen werden[40].

### *4. Regulierungsziele und -ansätze*

Die Liberalisierung auf den taiwanesischen Telekommunikationsmärkten führt nicht dazu, dass sich der Staat aus seiner gemeinwohlbezogenen Verantwortung für die Grundversorgung der Bürger mit Telekommunikationsdiensten zurückzieht. Das Verfassungsprinzip der Volkswohlfahrt verpflichtet vielmehr den Staat, eine befriedigende und gleichmäßige Lebenshaltung des Staates und des

---

[38] Zum Verhältnis zwischen öffentlichen Unternehmen und gemischt-wirtschaftlichen Unternehmen vgl. *Liaw, Yih-nan* (Fn. 9), S. 267 (273).

[39] Der Verwaltungshof wird mit Blick auf das rechtsstaatliche Prinzip der Gewaltteilung der vollziehenden Gewalt zugeordnet und ist nach Art. 53 Verf. RC die höchste Verwaltungsbehörde des Staates. Bei dem Verwaltungshof lässt sich je nach Ressorts weiter in unterschiedliche Ministerien unterteilen.

[40] Vgl. *Chan, Chen-jung*, Zur Verfassungsmäßigkeit der unentgeltlichen Inpflichtnahme privater Telekommunikationsanlagen zu staatlichen Überwachungsmaßnahmen, YdLM 64 (2000/9), S. 101 (113), Fn. 28.

Volkes anzustreben. Daraus ergibt sich ein Regulierungsbedarf des Staates, um das Marktversagen effizient zu verhindern[41]. In diesem Sinne tritt an die Stelle der Leistungsverantwortung die Regulierungsverantwortung.

Das Staatziel des Art. 142 Verf. RC verlangt – ebenso wie das Sozialstaatsprinzip des Art. 20 Abs. 1 i.V.m. 28 Abs. 1 S. 1 GG – nicht, dass der Staat, insbesondere der Gesetzgeber, selbst tätig werden muss. Soweit eine befriedigende und gleichmäßige Lebenshaltung des Staates und des Volkes durch andere mildere Mittel, wie etwa durch die Wirtschaftsregulierung und -aufsicht, ebenfalls gewährleistet werden kann, steht der Rückzug des Staates auf die Regulierungsverantwortung nicht mit dem Prinzip der Volkswohlfahrt im Widerspruch.

In Übereinstimmung mit der Rolle des Staates als Garant für das Gemeinwohl schreibt der einfache Gesetzgeber ausdrücklich die Gewährleistungsverantwortung des Staates in § 1 tw. TKG vor. Danach ist der Zweck dieses Gesetzes, das Wohle der Allgemeinheit zu fördern, die Sicherheit der Kommunikation zu gewährleisten sowie die Interessen der Nutzer zu wahren. Diese Ziele werden als „Regulierungsziele" betrachtet.

Um die angestrebten Regulierungsziele zu erreichen, wird eine Vielzahl von Regulierungsinstrumenten im tw. TKG eingesetzt. Im Vordergrund stehen die Lizenzierung (§§ 12 und 17 tw. TKG), die Netzzusammenschaltung (§ 16 tw. TKG), der Universaldienst (§ 21 tw. TKG)[42], die Entgeltregulierung (§ 26 tw. TKG) und die Frequenzregulierung (§§ 48 ff. tw. TKG). Auch die „asymmetrische" Regulierung zu Lasten marktbeherrschender Telekommunikationsunternehmen der Klasse 1 lässt sich im Vergleich zur allgemeinen kartellrechtlichen Missbrauchsaufsicht sektorspezifisch im neu eingeführten § 26a TKG fixieren.

Aus Sicht dieser Regulierungskonzeption sind die taiwanesische und die deutsche Telekommunikationsordnung in hohem Maße vergleichbar. Die Telekommunikationsgesetze in beiden Ländern sind Ausdruck des Regulierungsgesetzes, indem bestimmte gemeinwohlorientierte Regulierungsziele sich durch verschiedene Regulierungsmechanismen gegenüber privaten Wirtschaftssubjekten erreichen lassen.

## III. Zusammenfassung

Der taiwanesische Telekommunikationsmarkt wurde mit dem Inkrafttreten des Telekommunikationsgesetzes am 5. 2. 1996 liberalisiert. Auf verfassungsrechtli-

---

[41] *Chen, Ming-siang*, Zur Regulierungsstruktur in der Telekommunikation, SeLIR, No. 23, 1999, S. 61 (63 ff.); *Wang, Wen-yu*, Regierung, Private und Recht. Zu grundlegenden Fragen der Privatisierung öffentlicher Unternehmen, YdLM 36 (1998/5), S. 26 (37).

[42] Vgl. *Kao, Kai-sheng*, Der systematische Aufbau der Universaldienstleistungen im Bereich der Telekommunikation, SeLIR, No. 21, 1998, S. 105 ff.; *Liu, Chorng-Jian/Chuang, Yifei*, Universaldienst der Telekommunikation, SeLIR, No. 17/18, 1996, S. 1 ff.

cher Ebene enthalten weder die Kompetenznorm des Art. 107 Nr. 5 Verf. RC noch die Monopolklausel des Art. 144 Verf. RC eine Sperrfunktion für die Privatisierung im Bereich der Telekommunikation. Hierfür genügte in der taiwanesischen Rechtsordnung die einfachgesetzliche Veränderung.

Im Hinblick auf die taiwanesische telekommunikationsrechtliche Privatisierungskonzeption, die stark von GATS/WTO beeinflusst wurde, wird bei dem Aufgabenbereich der Telekommunikation zwischen hoheitlichen und unternehmerischen Aufgaben unterschieden. Während erstere beim Staat verbleibt, ist die Erbringung von Telekommunikationsdienstleistungen nun auch für Private zugänglich. Mit Blick auf den ehemaligen Monopolisten hat sich der Gesetzgeber in § 30 tw. TKG für eine Organisations- und Vermögensprivatisierung mit der Option der Minderheitsbeteiligung oder Aufgabenvollprivatisierung entschieden. Die Chunghwa Telekom AG als öffentliches Nachfolgeunternehmen kann auch nach der Liberalisierung weiter bestehen bleiben.

Im taiwanesische TKG bestehen umfassende Regulierungsansätze, die der Förderung des Wohls der Allgemeinheit, der Gewährleistung der Sicherheit der Telekommunikation und der Wahrung der Interessen der Nutzer dienen. Im Mittelpunkt stehen, wie im deutschen TKG, die Lizenzierung, der Universaldienst, die Entgeltregulierung, der Netzzugang und die Regulierung der Frequenzordnung.

# § 9 Rechtliche Rahmenbedingungen für den konkurrentennützigen Netzzugang in Taiwan

Der Strukturwandel der Telekommunikation vom Monopols- zum Wettbewerbsmodell stößt erfahrungsgemäß auf Schwierigkeiten bei der Entstehung eines fairen Wettbewerbs[1]. Dies gilt insbesondere für den Festnetzmarkt, da eine dominante Marktstellung des ehemaligen Monopolisten auf diesem Markt nach der Liberalisierung noch auf unabsehbare Zeit bestehen bleibt. Der Marktzutritt neuer Anbieter könnte – wie zuvor mehrfach dargelegt[2] – durch das Marktverhalten des marktmächtigen Netzbetreibers verhindert oder zumindest erschwert werden. Auch hohe Investitionskosten und ein hoher zeitlicher Aufwand hinsichtlich des Aufbaus eines parallelen Netzes stellen Marktzugangsbarrieren dar. Dies führt in der Praxis zu einer Verzögerung des Wettbewerbs, die gerade dem Ziel der Liberalisierung der Telekommunikation zuwiderläuft. Vor diesem Hintergrund ist die Wettbewerbsförderung mittels der gesetzlichen Netzzugangsregulierung mittlerweile auf internationaler Ebene zum unentbehrlichen Bestandteil des Privatisierungsfolgenrechts im Bereich der netzgebundenen Infrastruktur geworden[3].

Auch in Taiwan wird die Rechtsfigur des wettbewerbsbegründenden Netzzugangs – ebenso wie in Deutschland – *sektorspezifisch* im tw. TKG normiert. Im Folgenden werden zunächst die rechtlichen Rahmenbedingungen für die Netzzugangsregulierung aufgezeigt. Im Mittelpunkt stehen das tw. TKG und die darauf beruhenden einschlägigen Rechtverordnungen (I). Anschließend richtet sich das Augenmerk auf das Verhältnis der im tw. TKG vorgesehenen, sektorspezifischen Netzzugangsregelungen zu Vorgaben der allgemeinen Missbrauchsaufsicht im tw. Fair-Trade-Gesetz, das sich als allgemeines Kartellrecht darstellt (II). Schließlich soll die Verfassungskonformität der staatlichen Regulierung des wettbewerbsbegründenden Netzzugangs untersucht werden (III).

---

[1] Zur Praxis der Wettbewerbsförderung in Großbritannien und den USA vgl. *A. Benz*, Privatisierung und Regulierung im Post- und Fernmeldewesen, in: König/Benz (Hrsg.), Privatisierung und staatliche Regulierung, 1997, S. 262 (309 ff.).

[2] Vgl. insb. oben Dritter Teil, § 6 III.

[3] Zum wettbewerbsbegründenden Netzzugang in den USA vgl. *Geppert/Ruhle/Schuster*, Handbuch Recht und Praxis der Telekommunikation, 1998, S. 286 f., Rn. 335 ff.

## I. Vorgaben im tw. TKG

### *1. Die Rechtslage bis zum Inkrafttreten der Novelle am 3. 11. 1999*

Nach der früheren Rechtslage bis zum 3. 11. 1999 beschränkte sich das Regulierungsmittel zur Wettbewerbsförderung auf die Netzzusammenschaltung nach § 16 tw. TKG. Die Verbindung von Telekommunikationsnetzen unterschiedlicher Netzbetreiber enthält zwar eine Komponente der Sicherstellung des Wettbewerbs. Durch die Netzzusammenschaltung können neue Netzbetreiber sich schneller und effektiver zu ernsthaften Konkurrenten des Inhabers des vorhandenen, flächendeckenden Telekommunikationsnetzes entwickeln. Aber der besondere Netzzugang zu Gunsten der Telekommunikationsunternehmen, die (noch) keine eigenen Telekommunikationsnetze betreiben, war nicht gegeben. Der ehemalige Monopolist konnte daher auf Grund seiner starken Marktposition wettbewerbsbehindernd vorgehen. Infolgedessen erwies sich das Instrument der Zusammenschaltung nach § 16 tw. TKG allein für die Vorbeugung und gegebenenfalls Korrektur des Marktstellungsmissbrauchs des ehemaligen Monopolisten als unzureichend, weil der Zugang zum Markt weiterhin Restriktionen unterlag.

### *2. Die verbesserte Wettbewerbsförderung durch die Einführung des § 26a TKG*

Um potentiellen Anbietern, insbesondere den TK-Unternehmen, die keine eigene Telekommunikationsnetze betreiben, den Einstieg in den Markt zu ermöglichen und einen chancengleichen Wettbewerb auf den liberalisierten taiwanesischen Telekommunikationsmärkten sicherzustellen, wurde § 26a durch das Novellegesetz vom 3. 11. 1999[4] ins tw. TKG eingeführt[5]. Die Einfügung des § 26a tw. TKG stellte eine Umsetzung der Bestimmungen des WTO-Abkommens zu Basistelekommunikationsdienstleistungen von 1997 dar[6], obwohl Taiwan nicht auf der Teilnehmerliste der Liberalisierungsverpflichtungen steht[7].

Es handelt sich bei § 26a tw. TKG um die „besondere Missbrauchsaufsicht" über ein Telekommunikationsunternehmen der Klasse 1, das auf einem Markt für öffentliche Telekommunikationsdienstleistungen über eine marktführende

---

[4] ABl. PräsiA Nr. 6306, S. 1 ff.

[5] So Änderungsbegründung des Gesetzgebungshofs zu § 26a TKG.

[6] Vgl. *Wang, Bi-lian*, Grunsriß des WTO-Abkommens zu Basistelekommunikationsdienstleistungen, in: Zeng, Ming-sheng (Hrsg.), Liberalisierung und Regulierung der Telekommunikation, 1998, S. 85 ff.; *D. Barth*, Die Liberalisierung der Telekommunikationsdienstleistungen in der Welthandelsorganisation, Archiv PT 1997, S. 112 (114 ff.); in Bezug auf die Zusammenschaltungsbestimmungen vgl. *P. N. Märkl*, Netzzusammenschaltung in der Telekommunikation, 1998, S. 337 f.

[7] Zu den Länderlisten mit spezifischen Liberalisierungsverpflichtungen siehe Viertes Protokoll zum GATS v. 15. 4. 1997, BGBl. II v. 20. 11. 1997, S. 1990 ff.

Stellung verfügt. § 26a tw. TKG verbietet dem marktführenden Netzbetreiber bestimmte unerwünschte Verhaltensweisen. Dazu zählen

- die unmittelbare oder mittelbare Behinderung der Zusammenschaltung, die von anderen TK-Unternehmen der Klasse 1 begehrt wird (Nr. 1),
- die Verweigerung des Zugangs zu Informationen über Bemessungskriterien der Zusammenschaltungsentgelte (Nr. 2),
- die unangemessene Gestaltung, Einhaltung oder Änderung seiner Allgemeinen Geschäftsbedingungen (Nr. 3),
- die Verweigerung eines Anspruchs eines anderen TK-Unternehmens der Klasse 1 auf Miete der Kompetenten seines Netzes ohne gerechtfertigten Grund (Nr. 4),
- die Verweigerung eines Anspruchs eines anderen TK-Unternehmens oder Kunden auf Mietleitungen ohne gerechtfertigten Grund (Nr. 5),
- die Verweigerung eines Anspruchs eines anderen TK-Unternehmens oder Kunden auf Verhandlung oder Erprobung (Nr. 6) und
- sonstige Verhaltensweisen des Missbrauchs einer Marktstellung und unlauteren Wettbewerbs (Nr. 7).

### *3. Das Regulierungskonzept des Netzzugangs*

#### *a) Erscheinungsformen des Netzzugangs*

Der Terminus „Netzzugang" wird im taiwanesischen TKG nicht ausdrücklich verwendet. Vielmehr ging der Gesetzgeber vom entgeltlichen Aspekt aus und verwendete eher den Begriff „Mietnetz" als den unter dem technischen Aspekt verstandenen Begriff „Netzzugang". Beispiel dafür ist die oben erwähnte Vorschrift über die besondere Missbrauchsaufsicht nach § 26a Nr. 4 und 5 tw. TKG. Mit Blick auf den materiellen Gehalt ist der Begriff „Mietnetz" mit dem Begriff des entgeltlichen Netzzugangs gleichbedeutend. Er wird generell durch die Verbindung von Endeinrichtungen, sonstigen Einrichtungen oder eines Telekommunikationsnetzes mit einem anderen Telekommunikationsnetz oder Teilen desselben gekennzeichnet. Insofern können das Mietnetz i.S.d. tw. TKG und der Netzzugang i.S.d. dt. TKG in gleichem Sinne verstanden werden.

Ein mit dem § 35 Abs. 1 dt. TKG vergleichbares Kriterium für die Typologie des Netzzugangs[8] existiert im taiwanesischen TKG nicht. Infolgedessen wird der wettbewerbsbegründende Netzzugang im tw. TKG nicht durch „besondere Anschlüsse" qualifiziert, sondern dadurch, dass ein Nutzer die begehrte Leistung als „Diensteanbieter" oder „Netzbetreiber" nachfragt und mit dem begehrten

[8] Siehe oben Zweite Teil, § 4 I.

TK-Unternehmen im Wettbewerb auf einem Markt steht. Zum derartigen wettbewerbsfördernden Netzzugang gehören die Zusammenschaltung (§§ 16 und 26a Nr. 1 und 4 tw. TKG), Mietleitungen (§ 26a Nr. 5 tw. TKG) und die Mitbenutzung der Netzinfrastruktur (§ 31 tw. TKG).

*aa) Netzzusammenschaltung*

Die Netzzusammenschaltung wird in §§ 16 und 26a Nr. 1 und 4 tw. TKG normiert. Ihre Legaldefinition findet sich in § 2 Nr. 1 der Netzzusammenschaltungsverordnung vom 30. 11. 1999[9] (NZV), die auf Grund des § 16 Abs. 5 TKG vom DGT erlassen wurde und nach der allgemeinen Verwaltungsrechtdogmatik als Rechtsverordnung zu verstehen ist[10]. Demgemäss ist „Netzzusammenschaltung“ die Verbindung von Telekommunikationsnetzen unterschiedlicher TK-Unternehmen der Klasse 1, um Nutzern, die an verschiedenen Telekommunikationsnetzen angeschaltet sind, die Kommunikation oder den Zugriff auf die von anderen TK-Unternehmen der Klasse 1 erbrachten Dienstleistungen zu ermöglichen.

Nach dieser Legaldefinition ist die Frage, ob die Verbindung von Telekommunikationsnetzen unmittelbar oder mittelbar, ganz oder teilweise erfolgt, für die Begriffsbestimmung der Zusammenschaltung nicht von Bedeutung. Unter diesem Aspekt bringt § 16 Abs. 2 tw. TKG auch deutlich zum Ausdruck, dass die Netzzusammenschaltung in *entbündelter* Weise zu ermöglichen ist. Es geht hierbei um das Entbündelungsgebot der Zusammenschaltung. § 26a Nr. 4 tw. TKG sieht ferner vor, dass der marktführende Netzbetreiber verpflichtet ist, anderen Netzbetreibern die Miete der „Komponenten“ seines Telekommunikationsnetzes zu gewähren. Diese formell-gesetzliche Grundlage für das Entbündelungsgebot verhindert den in Deutschland geführten Streit, ob das durch die Rechtsverordnung festgelegte Entbündelungsgebot mit der Wesentlichkeitstheorie vereinbar ist[11].

*bb) Mietleitungen*

Zum konkurrentennützigen Netzzugang zählen auch Mietleitungen nach § 26a Nr. 5 tw. TKG. Nach allgemeiner Auffassung sind unter Mietleitungen bereitgestellte Telekommunikationseinrichtungen zu verstehen, die transparente Übertragungskapazität zwischen Netzabschlusspunkten, jedoch keine Vermittlungsfunktionen, die der Benutzer selbst als Bestandteil des Mietleitungsangebots

[9] ABl. MVK Vol. 33 No. 6.

[10] Zur Ermächtigungsfragen vgl. ausführlich *Hsu, Zong-li*, Das Bestimmtheitsgebot bei der Ermächtigung zum Erlass von Rechtsverordnungen, in: ders., Recht und Staatsgewalt, 1992, S. 215 ff.

[11] Vgl. Dritter Teil, § 7 III 1.

steuern kann, zur Verfügung stellen[12]. In diesem Sinne ist der Mietleitungen gewährende Netzbetreiber als Vermieter verpflichtet, dem nachfragenden TK-Unternehmen bestimmte, vereinbarte Leitungen seines Netzes zum vertragsmäßigen Gebrauch zu überlassen.

### *cc) Die Mitbenutzung der Netzinfrastruktur*

Schließlich stellt die Mitbenutzung der Netzinfrastruktur nach § 31 tw. TKG auch eine Erscheinungsform des konkurrentennützigen Netzzugangs dar. § 31 tw. TKG sieht vor, dass TK-Unternehmen der Klasse 1 beim Aufbau der eigenen festen Telekommunikationsnetzinfrastruktur einen Anspruch auf Mitbenutzung der Netzinfrastruktur anderer TK-Unternehmen derselben Klasse haben, soweit die nachgefragte Einrichtung einen Engpass für das Telekommunikationsnetz darstellt. Gem. § 2 Nr. 6 der Verordnung über Telekommunikationsdienstleistungen im Bereich des Festnetzes vom 18. 5. 1999 (FNDV)[13] ist die „Netzinfrastruktur" die Gesamtheit der dem Aussenden, Übermitteln und Empfangen dienenden technischen Einrichtungen und der für die Verlegung und Aufnahme solcher Telekommunikationsnetze vorgesehenen Kabelkanäle, Anlagen und Einrichtungen. Nach dieser Begriffsbestimmung umfasst die Mitbenutzung der Netzinfrastruktur nach § 31 tw. TKG nicht nur den Zugang zu Telekommunikations*kabelanlagen,* wie dies z.B. in § 51 dt. TKG der Fall ist. Sie geht vielmehr darüber hinaus und enthält – wie der besondere Netzzugang nach § 35 dt. TKG – auch den Zugang zum „Telekommunikationsnetz" als solchem, das unmittelbar den Funktionen der Telekommunikation dient.

§ 31 tw. TKG zielt nicht nur auf die wirksame Ausnutzung der Ressource der Netzinfrastruktur ab. Sie dient zugleich der Wettbewerbsförderung. Durch die Mitbenutzung fremder Netzinfrastruktur wird die Möglichkeit eröffnet, dass neue marktzutretende Netzbetreiber auch im Fall der Knappheit der Ressource in der Lage sind, in den Wettbewerb mit den etablierten Netzbetreibern zu treten[14].

### *dd) Zwischenergebnis*

Der im tw. Telekommunikationsrecht normierte Netzzugang, der der Förderung eines chancengleichen und funktionsfähigen Wettbewerbs auf den liberalisierten Telekommunikationsmärkten dient, umfasst die Zusammenschaltung nach §§ 16

[12] Siehe § 4 Nr. 5 der tw. Festnetzverordnung vom 18. 5. 1999, geändert vom 11. 10. 2000; vgl. auch Art. 2 Abs. 2 der ONP-Mietleitungsrichtlinie 92/44/EWG in der Fassung der Änderungsrichtlinie 97/51/EG, ABl. EG L 295 vom 29. 10. 1997, S. 23.

[13] ABl. MVK Vol. 32 No. 6.

[14] Auf gemeinschaftsrechtlicher Ebene vgl. Art. 4d der Diensterichtlinie 96/19/EG vom 13. 3. 1996, ABl. EG L. 74, S. 13.

und 26a Nr. 1 und 4 tw. TKG, Mietleitungen nach § 26a Nr. 5 tw. TKG und die Mitbenutzung der Netzinfrastruktur nach § 31 tw. TKG.

Mit Blick auf die parallelen Regelungen im dt. Telekommunikationsrecht wird die Zusammenschaltung in §§ 36 und 37 dt. TKG verankert, während Mietleitungen und die Mitbenutzung der Netzinfrastruktur systematisch in den besonderen Netzzugang i.S.d. § 35 Abs. 1 S. 2 2. Alt. dt. TKG fallen können.

#### *b) Die Durchsetzung des konkurrentennützigen Netzzugangs*

#### *aa) Netzzugangsverpflichtete und -berechtigte*

#### *aaa) Netzzugangsverpflichtete*

Wie in Deutschland, ist in Taiwan der konkurrentennützige Netzzugang im Bereich der Telekommunikation ausschließlich an „marktführende TK-Unternehmen der Klasse 1" adressiert. Damit wird deutlich, dass die Netzzugangsregulierung die asymmetrische Regulierung zu Gunsten der Mitwettbewerber des marktführenden Netzbetreibers darstellt[15].

Gem. § 2 Nr. 12 tw. NZV ist das marktführende TK-Unternehmen der Klasse 1 das vom Ministerium für Verkehr und Kommunikation bekannt gegebene TK-Unternehmen der Klasse 1, das

- über wesentliche Telekommunikationseinrichtungen verfügt, oder
- eine führende Macht über die Bestimmung des Marktpreises hat, oder
- auf jeweiligem Markt, an dem es sich beteiligt, einen Marktanteil bezüglich der Zahl der Nutzer bzw. des Umsatzes von mindestens 25 vom Hundert erreicht.

Nach dieser Legaldefinition gilt ein TK-Unternehmen der Klasse 1 dann als marktführend, wenn es eine der drei Bedingungen erfüllt und vom Ministerium für Verkehr und Kommunikation bekannt gegeben ist.

Diese Legaldefinition zeigt zugleich, dass der taiwanesische Gesetzgeber bei der Netzzugangsregulierung von der „essential facilities"-Doktrin ausging[16]. Wer über die Telekommunikationseinrichtungen verfügt, die wesentlich sind, wird verpflichtet, seinem Netz oder Teilen desselben für Wettbewerber zur Verfügung zu stellen. Welche Telekommunikationseinrichtungen wesentlich sind, definieren weder das tw. TKG noch die tw. NZV. Dem Ministerium für Verkehr und Kommunikation steht im Einzelfall ein Gestaltungsspielraum zu. Die Be-

[15] Vgl. *Chuang, Yi-fei/Liu, Chorng-jian*, Eine Studie über die Strukturregulierung im Telekommunikationsgesetz, SeLIR, No. 23 (1999), S. 83 (103 f.).

[16] Vgl. *Liu, Chorng-jian/Chuang, Yi-fei*, Die Entgeltregulierung im Bereich der Telekommunikation, SeLIR, No. 19 (1997), S. 1 (2 f.).

stimmungen des WTO-Abkommens zu Basistelekommunikationsdienstleistungen sind eine Leitlinie und sind vom Ministerium bei der Beurteilung für die Marktführung zu berücksichtigen. Danach werden Einrichtungen eines öffentlichen Telekommunikationstransportnetzes und -dienstes als wesentliche Einrichtungen bezeichnet, die ausschließlich oder überwiegend von einem einzigen Anbieter oder einer beschränkten Zahl von Anbietern bereitgestellt werden und die für die Erbringung einer Dienstleistung wirtschaftlich oder technisch praktisch nicht ersetzbar sind[17].

*bbb) Netzzugangsberechtigte*

Die Netzzugangsberechtigung von TK-Unternehmen hängt von der Erscheinungsform des Netzzugangs ab. Für das Ersuchen um die *Zusammenschaltung* nach § 26a Nr. 1 tw. TKG, die *Miete der Netzkomponenten* nach § 26a Nr. 4 tw. TKG und die *Mitbenutzung der Netzinfrastruktur* nach § 31 tw. TKG sind „TK-Unternehmen der Klasse 1" berechtigt. Dies versteht sich von selbst, da diese Formen von Netzzugängen die Verbindung unterschiedlicher Telekommunikationsnetze voraussetzen und nach § 11 Abs. 1 tw. TKG nur TK-Unternehmen der Klasse 1 zugelassen werden, um ein eigenes Telekommunikationsnetz zu errichten und zu betreiben.

Die Berechtigung für *Mietleitungen* nach § 26a Nr. 5 tw. TKG gilt für „alle TK-Dienstanbieter der Klasse 1 und 2". Im Vergleich zur Zusammenschaltung und Mitbenutzung der Netzinfrastruktur findet im Rahmen von Mietleitungen der Wettbewerb ausschließlich auf dem Netz des marktführenden Netzbetreibers statt.

*bb) Die abgestufte Netzzugangsregulierung*

Wie in Deutschland, hat sich auch der Gesetzgeber in Taiwan bei der Netzzugangsregulierung für ein „abgestuftes" Regulierungsmodell entschieden. Das Gesetz erlegt zwar dem marktführenden TK-Unternehmen der Klasse 1 die Pflicht zur Gewährung des Netzzugangs auf. Aber sie ist in erster Linie durch eine privatrechtlich-vertragliche Vereinbarung zwischen den Parteien durchzusetzen. Ein staatliches Zwangsmittel wird nur dann eingesetzt, wenn die privatwirtschaftliche Selbstregulierung gescheitert ist.

*aaa) Selbstregulierung der Netzzugangsbeteiligten*

Gem. § 16 Abs. 3 tw. TKG müssen Vereinbarungen über die Zusammenschaltung innerhalb einer Frist von drei Monaten, beginnend mit der Anrufung durch

---

[17] *H.-J. Piepenbrock*, in: Beck'scher TKG Kommentar, 2. Aufl., 2000, § 33, Rn. 40.

einen der an der Zusammenschaltung Beteiligten, in schriftlicher Form zustande kommen. Sie sollen den Prinzipien der Transparenz, Rationalität, Diskriminierungsfreiheit, Entbündelung und Kostendeckung im Einklang stehen[18]. Zu den Soll-Bestandteilen der Zusammenschaltungsvereinbarung nach § 26 tw. NZV gehören im Wesentlichen die Zusammenschaltungsentgelte. Sie werden durch die Verhandlung der Beteiligten frei gestaltet. Genehmigungspflichtig sind nicht die im Einzelfall gestalteten Zusammenschaltungsentgelte, sondern die Bemessungskriterien für Entgelte für die Zusammenschaltung (§ 13 Abs. 3 tw. NZV).

Das marktführende TK-Unternehmen der Klasse 1 darf nach § 3 Abs. 2 tw. NZV die Zusammenschaltung nur in Ausnahmefällen verweigern, wenn die Zusammenschaltung aus technischen Gründen nicht möglich ist oder die Sicherheit der Telekommunikationseinrichtungen dadurch gefährdet wird. Die Verweigerung der Netzzusammenschaltung bedarf der Genehmigung durch das DGT.

Der Vorrang privatautonomer Vereinbarungen gilt auch für Mitleitungen (§ 74 Abs. 1 FNDV) und die Mitbenutzung der Netzinfrastruktur (§ 37 Abs. 3 FNDV). Die Verweigerung des Netzzugangs wird nur aus gerechtfertigten Gründen zugelassen. Die hoheitlichen Einschränkungen der Vertragsfreiheit im Rahmen dieser beiden Netzzugangsformen sind freilich geringer als bei der Zusammenschaltung.

#### *bbb) Behördliche Regulierung*

Um den konkurrentennützigen Netzzugang effizient durchzuführen und den funktionierenden Wettbewerb zu fördern, werden behördliche Regulierungsmittel im Fall des Marktversagens eingesetzt. Hierbei ist zwischen der „Zusammenschaltungsanordnung" und der „Schlichtung auf Antrag" zu unterscheiden.

#### *(1) Zusammenschaltungsanordnung*

Nach § 16 Abs. 3 tw. TKG kann das DGT auf Antrag *einer* Partei oder *von Amts wegen* über die Anordnung zur Zusammenschaltung entscheiden. Eine Zwangsanordnung von Amts wegen ist dann zulässig, wenn das Nichtzustandekommen einer Zusammenschaltungsvereinbarung zu einer Gefahr für das Gemeinwohl führt (§ 27 Abs. 3 tw. NZV). Bei der Einsätzung, ob eine Gefahr für das Gemeinwohl vorliegt, hat das DGT Beurteilungsspielräume. Insofern ist die Anordnungsbefugnis der tw. Regulierungsbehörde offensichtlich *weiter* als der dt. Regulierungsbehörde, da gem. § 37 Abs. 1 dt. TKG i.V.m. § 9 dt. NZV die Anordnung von Amts wegen nicht vorgesehen ist[19]. Darüber hinaus geht § 16 Abs.

---

[18] Vgl. *Liu, Chorng-jian/Chuang, Yi-fei*, Die Zusammenschaltung von Telekommunikationsnetzen und Entwicklung der Telekommunikation, SeLIR, No. 21 (1998), S. 77 ff.

[19] Vgl. oben Zweiter Teil, § 4 III 1 c) bb) bbb).

3 tw. TKG auch über die oben erwähnten Zusammenschaltungs-Bestimmungen des WTO-Abkommens zur Basistelekommunikation von 1997 hinaus. Nach 2.5 dieser Bestimmungen genügt es, dass *ein* Anbieter von Dienstleistungen, der um die Zusammenschaltung mit einem Hauptanbieter ersucht, entweder jederzeit oder nach einer angemessenen Zeit eine Regulierungsbehörde anrufen kann, um Streitigkeiten über Bedingungen und Entgelte für die Zusammenschaltung beizulegen[20].

Zum Erlass einer Zusammenschaltungsanordnung kann eine Beschlusskammer gebildet werden. Die Zusammenschaltungsanordnung ist ihrer Natur nach ein Verwaltungsakt und hat eine privatrechtsgestaltende Wirkung[21]. Demzufolge sieht § 16 Abs. 4 tw. TKG ausdrücklich vor, dass für eine gerichtliche Überprüfung der Zusammenschaltungsanordnung des DGT der „Verwaltungsrechtsweg" gegeben ist. Dass der Adressat nicht rechtzeitig der Zusammenschaltungsanordnung nachgekommen ist, wird als Ordnungswidrigkeit angesehen. Sie kann nach § 62a Abs. 2 tw. TKG mit einer Geldbuße, der Beschränkung teilweiser oder vollständiger unternehmerischer Betätigungen oder sogar der Anfechtung der Lizenz geahndet werden.

### *(2) Schlichtung auf Antrag*

Anders als die ausdrückliche Festlegung der Anordnungsbefugnis des DGT in § 16 Abs. 3 tw. TKG lässt das tw. TKG offen, welche Rolle das DGT beim Streit um Vereinbarungen über „Mietleitungen" und die „Mitbenutzung der Netzinfrastruktur" spielt. §§ 26a Nr. 5 und 31 Abs. 2 tw. TKG begründen lediglich die *materiellen* Netzzugangsgewährungsverpflichtungen des marktführenden TK-Unternehmens der Klasse 1.

Im Falle des Nichtzustandekommens von Vereinbarungen über den Netzzugang, der nicht die Zusammenschaltung betrifft, kann *jeder* der am Netzzugang Beteiligten nur gem. § 93 Abs. 2 S. 2 FNDV das DGT zur „Schlichtung" anrufen. Eine Zwangsschlichtung von Amts wegen ist nicht zulässig. Im Gegensatz zum taiwanesischen Telekommunikationsrecht ist gem. § 8 dt. NZV eine Schlichtung nur zulässig, wenn die an Verhandlungen über Vereinbarungen über den besonderen Netzzugang nach § 35 Abs. 1 dt. TKG Beteiligten *gemeinsam* die RegTP anrufen[22].

---

[20] BGBl. II 1997, S. 2001.

[21] Vgl. *Hsu, Zong-li*, Privatrechtsgestaltender Verwaltungsakt, in: ders., Verfassungsrecht und rechtsstaatliche Verwaltung, 1999, S. 313 ff.; zum Begriff des Verwaltungsaktes im taiwanesischen Verwaltungsrecht vgl. *Wu, Geng*, Theorie und Praxis des Verwaltungsrechts, 1992, S. 233 ff.; *Weng, Yueh-sheng*, Der Begriff des Verwaltungsaktes, in: ders., Verwaltungsrecht und der moderne Rechtsstaat, 8. Aufl., 1989, S. 1 ff.

[22] Vgl. Zweiter Teil, § 4 III 1 c) bb) aaa).

Es stellt sich die Frage, ob das DGT im Schlichtungsverfahren gem. § 93 Abs. 2 S. 2 FNDV eine Entscheidung treffen kann und – wenn dies der Fall ist – mit welcher rechtlichen Bindungswirkung diese behördliche Entscheidung ergeht. Eine wissenschaftliche Diskussion über diese Fragen hat bislang in der taiwanesischen Literatur noch nicht stattgefunden.

Nach hier vertretener Auffassung räumt § 93 Abs. 2 S. 2 FNDV seinem Zweck nach lediglich den Verhandlungspartnern die „Möglichkeit" ein, das DGT als Schlichtungsstelle anzurufen, um dadurch eine gütliche Einigung über den Streitgegenstand herbeizuführen. Ob diese vom Verordnungsgeber zur Verfügung stehende Möglichkeit tatsächlich von den Parteien genutzt wird, kommt auf den Willen der Parteien an. Die Parteien haben nämlich die „Dispositionsbefugnis" darüber, ob das DGT über den Streitgegenstand entscheidet. In diesem Sinne ist § 93 Abs. 2 S. 2 FNDV dem § 31 Abs. 1 dt. PostG vergleichbar.

Wurde eine Entscheidung über Streitigkeiten vom DGT getroffen, stellt sie lediglich einen behördlichen „Vorschlag" dar. In der allgemeinen Verwaltungsrechtsdogmatik ist er als Realakt einzustufen[23]. Im Gegensatz zu § 73 dt. TKG, legt das taiwanesische TKG nicht generell fest, dass die Entscheidung des DGT über den Netzzugang durch Verwaltungsakt ergeht. Ob der Lösungsvorschlag des DGT wirksam ist, hängt weiter vom Willen der Verhandlungsparteien ab. Die Schlichtung ist erfolglos, wenn sich die Parteien trotz des Schlichtungsverfahrens über den Streitgegenstand nach wie vor nicht einig sind. Dies gilt auch dann, wenn die Anrufung später vom Anrufenden selbst widerrufen wurde oder die andere Partei überhaupt das Schlichtungsverfahren verweigert hat.

Um die gesetzliche Netzzugangsgewährungsverpflichtung des marktführenden TK-Unternehmens der Klasse 1 im Rahmen der Mietleitungen und Mitbenutzung der Netzinfrastruktur effizient durchzusetzen, ist der Einsatz eines *imperativen* administrativen Regulierungsinstruments erforderlich. Die dem § 33 Abs. 2 S. 1 dt. TKG vergleichbare, *sektorspezifisch* administrative Befugnis zum Erlass der Netzzugangsanordnung im tw. TKG fehlt. Im Hinblick auf die geltende Rechtsordnung in Taiwan kommt für die Durchsetzung der Netzzugangsgewährungsverpflichtung nur das allgemeine Wettbewerbsrecht im Betracht, auf das später näher eingegangen wird[24].

Nach alledem ist festzuhalten, dass dem DGT im Schlichtungsverfahren gem. § 93 Abs. 2 S. 2 FNDV keine Befugnis zum Erlass einer rechtsverbindlichen Netzzugangsanordnung zusteht. Sowohl über den Schlichtungsspruch als solchen als auch über seine Bindungswirkung sind die Verhandlungspartner dispo-

---

[23] Vgl. allgemein *Lin, Min-chiang*, Formelles und informelles Verwaltungshandeln, in: Festschrift für Weng, Yueh-sheng zum 60. Geburtstag, 1993, S. 1 ff.; *Chen, Chun-sheng*, Informelles Verwaltungshandeln und Verwaltungseinleitung im Verwaltungsrecht, in: ders., Theorie und System des Verwaltungsrechts, Bd. 1: Die Lehre von den Handlungsformen der Verwaltung, 1996, S. 223 ff.

[24] Siehe unten § 9 II.

sitionsbefugt. Demzufolge wird die Schlichtung i.S.d. § 93 Abs. 2 S. 2 FNDV im Hinblick auf die Typologien der Regulierungsinstrumente grundsätzlich als ein *indirektes* Regulierungsmittel bezeichnet, das für Adressaten der Regulierung nicht rechtsverbindlich ist[25].

*(3) Zwischenergebnis*

Bei der behördlichen Regulierung ist zwischen der Zusammenschaltungsanordnung nach § 16 Abs. 3 tw. TKG und dem Schlichtungsverfahren nach § 93 Abs. 2 S. 2 FNDV differenzieren. Während erstere als Verwaltungsakt rechtliche Bindungswirkung für beide Verhandlungspartner entfaltet, steht dem DGT im letzteren Fall keine Befugnis zum Erlass einer Netzzugangsanordnung zu. Das Schlichtungsverfahren hat lediglich eine Förderungsfunktion, indem eine gültige Einigung über den Streitgegenstand herbeigeführt werden soll. Ein wirksamer Lösungsansatz zur Problematik des Nichtzustandekommens von Vereinbarungen über den konkurrentennützigen Netzzugang, der nicht die Zusammenschaltung betrifft, kann deswegen nur in anderen Rechtsnormen gesucht werden.

## II. Das Verhältnis zum Fair-Trade-Gesetz

Das Fair-Trade-Gesetz (FTG) vom 18. 1. 1991[26] ist für die rechtsstaatliche Wettbewerbsordnung von grundlegender Bedeutung[27]. Es wird als allgemeines Wettbewerbsrecht bezeichnet und hat grundsätzlich alle unternehmerische Betätigungen, die dem Anbieten von Gütern oder Dienstleistungen am Markt dienen, zum Gegenstand[28]. Zweck des Gesetzes ist es, die Verkehrsordnung und Interessen der Verbraucher zu wahren, einen fairen Wettbewerb sicherzustellen und die Stabilität und das Wachstum der Wirtschaft zu fördern. Damit wird deutlich, dass die Förderung einer fairen Wirtschaftsordnung eine wichtige Staatsaufgabe in Taiwan darstellt.

### *1. Das TKG als lex specialis*

Im Hinblick auf das Verhältnis zwischen TKG und FTG sieht § 1 2. Halbsatz TKG ausdrücklich vor, dass auf Sachverhalte, welche nicht im TKG vorgesehen

---

[25] Vgl. oben Erster Teil, § 3 III 2 b).

[26] ABl. PräsiA Nr. 6258, S. 1 ff.

[27] Vgl. allgemein *H. Erwin/Wu, Jiin Yu,* Das Fair Trade Law der Republik China (Taiwan), WuW 1998, S. 677 ff.

[28] Zur Anwendbarkeit der wirtschaftlichen Betätigung der öffentlichen Hand auf das Fair-Trade-Gesetz vgl. *Chu, Zong-li,* Muss die staatliche unternehmerische Betätigung dem Fair-Trade-Gesetz unterliegen?, in: ders., Verfassung und die rechtsstaatliche Verwaltung, 1999, S. 395 ff.

sind, die Vorschriften anderer Gesetze Anwendung finden. Daraus ergibt sich, dass das FTG durch die sektorspezifischen Regelungen des TKG verdrängt wird, wenn ein Sachverhalt bereits durch das TKG normiert wird. Das TKG als „lex specialis“ geht dem FTG vor. Denn nach dem Wortlaut des § 1 2. Halbsatz tw. TKG sind die Vorschriften anderer Rechtsnormen nicht *neben* dem TKG auf den gleichen Sachverhalt anwendbar. Vielmehr finden sie erst Anwendung, wenn der betroffene Sachverhalt überhaupt nicht im TKG vorgesehen ist.

Beispielhaft für das Verhältnis zwischen TKG und FTG ist die Zusammenschaltungsregelung nach § 26a Nr. 1 tw. TKG. Im Fall der nichtgerechtfertigten Verweigerung der Zusammenschaltung durch ein marktführendes TK-Unternehmen der Klasse 1 ist nicht die Fair-Trade-Kommission nach § 41 i.V.m. § 10 Nr. 4 FTG[29], sondern das DGT nach § 16 Abs. 3 TKG für die Anordnung der Netzzusammenschaltung zuständig, obwohl die Verweigerung des marktführenden TK-Unternehmens der Klasse 1, anderen Netzbetreibern die Zusammenschaltung zu gewähren, auch in den Missbrauch einer Marktstellung i.S.d. § 26a Abs. 1 TKG und § 10 Nr. 4 FTG fällt[30].

### *2. Die Befugnis der Fair-Trade-Kommission zum Erlass einer Netzzugangsanordnung*

Das FTG ist auf den Telekommunikationssektor anwendbar, wenn das TKG als sektorspezifisches Wettbewerbsregulierungsgesetz die Sachverhalte, die das FTG zum Gegenstand hat, offen lässt. Daraus kann man den Schluss ziehen, dass die Fair-Trade-Kommission nach § 41 i.V.m. § 10 Nr. 4 FTG gegenüber dem marktführenden TK-Unternehmen der Klasse 1 den Netzzugang anordnen kann, wenn es ohne gerechtfertigten Grund *Mietleitungen* nach § 26a Nr. 5 tw. TKG und die *Mitbenutzung der Netzinfrastruktur* nach § 31 Abs. 2 tw. TKG verweigert hat. Denn die Verweigerung derartiger Netzzugänge durch das marktführende TK-Unternehmen gilt zwar im TKG wie im FTG als Missbrauch einer Marktstellung. Aber das TKG räumt – wie zuvor geschildert hat – dem DGT keine Anordnungsbefugnis ein. Insofern findet § 41 FTG Anwendung, wonach die Fair-Trade-Kommission einem Unternehmen, das gegen die Vorschriften des Gesetzes verstößt, ein Verhalten untersagen oder korrigieren oder zu einer notwendigen Abhilfemaßnahme zwingen kann. Die von der Fair-Trade-Kommission nach § 41 FTG erteilte Netzzugangsanordnung ist ihrer Rechtsnatur nach ein Verwaltungsakt[31].

---

[29] Zuletzt geändert am 3. Feb. 1999, ABl. PräsiA Nr. 6258, S. 72 ff.

[30] § 10 Nr. 4 FTG: „Monopolunternehmen dürfen nicht in missbräuchlicher Weise ihre Marktstellung ausnutzen“. Zum Norminhalt des § 10 Nr. 4 FTG vgl. ausführlich *Liu, Kungchung*, Das Verbot des Missbrauchs einer Marktstellung des Monopolunternehmens, JSSP 3/1996, S. 227 ff.

[31] Vgl. *Hong, Wen-ling*, in: Lai, Yuan-he (Hrsg.), Fair-Trade-Gesetz, 1994, S. 495.

### *3. Die Zuständigkeitsverteilung zwischen dem DGT und der Fair-Trade-Kommission hinsichtlich des Netzzugangs*

Aus dem Verhältnis zwischen TKG und FTG ergibt sich, dass der Staat gegenüber dem marktführenden TK-Unternehmen der Klasse 1, das unbillig den Netzzugang verweigert hat, stets ein imperatives administratives Regulierungsinstrument einsetzen kann. Dies gilt sowohl für das Nichtzustandekommen von Vereinbarungen über die Zusammenschaltung als auch für das Nichtzustandekommen von Vereinbarungen über sonstige konkurrentennützige Netzzugänge. Während im ersten Fall das DGT nach § 16 Abs. 3 TKG die Zusammenschaltungsanordnung erteilen kann, wird im letzt genannten Fall die Befugnis zum Erlass einer Netzzugangsanordnung gem. § 41 i.V.m. 10 Nr. 4 FTG der Fair-Trade-Kommission zugewiesen.

## III. Der verfassungsrechtliche Rahmen

Der Netzzugangsregulierung im taiwanesischen TKG kommt ebenso wie in Deutschland auch eine verfassungsrechtliche Dimension zu. Im Mittelpunkt steht die Frage, ob und inwieweit Vorgaben des taiwanesischen Verfassungsrechts für die Netzzugangsregelungen des taiwanesischen TKG bestehen, die derartige staatliche Wettbewerbsregulierung begründen und begrenzen.

### *1. Die Netzzugangsregelungen als grundrechtseinschränkende Norm*

Die einfachgesetzliche Verpflichtung zur Gewährung von Netzzugang nach §§ 26a und 31 Abs. 2 tw. TKG ist wegen des Kontrahierungszwangs und der Inpflichtnahme des Netzeigentums des marktführenden Netzbetreibers an Grundrechten zu messen. In Betracht kommen insbesondere wirtschaftliche Freiheiten des in Pflicht genommenen TK-Unternehmens.

Nach Art. 15 Verf. RC werden das Recht auf Leben, das Recht zu arbeiten und das Vermögensrecht des Volkes gewährleistet. Im Kontext dieses Artikels handelt es sich zum einen um die Gewährleistung des menschlichen Lebens als solches und zum anderen um die Gewährleistung wirtschaftlicher Grundlagen der Lebensführung. Der Großrichterrat hat in diesem Zusammenhang klargestellt, dass Art. 15 Verf. RC das Recht des Einzelnen gewährleiste, Arbeit und Beruf frei zu wählen, um die *Lebenshaltung* zu wahren[32]. Auch die Gewährleistung der Vermögensfreiheit nach Art. 15 Verf. RC zielt darauf ab, die Freiheit des Individuums zu verwirklichen, die Persönlichkeit zu entfalten und die Würde des Menschen zu bewahren[33].

---

[32] IGRR Nr. 404, 411, 510.
[33] IGRR Nr. 406.

### *a) Die Arbeits- und Gewerbefreiheit*

Das „Recht zu arbeiten“ wird nicht als soziales Grundrecht mit Teilhabefunktion, sondern als liberales Grundrecht „Berufsfreiheit“ mit Abwehrfunktion verstanden[34]. Das soziale Grundrecht auf „Arbeit“ wird daher im taiwanesischen Verfassungsrecht ebenso wenig wie im Grundgesetz anerkannt[35].

Mit Blick auf den sachlichen Schutzbereich stellt es sich die Frage, ob die Gewerbefreiheit auch vom Art. 15 Verf. RC erfasst wird. Zwar wird nach allgemeiner Auffassung die Gewerbefreiheit im taiwanesischen Verfassungsrecht als Grundrecht anerkannt. Umstritten ist jedoch, worin die grundrechtlichen Wurzeln der Gewerbefreiheit liegen.

Während im Schrifttum die Auffassung vertreten wird, dass die Arbeitsfreiheit nach Art. 15 Verf. RC in Bezug auf die natürliche Person die Berufsfreiheit und in Bezug auf die juristische Person die Gewerbefreiheit enthalte[36], bringt der Großrichterrat in seiner Interpretation vom 13. 10. 2000 bezüglich der Verwaltungsvorschrift über Spielautomaten zum Ausdruck, dass die Gewerbsfreiheit des Volkes zur wesentlichen Komponente der in Art. 15 Verf. RC gewährleisteten Arbeits- *und* Vermögensfreiheit gehöre[37]. In der Begründung hat der Großrichterrat folgendes formuliert:

> „Aus der verfassungsrechtlichen Gewährleistung der Arbeitsfreiheit ergibt sich die Freiheit der Bürger, ein bestimmtes Gewerbe als Beruf zu wählen und damit über die Öffnung und Schließung eines Gewerbes, die Öffnungszeit, den Ort, die Kunden und die Art und Weise der Geschäftsführung eigenverantwortlich zu entscheiden. Aus der verfassungsrechtlichen Gewährleistung der Vermögensfreiheit ergibt sich die Freiheit der Gewerbebetätigung, insbesondere der Herstellung, des Verkehrs und der Verfügung von Gütern.“

Nach dieser Interpretation des Großrichterrates fällt die Gewerbefreiheit als Berufsfreiheit in den Schutzbereich der Arbeitsfreiheit nach Art 15 Verf. RC. Geschützt werden sowohl die Freiheit der Berufswahl[38] als auch die Freiheit der Berufsausübung.

Nach den Netzzugangsregelungen in §§ 16, 26a und 31 tw. TKG wird das verpflichtete marktführende TK-Unternehmen verpflichtet, sein Geschäft in konkurrentennütziger Weise zu führen. In diesem Sinne stellt die gesetzliche Netzzugangsregulierung nach §§ 16, 26a und 31 tw. TKG einen Eingriff in die Berufsausübungsfreiheit des Art. 15 Verf. RC dar.

---

[34] *Lee, Hui-zong*, Das System des Verfassungsschutzes der Berufsfreiheit, in: Liu, Kung-chung/Lee, Chien-liang (Hrsg.), Theorie und Praxis der Verfassungsinterpretation, 1998, S. 347 (356 f.).

[35] Vgl. *R. Scholz*, in: Maunz/Dürig, GG, Kommentar, Art. 12, Rn. 44 m. w. Nachw.

[36] Vgl. *Lee, Hui-zong* (Fn. 34), S. 359.

[37] IGRR Nr. 514.

[38] IGRR Nr. 510.

### *b) Die Vermögensfreiheit*

Art. 15 Verf. RC schützt die Vermögensfreiheit des Einzelnen. Im Gegensatz zur Arbeitsfreiheit, die die zukünftige berufsorientierte Tätigkeit absichert, gewährleistet die Vermögensfreiheit lediglich das „erworbene" Vermögensobjekt. In den Vermögensbegriff fällt nicht nur das Eigentum i.S.d. Sachenrechts[39], sondern auch jede erworbene Rechtsposition, die vermögenswert ist[40]. Dazu gehören beispielsweise die Forderung[41], das Patentrecht[42] und das Warenzeichen[43]. Geschützt werden nicht nur der Bestand des Vermögens, sondern auch die freie Nutzungs- und Verfügungsbefugnis über das Vermögensobjekt[44].

Ferner ist zu beachten, dass Art. 15 Verf. RC zwar keine Aussage über die Befugnis des einfachen Gesetzgebers zur Inhaltsbestimmung des Vermögens trifft. Aber nach der taiwanesischen Grundrechtsdogmatik wird das Grundrecht der Vermögensfreiheit *seinem Wesen nach* als „normgeprägtes" Grundrecht bezeichnet[45]. Infolgedessen hängt die Inhaltsbestimmung des grundrechtlich geschützten Vermögens von einfachem Gesetz ab.

Durch die Netzzugangsregulierung nach §§ 16, 26a und 31 tw. TKG wird die Nutzungsbefugnis des Netzbetreibers über sein Netzeigentum beschränkt. Denn das Telekommunikationsnetz des verpflichteten Netzbetreibers muss zwingend für Wettbewerber zur Verfügung stehen.

### *c) Zwischenergebnis*

Im Ergebnis ist festzuhalten, dass die Netzzugangsregelungen in §§ 16, 26a und 31 tw. TKG einen Eingriff in die in Art. 15 Verf. RC geschützte Arbeits- und Vermögensfreiheit des verpflichteten marktführenden Netzbetreibers darstellen.

---

[39] IGRR Nr. 216, 304, 347, 358, 374, 406.

[40] Vgl. *Su, Yong-qin*, Die Gewährleistung des Vermögensrechts und die Interpretation des Großenrichterrates, The Constitutional Review, Vol. 24 Nr. 3 (12/1998), S. 19 (30 ff.); *Chen, Shin-min*, Das Konzept der verfassungsrechtlichen Eigentumsgarantie und der Enteignungsbegriff, in: ders., Die allgemeine Grundrechtslehre in der Verfassung, Bd. I, 1992, S. 285 ff.; *Chen, Ai-e*, Der Wandel des Eigentumsbegriffs in den Interpretationen des Großrichterrates, in: Liu, Kung-Chung/Lee, Chien-Liang (Hrsg.), Theorie und Praxis der Verfassungsinterpretation, 1998, S. 393 (412 ff.).

[41] IGRR Nr. 37, 106, 292, 335, 386, 400.

[42] IGRR Nr. 213, 370.

[43] IGRR Nr. 370, 492.

[44] IGRR Nr. 400; aus der Literatur vgl. *Chan, Chen-jung*, Zur Verfassungsmäßigkeit der unentgeltlichen Inpflichtnahme privater Telekommunikationsanlagen zu staatlichen Überwachungsmaßnahmen, YdLM 64 (2000/9), S. 101 (105 ff.).

[45] *Lee, Chien-liang*, Funktionen und Dogmatik der Grundrechte, JSSP 3/1997, S. 39 (65).

### 2. Verfassungsrechtliche Rechtfertigung der grundrechtseingreifenden Netzzugangsregulierung

#### a) Überblick über Anforderungen an zulässige Grundrechtseingriffe im Lichte der taiwanesischen allgemeinen Grundrechtslehre

Nach der taiwanesischen allgemeinen Grundrechtslehre lassen sich Eingriffe in die Grundrechte erst verfassungsrechtlich rechtfertigen, wenn die Anforderungen des Art. 23 Verf. RC erfüllt werden. Nach Art. 23 Verf. RC dürfen alle in der Verfassung als Grundrechte gewährleisteten Rechte und Freiheiten nicht *durch Gesetz* eingeschränkt werden, es sei denn, sie sind *notwendig*, um die Einschränkung der Freiheit anderer zu verhindern, eine drohende Krise abzuwenden, die soziale Ordnung zu bewahren oder *das öffentliche Interesse* zu fördern. Nach dem Wortlaut enthält diese Vorschrift sowohl formelle als auch materielle Rechtfertigungsgründe der Eingriffe. Eingriffe des Staates in die Grundrechte müssen nämlich formell durch Gesetz erfolgen (Gesetzesvorbehalt) und materiell aus Gründen des Gemeinwohls notwendig sein (Gemeinwohlbindung und Gebot der Notwendigkeit)[46].

##### aa) Vorbehalt des Gesetzes

Die mit dem Grundgesetz vergleichbare Konzeption des *differenzierenden* Gesetzesvorbehalts existiert in der taiwanesischen Grundrechtsdogmatik nicht[47]. Alle Grundrechte dürfen nach der Theorie des „einheitlichen" Gesetzesvorbehalts durch Gesetz oder auf Grund eines Gesetzes eingeschränkt werden[48].

Eine grundrechtseingreifende Rechtsverordnung ist nur dann formell verfassungsmäßig, wenn Inhalt, Zweck und Ausmaß ausdrücklich und konkret im Gesetz bestimmt werden[49]. Dieses Bestimmtheitsgebot des Ermächtigungsgesetzes wird, anders als in Deutschland, in Taiwan nicht durch das Verfassungsrecht ausdrücklich festgelegt, sondern vom Großrichterrat entwickelt[50]. Die Antwort auf die Frage, ob die Rechtsverordnung mit dem gesetzlichen Ermächtigungszweck im Einklang steht, ist nach der Auffassung des Großrichterrates nicht al-

---

[46] So ständige Interpretation des Großrichterrates. Siehe IGRR Nr. 105; 404; 411; 443; jüngst IGRR Nr. 518. Im Schrifttum vgl. allgemein *Chen, Shin-min*, Grundrechtsschranken in der Verfassung, in: ders. (Fn. 40), S. 181 ff.

[47] Zu differenzierenden Gesetzesvorbehalten bei Grundrechtseingriffen nach dem Grundgesetz vgl. *K. Stern*, Das Staatsrecht der Bundesrepublik Deutschland, Bd. III/2, 1994, § 80.

[48] IGRR Nr. 506: „Rechte und Freiheiten der Bürger können neben Gesetz auch durch Rechtsverordnung in notwendigem Umfang eingeschränkt werden". Vgl. auch *Chen, Shin-min* (Fn. 46), S. 202.

[49] Vgl. *Hsu, Zong-li*, Das Prinzip des Gesetzesvorbehaltes, in: ders., Recht und Staatsgewalt, 1992, S. 117 ff.

[50] IGRR Nr. 390; 506; 510; 511; 514.

lein an den Wortlaut des Gesetzes gebunden. Vielmehr sind Gesetzeszweck und der Zusammenhang der gesamten Gesetzesvorgaben zu berücksichtigen[51].

*bb) Materielle Anforderungen*

*aaa) Gemeinwohlbindung*

Mit Blick auf materiellen Rechtfertigungsgrund stellen die in Art. 23 Verf. RC genannten vier Rechtfertigungszwecke die Gemeinwohlbindung der öffentlichen Gewalt bei der Grundrechtseinschränkung dar. Sie treffen weniger eine Aussage über die „normative" Regelungsfunktion als eine Aussage über die „Betonungsfunktion", weil unter dem Gesichtspunkt des Rechtsstaatsprinzips sich die Gemeinwohlbindung staatlichen Handelns von selbst versteht. Das Gemeinwohl als unbestimmter Verfassungsbegriff bedarf noch einer gesetzgeberischen Konkretisierung[52].

Darüber hinaus lassen sich die vier legitimen Eingriffszwecke nach Art. 23 Verf. RC lediglich als Regelbeispiele ansehen[53]. Neben Art. 23 Verf. RC enthält das taiwanesische Verfassungsrecht noch zahlreiche Gemeinwohlbelange, die legitime Zwecke grundrechtseingreifender Maßnahmen darstellen. Ein Musterbeispiel hierfür ist Art. 145 Abs. 1 Verf. RC. Danach dürfen die Vermögensfreiheit des Einzelnen und die Gewerbefreiheit privater Wirtschaftsunternehmen zum Zwecke des „Fortbestandes des Staates" und der „Lebenshaltung des Volkes" durch Gesetz eingeschränkt werden.

*bbb) Das Gebot der „Notwendigkeit"*

Nach dem Wortlaut des Art. 23 Verf. RC müssen Grundrechtseingriffe für die Verwirklichung des angestrebten Zwecks „notwendig" sein. Nach allgemeiner Auffassung in der Rechtsprechung und Literatur ist der Begriff „Notwendigkeit" keineswegs lediglich in dem Sinne zu verstehen, dass das eingesetzte Mittel für die Verwirklichung des angestrebten Zweckes unentbehrlich ist. Er geht darüber hinaus und enthält eine „Gesamtabwägung" zwischen der Schwere des Eingriffs einerseits und dem Gewicht des angestrebten Zwecks andererseits[54]. Insofern enthalten das Gebot der Notwendigkeit in der taiwanesischen allgemeinen

[51] IGRR Nr. 506.

[52] Vgl. *R. Wernsmann*, Wer bestimmt den Zweck einer grundrechtseinschränkenden Norm – BVerfG oder Gesetzgeber?, NVwZ 2000, S. 1360 ff.

[53] Zu besonderen Gemeinwohlinteressen in einzelnen verfassungsrechtlichen Vorgaben vgl. *Chen, Shin-min* (Fn. 46), S. 200 ff.

[54] IGRR Nr. 414; 445; 510; *Chen, Shin-min* (Fn. 46), S. 253 ff; *Wu, Geng*, Die drei Eigenschaften der Grundrechte. Ein Betrag zum theoretischen System der Grundrechtsinterpretation des Großrichterrates, in: Festschrift zur 50jährigen Verfassungsinterpretation des Großrichterrates, 1998, S. 1 (33 ff.).

Grundrechtslehre und der Verhältnismäßigkeitsgrundsatz i. S. der deutschen allgemeinen Grundrechtslehre den gleichen materiellen Gehalt.

Der Großrichterrat hat zunächst in seiner Interpretation Nr. 373 vom 24. 2. 1995 bezüglich des gewerkschaftsgesetzlichen Eingriffs in die Vereinigungsfreiheit der Angestellten und Arbeiter in der Schule die Gesamtabwägung bestätigt. Die Tätigkeit der Angestellten und Arbeiter in der Schule stehe zwar im Zusammenhang mit der Erfüllung der Schulverwaltung. Aber das gewerkschaftsgesetzliche Verbot der Gewerkschaftsbildung habe die Interessen der Betroffenen in überragendem Maße beeinträchtigt und die Notwendigkeit nach Art. 23 Verf. RC überschritten.

Der Großrichterrat hat später in seiner Interpretation Nr. 445 vom 25. 3. 1998 bezüglich der Verfassungsmäßigkeit des Versammlungs- und Demonstrationsgesetzes noch deutlicher ausgeführt, dass die Genehmigungspflicht zwar der Abwehr von Gefahren und der Wahrung des öffentlichen Interesses dienen könne. Aber die strenge Regelung bezüglich der Antragsfrist (hier: mindestens zwei Tage vor der Versammlung bzw. Demonstration) beeinträchtige in *erheblicher* Weise die in Art. 14 Verf. RC geschützte Versammlungsfreiheit der Betroffenen. Dies sei insbesondere der Fall, wenn es sich um eine kurzfristig geplante Versammlung handele. Das Gebot der Notwendigkeit nach Art. 23 Verf. RC wurde vom Großrichterrat selbst in späteren Interpretationen ausdrücklich als „Verhältnismäßigkeitsgrundsatz" bezeichnet[55].

### *cc) Zwischenergebnis*

Insgesamt ist festzuhalten, dass nach der taiwanesischen allgemeinen Grundrechtslehre Grundrechtseingriffe nur dann verfassungsmäßig sind, wenn formelle und materielle Rechtfertigungsgründe bestehen. Mit Blick auf die formelle Verfassungsmäßigkeit ist der Vorbehalt des Gesetzes erforderlich. Für die materielle Verfassungsmäßigkeit müssen die in Art. 23 Verf. RC genannten Gemeinwohlbelange und die Notwendigkeit vorliegen. Das Gebot der Notwendigkeit umfasst nicht nur das Element der Erforderlichkeit, sondern auch eine Gesamtabwägung zwischen der Schwere des Eingriffs einerseits und dem Gewicht des angestrebten Zweckes.

## *b) Verfassungsrechtliche Rechtfertigung des Eingriffs*

### *aa) Vorbehalt des Gesetzes*

Der Zentrale steht gem. Art. 107 Nr. 5 Verf. RC die Gesetzgebungskompetenz für die Telekommunikation zu, so dass mit Blick auf die formelle Verfassungsmäßigkeit keine Bedenken bestehen.

---

[55] IGRR Nr. 456; 510.

### *bb) Die Wettbewerbsförderung im Hinblick auf die Wirtschaftsverfassung der Verfassung der Republik China*

Das durch die grundrechtseinschränkenden Netzzugangsregelungen angestrebte Ziel der Wettbewerbsförderung wird dann verfassungsrechtlich gerechtfertigt, wenn sie ein der in Art. 23 Verf. RC festgelegten öffentlichen Interessen darstellt. Dies ist im Hinblick auf die taiwanesische Verfassungsordnung zu bejahen.

Die Verfassung der Republik China schließt zunächst nicht ausdrücklich aus, die Wettbewerbsbegründung oder -beförderung als öffentliches Interesse anzuerkennen. Umgekehrt enthält sie eine Vielzahl von wirtschaftsrelevanten Klauseln, in denen der Staat aufgefordert oder sogar verpflichtet wird, bestimmte Wirtschaftspolitiken und -förderung vorzunehmen. Hierzu zählen beispielsweise die Förderung und Unterstützung für Genossenschaften (Art. 145 Abs. 2 Verf. RC), die Förderung, die Beratung und der Schutz für Produktionsbetriebe und Außenhandelsunternehmen (Art. 145 Abs. 3 Verf. RC), das gesamtwirtschaftliche Gleichgewicht (Art. 147 Verf. RC), die Unterschützung des Ausbaus der Industrie, die gleichgewichtige Entwicklung von Wirtschaft und Umweltschutz, die Förderung und der Schutz kleiner und mittlerer Unternehmen (Art. 10 Abs. 1 bis 3 der Ergänzenden Artikel zur Verfassung).

Aus diesen verfassungsrechtlichen Vorgaben folgt, dass die Verfassung der Republik China grundsätzlich das Wirtschaftssystem der liberalen Marktwirtschaft anerkennt[56]. Gleichwohl gibt sie unter dem Gesichtspunkt der Volkswohlfahrt und des Umweltschutzes zugleich dem Staat viele Möglichkeiten, auf Markt und Wettbewerb Einfluss zu nehmen. In diesem Zusammenhang wird in der Literatur die Wirtschaftsordnung der Verfassung der Republik China auch als „volkswohlfahrtsbezogenen Marktwirtschaft" bezeichnet[57].

Entsprechend dem auf der Verfassung beruhenden Wirtschaftssystem der volkswohlfahrtsbezogenen Marktwirtschaft treffen die telekommunikationsgesetzlichen Netzzugangsregelungen eine Aussage über die staatliche Wettbewerbsregulierung. Der Volkswohlfahrtstaat wird zur Wettbewerbsregulierung verpflichtet, wenn die chancengleiche und funktionsfähige Wettbewerbsstruktur gefährdet wird.

Damit ist festzuhalten, dass die staatliche Wettbewerbsbegründung bzw. Wettbewerbsförderung einen legitimen öffentlichen Zweck in der Verfassung der Republik China darstellt.

---

[56] Vgl. ausführlich *W. Lasars*, Die Wirtschaftsverfassung von Taiwan: Die Situation am Wendepunkt, VRÜ 1993, S. 49 ff.

[57] Vgl. *Wu, Geng*, Grundprinzipien der Verfassung, in: Festschrift zur 40jährigen Verfassungsinterpretation des Großrichterrates, 1990, S. 155 ff.; *Chen, Yin-chin*, Theorie und neue Tendenz des Wirtschaftsrechts, 1998, S. 22 ff.; dies, Die verfassungsmäßige Wirtschaftsordnung, in: Festschrift für Lee, Hong-hsi zum 60. Geburtstag, 1997, S. 1349 ff.

*cc) Das Gebot der Notwendigkeit*

Gem. § 23 Verf. RC sind die telekommunikationsgesetzlichen Netzzugangsregelungen materiell verfassungsmäßig, wenn sie für die Verwirklichung des Ziels der Wettbewerbsförderung „notwendig“ sind.

Geht man von der Schüsselfunktion des Telekommunikationsnetzes für die Erbringung von Telekommunikationsdienstleistungen aus, kann man zunächst feststellen, dass der Marktzutritt neuer Wettbewerber durch den Zugang zum Telekommunikationsnetz des marktführenden TK-Unternehmen der Klasse 1 ohne zeitliche Verzögerung ermöglicht wird. Insofern ist die Netzzugangsgewährungsverpflichtung des marktführenden Netzbetreibers für die Erreichung des gemeinwohlorientierten Ziels der Wettbewerbsförderung notwendig. Darüber hinaus dienen die Netzzugangsentgelte und die Zulässigkeit der Verweigerung des Netzzugangs als Ausgleichsmittel dazu, dass die Gewerbe- und Vermögensfreiheit des verpflichteten Netzbetreibers nach Art. 15 Verf. RC nicht unzumutbar beeinträchtigt werden. Folgt man dieser Vorstellung, kann man den Schluss ziehen, dass mit Blick auf die Netzzugangsregelungen im tw. TKG keine Bedenken gegen die in Art. 23 Verf. RC gebotene Notwendigkeit bestehen.

Freilich ist der Übergangscharakter der Netzzugangsregelungen bei der Beurteilung der Notwendigkeit mit zu berücksichtigen. Die Netzzugangsregulierung als Eingriffsmittel wäre für die Wettbewerbsförderung nicht mehr notwendig, wenn der Wettbewerb im taiwanesischen Telekommunikationsmarkt funktionieren würde.

*dd) Zwischenergebnis*

Mit Blick auf die Verfassungsmäßigkeit der Netzzugangsregelungen nach §§ 16, 26a und 31 tw. TKG bestehen keine Bedenken. Dies gilt freilich nur dann, sofern ein fairer Wettbewerb im taiwanesischen Telekommunikationsmarkt noch nicht hergestellt ist.

## IV. Zusammenfassung

Rechtliche Rahmenbedingungen für die der Wettbewerbsförderung dienende Netzzugangsregulierung in Taiwan werden in dreierlei Hinsicht nachgewiesen. Zunächst wird die Netzzugangsgewährungsverpflichtung des marktführenden Netzbetreibers sektorspezifisch in §§ 26a und 31 tw. TKG festgelegt. Zur Durchsetzung dieser Verpflichtung sollen privatrechtliche Vereinbarungen über den Netzzugang und die Zusammenschaltung in erster Linie von den Verhandlungsparteien abgeschlossen werden. Die imperative, administrative Netzzugangsanordnung als ultima ratio wird nur dann vorgenommen, wenn solche Vereinbarungen nicht zustande gekommen sind. Dabei ist zwischen der Zusammenschaltungsanordnung und der Netzzugangsanordnung ohne Zusammenschaltung zu unterscheiden. Während erstere nach § 16 Abs. 3 tw. TKG vom DGT erteilt werden kann, findet letztere ihre Rechtsgrundlage hingegen nicht im TKG, sondern in § 41 i.V.m. § 10 Nr. 4 FTG.

Das TKG als lex specialis geht dem Fair-Trade-Gesetz vor. Da die Anordnungsbefugnis des DGT im Rahmen der Mietleitungen und Mitbenutzung der Netzinfrastruktur nicht im TKG selbst vorgesehen ist, ist das FTG insofern auf den Telekommunikationssektor anwendbar. Der Fair-Trade-Kommission steht gem. § 41 i.V.m. § 10 Nr. 4 FTG die Befugnis zu, den Netzzugang hinsichtlich der Mietleitungen nach § 26a Nr. 5 tw. TKG und der Mitbenutzung der Netzinfrastruktur nach § 31 tw. TKG anzuordnen.

Neben den Netzzugangsregelungen auf einfachgesetzlicher Ebene setzt die Verfassung auch den Rahmen für die Netzzugangsregulierung. Aus grundrechtlicher Sicht müssen die gesetzlichen Netzzugangsregelungen wegen der Eingriffe in die Gewerbe- und Vermögensfreiheit des in Pflicht genommenen Netzbetreibers nach Art. 15 Verf. RC die Rechtfertigungsanforderungen des Art. 23 Verf. RC befriedigen. Nach den jetzigen Marktverhältnissen bestehen zwar mit Blick auf die Netzzugangsgewährungsverpflichtung keine Bedenken gegen Art. 23 Verf. RC. Aber die telekommunikationsgesetzliche Netzzugangsregulierung verliert ihre grundrechtseingreifende Rechtfertigung, wenn neue Wettbewerber zum Aufbau eines eigenen Telekommunikationsnetzes in der Lage sind und somit der Wettbewerb im taiwanesischen Telekommunikationsmarkt funktioniert.

# § 10 Zusammenfassende Betrachtung der Netzzugangsregulierung im deutschen und taiwanesischen Recht

## I. Die Rechtsgrundlage und Art der Telekommunikationsliberalisierung

Im Zuge der weltweiten Liberalisierung von Telekommunikationsmärkten, die in hohem Maße von den liberalen Konzeptionen der EU und GATS/WTO beeinflusst wurde, haben sowohl das deutsche als auch das taiwanesische Telekommunikationsrecht eine tiefgreifende Veränderung erfahren. An die Stelle des Monopolmodells ist das Wettbewerbsmodell getreten, nach dem der Markt für Telekommunikationsdienstleistungen und -netze für jeden zugänglich ist.

In Deutschland ist die Entscheidung für die Privatisierung auf verfassungsrechtlicher Ebene durch Verfassungsänderung, und zwar durch die Veränderung des Art. 87 Abs. 1 GG a.F. und Einfügung des Art. 87f Abs. 2 S. 1 GG, gefallen. Danach stellen Telekommunikationsdienstleistungen nicht mehr die Leistungsverwaltung des Bundes, sondern privatwirtschaftliche Tätigkeiten dar. Hieraus ergibt sich ferner das Gebot der Aufgabenvollprivatisierung [1], wonach die Erbringung von Telekommunikationsdienstleistungen in Zukunft vollständig in den privaten Sektor verlagert werden soll. Mit der Abschaffung des Sprachtelefonmonopols zum 1. 1. 1998 wurde der Markt für die Errichtung und den Betrieb von Telekommunikationsnetzen, die für Sprachtelefondienste für die Öffentlichkeit bestimmt sind, geöffnet. Das seit 1892 bestehende Verwaltungsmonopol für Fernmeldeanlagen wurde abgebaut[2].

In Taiwan wurde mit dem novellierten Telekommunikationsgesetz von 1996 die rechtliche Grundlage für die Liberalisierung des Telekommunikationsmarktes gelegt. Weder die Kompetenznormen nach Art. 107 ff. Verf. RC noch die Monopolklausel des 144 Verf. RC enthalten eine Sperrfunktion für die gesetzgeberische Entscheidung über die Entmonopolisierung im Bereich der Telekommunikation[3]. Mit Blick auf den ehemaligen Monopolisten kombiniert die Liberalisierungskonzeption des § 30 tw. TKG die Organisations- und (Minderheits-)Vermögensprivatisierung mit der Option für die (Mehrheits-)Vermögens- und Aufgabenprivatisierung. Das Fortbestehen der Chunghwa Telekom

---

[1] Vgl. Erster Teil, § 3 II.

[2] Vgl. Erster Teil, § 2.

[3] Vgl. Vierter Teil, § 8 I.

AG als öffentliches Unternehmen wird durch das taiwanesische TKG nicht von vornherein ausgeschlossen[4].

## II. Das Konzept der regulierten Privatisierung

Das deutsche und das taiwanesische Recht verfolgen das Konzept der „regulierten Privatisierung"[5]. Die Gemeinwohlbindung des Staates entfällt nicht mit der Aufgabenprivatisierung. Die Aufgabenprivatisierung stellt vielmehr lediglich einen Wandel der Verantwortung des Staates von der Erfüllungs- zur Gewährleistungsverantwortung dar. Um die sozialstaatliche Daseinsvorsorge und andere öffentliche Interessen sicherzustellen, hat der Staat durch die Schaffung rechtlicher Rahmenbedingungen die privaten Akteure auf die bestimmten, gemeinwohlorientierten Zielsetzungen zu verpflichten und ihre Verhaltensweise in diese Richtung zu steuern. Insofern ist die Privatisierung aus rechtswissenschaftlicher Sicht keineswegs mit der Deregulierung gleichbedeutend. Aus der Gemeinwohlbindung des Staates ergibt sich vielmehr der Regulierungsbedarf. Unter Regulierung ist die Gesamtheit staatlicher Maßnahmen zu verstehen, mit denen Wirtschaftssubjekte in öffentlich gebundenen Wirtschaftsbereichen für die Erreichung bestimmter angestrebter Regulierungsziele in Dienst genommen werden.

In Deutschland wird der Regulierungsbedarf im Bereich der Telekommunikationsprivatisierung in Art. 87f Abs. 1 ausdrücklich konstituiert, wonach eine flächendeckend angemessene und ausreichende Versorgung mit Telekommunikationsdienstleistungen vom Bund als hoheitliche Aufgabe sicherzustellen ist. Allerdings stellt dieser Infrastrukturgewährleistungsauftrag nicht das einzige Ziel der Regulierung dar. Daneben spielt die Förderung eines chancengleichen und funktionsfähigen Wettbewerbs für die Erfüllung der Gewährleistungsverantwortung eine wesentliche Rolle. Um verschiedene angestrebte Ziele zu erreichen, wird eine Vielzahl von Regulierungsansätzen im dt. TKG festgelegt. Sie reichen von der Lizenzierung über die Entgelt-, Universaldienst-, Netzzugangsregulierung bis hin zur Frequenzordnung. In organisatorischer Hinsicht wurde die RegTP als sektorspezifische Regulierungsinstanz errichtet[6].

In Taiwan werden die beiden Ebene der Liberalisierung und Regulierung zugleich im geltenden TKG normiert. Die Regulierungsziele bestehen im Wesentlichen darin, das Wohl der Allgemeinheit zu fördern, die Sicherheit der Kommunikation zu gewährleisten und die Interessen der Nutzer zu wahren (§ 1 tw. TKG). Die Regulierungsansätze im dt. TKG finden sich parallel im tw. TKG. Das DGT wurde von der Erbringung von Telekommunikationsdienstleistungen

---

[4] Vgl. Vierter Teil, § 8 II.

[5] Vgl. Erster Teil, § 3 III und Vierter Teil, § 8 II.

[6] Vgl. Erster Teil, § 3 III 3 und 4.

zur reinen Aufsichts- und Regulierungsbehörde umgewandelt. Damit wird deutlich, dass das tw. TKG nicht nur den Wettbewerb für den Telekommunikationssektor öffnet, sondern auch den rechtlichen Rahmen für die staatliche Privatisierungsfolgenverantwortung, insbesondere die Regulierung, setzt[7].

## III. Wettbewerbsförderung durch die Netzzugangsregulierung

Mit dem Konzept der regulierten Privatisierung korrespondiert die Wettbewerbsförderung durch die Netzzugangsregulierung. Der deutsche Gesetzgeber hat sich unter Einflüssen der europäischen ONP-Rechtakten für die Einfügung des konkurrentennützigen Netzzugangs in das TKG entschieden. Das Regulierungsziel besteht darin, einen chancengleichen und funktionsfähigen Wettbewerb zu fördern. Diese Zielsetzung findet sich nicht nur einfachgesetzlich in § 2 Abs. 2 Nr. 2 dt. TKG, sondern lässt sich auch aus dem Verfassungsrecht entnehmen. Die Legitimation der staatlichen Wettbewerbsförderung ergibt sich aus der staatlichen Schutzpflicht aus der Wettbewerbsfreiheit, dem materiell-rechtlichen Gehalt der Kompetenznorm nach Art. 74 Abs. 1 Nr. 16 GG und der Wirtschaftsverfassung des Grundgesetzes[8]. Somit kann festgehalten werden, dass die Wettbewerbsförderung in Deutschland als „verfassungsrechtlich legitimes Gemeinwohl" bezeichnet werden kann.

In Taiwan stellt die Wettbewerbsförderung ebenfalls ein wesentliches Regulierungsziel bei der Telekommunikationsliberalisierung dar. Durch die Einfügung des § 26a tw. TKG von 1999 wurde der rechtliche Rahmen für die staatliche Wettbewerbsförderung verbessert[9]. Es handelt sich dabei um die besondere Missbrauchsaufsicht über marktführende TK-Unternehmen der Klasse 1. Die staatliche Wettbewerbsförderung in Taiwan findet auch im Verfassungsrecht ihre Legitimation. Das taiwanesische Verfassungsrecht enthält unter Zugrundelegung des Volkswohlfahrtsprinzips umfassende Bestimmungen über die staatliche Pflicht zur Wirtschafts- und Wettbewerbsförderung. Dazu gehören z.B. die Förderung und Unterstützung für Genossenschaften (Art. 145 Abs. 2 Verf. RC), die Förderung, die Beratung und der Schutz für Produktionsbetriebe und Außenhandelsunternehmen (Art. 145 Abs. 3 Verf. RC), das gesamtwirtschaftliche Gleichgewicht (Art. 147 Verf. RC), die Unterschützung des Ausbaus der Industrie, die gleichgewichtige Entwicklung von Wirtschaft und Umweltschutz, die Förderung und der Schutz kleiner und mittlerer Unternehmen (Art. 10 Abs. 1 bis 3 der Ergänzenden Artikel zur Verfassung)[10]. Damit wird deutlich, dass staatli-

[7] Vgl. Vierter Teil, § 8 II 3.
[8] Vgl. Dritter Teil, § 6 III.
[9] Vgl. Vierter Teil, § 9 I 2.
[10] Vgl. Vierter Teil, § 9 III 2 b).

che Interventionen in die Wirtschaft nicht von Verfassungs wegen ausgeschlossen, sondern umgekehrt ausdrücklich zugelassen werden.

## IV. Erscheinungsformen des konkurrentennützigen Netzzugangs

Der konkurrentennützige Netzzugang wird dadurch gekennzeichnet, dass Netzbetreiber oder Diensteanbieter zur Erbringung eigener Telekommunikationsdienstleistungen über die physische und logische Verbindung ihrer Einrichtungen oder ihres Telekommunikationsnetzes mit einem fremden Telekommunikationsnetz oder Teilen desselben auf Funktionen des begehrten Netzbetreibers zugreifen können.

In Deutschland wird beim konkurrentennützigen Netzzugang zwischen der Zusammenschaltung nach § 35 Abs. 1 S. 3 i.V.m. §§ 36 und 37 dt. TKG und dem besonderen Netzzugang nach § 35 Abs. 1 S. 2 2. Alt. dt. TKG, der nicht die Zusammenschaltung betrifft, unterschieden. Während erstere nur für die Verbindung von Netzen unterschiedlicher Netzbetreiber gilt, kann jeder Diensteanbieter, der kein eigenes Telekommunikationsnetz betreibt, dem verpflichteten Netzbetreiber um letztere ersuchen[11].

Der Unterschied zwischen Netzbetreiber und Diensteanbieter im dt. TKG ist mit dem Zusammenschaltungsbegriff i.S. der europäischen Dienste- und Zusammenschaltungsrichtlinie nicht vereinbar. Es empfiehlt sich, das Umsetzungsdefizit durch eine richtliniekonforme Gesetzesänderung des dt. TKG abzuhelfen.

In Taiwan wird der konkurrentennützige Netzzugang in die Zusammenschaltung nach § 26a Nr. 1 und 4 i.V.m. § 16 tw. TKG, Mietleitungen nach § 26a Nr. 5 tw. TKG und die Mitbenutzung der Netzinfrastruktur nach § 31 tw. TKG unterteilt. Die letzt genannten zwei Erscheinungsformen des Netzzugangs decken sich unter dem technischen und funktionalen Aspekt mit dem besonderen Netzzugang i.S.d. § 35 Abs. 1 S. 2 2. Alt. dt. TKG[12].

## V. Die „essential facilities"-Doktrin als Ausgangspunkt der Netzzugangsregulierung

Die Wettbewerbsförderung durch den Netzzugang greift auf die „essential facilities"-Doktrin zurück, die ursprünglich vom US Supreme Court entwickelt wurde. Auf internationaler Ebene wurde sie sowohl durch die Bestimmungen des WTO-Abkommens zu Basistelekommunikationsdienstleistungen als auch durch die Entscheidungspraxis der EU-Kommission und die Rechtsprechung des EuGH

[11] Vgl. Zweiter Teil, § 4 I.
[12] Vgl. Vierter Teil, § 9 I 3 a).

übernommen. Mit Blick auf das positive Recht kann nach allgemeiner Auffassung die „essential facilities“-Doktrin aus Art. 82 EGV abgeleitet werden[13].

Die „essential facilities“-Doktrin spiegelt sich sowohl im deutschen als auch im taiwanesischen TKG wider. Nach § 33 dt. TKG wird der marktbeherrschende Anbieter verpflichtet, Wettbewerbern diskriminierungsfrei den Zugang zu seinen intern genutzten und zu seinen am Markt angebotenen Leistungen zu gestatten, soweit sie wesentlich sind. Zu diesen wesentlichen Leistungen gehört der Zugang zum Telekommunikationsnetz nach § 35 dt. TKG. Denn neue marktzutretende Wettbewerber sind für die Erbringung ihrer Telekommunikationsdienstleistungen zumindest in der Anfangsphase der Marktöffnung noch auf das Telekommunikationsnetz angewiesen. Ohne den Netzzugang würde der Wettbewerb wegen des Aufbaus eines eigenen Telekommunikationsnetzes zeitlich verzögert[14].

Im taiwanesischen Telekommunikationsrecht ist die „essential facilities“-Doktrin mit dem Begriff des marktführenden TK-Unternehmens verknüpft. Nach § 2 Nr. 12 tw. NZV ist ein TK-Unternehmen marktführend, wenn es über wesentliche Telekommunikationseinrichtungen verfügt. Auf Grund dieser Verknüpfung ergibt sich weiterhin die Verpflichtung des marktführenden TK-Unternehmens der Klasse 1 zur Gewährung des Netzzugangs[15].

## VI. Gemeinsamkeiten zwischen der deutschen und taiwanesischen Netzzugangsregulierung

Auf Grund von Einflüssen des internationalen Telekommunikationsrechts, insbesondere der Netzzugangsvorgaben in GATS/WTO und EG, ergeben sich bei rechtsvergleichender Betrachtung der deutschen und taiwanesischen Netzzugangsregulierung umfassende Parallelen. Normative Gemeinsamkeiten der Netzzugangs- und Zusammenschaltungsregulierung in den beiden Ländern ergeben sich im Wesentlichen aus der asymmetrischen Regulierung zu Lasten marktbeherrschender bzw. marktführender Netzbetreiber, dem Vorrang privatautonomer Vereinbarungen über die Gewährung des Netzzugangs und der Zusammenschaltung, der Entbündelungsverpflichtung, der Entgeltlichkeit der Gewährung des Netzzugangs, der Möglichkeit der behördlichen Schlichtung sowie der Anordnungsbefugnis der Regulierungsbehörde im Fall des Nichtzustandekommens von Vereinbarungen über die Netzzusammenschaltung[16].

---

[13] Vgl. Zweiter Teil, § 4 II 1 b) und Vierter Teil, § 9 I 3 b).
[14] Vgl. Zweiter Teil, § 4 III 1 c) bb) aaa).
[15] Vgl. Vierter Teil, § 9 I 3 b) aa) aaa).
[16] Vgl. Zweiter Teil, § 4 III und Vierter Teil, § 9 I.

*1. Vorrang der privatwirtschaftlichen Selbstregulierung*

Die gesellschaftliche bzw. privatwirtschaftliche Selbstregulierung gewinnt im kooperativen Staat und im Gewährleistungsstaat zunehmend an Bedeutung. Dieses Regulierungsinstrument wurde in Deutschland wie in Taiwan im Telekommunikationssektor übernommen. Der Netzzugang wird in erster Linie durch den Vertragsschluss zwischen den Verhandlungsparteien durchgesetzt. Netzzugangsvereinbarungen müssen die Prinzipien der Diskriminierungsfreiheit, Transparenz und Rationalität verfolgen. Abgesehen von Kontrahierungszwang und Soll-Bestandteilen stehen den Verhandlungsparteien im Einzelnen weite Spielräume für die Gestaltung von Netzzugangsvereinbarungen zu. Die Privatautonomie bleibt in hohem Maße unberührt[17].

*2. Entbündelungspflicht*

Eine Parallele lässt sich auch bei der Entbündelungspflicht erkennen. Um den Missbrauch der Marktstellung effizient zu verhindern, wird der marktbeherrschende bzw. marktführende Netzbetreiber verpflichtet, Wettbewerbern den Netzzugang in entbündelter Form zu gewähren (§ 2 dt. NZV, §§ 16 und 26a Nr. 4 tw. TKG). Leistungen, die nicht nachgefragt worden sind, dürfen nicht vom verpflichteten Netzbetreiber zwingend abgenommen werden[18].

*3. Zusammenschaltungsanordnung*

Gemeinsamkeiten bestehen schließlich bei der Einschaltung der Regulierungsbehörde. Kommen Vereinbarungen über die Gewährung der *Zusammenschaltung* nicht zustande, kann gem. § 37 i.V.m. § 9 dt. NZV bzw. § 16 tw. TKG eine der Verhandlungsparteien die Regulierungsbehörde (in Deutschland: die RegTP; in Taiwan: das DGT) zur Anordnung anrufen. Die hoheitliche Zusammenschaltungsanordnung ergeht durch Verwaltungsakt. Die Netzzugangsgewährungsverpflichtung des begehrten TK-Unternehmens wird zwar durch die hoheitliche Anordnung zwingend durchgesetzt; aber das Rechtsverhältnis zwischen den Beteiligten bleibt privatrechtlich. Die Zusammenschaltungsanordnung wird nach der allgemeinen Verwaltungsrechtsdogmatik als privatrechtsgestaltender Verwaltungsakt eingestuft[19].

---

[17] Vgl. Zweiter Teil, § 4 III 1 und Vierter Teil, § 9 I 3 b) bb) aaa).
[18] Vgl. Zweiter Teil, § 4 III 1 b) und Vierter Teil, § 9 I 3 a) aa).
[19] Vgl. Zweiter Teil, § 4 III 1 c) bb) bbb) und Vierter Teil, § 9 I 3 b) bb) bbb) (1).

## VII. Unterschiede zwischen der deutschen und taiwanesischen Netzzugangsregulierung

Die Unterschiede zwischen den deutschen und taiwanesischen Netzzugangsregelungen bestehen im Wesentlichen bei der prozeduralen Regelung der Netzzugangsverweigerung, der behördlichen Kontrolle des Netzzugangsentgelts, dem Verfahren und der Reichweite der Schlichtung und der Voraussetzung für den Erlass einer Zusammenschaltungsanordnung.

### *1. Die Verweigerung des Netzzugangs*

In Deutschland kann der marktbeherrschende Netzbetreiber gem. § 35 Abs. 2 dt. TKG den Netzzugang verweigern, wenn die in Art. 3 Abs. 2 der ONP-Rahmenrichtlinie aufgezählten Rechtfertigungsgründe vorliegen. Dazu gehören die Sicherheit des Netzbetriebs, die Aufrechterhaltung der Netzintegrität, die Interoperabilität der Dienste und der Datenschutz. Ob Rechtfertigungsgründe im Einzelfall vorliegen, wird zunächst von Betroffenen beurteilt. Soweit sie über Verweigerungsgründe streiten, ist die RegTP erst im Schlichtungsverfahren nach § 8 dt. NZV oder Anordnungsverfahren nach § 37 dt. TKG i.V.m. § 9 dt. NZV befugt, über die Rechtfertigung der Netzzugangsverweigerung zu entscheiden[20].

In Taiwan ist zum einem der Umfang der Verweigerungsgründe enger gefasst als in Deutschland. Nach § 3 Abs. 2 tw. NZV wird die Verweigerung der Zusammenschaltung nur dann zugelassen, wenn die Zusammenschaltung aus technischen Gründen nicht möglich ist oder die Sicherheit der Telekommunikationseinrichtungen dadurch gefährdet wird. Die Verweigerung aus Gründen der funktionalen und datenschutzrechtlichen Beeinträchtigungen scheint nicht gerechtfertigt zu sein.

Zum anderen wird das DGT bereits im Vorfeld der Streitigkeit eingeschaltet. Die Verweigerung der Zusammenschaltung bedarf gem. § 3 Abs. 1 tw. NZV der Genehmigung durch das DGT. Soweit die Genehmigung zur Netzzugangsverweigerung erteilt wurde, entfaltet sie eine Sperrfunktion für die weitere Verhandlung zwischen den Betroffenen und die Anrufung des DGT zur Schlichtung oder Anordnung[21].

### *2. Die behördliche Kontrolle des Netzzugangsentgelts*

In Deutschland unterliegen Entgelte für die Gewährung eines Netzzugangs nach § 35 dt. TKG und für die Durchführung einer angeordneten Zusammenschaltung nach § 37 dt. TKG der Ex-ante-Regulierung. Sie bedürfen der Genehmigung

[20] Vgl. Zweiter Teil, § 4 III 1 c) bb).
[21] Vgl. Vierter Teil, § 9 I 3 b) bb) aaa).

durch die RegTP. Nach verbreiteter Auffassung bezieht sich § 39 dt. TKG nicht auf eine Rechtsfolgenverweisung, sondern auf eine Rechtsgrundverweisung. Daraus folgt, dass die Entgeltregulierung i.S.d. § 25 Abs. 1 dt. TKG nur auf die angeordnete Zusammenschaltung zwischen dem marktbeherrschenden und dem nicht-marktbeherrschenden Netzbetreiber anwendbar ist. Die angeordnete Zusammenschaltung zwischen nicht-marktbeherrschenden Netzbetreibern unterliegt hingegen nicht der Entgeltregulierung i.S.d. § 25 Abs. 1 dt. TKG[22].

In Taiwan räumt das Telekommunikationsrecht grundsätzlich den Verhandlungsparteien die Befugnis ein, die Entgelte für die Gewährung des Netzzugangs frei zu gestalten. Weder die Entgelte für Mietleitungen und die Mitbenutzung der Netzinfrastruktur noch die Entgelte für die angeordnete Zusammenschaltung bedürfen der behördlichen Genehmigung, es sei denn, dass die Anrufung des DGT zur Anordnung nach § 16 Abs. 3 tw. TKG gerade das Zusammenschaltungsentgelt zum Gegenstand hat[23].

### *3. Schlichtungsverfahren im Falle des Nichtzustandekommens einer Netzzugangsvereinbarung und die Wirkung des Schlichtungsspruchs*

In Deutschland beginnt gem. § 8 NZV das Schlichtungsverfahren über Vereinbarungen über besondere Netzzugänge nach § 35 Abs. 1 TKG mit der *gemeinsamen* Anrufung der Verhandlungsparteien. Die Entscheidung der RegTP über das Anrufungsbegehren ergeht nach § 73 TKG durch Verwaltungsakt, welcher Bindungswirkung für die Beteiligten hat[24].

Demgegenüber kann in Taiwan *jeder* der am Netzzugang i.S. der Mietleitungen und Mitbenutzung der Netzinfrastruktur Beteiligten gem. § 93 Abs. 2 S. 2 FNDV das DGT zur Schlichtung anrufen. Das Ziel der Schlichtung besteht darin, dass durch die behördliche Einschaltung eine gütliche Einigung über den Streitgegenstand „herbeigeführt" werden kann. Der Schlichtungsspruch des DGT über den Streitgegenstand stellt nicht einen Verwaltungsakt, sondern nur einen behördlichen „Vorschlag" dar. Er ist für die Verhandlungsparteien nicht rechtsverbindlich[25].

Die Befugnis zum Erlass einer Anordnung hinsichtlich der Mietleitung nach § 26a Nr. 5 tw. TKG und Mitbenutzung fremder Netzinfrastruktur nach § 31 tw. TKG steht nicht dem DGT, sondern der Fair-Trade-Kommission als Kartellamt gem. § 41 i.V.m. § 10 Nr. 4 FTG zu.

[22] Vgl. Zweiter Teil, § 4 III 1 d) cc).
[23] Vgl. Vierter Teil, § 9 I 3 b) bb) aaa).
[24] Vgl. Zweiter Teil, § 4 III 1 c) bb).
[25] Vgl. Vierter Teil, § 9 I 3 b) bb) bbb) (2).

### 4. Zusammenschaltungsanordnung von Amts wegen

In Deutschland darf die Zusammenschaltung nach §§ 35 Abs. 1 S. 3 und 36 dt. TKG nur auf Antrag eines der Beteiligten von der RegTP angeordnet werden. Die Zusammenschaltungsanordnung „von Amts wegen" wird gem. § 37 Abs. 1 dt. TKG i.V.m. § 9 dt. NZV ausgeschlossen[26].

Im Gegensatz zum deutschen Recht kann die behördliche Zusammenschaltungsanordnung gem. § 16 Abs. 3 tw. TKG sowohl auf Antrag als auch vom Amts wegen erteilt werden[27].

## VIII. Das Verhältnis der telekommunikationsgesetzlichen Netzzugangsregulierung zum allgemeinen Kartellrecht

Die Netzzugangsregulierung im TKG als Missbrauchsaufsicht wirft die Frage nach dem Verhältnis zwischen dem TKG und dem allgemeinen Kartellrecht auf. In Deutschland sind die Vorgaben des TKG und GWB nach Maßgabe des § 2 Abs. 3 TKG grundsätzlich nebeneinander auf den Telekommunikationssektor anwendbar. Dies bedeutet, dass sowohl §§ 33 ff. dt. TKG als auch § 19 Abs. 4 Nr. 4 GWB auf die Missbrauchsaufsicht des Netzzugangs Anwendung finden. Allerdings wird dieser Grundsatz der Doppelzuständigkeit zwischen der Regulierungsbehörde und dem Bundeskartellamt in Bezug auf den Netzzugang und die Zusammenschaltung durch § 82 S. 3 TKG begrenzt. Die Regulierungsbehörde hat die Letztentscheidungsbefugnis über die Wettbewerbsaufsicht des Netzzugangs und der Zusammenschaltung[28].

In Taiwan wird das allgemeine Kartellrecht des FTG auf Grund des § 1 2. Halbsatz TKG generell durch die Spezialregelungen des TKG verdrängt. Bei der Netzzugangsregulierung gehen §§ 16, 26a und 31 TKG als *lex specialis* der allgemeinen Missbrauchsaufsicht des § 10 FTG vor. Insofern wird eine Doppelzuständigkeit des DGT und der Fair-Trade-Kommission für die Wettbewerbsaufsicht des Netzzugangs in der taiwanesischen Rechtsordnung ausgeschlossen[29].

## IX. Verfassungsrechtliche Grenzen der Netzzugangsgewährungsverpflichtung

In einer freien Markt- und Wettbewerbsordnung hat jeder Marktteilnehmer grundsätzlich die Freiheit, seine Waren und Dienstleistungen in der Weise am

---

26 Vgl. Zweiter Teil, § 4 III 1 c) bb) bbb).
27 Vgl. Vierter Teil, § 9 I 3 b) bb) bbb) (1).
28 Vgl. Zweiter Teil, § 4 III 2 und 3.
29 Vgl. Vierter Teil, § 9 II.

Markt anzubieten, dass er ohne staatliche Einflüsse mit anderen Konkurrenten im freien Wettbewerb steht. Die überwiegende Marktmacht als Erfolg der Ausübung der wirtschaftlichen Freiheit ist grundsätzlich in der rechtsstaatlichen und marktwirtschaftlichen Rechtsordnung hinzunehmen. Die rechtlichen Netzzugangsregelungen als staatliche Wirtschaftsregulierung berühren jedoch die durch die Grundrechte gewährleistete Berufs- und Eigentumsfreiheit marktbeherrschender Netzbetreiber nach Art. 12 Abs. 1 und 14 Abs. 1 S. 1 GG bzw. Art. 15 Verf. RC. Insoweit steht die staatliche Netzzugangsregulierung im Spannungsfeld zwischen dem angestrebten Ziel der Wettbewerbsförderung und dem Grundrechtsschutz des verpflichteten Netzbetreibers. Die telekommunikationsrechtlichen Netzzugangsregelungen sind der Prüfung am Maßstab der Grundrechte zu messen. Die rechtsstaatlichen Anforderungen an zulässige Grundrechtsbeeinträchtigungen stellen daher verfassungsrechtliche Grenzen der gesetzlichen Netzzugangsgewährungspflicht dar.

Nach der deutschen Grundrechtsdogmatik werden die Berufs- und Eigentumsfreiheit des marktbeherrschenden Netzbetreibers durch die rechtliche Netzzugangsgewährungsverpflichtung beeinträchtigt. Für die Verfassungsmäßigkeit der staatlichen Netzzugangsregulierung ist der rechtsstaatliche Verhältnismäßigkeitsgrundsatz von herausragender Bedeutung. Die Inpflichtnahme des marktbeherrschenden Netzbetreibers und seines Telekommunikationsnetzes zu Gunsten der Wettbewerber soll für die Erreichung des angestrebten Gemeinwohlbelanges der Wettbewerbsförderung geeignet, erforderlich und angemessen sein. Die grundrechtliche Überprüfung in dieser Arbeit hat gezeigt, dass die Netzzugangsregelungen in §§ 33 ff. TKG grundsätzlich mit dem Vorbehalt des Gesetzes und Verhältnismäßigkeitsgrundsatz in Einklang stehen. Durch das Regulierungskonzept des Netzzugangs, wie etwa die Vorrangigkeit der privatwirtschaftlichen Selbstregulierung, die erhöhte Sozialpflichtigkeit des Telekommunikationsnetzes, die Möglichkeit der Netzzugangsverweigerung und der finanzielle Ausgleich der Netzzugangsgewährung, wird die wettbewerbfördernde Netzzugangsregulierung verfassungsrechtlich gerechtfertigt[30].

Auch aus der taiwanesischen allgemeinen Grundrechtslehre kann man den gleichen Schluss ziehen. Die Netzzugangsgewährungsverpflichtung nach §§ 26a und 31 tw. TKG greift in die in Art. 15 Verf. RC geschützte Gewerbe- und Vermögensfreiheit des verpflichteten TK-Unternehmens ein. Die autonome Entscheidung über die Modalität der Berufsausübung und die Netzungsbefugnis über das Netzeigentum werden durch die Netzzugangsgewährungsverpflichtung eingeschränkt. Diese grundrechtseinschränkende Netzzugangsregulierung unterliegt den Rechtfertigungsanforderungen des Art. 23 Verf. RC. Dazu gehören der Vorbehalt des Gesetzes, die Gemeinwohlbindung und das Gebot der Notwendigkeit. Auf Grund der Wesentlichkeit der vorhandenen Netzinfrastruktur für den Marktzutritt neuer Wettbewerber kann die Netzzugangsgewährungsver-

[30] Vgl. Dritter Teil, § 7.

pflichtung als „notwendig“ bezeichnet werden, um das gemeinwohlorientierte Regulierungsziel der Wettbewerbsförderung zu erreichen. Ebenso wie im deutschen TKG, wird eine übermäßige Belastung des verpflichteten TK-Unternehmens durch das abgestufte Regulierungsmodell, die Möglichkeit der Netzzugangsverweigerung und den finanziellen Ausgleich der Netzzugangsgewährung verhindert[31].

Zwar ist die Netzzugangsgewährungsverpflichtung gem. §§ 33 ff. dt. TKG und §§ 26a und 31 tw. TKG in der Gegenwart grundsätzlich durch einen erhöhten sozialen Bezug des vorhandenen Telekommunikationsnetzes des marktbeherrschenden Betreibers gedeckt. Aber die Dynamik der Marktsituation im Rahmen der Telekommunikationsnetzinfrastruktur verlangt vom einfachen Gesetzgeber, die Mittel-Zweck-Relation zwischen dem Netzzugang und dem Entstehen eines chancengleichen und funktionsfähigen Wettbewerbs „auf Dauer“ zu überprüfen. Die sektorspezifische Netzzugangsgewährungsverpflichtung kann unter dem Gesichtspunkt des Verhältnismäßigkeitsgrundsatzes so lange gerechtfertigt werden, wie die Wettbewerber auf die Nutzung des Netzeigentums des verpflichteten Betreibers angewiesen sind. Die übermäßige Regulierung widerspricht nicht nur dem Grundrechtsschutz des verpflichteten Netzbetreibers, sondern verstößt auch institutionell gegen das mit der Liberalisierung verfolgte Ziel freien Wettbewerbs. „Wettbewerb um Netz“ als Endziel der Liberalisierung der Telekommunikation darf keineswegs durch das Übergangskonzept des „Wettbewerbs auf dem Netz“ beeinträchtigt werden.

## X. Ausblick: Besondere Relevanz des Netzzugangs für die normative Wettbewerbsaufsicht und Regulierungspraxis

Im Hinblick auf die Liberalisierungs- und Globalisierungstendenz der netzgebundenen Infrastruktur hat die Rechtsfigur des konkurrentennützigen Netzzugangs an Bedeutung gewonnen. Dies ist in Deutschland sowohl in der Regulierungspraxis, als auch in der rechtlichen Rahmensetzung für sonstige Bereiche der netzgebundenen Infrastruktur, wie z.B. für die Bereiche der Eisenbahn, der Energiewirtschaft und des Postwesens, erkennbar[32]. Mit Blick auf das allgemeine Wettbewerbsrecht ist die unbillige Verweigerung des Netzzugangs als Regelbeispiel des Missbrauchs einer Marktstellung sektorübergreifend mit der 6. GWB-Novelle in § 19 Abs. 4 Nr. 4 neu eingefügt worden[33]. Diese sektorspezifischen und sektorübergreifende Netzzugangsregelungen haben gezeigt, dass die der Wettbewerbsförderung dienende Netzzuganggewährungspflicht Ausdruck des modernen Regulierungsstaats ist. Im Regulierungsstaat wird die staatliche

[31] Vgl. Vierter Teil, § 9 III.
[32] Vgl. Zweiter Teil, § 5.
[33] Vgl. Zweiter Teil, § 4 III 2.

Verantwortung für die Gewährleistung eines fairen privatwirtschaftlichen Wettbewerbs als Kernbereich der Staatsaufgabe keineswegs durch Privatisierung und Liberalisierung abgelöst.

In Taiwan wurde der Markt für Sprachtelefondienste auf Basis der Festnetze auf Grund der behördlichen Verzögerung bei der Vergabe der sog. Festnetzlizenz faktisch erst am 1. 3. 2001 geöffnet, obwohl rechtliche Rahmenbedingungen für die Marktöffnung bereits Anfang 1996 geschaffen wurden. Aus diesem Grund kann von einem funktionsfähigen Wettbewerb auf dem taiwanesischen Festnetzmarkt noch keine Rede sein. Insoweit stellt die Wettbewerbsförderung durch die Wirtschaftsregulierung eine wesentliche Verwaltungsaufgabe in Taiwan dar[34].

[34] So auch *Liaw, Yih-nan*, Wirtschaftliche Betätigung der öffentlichen Hand. Länderbericht Taiwan, in: Stober/Vogel (Hrsg.), Wirtschaftliche Betätigung der öffentlichen Hand, 2000, S. 267 (277).

# Literaturverzeichnis

## I. Deutschsprachige Literatur


*Alexy, Robert*: Grundrechte als subjektive Rechte und als objektive Normen, Der Staat 29 (1990), S. 49 ff.

*Anschütz, Gerhard*: Die Verfassung des Deutschen Reiches vom 11. August 1919, Kommentar, 14. Aufl., Nachdruck, Darmstadt 1933.

*Arnauld, Andreas von*: Grundrechtsfragen im Bereich von Postwesen und Telekommunikation, – Ein Beitrag zur Geltung der Grundrechte für und gegen gemischtwirtschaftliche Unternehmen und staatliche Eigengesellschaften –, DÖV 1998, S. 437 ff.

*Arndt, Hans-Wolfgang*: Lenkung durch Steuern und sonstige Abgaben auf dem Gebiet des Wirtschaftsverwaltungsrechts, – Bestandsaufnahme und Perspektiven –, WiVerw 1990, S. 1 ff.

*Arnim, Hans Herbert von*: Rechtsfragen der Privatisierung, Wiesbaden 1995.

*Aubert, Joachim*: Fernmelderecht. Systematische Darstellung, 3. Aufl., Hamburg 1974.

*Badura, Annuschka/Schneider, Ralf*: Interconnection – Der Anspruch auf Netzzusammenschaltung in der Praxis, RTkom 1999, S. 161 ff.

*Badura, Peter*: Arten der Verfassungsrechtssätze, in: HdbStR VII, Heidelberg 1992, § 159.

–: Das öffentliche Unternehmen im europäischen Binnenmarkt, ZGR 1997, S. 291 ff.

–: Das Verwaltungsmonopol, Berlin 1963.

–: Der Eigentumsschutz des eingerichteten und ausgeübten Gewerbebetriebes, AöR 98 (1973), S. 153 ff.

–: Der Eigentumsschutz des eingerichteten und ausgeübten Gewerbebetriebes gegenüber der staatlichen Intervention im Bereich der Wirtschaft, in: D. Wilke (Hrsg.), Festschrift zum 125jährigen Bestehen der Juristischen Gesellschaft zu Berlin, Berlin 1984, S. 1 ff.

–: Die Leistungsaufgabe der Deutschen Bundespost im Fernmeldewesen und das Wettbewerbsrecht, ArchivPF 1981, S. 260 ff.

–: Die Unternehmensfreiheit der Handelsgesellschaften. Ein Problem des Grundrechtsschutzes juristischer Personen des Privatrechts, DÖV 1990, S. 353 ff.

–: Die verfassungsrechtliche Pflicht des gesetzgebenden Parlaments zur „Nachbesserung“ von Gesetzen, in: Staatsorganisation und Staatsfunktionen im Wandel, Festschrift für K. Eichenberger zum 60. Geburtstag, Basel u. a. 1982, S. 481 ff.

–: Die wirtschaftliche Betätigung der öffentlichen Hand mit besonderer Berücksichtigung der öffentlich-rechtlichen Wettbewerbs-Versicherungsunternehmen, ZHR 146 (1982), S. 448 ff.

–: Staatsrecht, 2. Aufl., München 1996.

–: Staatsziele und Garantien der Wirtschaftsverfassung in Deutschland und Europa, in: Festschrift für K. Stern zum 65. Geburtstag, München 1997, S.409 ff.

–: Unternehmenswirtschaftlichkeit und Infrastrukturgewährleistung im Bereich des Postwesens – Ausgleichsfonds, Exklusivlizenz und offener Netzzugang bei Universaldienstleistungen –, ArchivPT 1997, S. 277 ff.

–: Verwaltungskompetenz und Organisationsrecht des Bundes (Art. 87 Abs. 1 GG) im Hinblick auf eine Beteiligung an Unternehmen in einer Rechtsform des privaten Rechts, betrachtet am Beispiel der Postreform von 1989, in: B. Pfister/M. R. Will (Hrsg.), Festschrift für Werner Lorenz zum 70. Geburtstag, Tübingen 1991, S. 3 ff.

–: Wirtschaftliche Betätigung der Gemeinde zur Erledigung von Angelegenheiten der örtlichen Gemeinschaft im Rahmen der Gesetze, DÖV 1998, S. 818 ff.

–: Wirtschaftsverwaltungsrecht, in: Schmidt-Aßmann (Hrsg.), Besonderes Verwaltungsrecht, 11. Aufl., Berlin u. a. 1999, 3. Abschnitt.

*Baggehufwudt, Nils v.*: Dienstleistungsmonopole in der Telekommunikation unter EG-rechtlichen Aspekten, ArchivPT 1993, S. 174 ff.

*Barth, Dietrich*: Das allgemeine Übereinkommen über den Handel mit Dienstleistungen (GATS), EuWZ 1994, S. 455 ff.

–: Die Liberalisierung der Telekommunikationsdienstleistungen in der Welthandelsorganisation, ArchivPT 1997, S. 112 ff.

*Bartosch, Andreas*: Europäisches Telekommunikationsrecht im Jahr 1998, EuZW 1999, S. 421 ff.

–: Europäisches Telekommunikationsrecht im Jahr 1999, EuZW 2000, S. 389 ff.

*Basedow, Jürgen*: Von der Deregulierung zur Privatisierung – Zu den wettbewerbspolitischen Folgeproblemen der Marktöffnung im europäischen Luftverkehr – , in: Festschrift für Herbert Helmrich zum 60. Geburtstag, München 1994, S. 769 ff.

–: Von der deutschen zur europäischen Wirtschaftsverfassung, Tübingen 1992.

*Battis, Ulrich*: Zur Bestimmung von Inhalt und Schranken des Eigentums durch Gesetzgeber und Gerichte, in: J. Isensee/H. Lecheler (Hrsg.), Festschrift für Walter Leisner zum 70. Geburtstag, Berlin 1999, S. 679 ff.

*Bauer, Hartmut*: Privatisierungsimpulse und Privatisierungspraxis in der Abwasserentsorgung, – Eine Zwischenbilanz –, VerArch 1999, S. 561 ff.

–: Informelles Verwaltungshandeln im öffentlichen Wirtschaftsrecht, VerwArch. 1987, S. 241 ff.

–: Privatisierung von Verwaltungsaufgaben, VVDStRL 54 (1995), S. 243 ff.

–: Verwaltungsrechtliche und verwaltungswissnschaftliche Aspekte der Gestaltung von Kooperationsverträgen bei Public Private Partnership, DÖV 1998, S. 89 ff.

*Bauer, Hartmut/Kahl, Wolfgang*: Europäische Unionsbürger als Träger von Deutschen-Grundrechten?, JZ 1995, S. 1077 ff.

*Baur, Jürgen F.*: Wettbewerb in der Elektrizitätsversorgung und energiepolitische Ziele im Europarecht, RdE 1992, S. 165 ff.

*Becker, Joachim*: Verwaltungsprivatrecht und Verwaltungsgesellschaftsrecht, am Beispiel des Rechtsschutzes bei Entscheidungen der Treuhandanstalt, Baden-Baden 1994.

*Becker, Jürgen*: Handlungsformen der Verwaltung gegenüber der Wirtschaft, – Ein Beitrag zum Wirtschaftsverwaltungsrecht –, JA 1986, S. 359 ff.

–: Informales Verwaltungshandeln. Zur Steuerung wirtschaftlicher Prozesse im Zeichen der Deregulierung, DÖV 1985, S. 1003 ff.

*Becker, Ralph*: Die Erfüllung öffentlicher Aufgaben durch gemischtwirtschaftliche Unternehmen, Baden-Baden 1997.

*Benndorf, Michael*: Zur Bestimmung der »hoheitsrechtlichen Befugnisse« gemäß Art. 33 Abs. 4 GG, DVBl. 1981, S. 23 ff.

*Benz, Angelika*: Privatisierung und Deregulierung – Abbau von Staatsaufgaben?, Die Verwaltung 1995, S. 337 ff.

–: Privatisierung und Regulierung im Post- und Fernmeldewesen, in: König/Benz (Hrsg.), Privatisierung und staatliche Regulierung: Bahn, Post und Telekommunikation, Rundfunk, Baden-Baden 1997, S. 262 ff.

–: Veränderung staatlicher Aufgabenwahrnehmung durch Privatisierung – das Beispiel Telekommunikation, in: Chr. Gusy (Hrsg.), Privatisierung von Staatsaufgaben: Kriterien – Grenzen – Folgen, Baden-Baden 1998, S. 129 ff.

*Berger, Ernst Georg*: Netzbetreiber und Zusammenschaltung im Telekommunikationsrecht. Zum Stand der Diskussion um die Netzbetreiber-Definition im TKG, CR 1999, S. 222 ff.

*Bethge, Herbert*: Die Grundrechtsberechtigung juristischer Personen nach Art. 19 Abs. 3 Grundgesetz, Passau 1985.

–: Zur Problematik von Grundrechtskollisionen, München 1977.

*Bettermann, Karl, August*: Gewerbefreiheit der öffentlichen Hand. Beiträge zu Art. 12 I, 15, 19 III GG, in: Festschrift für Ernst E. Hirsch zum 65. Geburtstag, Berlin 1968, S. 1 ff.

–: Juristische Person des öffentlichen Rechts als Grundrechtsträger?, NJW 1969, S. 1321 ff.

*Beucher/Leyendecker/v. Rosenberg*: Mediengesetze, Rundfunk, Mediendienste, Teledienste, München 1998.

*Biermann, Jürgen*: Die Zulässigkeitsvoraussetzungen staatlicher Monopole im Grundgesetz, Mainz 1965.

*Bleckmann, Albert*: Die Entwicklung staatlicher Schutzpflichten aus den Freiheiten der Europäischen Menschenrechtskonvention, in: U. Beyerlin/M. Bothe/R. Hofmann/E.-U. Petersmann (Hrsg.), Festschrift für Rudolf Bernhardt, Berlin u. a. 1995, S. 309 ff.

–: Staatsrecht I – Staatsorganisationsrecht, Köln u. a. 1993.

–: Staatsrecht II – Die Grundrechte, 4. Aufl., Köln u. a. 1997.

*Bock, Matthias/Völcker, Sven B.*: Regulatorische Rahmenbedingungen für die Zusammenschaltung von TK-Netzen. Bisherige Erfahrung in der Praxis, CR 1998, S. 473 ff.

*Böckenförde, Ernst-Wolfgang*: Die Bedeutung der Unterscheidung von Staat und Gesellschaft im demokratischen Sozialstaat der Gegenwart, in: Festgabe für Wolfgang Hefermehl zum 65. Geburtstag, 1972, S. 11 ff.

–: Die verfassungstheoretische Unterscheidung von Staat und Gesellschaft als Bedingung der individuellen Freiheit, Opladen 1973.

–: Grundrechte als Grundsatznormen, Zur gegenwärtigen Lagen der Grundrechtsdogmatik, Der Staat 29 (1990), S. 1 ff.

*Bohling, Wolfgang*: Allgemeine Formen staatlicher Lenkung zur Gestaltung von Wirtschaft und Gesellschaft, in: Karin Thöne (Hrsg.), Wirtschaftslenkung in marktwirtschaftlichen Systemen, Darmstadt 1981, S. 18 ff.

*Bohne, Eberhard*: Informales Verwaltungs- und Regierungshandeln als Instrument des Umweltschutzes. – Alternativen zu Rechtsnorm, Vertrag, Verwaltungsakt und anderen rechtlich geregelten Handlungsformen? –, VerwArch. 1984, S. 343 ff.

*Bohne, Michael*: Funktionsfähiger Wettbewerb auf Telekommunikationsmärkten. Herstellung und Erhalt durch das europäische Wettbewerbsrecht, Frankfurt a. M. 1998.

*Bonk, Heinz Joachim*: Rechtliche Rahmenbedingungen einer Privatisierung im Strafvollzug, JZ 2000, S. 435 ff.

*Börner, Achim-Rüdiger*: Erste Überlegungen zu den privaten Normierungen der Stromdurchleitung: Stringenz und Kartellrecht (Teil 1), RdE 2000, S. 55 ff.

–: Erste Überlegungen zu den privaten Normierungen der Stromdurchleitung: Stringenz und Kartellrecht (Teil 2), RdE 2000, S. 94 ff.

*Bracher, Christian-Dietrich*: Gefahrenabwehr durch Private. Eine verfassungsrechtliche Untersuchung zu den Grenzen der Übertragung von Aufgaben der Gefahrenabwehr auf Private und der staatlichen Zulassung privater Gefahrenabwehr. Berlin 1987.

*Bree, Axel*: Die Privatisierung der Abfallentsorgung nach dem Kreislaufwirtschafts- und Abfallgesetz. Systematische Darstellung aktueller Rechtsprobleme unter Berücksichtigung der allgemeinen Privatisierungslehren, Berlin 1998, S. 79 ff.

*Breuer, Rüdiger*: Freiheit des Berufs, in: Isensee/Kirchhof (Hrsg.), HdbStR VI, Heidelberg 1989, § 147.

*Britz, Gabriele*: Die Mitwirkung Privater an der Wahrnehmung öffentlicher Aufgaben durch

Einrichtungen des öffentlichen Rechts. Verwaltungsorganisation zwischen Legitimationserfordernis und Rationalisierungswunsch, VerwArch. 2000, S. 418 ff.

*Büchner/Ehmer/Geppert/Kerkhoff/Piepenbrock/Schütz/Schuster* (Hrsg.): Beck'scher TKG Kommentar, 2. Aufl., München 2000.

*Budäus, Dietrich/Grüning, Gernod*: Verwaltungsreform und Public Private Partnership, Formenvielfalt und Probleme der Kooperation privater und öffentlicher Akteure aus Sicht der Public-Choice Theorie, in: Ellwein/Grimm/Hesse/Schuppert (Hrsg.), Jahrbuch zur Staats- und Verwaltungswissenschaft, Band 9, Baden-Baden 1996, S. 109 ff.

*Büdenbender, Ulrich*: Die Energieaufsicht über Energieversorgungsunternehmen nach dem neuen Energiewirtschaftsgesetz, DVBl. 1999, S. 7 ff.

–: Durchleitung elektrischer Energie nach der Energierechtsreform, RdE 1999, S. 1 ff.

–: Energierecht nach der Energierechtsreform, JZ 1999, S. 62 ff.

*Bull, Hans Peter*: Die Staatsaufgaben nach dem Grundgesetz, 2. Aufl., Kronberg 1977.

–: Finanzausgleich im „Wettbewerbsstaat“. – Bemerkungen zur neuen Föderalismustheorie und zu ihrer Bedeutung für den Länderfinanzausgleich –, DÖV 1999, S. 269 ff.

–: Privatisierung öffentlicher Aufgaben, VerwArch. 1995, S. 621 ff.

–: Staatszwecke im Verfassungsstaat, NVwZ 1989, S.801 ff.

*Bullinger, Martin*: Durchleitungsrechte, Mitbenutzungsrechte und Planfeststellung für konkurrierende Telekommunikationsnetze, ArchivPT 1998, S. 105 ff.

*Bullinger, Martin/Mestmäcker, Ernst-Joachim*: Multimediadienste, Struktur und staatliche Aufgaben nach deutschem und europäischem Recht, Baden-Baden 1997.

*Bunte, Hermann-Josef*: 6. GWB-Novelle und Missbrauch wegen Verweigerung des Zugangs zu einer „wesentlichen Einrichtung“, WuW 1997, S. 302 ff.

*Burgi, Martin*: Der telekommunikative Sondergebrauch: Systematischer Standort und Struktur des § 50 TKG, DVBl. 2001, S. 845 ff.

–: Funktionale Privatisierung und Verwaltungshilfe, Staatsaufgabendogmatik – Phänomenologie – Verfassungsrecht, Tübingen 1999.

–: Kommunales Privatisierungsfolgenrecht: Vergabe, Regulierung und Finanzierung, NVwZ 2001, S. 601 ff.

*Burmeister, Günter Cornelius*: Herkunft, Inhalt und Stellung des institutionellen Gesetzesvorbehalts. Zugleich ein Beitrag zur Dogmatik des Verwaltungsorganisationsrechts. Berlin 1991.

*Burmeister, Joachim*: Privatisierung – externe Konsequenzen: die „Grunddienstleistungen“ für die Öffentlichkeit (behandelt am Beispiel der Post). (Unveröffentlichtes Vortragsmanuskript)

–: Über die Notwendigkeit einer neuen „Theorie des Staatseigentums“ im demokratischen Verfassungsstaat, in: D. Wilke (Hrsg.), Festschrift zum 125jährigen Bestehen der Juristischen Gesellschaft zu Berlin, Berlin 1984, S. 61 ff.

–: Verträge und Absprachen zwischen der Verwaltung und Privaten, VVDStRL 52 (1993), S. 190 ff.

*Calliess/Ruffert* (Hrsg.): Kommuntar zu EU-Vertrag und EG-Vertrag, Neuwied u. a. 1999.

*Cosson, Rainer*: Begrenzungen kommunaler wirtschaftlicher Betätigung im Bereich der Abfallwirtschaft, DVBl. 1999, S. 891 ff.

*Cromme, Franz*: Das Wirtschaftlichkeitsprinzip bei öffentlichen Gebühren und bei der staatlichen Genehmigung privater Entgelte. – Zum Ermessens- und Beurteilungsspielraum und zur gerichtlichen Kontrolldichte im Wirtschaftsverwaltungsrecht –, DVBl. 2001, S. 757 ff.

*Cronenberg, Martin*: Das neue Energiewirtschaftsrecht, RdE 1998, S. 85 ff.

*Danwitz, Thomas v.*: Die Benutzung kommunaler öffentlicher Einrichtungen – Rechtsformenwahl und gerichtliche Kontrolle, JuS 1995, S. 1 ff.

–: Vom Verwaltungsprivat- zum Verwaltungsgesellschaftsrecht – Zu Begründung und Reichweite öffentlich-rechtlicher Ingerenz in der mittelbaren Kommunalverwaltung –, AöR 120 (1995), S. 595 ff.

–: Die Gestaltungsfreiheit des Verordnungsgebers, Berlin 1989.

–: Die Universaldienstfinanzierungsabgaben im Telekommunikationsgesetz und im Postgesetz als verfassungswidrige Sonderabgaben, NVwZ 2000, S. 615 ff.

*Däubler, Wolfgang*: Privatisierung als Rechtsproblem, Darmstadt 1980.

*Dechsling, Rainer*: Das Verhältnismäßigkeitsgebot. Eine Bestandsaufnahme der Literatur zur Verhältnismäßigkeit staatlichen Handelns, München 1989.

*Degenhart, Christoph*: Rundfunk und Internet, ZUM 1998, S. 341.

*Denner, Heinz-Ulrich*: Die Verhütung des Missbrauchs wirtschaftlicher Machtstellung. Zum materiellen Gehalt verfassungsrechtlicher Gesetzgebungszuständigkeiten, dargestellt am Beispiel von Art. 74 Nr. 16 GG, Diss. jur. München 1976.

*Deselaers, Wolfgang*: Die „essential facilities"-Doktrin im Licht des Magill-Urteils des EuGH, EuZW 1995, S. 563 ff.

*Determann, Lothar*: BVerfG zur staatlichen Pflicht zum Schutz der Gesundheit vor elektromagnetischen Feldern, NJW 1997, S. 2501 ff.

–: Neue gefahrverdächtige Technologien als Rechtsproblem – Beispiel: Mobilfunk-Sendeanlagen, Berlin 1996.

*Di Fabio, Udo*: Das Recht offener Staaten. Grundlinien einer Staats- und Rechtstheorie, Tübingen 1998.

–: Privatisierung und Staatsvorbehalt. Zum dogmatischen Schlüsselbegriff der öffentlichen Aufgabe, JZ 1999, S. 585 ff.

–: Produktharmonisierung durch Normung und Selbstüberwachung, Köln u. a. 1996.

–: Rechtliche Rahmenbedingungen neuer Informations- und Kommunikationstechnologien, in: M. Schulte (Hrsg.), Technische Innovation und Recht. Antrieb oder Hemmnis?, Heidelberg 1996, S. 117 ff.

–: Selbstverpflichtungen der Wirtschaft – Grenzgänger zwischen Freiheit und Zwang, JZ 1997, S. 969 ff.

–: Verwaltung und Verwaltungsrecht zwischen gesellschaftlicher Selbstregulierung und staatlicher Steuerung, VVDStRL 56 (1997), S. 235 ff.

*Dietlein, Johannes*: Die Lehre von den grundrechtlichen Schutzpflichten, Berlin 1992.

*Dirnberger, Franz*: Grundrechtliche Schutzpflicht und Gestaltungsspielraum, – Eine kurze Betrachtung zur Rechtsprechung des Bundesverfassungsgerichts –, DVBl. 1992, S. 879 ff.

*Dittmann, Armin*: Bundeseigene Verwaltung durch Private?, Die Verwaltung 1983, S. 444 ff.

–: Die Bundesverwaltung. Verfassungsgeschichtaliche Grundlagen, grundgesetzliche Vorgaben und Staatspraxis ihrer Organisationen, Tübingen 1983.

*Döhler, Marian*: Das Modell der unabhängigen Regulierungsbehörde im Kontext des deutschen Regierungs- und Verwaltungssystems, Die Verwaltung 34 (2001), S. 59 ff.

*Dolde, Klaus-Peter/Vetter, Andrea*: Beseitigung und Verwertung nach dem Kreislaufwirtschafts- und Abfallgesetz, NVwZ 2000, S. 21 ff.

*Dolderer, Michael*: Objektive Grundrechtsgehalte, Berlin 2000.

*Dörr, Dieter/Haus, Florian C.*: Das Wettbewerbsrecht des EGV, JuS 2001, S. 313 ff.

*Dörr, Monika*: Die Privatisierung der Deutschen Bundespost: Postreform I und II aus verfassungsrechtlicher Sicht, jur. Diss., 1994.

*Drath, Martin*: Der Staat der Industriegesellschaft, Entwurf einer sozialwissenschaftlichen Staatstheorie, Der Staat 5 (1966), S. 237 ff.

*Dreier, Horst*: Hierarchische Verwaltung im demokratischen Staat. Genese, aktuelle Bedeutung und funktionelle Grenzen eines Bauprinzips der Exekutive, Tübingen 1991.

–: Subjektiv-rechtliche und objektiv-rechtliche Grundrechtsgehalte, Jura 1994, S. 505 ff.
*Ebsen, Ingwer*: Öffentlich-rechtliche Rahmenbedingungen einer Informationsordnung, DVBl. 1997, S. 1039 ff.
*Eger, Georg/Gordan, Kurt*: Post-, Telegraphen- und Telephonrecht, Leipzig 1909.
*Ehlers, Dirk*: Das Verwaltungsverfahrensgesetz im Spiegel der Rechtsprechung, Die Verwaltung 1998, S. 53 ff.
–: Die Entscheidung der Kommunen für eine öffentlich-rechtliche oder privatrechtliche Organisation ihrer Einrichtungen und Unternehmen, DÖV 1986, S. 897 ff.
–: Die Weiterentwicklung des Staatshaftungsrechts durch das europäische Gemeinschaftsrecht, JZ 1996, S. 776 ff.
–: Die wirtschaftliche Betätigung der öffentlichen Hand in der Bundesrepublik Deutschland, JZ 1990, S. 1089 ff.
–: Eigentumsschutz, Sozialbindung und Enteignung bei der Nutzung von Boden und Umwelt, VVDStRL 51 (1992), S. 211 ff.
–: Interkommunale Zusammenarbeit in Gesellschaftsform, DVBl. 1997, S. 137 ff.
–: Rechtsprobleme der Kommunalwirtschaft, DVBl. 1998, S. 497 ff.
–: Verwaltung in Privatrechtsform. Berlin 1984.
–: Ziele der Wirtschaftsaufsicht, Köln u. a. 1997.
*Ehmer, Jörg*: Regulierung im Telekommunikationswesen. Sind die tatsächlichen Gegebenheiten und der rechtliche Rahmen mit der Energiewirtschaft vergleichbar?, Baden-Baden 1998.
*Ehmke, Horst*: „Staat" und „Gesellschaft" als verfassungstheoretisches Problem, in: Festschrift für Rudolf Smend, 1962, S. 24 f.
–: Prinzipien der Verfassungsinterpretation, VVDStRL 20 (1963), S. 53 ff.
*Eidenmüller, Alfred*: Das Fernmeldeleitungsrecht der Post, – Die systemgerechte Einordnung privater Beteiligungsformen beim Ausbau der Fernmeldenetze –, DÖV 1984, S. 225 ff.
–: Fernmelderecht und Fernmeldepolitik unter dem Aspekt der Telekommunikation, ArchivPF 1986, S. 301 ff.
*Eifert, Martin*: Grundversorgung mit Telekommunikationsleistungen im Gewährleistungsstaat, Baden-Baden 1998.
*Emmerich, Volker*: Kartellrecht, 8. Aufl., München 1999.
*Enders, Christoph*: Die Privatisierung des Öffentlichen durch die grundrechtliche Schutzpflicht und seine Rekonstruktion aus der Lehre von den Staatszwecken, Der Staat 35 (1996), S. 351 ff.
*Engel, Christoph*: Die Kabelbetreiber als Mäzene wider Willen. Die Pflicht zur unentgeltlichen Einspeisung von Rundfunkprogrammen in die Kabelnetze nach § 19 LMG Baden-Württemberg 1999, RTkom 2000, S. 189 ff.
–: Die privatnützige Enteignung als Steuerungsinstrument, Die Verwaltung 1998, S. 543 ff.
–: Eigentumsschutz für Unternehmen, AöR 118 (1993), S. 169 ff.
*Engel, Christoph/Knieps, Günter*: Die Vorschriften des Telekommunikationsgesetzes über den Zugang zu wesentlichen Leistungen, Eine juristisch-ökonomische Untersuchung, Baden-Baden 1998.
*Engel-Flechsig/Maenne/Tettenborn*: Das neue Informations- und Kommunikationsdienste-Gesetz, NJW 1997, S. 2982 ff.
*Ennuschat, Jörg*: Das Kupier-Verbot, NWVBl. 2000, S. 439 ff.
*Erbguth, Wilfried*: Erfüllung öffentlicher Aufgaben durch private Rechtssubjekte? – Zu den Kriterien bei der Wahl der Rechtsform, DÖV 1993, S. 798 ff.
*Erichsen, Hans-Uwe*: Gemeinde und Private im wirtschaftlichen Wettbewerb, Heidelberg 1987.
*Erwin, Holger/Wu, Jiin Yu*: Das Fair Trade Law der Republik China (Taiwan), WuW 1998, S.

677 ff.

*Etling-Ernst, Martina*: Telekommunikationsgesetz – Kommentar, 1. Auf., Ratingen 1996.

*Faiss/Faiss/Giebler/Lang/Schmid*: Kommunales Wirtschaftsrecht in Baden-Württemberg. Systematische Darstellung, 3. Aufl., Stuttgart 1983.

*Fehling, Michael*: Der finanzielle Ausgleich für die Mitbenutzung fremder Infrastruktur bei Schienenwegen, Energieversorgungs- und Telekommunikationsleitungen, VerwArch. 1995, S. 600 ff.

–: Mitbenutzungsrechte Dritter bei Schienenwegen, Energieversorgungs- und Telekommunikationsleitungen vor dem Hintergrund staatlicher Infrastrukturverantwortung, AöR 121 (1996), S. 59 ff.

–: Zur Reform der Daseinsvorsorge am Beispiel des öffentlichen Personennahverkehrs, Die Verwaltung 34 (2001), S. 25 ff.

*Ferger, Herbert/Junker, Harald*: »Neue Medien« und Fernmelderecht. Die Fernmeldekompetenz des Bundes aus Art. 73 Nr. 7 GG im Lichte neuer Formen der Individualkommunikation, DÖV 1981, S. 439 ff.

*Fuhr, Karl-Michael/Kerkhoff, Bärbel*: Entbündelter Zugang – Vereinbarkeit mit der Eigentumsgarantie des Art. 14 GG?, MMR 1998, S. 6 ff.

–: Entgelte für die Gewährung von Netzzugang gemäß § 39 TKG, NJW 1997, S. 3209 ff.

–: Regulierung als Voraussetzung für Wettbewerb in den Telekommunikationsmärkten, MMR 1999, S. 213 ff.

*Gassner, Ulrich M.*: Glücksspiel und Berufsfreiheit, NVwZ 1995, S. 449 f.

*Gawel, Erik*: Staatliche Steuerung durch Umweltverwaltungsrecht, Die Verwaltung 28 (1995), S. 201 ff.

*Geppert, Martin/Ruhle, Ernst-Olav/Schuster, Fabian*: Handbuch Recht und Praxis der Telekommunikation, Baden-Baden 1998.

*Gerloff, Thomas*: Privatisierung und Regulierung aus der Sicht der Deutschen Post AG als betroffenem Unternehmen, in: König/Benz (Hrsg.), Privatisierung und staatliche Regulierung, Baden-Baden 1997, S. 221 ff.

*Gersdorf, Hubertus*: Der Staat als Telekommunikationsunternehmer. Zur verfassungsrechtlichen Problematik der sogenannten Rückverstaatlichung im Telekommunikationssektor, AfP 1998, S. 470 ff.

–: Der verfassungsrechtliche Rundfunkbegriff im Lichte der Digitalisierung der Telekommunikation, Berlin 1995.

–: Öffentliche Unternehmen im Spannungsfeld zwischen Demokratie- und Wirtschaftlichkeitsprinzip. Eine Studie zur verfassungsrechtlichen Legitimation der wirtschaftlichen Betätigung der öffentlichen Hand, Berlin 2000.

*Giermann, Heiko A.*: Der diskriminierungsfreie Durchleitungsanspruch gemäß § 6 Abs. 1 EnWG und die Verweigerung der Durchleitung in der Praxis, RdE 2000, S. 222 ff.

*Götz, Volkmar*: Innere Sicherheit, in: HdbStR III, 2. Aufl., Heidelberg 1996, § 79.

*Goumagias, Konstantinos*: Die Stellung der Telekommunikation im Europäischen Vertrag, 1997.

*Grabbe, Jürgen*: Verfassungsrechtliche Grenzen der Privatisierung kommunaler Aufgaben, Berlin 1979.

*Gramlich, Ludwig*: Die Regulierungsbehörde für Telekommunikation und Post im Jahr 1999, CR 2000, S. 509 ff.

–: Entwicklungen der staatlichen Wirtschaftsaufsicht: Das Telekommunikationsrecht als Modell?, VerwArch. 1997, S. 598 ff.

–: Instrumente der Regulierung gegenüber öffentlichen Unternehmen (am Beispiel der Telekom), ArchivPT 1993, S. 51 ff.

–: Kommunikations-Grundversorgung zwischen Markt und Staat, ZUM 1998, S. 365.
–: Rechtliche Möglichkeiten der Finanzierung von Infrastrukturleistungen im Post- und Telekommunikationsbereich durch die Einrichtung eines Infrastrukturfonds, ArchivPT 1995, S. 189 ff.
–: Rechtsfragen bei Zusammenschaltungsvereinbarungen, CR 1997, S. 65 ff.
*Gramm, Christof*: Schranken der Personalprivatisierung bei der inneren Sicherheit. Zugleich ein Beitrag zur Rechtsdogmatik des Art. 33 Abs. 4 GG, VerwArch. 1999, S. 329 ff.
–: Privatisierung und notwendige Staatsaufgaben, Berlin 2001.
*Groepper, Michael*: Berufsfreiheit und freie Berufe, GewArch 2000, S. 366 ff.
*Grohe, Rainer*: Selbstverpflichtungen und Vereinbarungen im Umweltschutz, WiVerw 1999, S. 177 ff.
*Gröschner, Rolf*: Das Überwachungsrechtsverhältnis. Wirtschaftsüberwachung in gewerbepolizeirechtlicher Tradition und wirtschaftsverwaltungsrechtlichem Wandel, Tübingen 1992.
*Groß, Thomas*: Die Schutzwirkung des Brief-, Post- und Fernmeldegeheimnisses nach der Privatisierung der Post, JZ 1999, S. 326 ff.
–: Kriterien des Drittschutzes bei Tarifgenehmigungen, DÖV 1996, S. 52 ff.
*Großkopf, Volker/Ritgen Klaus*: Entgeltgenehmigung nach dem Telekommunikationsgesetz, CR 1998, S. 86 ff.
*Grote, Rainer*: Kommunikative Selbstbestimmung im Internet und Grundrechtsordnung, KritV 1999, S. 27 ff.
*Grupp, Klaus*: Rechtsprobleme der Privatfinanzierung von Verkehrsprojekten, in: W. Blümel (Hrsg.), Verkehrswegerecht im Wandel, Berlin 1994, S. 129 ff.
–: Wirtschaftlichkeit im „schlanken Staat", Die Verwaltung 2000, Beiheft 3, S. 9 ff.
*Grzesyick, Bernd*: Lizenzvergabe nach dem Telekommunikationsgesetz, – verwaltungsrechtliche Grundzüge und Rechtschutz –, ZUM 1997, S. 911 ff.
*Gundel, Jörg*: Neue Grenzlinien für die Direktwirkung nicht umgesetzter EG-Richtlinien unter Privaten. Zur Unanwendbarkeit richtlinienwidriger nationaler Verbotsgesetze im Konflikt unter Privaten, EuZW 2001, S. 143 ff.
*Günther, Klaus*: Der Wandel der Staatsaufgaben und die Krise des regulativen Rechts, in: D. Grimm (Hrsg.), Wachsende Staatsaufgaben – sinkende Steuerungsfähigkeit des Rechts, Baden-Baden 1990, S. 51 ff.
*Gusy, Christoph*: Rechtsgüterschutz als Staatsaufgabe, – Verfassungsfragen der „Staatsaufgabe Sicherheit" –, DÖV 1996, S. 573 ff.
*Haag, Marcel*: Transeuropäische Telekommunikationsnetze im Recht der Europäischen Gemeinschaft, ArchivPT 1994, S. 109 ff.
*Haar, Brigitte*: Offener Netzzugang in der Telekommunikation. Kartell- und regulierungsrechtliche Problemlösungen, CR 1996, S. 713 ff.
*Haas, Joachim C.*: »Essential Facilities Doctrine« und offene Netze. Eine vergleichende institutionenökonomische Analyse von Regulierungsalternativen für den Zugang zu Netzen im Bereich der Telekommunikation, Baden-Baden 2000.
*Häberle, Peter*: Öffentliches Interesse als juristisches Problem. Eine Analyse von Gesetzgebung und Rechtsprechung, Bad Homburg 1970.
–: Verfassungsrechtliche Staatsaufgabenlehre, AöR 111 (1986), S. 595 ff.
*Habersack, Mathias*: Die besondere Missbrauchsaufsicht gemäß § 32 PostG – Teil I, K & R 2001, S. 121 ff.
*Hagemeister, Adrian v.*: Die Privatisierung öffentlicher Aufgaben, München 1992.
*Hamann, Andreas*: Rechtsstaat und Wirtschaftslenkung, Heidelberg 1953.
*Harms, Wolfgang*: Zur Anwendung der Schutzklauseln für Öko-, KWK- und Braunkohlestrom im Neuregelungsgesetz vom 24. 4. 1998, RdE 1999, S. 165 ff.

*Haug, Volker*: Funktionsvorbehalt und Berufsbeamtentum als Privatisierungsschranken, NVwZ 1999, S. 816 ff.
*Haverkate, Görg*: Rechtsfragen des Leistungsstaats, Verhältnismäßigkeitsgebot und Freiheitsschutz im leistenden Staatshandeln, Tübingen 1983.
*Hebeisen, Michael Walter*: Staatszweck, Staatsziele, Staatsaufgaben. Leistungen und Grenzen einer juristischen Behandlung von Leitideen der Staatstätigkeit, Chur u. a. 1996.
*Hefekäuser, Hans-Willi/Dreier, Christoph*: Der gesetzliche Rahmen für Netzzugang und Netzzusammenschaltungen, CR 1997, S. 110 ff.
*Heimburg, Sibylle v.*: Verwaltungsaufgaben und Private. Funktionen und Typen der Beteiligung Privater an öffentlichen Aufgaben unter besonderer Berücksichtigung des Baurechts, Berlin 1982.
*Heimlich, Jörn*: Die Abgabepflichten des Telekommunikationsgesetzes, NVwZ 1998, S. 122 ff.
*Heintzen, Markus*: Die Postprivatisierung im Spiegel des Petitionsgrundrechts, in: J. Isensee/H. Lecheler (Hrsg.), Festschrift für Walter Leisner zum 70. Geburtstag, Berlin 1999, S. 531 ff.
*Held, Friedrich Wilhelm*: Ist das kommunale Wirtschaftsrecht noch zeitgemäß? – Zugleich ein Beitrag zur wirtschaftlichen und nicht-wirtschaftlichen Betätigung der Gemeinden –, WiVerw 1998, S. 264 ff.
*Hellermann, Johannes*: Örtliche Daseinsvorsorge und gemeindliche Selbstverwaltung. Zum kommunalen Betätigungs- und Gestaltungsspielraum unter den Bedingungen europäischer und staatlicher Privatisierungs- und Deregulierungspolitik, Tübingen 1999.
*Helm, Thorsten Matthias*: Rechtspflicht zur Privatisierung. Privatisierungsgebote im deutschen und europäischen Recht, Baden-Baden 1999.
*Hengstschläger, Johannes*: Privatisierung von Verwaltungsaufgaben, VVDStRL 54 (1995), S. 165 ff.
*Henneke, Hans-Günter*: Informelles Verwaltungshandeln im Wirtschaftsverwaltungs- und Umweltrecht. – Zwischenbilanz zur Erfassung eines seit zehn Jahren benannten Phänomens –, NuR 1991, S. 267 ff.
*Hermes, Georg*: Das Grundrecht auf Schutz von Leben und Gesundheit. Schutzpflicht und Schutzanspruch aus Art. 2 Abs. 2 Satz 1 GG, Berlin 1987.
–: Grundrechtsschutz durch Privatrecht auf neuer Grundlage? Das BVerfG zu Schutzpflicht und mittelbarer Drittwirkung der Berufsfreiheit, NJW 1990, S. 1764 ff.
–: Staatliche Infrastrukturverantwortung, Rechtliche Grundstrukturen netzgebundener Transport- und Übertragungssysteme zwischen Daseinsvorsorge und Wettbewerbsregulierung am Beispiel der leitungsgebundenen Energieversorgung in Europa, Tübingen 1998.
*Herrmann, Bodo J./Dick, Claudia*: Die Kundenbündelung und ihre Bedeutung für das Energie- und Konzessionsabgabenrecht, BB 2000, S. 885 ff.
*Herrmann, Ernst*: Die Deutsche Bundespost. Kommunikationsunternehmen zwischen Staat und Wirtschaft, Baden-Baden 1986.
*Herzog, Roman*: Ziele, Vorbehalte und Grenzen der Staatstätigkeit, in: Isensee/Kirchhof (Hrsg.), HdbStR III, Heidelberg 1988, § 58.
*Hesse, Albrecht*: Die Verfassungsmäßigkeit des Fernmeldemonopols der Deutschen Bundespost, Heidelberg 1984.
*Hochstein, Reiner*: Teledienste, Mediendienste und Rundfunkbegriff – Anmerkungen zur praktischen Abgrenzung multimedialer Erscheinungsformen, NJW 1997, S. 2977 ff.
*Hoffmann-Riem, Wolfgang*: Das Grundgesetz – zukunftsfähig?, DVBl. 1999, S. 657 ff.
–: Der Rundfunkbegriff in der Differenzierung kommunikativer Dienste, AfP 1996, S. 9 ff.
–: Pay TV im öffentlich-rechtlichen Rundfunk, Baden-Baden 1996.
–: Telekommunikationsrecht als europäisiertes Verwaltungsrecht, DVBl. 1999, S. 125 ff.
–: Tendenzen in der Verwaltungsrechtsentwicklung, DÖV 1997, S. 433 ff.

–: Übergang der Polizeigewalt auf Private? Überlegungen zur Entwicklung gewerblicher Sicherheitskräfte, ZRP 1977, S. 277 ff.
–: Verwaltungsrechtsreform – Ansätze am Beispiel des Umweltschutzes –, in: Hoffmann-Riem/Schmidt-Aßmann/Schuppert (Hrsg.), Reform des Allgemeinen Verwaltungsrechts, Baden-Baden 1993, S. 115 ff.
*Höfling, Wolfram*: Vertragsfreiheit. Eine grundrechtsdogmatische Studie, Heidelberg 1991.
*Holthoff-Frank, Klaus/Paulus, Melanie*: Wettbewerb auf TK- und Postmärkten? Zum Sondergutachten der Monopolkommission, MMR 2000, S. 187 ff.
*Holzhäuser, Michael*: Besonderer Netzzugang: Das Verhältnis von § 33 und § 35 TKG, MMR 2000, S. 466 ff.
*Holznagel, Bernd*: Multimedia zwischen Regulierung und Freiheit, ZUM 1999, S. 425 ff.
*Holznagl, Bernd/Enaux, Christoph/Nienhaus, Christian*: Grundzüge des Telekommunikationsrechts. Rahmenbedingungen. Regulierungsfragen. Internationaler Vergleich, 2. Aufl., München 2001.
*Hösch, Ulrich*: Der öffentliche Zweck als Voraussetzung kommunaler Wirtschaftstätigkeit, GewArch 2000, S. 1 ff.
–: Eigentum und Freiheit. Ein Beitrag zur inhaltlichen Bestimmung der Gewährleistung des Eigentums durch Art.14 Abs.1 Satz 1 GG, Tübingen 2000.
–: Wirtschaftliche Betätigung von gemeindlichen Unternehmen und von Privaten – ein Vergleich, WiVerw 2000, S. 159 ff.
*Hsiao, Wen-sheng*: Die rechtlichen Grundlagen und Grenzen der unternehmerischen Tätigkeit des Staates. Ein Vergleich zwischen der Bundesrepublik Deutschland und der Republik China, München 1992.
*Huber, Ernst Rudolf*: Deutsche Verfassungsgeschichte, Bd. III, 3. Aufl., 1988.
–: Wirtschaftsverwaltungsrecht, Bd. I, 2. Aufl., Tübingen 1953.
–: Konkurrenzschutz im Verwaltungsrecht, Tübingen 1991.
–: Weniger Staat im Umweltschutz. Verfassungs- und unionsrechtliche Determinanten, DVBl. 1999, S. 489 ff.
*Hüffer, Uwe/Ipsen, Knut/Tettinger, Peter J.*: Die Transitrichtlinien für Gas und Elektrizität. Eine Studie zu den rechtlichen Schranken bei der Verwirklichung des Binnenmarktes für Energie, Stuttgart u. a. 1991.
*Hummel, Konrad*: Die vorläufige Entgeltgenehmigung beim besonderen Netzzugang, CR 2000, S. 291 ff.
*Immenga, Ulrich*: Auslegung des Marktbeherrschungsbegriffs im TKG, MMR 2000, S. 141 ff.
–: Relevante Märkte und Marktbeherrschung in der Regulierungspraxis, MMR 2000, S. 196 ff.
*Ipsen, Hans Peter*: Gesetzliche Indienstnahme privater für Verwaltungsaufgaben, in: Festgabe für E. Kaufmann zu seinem 70. Geburtstag, Stuttgart und Köln 1950, S. 141 ff.
*Ipsen, Jörn*: Verbindlichkeit, Bestandskraft und Bindungswirkung von Verwaltungsakten. Versuch einer begrifflichen Klärung, Die Verwaltung 1984, 169 ff.
*Isensee, Josef*: Das Dilemma der Freiheit im Grundrechtsstaat. Grundrechte zwischen Privatwillkür und Gemeinwohlerwartung, in: Kästner/Nörr/Schlaich (Hrsg.), Festschrift für Martin Heckel zum 70. Geburtstag, Tübingen 1999, S. 739 ff.
–: Das Grundrecht als Abwehrrecht und als staatliche Schutzpflicht, in: HdbStR V, Heidelberg 1992. § 111.
–: Das Grundrecht auf Sicherheit, Zu den Schutzpflichten des freiheitlichen Verfassungsstaates, Berlin 1983.
–: Das staatliche Gewaltmonopol als Grundlage und Grenze der Grundrechte, Der Vorbehalt der Friedlichkeit als Kriterium des Grundrechtstatbestandes und der Schutzpflicht, in: Festschrift für Horst Sendler, München 1991, S. 39 ff.

–: Gemeinwohl und Staatsaufgaben im Verfassungsstaat, in: Isensee/Kirchhof (Hrsg.), HdbStR III, 2. Aufl., Heidelberg 1996, § 57.
–: Subsidiaritätsprinzip und Verfassungsrecht, Berlin 1968.
*Jaag, Tobias*: Privatisierung von Verwaltungsaufgaben, VVDStRL 54 (1995), S. 287 ff.
*Janik, Viktor*: Der deutsche Rundfunkbegriff im Spiegel technischer Entwicklungen, AfP 2000, S. 7 ff.
*Jarass, Hans D.*: Folgerungen aus der neueren Rechtsprechung des BVerfG für die Prüfung von Verstößen gegen Art. 3 I GG. Ein systematisches Konzept zur Feststellung unzulässiger Ungleichbehandlungen, NJW 1997, S. 2545 ff.
–: Grundrechte als Wertentscheidungen bzw. objektivrechtliche Prinzipien in der Rechtsprechung des Bundesverfassungsgerichts, AöR 110 (1985), S. 363 ff.
–: Rundfunkbegriffe im Zeitalter des Internet. Zum Anwendungsbereich der Rundfunkfreiheit, des Rundfunkstaatsvertrags und des Mediendienste-Staatsvertrags, AfP 1998, S. 133 ff.
–: Wirtschaftsverwaltungsrecht mit Wirtschaftsverfassungsrecht, 3. Aufl., Neuwied u. a. 1997.
*Jeand'heur, Bernd*: Von der Gefahrenabwehr als staatlicher Angelegenheit zum Einsatz privater Sicherheitskräfte – Einige rechtspolitische und verfassungsrechtliche Anmerkungen –, AöR 1994, S. 107 ff.
*Jellinek, Georg*: Allgemeine Staatslehre, 3. Aufl., Berlin 1913.
*Jestaedt, Matthias*: Demokratieprinzip und Kondominalverwaltung, Entscheidungsteilhabe Privater an der öffentlichen Verwaltung auf dem Prüfstand des Verfassungsprinzips Demokratie, Berlin 1993.
–: Grundrechtsentfaltung im Gesetz, Studien zur Interdependenz von Grundrechtsdogmatik und Rechtsgewinnungstheorie, Tübingen 1999.
*Kadelbach, Stefan*: Allgemeines Verwaltungsrecht unter europäischem Einfluß, Tübingen 1999.
*Kahl, Wolfgang*: Die Schutzergänzungsfunktion von Art. 2 Abs. 1 Grundgesetz. Zugleich ein Beitrag zur Lehre der Grundrechtskonkurrenzen, Tübingen 2000.
–: Die Staatsaufsicht. Entstehung, Wandel und Neubestimmung unter besonderer Berücksichtigung der Aufsicht über die Gemeinden, Tübingen 2000.
*Kempen, Bernhard*: Die Formenwahlfreiheit der Verwaltung, Die öffentliche Verwaltung zwischen öffentlichem und privatem Recht, München 1989.
*Kirchhof, Ferdinand*: Private Breitbandkabelanlagen und Postmonopol, DVBl. 1984, S. 657 ff.
*Kleine-Vossbeck, Bernd*: Electronic Mail und Verfassungsrecht, Marburg 2000.
*Klimisch, Annette/Lange, Markus*: Zugang zu Netzen und anderen wesentlichen Einrichtungen als Bestandteil der kartellrechtlichen Mißbrauchsaufsicht, WuW 1998, S. 15 ff.
*Kloepfer, Michael*: Umweltrecht, 2. Aufl., München 1998.
*Kluth, Thomas-Sönke*: Telekommunikation als Regelungsgegenstand des Europäischen Gemeinschaftsrechts, Frankfurt a. M. 1993.
*Kluth, Winfried*: Das Grundrecht der Berufsfreiheit – Art. 12 Abs. 1 GG, Jura 2001, S. 371 ff.
–: Die Bindung privater Wirtschaftsteilnehmer an die Grundfreiheiten des EG-Vertrages. – Eine Analyse am Beispiel des Bosman-Urteils des EuGH –, AöR 122 (1997), S. 557 ff.
–: Eingriff durch Konkurrenz. Zur grundrechtsdogmatischen Verortung kommunaler Teilnahme am wirtschaftlichen Wettbewerb, WiVerw 2000, S. 184 ff.
–: Öffentlich-rechtliche Zulässigkeit gewinnorientierter staatlicher und kommunaler Tätigkeit, in: R. Stober/H. Vogel (Hrsg.), Wirtschaftliche Betätigung der öffentlichen Hand, Köln u. a. 2000, S. 23 ff.
–: Verfassungsfragen der Privatisierung von Industrie- und Handelskammern, München 1997.
*Knieps, Günter*: Entstaatlichung im Telekommunikationsbereich, Tübingen 1985.
–: Entstaatlichung und Wettbewerb im nationalen Telekommunikationsbereich, in: R. Windisch

(hrsg.), Privatisierung natürlicher Monopole im Bereich von Bahn, Post und Telekommunikation, Tübingen 1987, S. 147 ff.

–: Zugang zu Netzen. Verselbständigung, Nutzung, Vergütung, Eigentumsschutz, MMR 1998, S. 275 ff.

*Köbele, Bernd*: Fernmeldewesen und Telematik in ihrer rechtlichen Wechselwirkung, Berlin 1991.

*Koenig, Christian*: Telekommunikationsrecht in Europa, EuZW 1998, S. 655 ff.

*Koenig, Christian/Loetz, Sascha*: Fakturierung und Einziehung von TK-Entgelten nach der Inkasso-Entscheidung der RegTP – eine Kritik, K&R 2000, S. 153 ff.

–: Rechtsnatur und Inhalt der Zusammenschaltungsanordnung nach § 37 TKG, K&R 1999, S. 298 ff.

*Koenig, Christian/Neumann, Andreas*: Zusammenschaltungs-Entgeltregulierung unterhalb der Schwelle »beträchtlicher Marktmacht«?, RTkom 2000, S. 27 ff.

*Koenig, Christian/Röder, Ernst*: Die EG-Datenschutzrichtlinie für Telekommunikation – Verpflichtung auch für Internetdienstleister, CR 2000, S. 668 ff.

*Koenig, Michael/Weißhaar, Volker*: Zusammenschaltung und Netzzugang in der EU: Das Interconnectionregime in Dänemark, K&R 1999, S. 170 ff.

*König, Klaus/Benz, Angelika*: Zusammenhänge von Privatisierung und Regulierung, in: dies. (Hrsg.), Privatisierung und staatliche Regulierung, Baden-Baden 1997, S. 13 ff.

*König, Klaus/Theobald, Christian*: Liberalisierung und Regulierung netzgebundener Güter und Dienste, in: K. Grupp/M. Ronellenfitsch (Hrsg.), Festschrift für Willi Blümel zum 70. Geburtstag, Berlin 1999, S. 277 ff.

*König, Ruth*: Kriterien für die Begründung der Ausgleichspflicht bei Inhalts- und Schrankenbestimmungen des Eigentums, DVBl. 1999, S. 954 ff.

*Königshofen, Thomas*: Private Netze aus fernmelderechtlicher Sicht, ArchivPT 1994, S. 39 ff.

*Kopp, Ferdinand Johannes*: Vorläufiges Verwaltungsverfahren und vorläufiger Verwaltungsakt, Frankfurt a. M. 1992.

*Kopp/Ramsauer*: VwVfG, Kommentar, 7. Aufl., 2000.

*Koppensteiner, Hans-Georg*: Zur Grundrechtsfähigkeit gemischtwirtschaftlicher Unternehmungen, NJW 1990, S. 3105 ff.

*Kotzur, Markus*: Der Begriff der inländischen juristischen Personen nach Art. 19 Abs. 3 GG im Kontext der EU, DÖV 2001, S. 192 ff.

*Krautzberger, Michael*: Die Erfüllung öffentlicher Aufgaben durch Private, Zum Begriff des staatlichen Bereichs, Berlin 1971.

*Krölls, Albert*: Die Privatisierung der inneren Sicherheit, GewArch 1997, S. 445 ff.

*Krüdewagen, Ute*: Mittelstandsförderung auf EG-, Bundes- und Landesebene, GewArch 1999, S. 235 ff.

*Krüger, Herbert*: Allgemeine Staatslehre, 2. Aufl., Stuttgart u. a. 1966.

–: Marktwirtschaftliche Ordnung und öffentliche Vorhaltung der Verkehrswege, Hamburg u. a. 1969.

–: Staatsverfassung und Wirtschaftsverfassung, DVBl. 1951, S. 361 ff.

–: Wirtschaftsverfassung, Wirtschaftsverwaltung, Rechtsstaat, BB 1953, S. 565 ff.

*Kühling, Jürgen*: Verfassungs- und kommunalrechtliche Probleme grenzüberschreitender Wirtschaftsbetätigung der Gemeinden, NJW 2001, S. 177 ff.

*Kühlwetter, Hans-Jürgen*: Privatisierung und Regulierung aus der Sicht des Eisenbahnbundesamtes als Regulierungsbehörde, in: König/Benz (Hrsg.), Privatisierung und staatliche Regulierung, Baden-Baden 1997, S. 93 ff.

*Kühne, Gunther*: Anmerkung zum HEW-Beschluss des BVerfG, JZ 1990, S. 335 f.

–: Der Netzzugang und seine Verweigerung im Spannungsfeld zwischen Zivilrecht, Energierecht und Kartellrecht, RdE 2000, S. 1 ff.

*Külpmann, Christoph*: Enteignende Eingriffe? Das Entschädigungsinstitut des enteignenden Eingriffs und die neuere verfassungsrechtliche Dogmatik der Eigentumsgarantie, Berlin 2000.

*Kuxenko, Michael*: Liberalisierung und Deregulierung im Energiewirtschaftsrecht, DÖV 2001, S. 141 ff.

*Laband, Peter*: Das Staatsrecht des Deutschen Reiches, Bd. II, Tübingen 1878.

*Ladeur, Karl-Heinz*: Die Zukunft des Verwaltungsakts. – Kann die Handlungsformenlehre aus dem Aufstieg des „informalen Verwaltungshandelns" lernen? –, VerwArch. 1995, S. 511 ff.

*Lammich, klaus*: Telekommunikationsgesetz, Kommentar, Neuwied u. a. 1998.

*Lange, Klaus*: Innenrecht und Außenrecht, in: Hoffmann-Riem/Schmidt-Aßmann/Schuppert (Hrsg.), Reform des Allgemeinen Verwaltungsrechts, 1993, S. 307 ff.

*Langer, Thomas*: Monopole als Handlungsinstrumente der öffentlichen Hand, Berlin 1998.

*Lasars, Wolfgang*: Die Machtfunktion der Verfassung. Eine Untersuchung zur Rezeption von demokratisch-rechtsstaatlichem Verfassungsrecht in China, in: Jahrbuch des öffentlichen Rechts der Gegenwart, Bd. 41, 1993, S. 597 ff.

–: Die Wirtschaftsverfassung von Taiwan: Die Situation am Wendepunkt, VRÜ 1993, S. 49 ff.

*Lecheler, Helmut*: Der Verpflichtungsgehalt des Art. 87 I 1 GG – Fessel oder Richtschnur für die bundesunmittelbare Verwaltung?, NVwZ 1989, S. 834 ff.

–: Die Beamtenaufgaben nach dem Funktionsvorbehalt des GG, Bonn 1986.

–: Energiewirtschaft und Energierecht im Wandel, in: Festschrift für K. Stern zum 65. Geburtstag, 1997, S. 529 ff.

–: Grenzen für den Abbau von Staatsleistungen, Eine Untersuchung zu Art. 87 Abs. 1 und 33 Abs. 4 GG, Bonn 1989.

–: Privatisierung - ein Weg zur Neuordnung der Staatsleistungen?, ZBR 1980, S. 69 ff.

*Leisner, Walter*: Berufsbeamtentum und Entstaatlichung, DVBl. 1978, S. 733 ff.

–: Der Vorrang des Gesellschaftsinteresses bei den Eigengesellschaften der öffentlichen Hand, WiVerw. 1983, S. 212 ff.

–: Die Unzulässigkeit steuerlicher Fiskalprivilegien, BB 1970, S. 405 ff.

–: Eigentum, in: Isensee/Kirchhof (Hrsg.), HdbStR VI, Heidelberg 1989, § 149.

–: Legitimation des Berufsbeamtentums aus der Aufgabenerfüllung, Bonn 1988.

*Lerche, Peter*: Infrastrukturelle Verfassungsaufträge (zu Nachrichtenverkehr, Eisenbahnen), in: Festschrift für Karl Heinrich Friauf zum 65. Geburtstag, Heidelberg 1996, S. 251 ff.

*Lerche, Peter/Pestalizza, Ghristian Graf v.*: Die Deutsche Bundespost als Wettbewerber, Verfassungsrechtliche Voraussetzungen und Grenzen – insbesondere im Hinblick auf die Bankgeschäfte der Post, Köln 1985.

*Liaw, Yih-nan*: Wirtschaftliche Betätigung der öffentlichen Hand. Länderbericht Taiwan, in: R. Stober/H. Vogel (Hrsg.), Wirtschaftliche Betätigung der öffentlichen Hand, Köln u. a. 2000, S. 267 ff.

*Link, Christoph*: Staatszwecke im Verfassungsstaat. Nach 40 Jahren Grundgesetz, VVDStRL 48 (1990), S. 7 ff.

*Löwer, Wolfgang*: Der Staat als Wirtschaftssubjekt und Auftraggeber, Leitsätze des Beratungsgegenstands zur Tagung der Vereinigung der Deutschen Staatsrechtlehrer 2000, DVBl. 2000, S. 1757.

*Lübben, Natalie*: Rechtsfragen des Zugangs zu Telekommunikationsmärkten, in: Immenga/Lübben/Schwintowski, Telekommunikation: Vom Monopol zum Wettbewerb, Baden-Baden 1998, S. 47 ff.

*Luhmann, Niklas*: Moderne Systemtheorie als Form gesamtgesellschaftlicher Analyse, in: J. Habermas/N. Luhmann, Theorie der Gesellschaft oder Sozialthechnologie, Frankfurt a. M.

1971, S. 7 ff.
*Lukes, Rudolf*: Die Neuregelung des Energiewirtschaftsrechts, BB 1998, S. 1217 ff.
*Lünenbürger, Simone*: Rückwirkende Entgeltgenehmigungen im Telekommunikationsrecht?, CR 2001, S. 84 ff.
*Lutz, Helmut*: Durchleitung von Gas nach Inkrafttreten des Gesetzes zur Neuregelung des Energiewirtschaftsrechts und der Sechsten GWB-Novelle, RdE 1999, S. 102 ff.
*Manssen, Gerrit*: Das Telekommunikationsgesetz (TKG) als Herausforderung für die Verfassungs- und Verwaltungsrechtsdogmatik, ArchivPT 1998, S. 236 ff.
–: Privatrechtsgestaltung durch Hoheitsakt, Verfassungsrechtliche und verwaltungsrechtliche Grundfragen, Tübingen 1994.
*Markert, Kurt*: Die Anwendung des US-amerikanischen Monopolisierungsverbots auf Verweigerung des Zugangs zu »wesentlichen Einrichtungen«, in: Immenga/Möschel/Renter (Hrsg.), Festschrift für E.-J. Mestmäcker zum 70. Geburtstag, Baden-Baden 1996, S. 661 ff.
–: Die Verweigerung des Zugangs zu „wesentlichen Einrichtungen“ als Problem der kartellrechtlichen Missbrauchsaufsicht, WuW 1995, S. 560 ff.
–: Verbändevereinbarung Strom II und Kartellrecht, BB 2001, S. 105 ff.
*Märkl, Peter N.*: Netzzusammenschaltung in der Telekommunikation, Baden-Baden 1998.
*Martenczuk, Bernd*: Der Zugang zu Netzen zwischen allgemeinem Kartellrecht und sektorieller Regulierung, RTkom 1999, S. 15 ff.
–: Die Haftung für Mediendienste zwischen Bundes- und Landesrecht. Zur kompetenzrechtlichen Problematik des § 5 Mediendienste-Staatsvertrag, ZUM 1999, S. 104 ff.
–: Regulierungsbehörde contra Bundeskartellamt?, Das Verhältnis der Kompetenzen auf dem Gebiet der Telekommunikation, CR 1999, S. 363 ff.
*Martenczuk, Bernd/Thomaschki, Katrin*: Der Zugang zu Netzen zwischen allgemeinem Kartellrecht und sektorieller Regulierung, RTkom 1999, S. 22 ff.
*Maunz, Theodor*: Die Privatisierung von Verkehrsbetrieben des Bundes in der Sicht des Grundgesetzes, in: Festschrift für Hans Ulrich Scupin zum 80. Geburtstag, Berlin 1983, S. 615 ff.
*Maurer, Hartmut*: Allgemeines Verwaltungsrecht, 13. Aufl., München 2000.
–: Staatsrecht, München 1999.
*Mayen, Thomas*: Privatisierung öffentlicher Aufgaben: Rechtliche Grenzen und rechtliche Möglichkeiten, DÖV 2001, S. 110 ff.
*Mayer, Barbara*: Die Bundespost: Wirtschaftsunternehmen oder Leistungsbehörde, Berlin 1990.
*Mayer, Otto*: Deutsches Verwaltungsrecht, Bd. 2, 2. Aufl., München u. a. 1917.
–: Deutsches Verwaltungsrecht, Bd. 2, 3. Aufl., München u. a. 1924.
*Mayer, Patrick G*: Das Internet im öffentlichen Recht. Unter Berücksichtigung europarechtlicher und völkerrechtlicher Vorgaben, Berlin 1998.
*Mehde, Veith*: Ausübung von Staatsgewalt und Public Private Partnership, VerwArch. 2000, S. 540 ff.
*Menger, Christian-Friedrich*: Die Bestimmung der öffentlichen Verwaltung nach den Zwecken, Mitteln und Formen des Verwaltungshandelns, in: ders., Verfassung und Verwaltung in Geschichte und Gegenwart, Heidelberg 1982, S. 180 ff.
*Menzer, Jörg K.*: Privatisierung der atomaren Endlagerung, DVBl. 1998, S. 820 ff.
*Mestmäcker, Ernst-Joachim*: Recht und ökonomisches Gesetz. Über die Grenzen von Staat, Gesellschaft und Privatautonomie, 2. Aufl., Baden-Baden 1984.
–: Regulierende Missbrauchsaufsicht, in: Festschrift für Wolfgang Fikentscher zum 70. Geburtstag, Tübingen 1998, S. 557 ff.
*Meyer, Georg*: Lehrbuch des Deutschen Verwaltungsrechts, Teil I, Leipzig 1883.

*Meyer-Arndt, Guido*: Der Zutritt der neuen Wettbewerber zu den lokalen Märkten der Telekommunikation, ZUM 1996, S. 757 ff.

*Moritz, Hans-Werner*: Entgeltregulierung in Theorie und Praxis – Eine Zwischenbilanz, RTkom 2000, S. 102 ff.

–: Schwächen der TK-Liberalisierung. Folgen der Übereignung des Festnetzes an die Deutsche Telekom AG, CR 1998, S. 13 ff.

*Möstl, Markus*: Grundrechtsbindung öffentlicher Wirtschaftstätigkeit, Insbesondere die Bindung der Nachfolgeunternehmen der Deutschen Bundespost an Art. 10 GG nach der Postreform II, München 1999.

–: Probleme der verfassungsprozessualen Geltendmachung gesetzgeberischer Schutzpflichten, – Die Verfassungsbeschwerde gegen legislatives Unterlassen –, DÖV 1998, S. 1029 ff.

*Müller, Jürgen*: Mehrwertdienste. Neue Dienstleistungen für Unternehmen, CR 1991, S. 45 ff.

*Müller, Martin*: Kommunale Telekommunikationsdienstleistungen contra Grundgesetz?, in: R. Stober/H. Vogel (Hrsg.), Wirtschaftliche Betätigung der öffentlichen Hand, Köln u. a. 2000, S. 145 ff.

–: Zur verfassungsrechtlichen Problematik kommunaler Unternehmen auf dem Telekommunikationsmarkt, DVBl. 1998, S. 1256 ff.

*Müller-Terpitz, Ralf*: Die wirtschaftliche Betätigung von Kommunen im Bereich der Telekommunikation, NWVBl. 1999, S. 292 ff.

*Müller-Using, Detlev*: Nochmals: Zu den verfassungsrechtlichen Aspekten der Postreform II, ArchivPT 1995, S. 46 f.

*Mürkl, Peter N.*: Netzzusammenschaltung in der Telekommunikation, Baden-Baden 1998.

*Mutius, Albert v.*: Die Steuerung des Verwaltungshandelns durch Haushaltsrecht und Haushaltskontrolle, VVDStRL 42 (1984), S. 147 ff.

*Niedobitek, Matthias*: Kollisionen zwischen EG-Recht und nationalem Recht, VerwArch. 2001, S. 58 ff.

*Nipperdey, Hans Carl*: Soziale Marktwirtschaft und Grundgesetz, 3. Aufl., Köln u. a. 1965.

*Nipperdey, Hans Carl/Schneider, Hans*: Die Steuerprivilegien der Sparkassen, München 1966.

*Nitz, Gerhard*: Private und öffentliche Sicherheit, Berlin 2000.

–: „Private Policing" in den Vereinigten Staaten, VerwArch. 1998, S. 306 ff.

*Nolte, Norbert*: Das Recht auf Netzzugang nach dem Telekommunikationsgesetz, BB 1996, S. 2629 ff.

*Oechsler, Jürgen*: Netzzugang und Durchleitung auf der Grundlage des kartellrechtlichen Diskriminierungsverbots, ZHR 164 (2000), S. 479 ff.

*Oertel, Klaus*: Die Unabhängigkeit der Regulierungsbehörde nach §§ 66 ff. TKG, Zur organisationsrechtlichen Verselbständigung staatlicher Verwaltungen am Beispiel der Privatisierung in der Telekommunikation, Berlin 2000.

*Oldiges, Martin*: Neue Aspekte der Grundrechtsgeltung im Privatrecht, in: Festschrift für Karl Heinrich Friauf zum 65. Geburtstag, Heidelberg 1996, S. 281 ff.

*Ossenbühl, Fritz*: Ausgleichspflichtige Inhaltsbestimmungen des Eigentums, in: Festschrift für Karl Heinrich Friauf zum 65. Geburtstag, Heidelberg 1996, S. 391 ff.

–: Bestand und Erweiterung des Wirkungskreises der Deutschen Bundespost, Berlin 1980.

–: Die Erfüllung von Verwaltungsaufgaben durch Private, VVDStRL 29 (1971), S. 137 ff.

–: Die Freiheiten des Unternehmers nach dem Grundgesetz, AöR 1990, S. 1 ff.

–: Eigentumsschutz gegen Nutzungsbeschränkungen, in: J. Isensee/H. Lecheler (Hrsg.), Festschrift für Walter Leisner zum 70. Geburtstag, Berlin 1999, S. 689 ff.

–: Inhaltsbestimmung des Eigentums und Enteignung. – BVerfGE 83, 201, JuS 1993, S. 200 ff.

–: Rechtsquellen und Rechtsbindungen der Verwaltung, in: H.-U. Erichsen (Hrsg.), Allgemeines Verwaltungsrecht, 11 Aufl., 1998, § 7.

–: Staatliches Fernmeldemonopol als Verfassungsgebot?, in: Festschrift für Rudolf Lukes zum 65. Geburtstag, Köln 1989, S. 525 ff.

–: Staatshaftungsrecht, 5. Aufl., München 1998.

–: Verfassungsrechtliche Frage eines Ausstiegs aus der friedlichen Nutzung der Kernenergie, AöR 1999, S. 1 ff.

–: Zur Geltung der Grundrechte für juristische Personen, in: Festschrift für K. Stern zum 65. Geburtstag, München 1997, S. 887 ff.

–: Zur Kompetenz der Länder für ergänzende abfallrechtliche Regelungen, DVBl. 1996, S. 19 ff.

*Osterloh, Lerke*: Privatisierung von Verwaltungsaufgaben, VVDStRL 54 (1995), S. 204 ff.

*Pabst, Heinz-Joachim*: Verfassungsrechtliche Grenzen der Privatisierung im Fernstraßenbau, Berlin 1997.

*Pabst, Heinz-Joachim/Schwartmann, Rolf*: Privatisierte Staatsverwaltung und staatliche Aufsicht. – Ein Beitrag zu den Schranken der Organisationsprivatisierung am Beispiel der 10. Novelle zum LuftVG –, DÖV 1998, S. 315 ff.

*Pache, Eckhard*: Der Grundsatz der Verhältnismäßigkeit in der Rechtsprechung der Gerichte der Europäischen Gemeinschaften, NVwZ 1999, S. 1033 ff.

*Papier, Hans-Jürgen*: Die Regelung von Durchleitungsrechten, Verfassungsrechtliche und energiekartellrechtliche Würdigung, Köln u. a. 1997.

–: Durchleitungen und Eigentum, BB 1997, S. 1213 ff.

–: Eigentum in der Planung, in: Festschrift für Werner Hoppe zum 70. Geburtstag, München 2000, S. 213 ff.

–: Grundgesetz und Wirtschaftsordnung, in: Benda/Maihofer/Vogel (Hrsg.), Handbuch des Verfassungsrechts, 2. Aufl., Berlin 1995, Bd. 1, § 18.

–: Staatliche Monopole und Berufsfreiheit – dargestellt am Beispiel der Spielbanken, in: Festschrift für K. Stern zum 65. Geburtstag, München 1997, S. 543 ff.

*Pappi, Urban*: Teledienste, Mediendienste und Rundfunk. Ihre Abgrenzung im Recht der elektronischen Medien, Baden-Baden 2000.

*Paulweber, Michael*: Regulierungszuständigkeiten in der Telekommunikation. Sektorspezifische Wettbewerbsaufsicht nach dem TKG durch die Regulierungsbehörde im Verhältnis zu den allgemeinen kartellrechtlichen Kompetenzen des Bundeskartellamts und der Europäischen Kommission, Baden-Baden 1999.

*Peilert, Andereas*: Police-Private-Partnership. – Rechtliche Vorgaben und tatsächliche Möglichkeiten für das Zusammenwirken von Sicherheitsbehörden und Sicherheitsgewerbe –, DVBl. 1999, S. 282 ff.

*Peine, Franz-Joseph*: Das Recht der Abfallwirtschaft, in: R. Schmidt (Hrsg.), Öffentliches Wirtschaftsrecht, Besonderer Teil 2, Berlin 1996, S. 371 ff.

–: Der Funktionsvorbehalt des Berufsbeamtentums, Die Verwaltung 1984, S. 415 ff.

–: Grenzen der Privatisierung – verwaltungsrechtliche Aspekte, DÖV 1997, S. 353 ff.

*Peters, Hans*: Öffentliche und staatliche Aufgaben, in: Festschrift für Hans Carl Nipperdey, Bd. II, München 1965, S. 877 ff.

*Pielow, Johann-Christian*: Der Rechtsstatus von Stromversorgungsnetzen: »Öffentliche Einrichtung« oder Grundrechtsschutz des Betreibers?, RdE 2000, S. 45 ff.

–: Gemeindewirtschaft im Gegenwind? – Zu den rechtlichen Grenzen kommunaler Wettbewerbsteilnahme am Beispiel der Telekommunikation –, NWVBl. 1999, S. 369 ff.

–: Grundstrukturen öffentlicher Versorgung, Vorgaben des Europäischen Gemeinschaftsrechts sowie des französischen und des deutschen Rechts unter besonderer Berücksichtigung der Elektrizitätswirtschaft, Tübingen 2001.

*Piepenbrock Hermann-Josef/Müller Ulf*: Interconnection-Regime 2000 – Entscheidungen der

Regulierungsbehörde zum IC-Vertragsentwurf der Deutschen Telekom AG, K&R 2000, S. 110 ff.

*Pieroth, Bodo*: Die Grundrechtsberechtigung gemischt-wirtschaftlicher Unternehmen, NWVBl. 1992, S. 85 ff.

*Pietzcker, Jost*: Abgrenzungsprobleme zwischen Benutzungsgebühr, Verleihungsgebühr, Sonderabgabe und Steuer, Das Beispiel »Wasserpfennig«, DVBl. 1987, S. 774 ff.

*Pitschas, Rainer*: Verwaltungsverantwortung und Verwaltungsverfahren, Strukturprobleme, Funktionsbedingungen und Entwicklungsperspektiven eines konsensualen Verwaltungsrechts, München 1990.

*Plagemann, Jürgen*: Mobilfunk im Wettbewerb, CR 1990, S. 317 ff.

*Plagemann, Jürgen/Bachmann, Ulrich*: Die verfassungsrechtliche Zulässigkeit einer privatrechtlichen Organisation der Deutschen Bundespost, - Die niederländische Lösung als Vorbild? -, DÖV 1987, S. 807 ff.

*Poschmann, Thomas*: Grundrechtsschutz gemischt-wirtschaftlicher Unternehmen. Ein Beitrag zur Bestimmung des personalen Geltungsbereiches der Grundrechte unter besonderer Berücksichtigung der Privatisierung öffentlicher Aufgaben, Regensburg 2000.

*Preu, Peter*: Freiheitsgefährdung durch die Lehre von den grundrechtlichen Schutzpflichten. – Überlegungen aus Anlass des Gentechnikanlagen-Beschlusses des Hessischen Verwaltungsgerichtshofs, JZ 1990, 88 –, JZ 1991, S. 265 ff.

*Pünder, Hermann*: Die kommunale Betätigung auf dem Telekommunikationssektor, DVBl. 1997, S. 1353 ff.

*Püttner, Günter*: Die öffentlichen Unternehmen, 2. Aufl., Stuttgart u. a. 1985.

–: Die Rechtsformen kommunaler Unternehmen, in: ders. (Hrsg.), HbkWP, Bd. 5, 2. Aufl., Berlin u. a. 1984, § 95.

–: Die Stellung des Personals der Post-Unternehmen, ZögU, Beiheft 19 (1996), S. 115 ff.

–: Die Privatfinanzierung öffentlicher Vorhaben – Weg oder Irrweg? In: in: Festschrift für Karl Heinrich Friauf zum 65. Geburtstag, Heidelberg 1996, S. 729 ff.

–: Zur Wahl der Rechtsform für kommunale Unternehmen und Einrichtungen, Köln 1993.

*Rengeling, Hans-Werner*: Gesetzgebungszuständigkeit, in: HdbStR IV, Heidelberg 1990, § 100.

*Ress, Georg*: Staatszwecke im Verfassungsstaat. – nach 40 Jahren Grundgesetz, VVDStRL 48 (1990), S. 56 ff.

*Ricker, Reinhart*: Die Nutzung des Internets als dritte Säule des öffentlich-rechtlichen Rundfunks, ZUM 2001, S. 28 ff.

*Riehmer, Klaus W.*: EG-Wettbewerbsrecht und Zugangsvereinbarungen in der Telekommunikation. Die neue Mitteilung der Europäischen Kommission, MMR 1998, S. 355 ff.

–: Konfliktlösung bei Netzzugang und Zusammenschaltung in der Telekommunikation, MMR 1998, S. 59 ff.

*Ritter, Ernst-Hasso*: Das Recht als Steuerungsmedium im kooperativen Staat, in: D. Grimm (Hrsg.), Wachsende Staatsaufgaben – sinkende Steuerungsfähigkeit des Rechts, Baden-Baden 1990, S. 69 ff.

–: Der kooperative Staat, Bemerkungen zum Verhältnis von Staat und Wirtschaft, AöR 1979, S. 389 ff.

*Robbers, Gerhard*: Sicherheit als Menschenrecht. Aspekte der Geschichte, Begründung und Wirkung einer Grundrechtsfunktion, Baden-Baden 1987.

*Rodi, Michael*: Ökonomische, ökologische und andere öffentliche Zwecke im Abgabenrecht, JZ 2000, S. 827 ff.

*Röger, Ralf*: Internet und Verfassungsrecht, ZRP 1997, S. 203 ff.

*Roller, Gerhard*: Enteignung, ausgleichspflichtige Inhaltsbestimmung und salvatorische Klauseln. Eine Bestandsaufnahme im Lichte der neuen Judikatur des BVerfG, NJW 2001, S.

1003 ff.
*Ronellenfitsch, Michael*: Privatisierung und Regulierung des Eisenbahnwesens, DÖV 1996, S. 1028 ff.
*Rottmann, Michael*: Zu den verfassungsrechtlichen Aspekten der Postreform II, ArchivPT 1994, S. 193 ff.
*Rudolf, Eva*: Das Recht auf Netzzugang in der Telekommunikation. Europäisches Gemeinschaftsrecht und seine Anwendung in §§ 33 ff. TKG, Baden-Baden 2001.
*Ruffert, Matthias*: Grundlagen und Maßstäbe einer wirkungsvollen Aufsicht über die kommunale wirtschaftliche Betätigung, VerwArch. 2001, S. 27 ff.
–: Regulierung im System des Verwaltungsrechts. – Grundstrukturen des Privatisierungsfolgerechts der Post und Telekommunikation –, AöR 124 (1999), S. 237 ff.
*Rüfner, Wolfgang*: Unternehmen und Unternehmer in der verfassungsrechtlichen Ordnung der Wirtschaft, DVBl. 1976, S. 689 ff.
*Rupp, Hans Heinrich*: Die soziale Marktwirtschaft in ihrer Verfassungsbedeutung, in: Isensee/Kirchhof (Hrsg.), HdbStR IX, Heidelberg 1997, § 203.
–: Die Unterscheidung von Staat und Gesellschaft, in: Isensee/Kirchhof (Hrsg.), HdbStR I, Heidelberg 1987, § 28.
*Rütter, Pster M.*: Interconnection Agreements in Großbritannien, ArchivPT 1993, S. 362 ff.
*Sachs, Michael*: Die Maßstäbe des allgemeinen Gleichheitssatzes – Willkürverbot und sogenannte neue Formel, JuS 1997, S. 124 ff.
*Säcker, Franz Jürgen/Calliess, Gralf-Peter*: Billing und Inkasso fremder Telekommunikationsleistungen (II), K&R 1999, S. 337 ff.
*Sacksofsky, Ute*: Verfolgung ökologischer und anderer öffentlicher Zwecke durch Instrumente des Abgabenrechts, NJW 2000, S. 2619 ff.
*Salje, Peter*: Der Durchleitungsvertrag, RdE 1998, S. 169 ff.
*Schapp, Jan*: Grundrechte als Wertordnung, JZ 1998, S. 913 ff.
*Schatz, Klaus-Werner*: Zur Entwicklung des Begriffs Infrastruktur, ZögU, Beiheft 19, 1996, S. 122 ff.
*Schenke, Ralf P.*: Verfassungsrechtliche Proleme einer präventiven Überwachung der Telekommunikation. Eine Untersuchung anhand telekommunikativer Standortbestimmungen, AöR 125 (2000), S. 1 ff.
*Scherer, Joachim*: Postreform II: Privatisierung ohne Liberalisierung, in: W. Hoffmann-Riem/T. Vesting (Hrsg.), Perspektiven der Informationsgesellschaft, Baden-Baden 1995, S. 72 ff.
–: Rechtliche Instrumente und Verfahren zur Regulierung der Deutschen Bundespost Telekom vor und nach der Privatisierung, ArchivPT 1993, S. 261 ff.
–: Telekommunikationsrecht und Telekommunikationspolitik, Baden-Baden 1985.
*Scherer, Joachim/Ellinghaus, Ulrich*: Unzulässigkeit der Regulierung von Zusammenschaltungsentgelten nicht marktmächtiger Netzbetreiber, MMR 2000, S. 201 ff.
*Scheuner, Ulrich*: Die staatliche Intervention im Bereich der Wirtschaft, VVDStRL 11 (1954), S. 1 ff.
–: Verantwortung und Kontrolle in der demokratischen Verfassungsordnung, in: T. Ritterspach/W. Geiger (Hrsg.), Festschrift für Gebhard Müller zum 70. Geburtstag, Tübingen 1970, S. 379 ff.
*Schliesky, Utz*: Über Notwendigkeit und Gestalt eines Öffentlichen Wettbewerbsrechts, DVBl. 1999, S. 78 ff.
*Schmehl, Arndt*: Teilprivatisierung der Daseinsvorsorge, Demokratieprinzip und Gewinnerzielungsmaxime – BerlVerfGH, NVwZ 2000, 794, JuS 2001, S. 233 ff.
*Schmidt, Kurt*: Entgeltregulierung für Telekommunikationsdienstleistungen, K&R 1999, 385 ff.

*Schmidt, Lutz*: Unmittelbare Privatrechtsgestaltung durch Verwaltungsakt, Bielefeld 1975.

*Schmidt, Reiner*: Der Übergang öffentlicher Aufgabenerfüllung in private Rechtsformen, ZGR 1996, S. 345 ff.

–: Die Reform von Verwaltung und Verwaltungsrecht. Reformbedarf – Reformanstöße – Reformansätze, VerwArch. 2000, S. 149 ff.

–: Öffentliches Wirtschaftsrecht, Allgemeiner Teil, Berlin u. a. 1990.

–: Privatisierung und Gemeinschaftsrecht, Die Verwaltung 28 (1995), S. 281 ff.

–: Rechtliche Möglichkeiten für Privatisierungen im Bereich der Deutschen Bundespost, in: Festschrift für Peter Lerche zum 65. Geburtstag, München 1993, S. 965 ff.

–: Staatliche Verantwortung für die Wirtschaft, in: Isensee/Kirchhof (Hrsg.), HdbStR III, Heidelberg 1988, § 83.

*Schmidt-Aßmann, Eberhard*: Der Grundrechtsschutz gemischt-wirtschaftlicher Unternehmen nach Art. 19 Abs. 3 GG, BB 1990, Beilage 34.

–: Flexibilität und Innovationsoffenheit als Entwicklungsperspektiven des Verwaltungsrechts, in: W. Hoffmann-Riem/ders. (Hrsg.), Innovation und Flexibilität des Verwaltungshandelns, Baden-Baden 1994, S. 407 ff.

–: Gefährdung der Rechts- und Gesetzesbindung der Exekutive, in: Festschrift für Klaus Stern zum 65. Geburtstag, München 1997, S. 745 ff.

–: Verwaltungslegitimation als Rechtsbegriff, AöR 1991, S. 329 ff.

–: Verwaltungsverantwortung und Verwaltungsgerichtsbarkeit, VVDStRL 34 (1976), S. 221 ff.

–: Zur Bedeutung der Privatrechtsform für den Grundrechtsstatus gemischt-wirtschaftlicher Unternehmen, in: Festschrift für Hubert Niederländer zum 70. Geburtstag, Heidelberg 1991, S. 383 ff.

–: Zur Reform des Allgemeinen Verwaltungsrechts, – Reformbedarf und Reformansätze –, in: W. Hoffmann-Riem/E. Schmidt-Aßmann/G. F. Schuppert (Hrsg.), Reform des Allgemeinen Verwaltungsrechts, Baden-Baden 1993, S. 11 ff.

*Schmidt-Aßmann, Eberhard/Fromm, Günter*: Aufgaben und Organisation der Deutschen Bundesbahn in verfassungsrechtlicher Sicht, Berlin 1986.

*Schmidt-Aßmann, Eberhard/Röhl, Hans Christian*: Grundpositionen des neuen Eisenbahnverfassungsrechts (Art. 87 e GG), DÖV 1994, S. 577 ff.

*Schmidt-Preuß, Matthias*: Die Gewährleistung des Privateigentums durch Art. 14 GG im Lichte aktueller Probleme, AG 1996, S. 1 ff.

–: Kollidierende Privatinteressen im Verwaltungsrecht, Berlin 1992.

–: Soziale Marktwirtschaft und Grundgesetz vor dem Hintergrund des Staatsvertrages zur Währungs-, Wirtschafts- und Sozialunion, DVBl. 1993, S. 236 ff.

–: Verfassungskonflikt um die Durchleitung? – Zum Streitstand nach dem VNG-Beschluß des BGH –, RdE 1996, S. 1 ff.

–: Verwaltung und Verwaltungsrecht zwischen gesellschaftlicher Selbstregulierung und staatlicher Steuerung, VVDStRL 56 (1997), S. 160 ff.

*Schmitt, Carl*: Verfassungslehre, 8. Aufl., Neusatz auf Basis der 1928 erschienenen ersten Aufl., Berlin 1993.

*Schmitt-Kammler, Arnulf*: Ungelöste Probleme der verfassungsrechtlichen Eigentumsdogmatik, in: Festschrift der rechtswissenschaftlichen Fakultät zur 600-Jahr-Feier der Universität zu Köln, Köln u. a. 1988, S. 821 ff.

*Schneider, Jens-Peter*: Flexible Wirtschaftsregulierung durch unabhängige Behörden im deutschen und britischen Telekommunikationsrecht, ZHR 164 (2000), S. 513 ff.

*Schneider, Rolf*: Der Rechtsanwalt, ein unabhängiges Organ der Rechtspflege, Berlin 1976.

*Schnelle, Ulrich*: Die Öffnung von leistungsnotwendigen Einrichtungen für Dritte und der Schutz des Eigentums, EuZW 1994, S. 556 ff.

*Schoch, Friedrich*: Öffentlich-rechtliche Rahmenbedingungen einer Informationsordnung, VVDStRL 57 (1998), S. 158 ff.

–: Privatisierung der Abfallentsorgung, Köln u. a. 1992.

–: Privatisierung von Verwaltungsaufgaben, DVBl. 1994, S. 962 ff.

*Scholz, Rupert*: Entflechtung und Verfassung, Baden-Baden 1981.

–: Grundrechtsschutz gemischt-wirtschaftlicher Unternehmen, in: B. Pfister/M. R. Will (Hrsg.), Festschrift für Werner Lorenz zum 70. Geburtstag, Tübingen 1991, S. 213 ff.

–: Staatliche Sicherheitsverantwortung zu Lasten Privater?, in: Festschrift für Karl Heinrich Friauf zum 65. Geburtstag, Heidelberg 1996, S. 441 ff.

–: Verkehrsüberwachung durch Private?, NJW 1997, S. 14 ff.

*Scholz, Rupert/Aulehner, Josef*: „Postreform II" und Verfassung – Zu Möglichkeiten und Grenzen einer materiellen oder formellen Privatisierung der Post –, ArchivPT 1993, S. 221 ff.

*Scholz, Rupert/Langer, Stefan*: Europäischer Binnenmarkt und Energiepolitik, Berlin 1992.

*Schön, Wolfgang*: Der Einfluß öffentlich-rechtlicher Zielsetzungen auf das Statut privatrechtlicher Eigengesellschaften der öffentlichen Hand: – Gesellschaftsrechtliche Analyse –, ZGR 1996, S. 429 ff.

*Schroeder, Dirk*: Telekommunikationsgesetz und GWB, WuW 1999, S. 14 ff.

*Schulte, Martin*: Gefahrenabwehr durch private Sicherheitskräfte im Lichte des staatlichen Gewaltmonopols, DVBl. 1995, S. 130 ff.

–: Schlichtes Verwaltungshandeln, Tübingen 1995.

*Schuppert, Gunnar Folke*: Die öffentliche Verwaltung im Kooperationsspektrum staatlicher und privater Aufgabenerfüllung: Zum Denken in Verantwortungsstufen, Die Verwaltung 1998, S. 415 ff.

–: Die Steuerung des Verwaltungshandelns durch Haushaltsrecht und Haushaltskontrolle, VVDStRL 42 (1984), S. 216 ff.

–: Grenzen und Alternativen von Steuerung durch Recht, in: D. Grimm (Hrsg.), Wachsende Staatsaufgaben – sinkende Steuerungsfähigkeit des Rechts, Baden-Baden 1990, S. 217 ff.

–: Jenseits von Privatisierung und „schlankem" Staat: Vorüberlegungen zu einem Konzept von Staatsentlastung durch Verantwortungsteilung, in: Chr. Gusy (Hrsg.), Privatisierung von Staatsaufgaben: Kriterien – Grenzen – Folgen, Baden-Baden 1998, S. 72 ff.

–: Staatsaufsicht im Wandel, DÖV 1998, S. 831 ff.

–: Verwaltungsrechtswissenschaft als Steuerungswissenschaft. Zur Steuerung des Verwaltungshandelns durch Verwaltungsrecht, in: W. Hoffmann-Riem/E. Schmidt-Aßmann/G. F. Schuppert (Hrsg.), Reform des Allgemeinen Verwaltungsrechts, Baden-Baden 1993, S. 65 ff.

*Schütz, Raimund/Cornils, Matthias*: Universaldienst und Telekommunikation, DVBl. 1997, S. 1146 ff.

*Schütz, Raimund/Müller, Rolf-Georg*: Entgeltregulierung in der Telekommunikation, MMR 1999, S. 128 ff.

*Schwarze, Jürgen*: Der Staat als Adressat des europäischen Wettbewerbsrechts, EuZW 2000, S. 613 ff.

*Schweizer, Kerstin*: Der Gleichberechtigungssatz – neue Form, alter Inhalt? Untersuchung zu Gehalt und Bedeutung des neugefaßten Art. 3 Abs. 2 GG unter Einbeziehung Europäischen Gemeinschaftsrechts, Berlin 1998.

*Seibert, Max-Jürgen*: Die Bindungswirkung von Verwaltungsakten, Baden-Baden 1989.

*Sieckmann, Jan-R.*: Modelle des Eigentumsschutzes. Eine Untersuchung zur Eigentumsgarantie des Art. 14 GG, Baden-Baden 1998.

*Sodan, Helge*: Vorrang der Privatheit als Prinzip der Wirtschaftsverfassung, DÖV 2000, S. 361

ff.
*Sommermann, Karl-Peter*: Staatsziele und Staatszielbestimmung, Tübingen 1997.
*Spannowsky, Willy*: Der Einfluß öffentlich-rechtlicher Zielsetzungen auf das Statut privatrechtlicher Eigengesellschaften in öffentlicher Hand. – Öffentlich-rechtliche Vorgaben, insbesondere zur Ingerenzpflicht -, ZGR 1996, S. 400 ff.
–: Die Verantwortung der öffentlichen Hand für die Erfüllung öffentlicher Aufgaben und die Reichweite ihrer Einwirkungspflicht auf Beteiligungsunternehmen, DVBl. 1992, S. 1072 ff.
–: Öffentlich-rechtliche Bindungen für gemischt-wirtschaftliche Unternehmen, ZHR 160 (1996), S. 560 ff.
*Spoerr, Wolfgang*: Zusammenschaltung und offener Netzzugang, MMR 2000, S. 674 ff.
*Spoerr, Wolfgang/Deutsch, Markus*: Das Wirtschaftsverwaltungsrecht der Telekommunikation – Regulierung und Lizenzen als neue Schlüsselbegriffe des Verwaltungsrechts?, DVBl. 1997, S. 300 ff.
*Sprißler, Matthias*: Das Fernmeldemonopol und seine rechtshistorische Entwicklung in Deutschland, ArchPF 1991, S. 159 ff.
*Starck, Christian*: Grundrechtliche Schutzpflichten, in: ders., Praxis der Verfassungsauslegung, Baden-Baden 1994, S. 46 ff.
*Stein, Ekkehart*: Die Wirtschaftsaufsicht, Tübingen 1967.
*Steiner, Udo*: Verkehr und Post, in: Isensee/Kirchhof (Hrsg.), HdbStR III, 2. Aufl., Heidelberg 1996, § 81.
*Steinheuer, Wilfried*: Privatisierung kommunaler Leistungen, Teoretische Grundlagen und praktische Erfahrungen nordrhein-westfälischer Städte und Gemeinden, Düsseldorf 1991.
*Stelkens/Bonk/Sachs*: Verwaltungsverfahrensgesetz, Kommentar, 5. Aufl., München 1998.
*Stern, Klaus*: Das Staatsrecht der Bundesrepublik Deutschland, Bd. I, 2. Aufl., München 1984.
–: Das Staatsrecht der Bundesrepublik Deutschland, Bd. II, München 1980.
–: Das Staatsrecht der Bundesrepublik Deutschland, Bd. III/1, München 1988.
–: Das Staatsrecht der Bundesrepublik Deutschland, Bd. III/2, München 1994.
–: Postreform zwischen Privatisierung und Infrastrukturgewährleistung, DVBl. 1997, S. 309 ff.
–: Staatsziele und Staatsaufgaben in verfassungsrechtlicher Sicht, Bitburger Gespräche, München 1984.
*Stern, Klaus* (Hrsg.): Postrecht der Bundesrepublik Deutschland. Kommentar zum Postneuordnungsrecht, Neuburg 1997.
*Stern, Klaus/Dietlein, Johannes*: Netzzugang im Telekommunikationsrecht – Zur verfassungsrechtlichen Problematik eines „entbündelten“ Zugangs zu den Teilnehmeranschlußleitungen –, ArchivPT 1998, S. 309 ff.
–: Netzzugang im Telekommunikationsrecht (Teil 2) – Zur verfassungsrechtlichen Problematik eines „entbündelten“ Zugangs zu den Teilnehmeranschlußleitungen –, RTkom 1999, S. 2 ff.
*Stettner, Rupert*: Grundfragen einer Kompetenzlehre, Berlin 1983.
*Stober, Rolf*: Allgemeines Wirtschaftsverwaltungsrecht, 12. Aufl., Stuttgart u. a. 2000.
–: Besonderes Wirtschaftsverwaltungsrecht, 12. Aufl., Stuttgart u. a. 2001.
–: Die privatrechtlich organisierte öffentliche Verwaltung. Zur Problematik privatrechtlicher Gesellschaften und Beteiligungen der öffentlichen Hand, NJW 1984, S. 449 ff.
–: Police-Private-Partnership aus juristischer Sicht, DÖV 2000, S. 261 ff.
–: Staatliches Gewaltmonopol und privates Sicherheitsgewerbe, NJW 1997, S. 889 ff.
*Stoll, Peter-Tobias*: Freihandel und Verfassung. Einzelstaatliche Gewährleistung und die konstitutionelle Funktion der Welthandelsordnung (GATT/WTO), ZaöRV 57 (1997), S. 83 ff.
*Stollhoff, Frank*: Der Ausschluß von Marktrisiken durch Essential Facilities unter Art. 82 EGV. Zur Übertragbarkeit der amerikanischen Essential Facilities Doktrin auf das Mißbrauchsverbot des europäischen Kartellrechts, Baden-Baden 2000.

*Stolz, Dirk*: Die neue ONP-Richtlinie der EG. Offener Netzzugang bei Sprachtelefon- und Universaldiensten, K&R 1998, S. 292 ff.

*Strauß, Thomas*: Funktionsvorbehalt und Berufsbeamtentum. Zur Bedeutung des Art. 33 Abs. 4 GG, Berlin 2000.

*Streinz, Rudolf/Leible, Stefan*: Die unmittelbare Drittwirkung der Grundfreiheiten, EuZW 2000, S. 459 ff.

*Teserich, Kurt G. A./Pohl, Hans/Unruh, Georg-Christoph v.* (Hrsg.): Deutsche Verwaltungsgeschichte, Bd. 2, Stuttgart 1983.

*Tettinger, Peter J.*: Aktuelle Akzente der Berufsfreiheit für Freie Berufe auf europäischer und deutscher Ebene, GewArch 1999, S. 265 ff.

–: Das aktuelle deutsche Postrecht, NVwZ 2000, S. 633 ff.

–: Das Grundrecht der Berufsfreiheit in der Rechtsprechung des Bundesverfassungsgerichts, AöR 108 (1983), S. 92 ff.

–: Die Charta der Grundrechte der Europäischen Union, NJW 2001, S. 1010 ff.

–: Die rechtliche Ausgestaltung von Public Private Partnership, DÖV 1996, S. 764 ff.

–: Empfiehlt es sich, das Recht des Sicherheitsgewerbes zu kodifizieren?, NWVBl. 2000, S. 282 ff.

–: Energierecht – nunmehr ein Anhängsel zum Wettbewerbsrecht?, RdE 2001, S. 41 ff.

–: Energierecht in Europa. – Kritische Randbemerkungen –, in: Festschrift für Ulrich Everling, 1995, Bd. II, S. 1529 ff.

–: Für die Versorgungswirtschaft bedeutsame Entwicklungslinien im primären Gemeinschaftsrecht, RdE 1999, S. 45 ff.

–: Neuartige Massenkommunikationsmittel und verfassungsrechtliche Rahmenbedingungen, JZ 1984, S. 400 ff.

–: Neuer Streit um die „Wirtschaftsverfassung"?, BB 1977, S. 1617 ff.

–: Öffentliche Wirtschaft in den neuen Bundesländern. Im Einigungsprozess formulierte Vorgaben und ihre Umsetzung, BB 1992, S. 2 ff.

–: Privatisierungskonzepte für die Abfallwirtschaft, in: Festschrift für K. H. Friauf zum 65. Geburtstag, Heidelberg 1996, S. 569 ff.

–: Recht der Energiewirtschaft, in: R. Schmidt (Hrsg.), Öffentliches Wirtschaftsverwaltungsrecht, BT 1, Berlin 1995, S. 691 ff.

–: Rechtliche Bausteine eines modernen Abfallwirtschaftsrechts, DVBl. 1995, S. 213 ff.

–: Rechtsanwendung und gerichtliche Kontrolle im Wirtschaftsverwaltungsrecht, München 1980.

–: Rechtsschutz gegen kommunale Wettbewerbsteilnahme, NJW 1998, S. 3473 f.

–: Verfassungsrecht und Wirtschaftsordnung, – Gedanken zur Freiheitsentfaltung am Wirtschaftsstandort Deutschland –, DVBl. 1999, S. 679 ff.

–: Zur Grundrechtsberechtigung von Energieversorgungsunternehmen im Europäischen Gemeinschaftsrecht, in: Festschrift für Börner zum 70. Geburtstag, 1992, S. 625 ff.

*Tettinger, Peter J./Wank, Rolf*: Gewerbeordnung, 6. Aufl., München 1999.

*Theobald, Christian*: Rechtliche Steuerung von Wettbewerb und Umweltverträglichkeit in der Elektrizitätswirtschaft, AöR 122 (1997), S. 372 ff.

*Theobald, Christian/Zenke, Ines*: Wettbewerb in Stromnetzen: Eine Rechtsprchungsübersicht, NJW 2001, S. 797 ff.

*Thieme, Werner*: Demokratie. – Ein Staatsziel im Wandel der gelebten Verfassung –, DÖV 1998, S. 751 ff.

*Thormann, Martin*: Abstufungen in der Sozialbindung des Eigentums. Zur Bestimmung von Inhalt und Schranken des Eigentums nach Art. 14 Absatz 1 Satz 2 GG im Spannungsfeld von Eigentumsfreiheit und Gemeinwohl, Stuttgart u. a. 1996.

*Treffer, Christian*: Zur Verfassungswidrigkeit des Stromeinspeisungsgesetzes, UPR 1996, S. 129 ff.
*Trute, Hans-Heinrich*: Die Verwaltung und das Verwaltungsrecht zwischen gesellschaftlicher Selbstregulierung und staatlicher Steuerung, DVBl. 1996, S. 950 ff.
–: Öffentlich-rechtliche Rahmenbedingungen einer Informationsordnung, VVDStRL 57 (1998), S. 216 ff.
*Trzasklik, Christoph*: In wieweit ist die Verfolgung ökonomischer, ökologischer und anderer öffentlicher Zwecke durch Instrumente des Abgabenrechts zu empfehlen?, Der 63. Deutsche Juristentag, Gutachten E, München 2000.
*Tschentscher, Thomas*: Anmerkung zum Beschluss der RegTP vom 23. 12. 1999, CR 2000, S. 301 ff.
*Tsiliotis, Charalambos*: Der verfassungsrechtliche Schutz der Wettbewerbsfreiheit und seine Einwirkung auf die privatrechtlichen Beziehungen. Eine grundrechtliche Untersuchung im deutschen Wirtschaftsverfassungsrecht mit einer Erweiterung im Wirtschaftsverfassungsrecht der EG/EU, Berlin 2000.
*Uerpmann, Robert*: Das öffentliche Interesse. Seine Bedeutung als Tatbestandsmerkmal und als dogmatischer Begriff, Tübingen 1999.
*Ungemach, Manfred/Weber, Thomas*: Verfahrensfragen des Netzzugangs bei Elektrizität und Gas. Teil 1: Einschaltung der Kartellbehörden, RdE 1999, S. 11 ff.
–: Verfahrensfragen des Netzzugangs bei Elektrizität und Gas. Teil 2: Zivilklage und einstweilige Verfügung, RdE 1999, S. 131 ff.
*Unruh, Peter*: Kritik des privatrechtlichen Verwaltungshandelns, – Ein Problemaufriß –, DÖV 1997, S. 653 ff.
–: Zur Dogmatik der grundrechtlichen Schutzpflichten, Berlin 1996.
*Varadinek, Brigitta*: Rechtmäßigkeit des UMTS-Lizenzvergabeverfahrens im Hinblick auf das TKG und Art. 12 GG, CR 2001, S. 17 ff.
*Waechter, Kay*: Bereitstellungspflicht für Fernmeldeanlagenbetreiber, VerwArch. 1996, S. 68 ff.
–: Die Organisation der Verkehrsüberwachung. Auch zur Auslegung des Art. 33 IV GG, NZV 1997, S. 329 ff.
–: Kooperationsprinzip, Gesellschaftliche Eigenverantwortung und Grundpflichten. Verrechtlichung von ethischen Pflichten durch indirekte Steuerung, Der Staat 1999, S. 279 ff.
*Wallenberg, Gabriela v.*: Diskriminierungsfreier Zugang zu Netzen und anderen Infrastruktureinrichtungen, K&R 1999, S. 152 ff.
*Wallerath, Maximilian*: Der ökonomisierte Staat. Zum Wettstreit zwischen juridisch-politischem und ökonomischem Paradigma, JZ 2001, S. 209 ff.
*Walter, Karl Maria/Keussler, Julia v.*: Der diskriminierungsfreie Zugang zum Netz: Reichweite des Anspruchs auf Durchleitung (Teil 2), RdE 1999, S. 223 ff.
*Watrin, Christian*: Privatisierung in ordnungspolitischer Sicht, in: J. Isensee/H. Lecheler (Hrsg.), Festschrift für Walter Leisner zum 70. Geburtstag, Berlin 1999, S. 853 ff.
*Wegmann, Winfried*: Regulierte Marktöffnung in der Telekommunikation. Die Steuerungsinstrumente des Telekommunikationsgesetzes (TKG) im Lichte »regulierter Selbstregulierung«, Baden-Baden 2001.
*Weidemann, Clemens*: Die duale Abfallwirtschaft – moderner Steuerungsansatz oder regulatorische Überforderung?, VerwArch. 1999, S. 533 ff.
–: Die materielle Privatisierung der Hausmüllentsorgung nach §16 Abs. 2 des Kreislaufwirtschafts- und Abfallgesetzes. – Abfallrechtliche Zulässigkeit und verwaltungsrechtliche Ausgestaltung –, DVBl. 1998, S. 661 ff.
–: Nochmals: Die Abgrenzung von Abfallverwertung und Abfallbeseitigung, NVwZ 1998, S.

258 ff.
–: Rechtsstaatliche Anforderungen an Umweltabgaben, – Zu den beiden Urteilen des Bundesverfassungsgerichts vom 7. Mai 1998 –, DVBl. 1999, S. 73 ff.
*Weiß, Wolfgang*: Öffentliche Monopole, kommunaler Anschluß- und Benutzungszwang und Art. 12 GG, VerwArch. 1999, S. 415 ff.
*Weisser, Ralf*: Der neue Rundfunkstaatsvertrag, NJW 2000, S. 3526 ff.
*Weisser, Ralf/Meinking, Olaf*: Zugang zum digitalen Fernsehkabelnetz außerhalb von must-carry-Regelungen, WuW 1998, S. 831 ff.
*Weißhaar, Volker/Koenig, Michael*: Anspruch auf Netzzugang und -zusammenschaltung im Licht des EU-Rechts, MMR 1998, S. 475 ff.
*Weizsäcker, C. Christian v.*: Wettbewerb in Netzen, WuW 1997, S. 572 ff.
*Wernsmann, Rainer*: Die Deutschengrundrechte des Grundgesetzes im Lichte des Europarechts, Jura 2000, S. 657 ff.
–: Wer bestimmt den Zweck einer grundrechtseinschränkenden Norm – BVerfG oder Gesetzgeber?, NVwZ 2000, S. 1360 ff.
*Wieland, Joachim*: Der Wandel von Verwaltungsaufgaben als Folge der Postprivatisierung, Die Verwaltung 1995, S. 315 ff.
–: Die Konzessionsabgaben, Berlin 1991.
–: Konkurrentenschutz in der neueren Rechtsprechung zum Wirtschaftsverwaltungsrecht, Die Verwaltung 1999, S. 217 ff.
*Wieland, Joachim/Enderle, Bettina*: Rechtsprobleme der Netzzusammenschaltung. Zum Spannungsverhältnis zwischen Gemeinschaftsrecht und Verfassungsrecht, MMR 1999, S. 379 ff.
*Wilmowsky, Ph. F. v.*: Die Durchleitung von Elektrizität im deutschen, europäischen und U.S.-amerikanischen Recht, Diss. jur. Saarland, 1998.
*Windisch, Rupert*: Privatisierung natürlicher Monopole: Theoretische Grundlagen und Kriterien, in: ders. (Hrsg.), Privatisierung natürlicher Monopole im Bereich von Bahn, Post und Telekommunikation, Tübingen 1987, S. 1 ff.
*Windthorst, Kay*: Der Universaldienst im Bereich der Telekommunikation, Diss. jur. München 1997.
–: Regulierungsansätze im deutschen und US-amerikanischen Telekomunikationsrecht (I), CR 1998, S. 281 ff.
–: Regulierungsansätze im deutschen und US-amerikanischen Telekomunikationsrecht (II), CR 1998, S. 340 ff.
*Wolff/Bachof/Stober*: Verwaltungsrecht, Bd. 1, 11. Aufl., München 1999.
–: Verwaltungsrecht, Bd. 2, 6. Aufl., München 2000.
*Zacher, Hans F.*: Das soziale Staatsziel, in: Isensee/Kirchhof (Hrsg.), HdbStR I, Heidelberg 1987, § 25.
*Zimmermann, Norbert*: Der grundrechtliche Schutzanspruch juristischer Personen des öffentlichen Rechts. Ein Beitrag zur Auslegung des Art. 19 Abs. 3 GG – unter besonderer Berücksichtigung des Grundrechtsschutzes berufsständischer Einrichtungen, öffentlich-rechtlicher Stiftungen und gemischt-wirtschaftlicher Unternehmen, München 1993.
–: Zur Grundrechtssubjektivität kommunaler Energieversorgungsunternehmen – BVerfG, NJW 1990, 1783, JuS 1991, S. 294 ff.

## II. Chinesischsprachige Literatur

*Chan, Chen-jung*: Zur Verfassungsmäßigkeit der unentgeltlichen Inpflichtnahme privater Telekommunikationsanlagen zu staatlichen Überwachungsmaßnahmen, YdLM 64 (2000/9), S. 101 ff.

*Chen, Ai-e*: Der Wandel des Eigentumsbegriffs in den Interpretationen des Großrichterrates, in: Liu, Kung-Chung/Lee, Chien-Liang (Hrsg.), Theorie und Praxis der Verfassungsinterpretation, 1998, S. 393 ff.

–: Freiheit – Gleichheit – Brüderlichkeit. Wechselwirkungen vom Sozialstaats- und Rechtsstaatsprinzip, NTULJ Vol. 26 No. 2, Jan. 1997, S. 121 ff.

–: Legalität und Legitimität der Privatisierung öffentlicher Unternehmen, YdLM 36 (1998/5), S. 39 ff.

*Chen, Chun-sheng*: Informelles Verwaltungshandeln und Verwaltungseinleitung im Verwaltungsrecht, in: ders., Theorie und System des Verwaltungsrechts, Bd. 1: Die Lehre von Handlungsformen der Verwaltung, 1996, S. 223 ff.

*Chen, Ming-siang*: Zur Regulierungsstruktur in der Telekommunikation, SeLIR, No. 23, 1999, S. 61 ff.

*Chen, Shin-min*: Das Konzept der verfassungsrechtlichen Eigentumsgarantie und der Enteignungsbegriff, in: ders., Die allgemeine Grundrechtslehre in der Verfassung, Bd. I, 1992, S. 285 ff.

–: Die Interpretation der Verfassung der Republik China, 4. Aufl., 2001.

*Chen, yin-chin*: Die verfassungsmäßige Wirtschaftsordnung, in: Festschrift für Lee, Hong-hsi zum 60. Geburtstag, 1997, S. 1349 ff.

–: Theorie und neue Tendenz des Wirtschaftsrechts, 1998.

–: Zur Problematik der Privatisierung öffentlicher Unternehmen in der geltenden Rechtsordnung, YdLM 36 (1998/5), S. 47 ff.

*Chu, Zong-li*: Muss die staatliche unternehmerische Betätigung dem Fair-Trade- Gesetz unterliegen?, in ders., Verfassung und die rechtsstaatliche Verwaltung, 1999, S. 395 ff.

*Chuang, Yi-fei/Liu, Chorng-jian*: Eine Studie über die Strukturregulierung im Telekommunikationsgesetz, SeLIR, No. 23, 1999, S. 83 ff.

*Ge, Ke-chang*: Sozialleistungen und die Steuergerechtigkeit, NTULJ Vol. 25 No. 2, Jan. 1996, S. 139 ff.

*Hsu, Chiao-ching*: Rechtliche Begriffe der Privatisierung, GERev. Vol. 1 No. 4, Nov. 1999, S. 119 ff.

*Hsu, Zong-li*: Das Bestimmtheitsgebot bei der Ermächtigung zum Erlass von Rechtsverordnungen, in: ders., Recht und Staatsgewalt, 1992, S. 215 ff.

–: Das Prinzip des Gesetzesvorbehaltes, in: ders., Recht und Staatsgewalt, 1992, S. 117 ff.

–: Privatrechtsgestaltender Verwaltungsakt, in: ders., Verfassungsrecht und rechtsstaatliche Verwaltung, 1999, S. 313 ff.

*Huang, jing-tang*: Die Autonomie der Provinzen und zentralunmittelbaren Städte – Die Schwierigkeit der Struktur „eine Provinz, zwei Städte“ und ihre Überwindung, in: ders., Studien über die Frage nach der Verrechtlichung der lokalen Selbstverwaltung, 1995, S. 17 ff.

*Kao, Kai-sheng*: Der systematische Aufbau der Universaldienstleistungen im Bereich der Telekommunikation, SeLIR, No. 21, 1998, S. 105 ff.

–: Theorie und Praxis der Liberalisierung im Bereich der Telekommunikation, SeLIR, No. 19, 1997, S. 37 ff.

*Lai, Yuan-he* (Hrsg.): Fair-Trade-Gesetz, 1994.

*Lee, Chien-liang*: Funktionen und Dogmatik der Grundrechte, JSSP 3/1997, S. 39 ff.

*Lee, Hui-zong*: Das System des Verfassungsschutzes der Berufsfreiheit, in: Liu, Kung-chung/ Lee, Chien-liang (Hrsg.), Theorie und Praxis der Verfassungsinterpretation, 1998, S. 347 ff.
*Lin, Ji-dong*: Kommentar zur Verfassung der Republik China, Bd. IV, 6. Aufl., 1990.
*Lin, Min-chiang*: Formelles und informelles Verwaltungshandeln, in: Festschrift für Weng, Yueh-sheng zum 60. Geburtstag, 1993, S. 1 ff.
–: Grundlegende Staatsprogramme, in: Festschrift für Lee, Hong-hsi zum 60. Geburtstag, 1997, S. 1465 ff.
–: Zur Frage der Verfassungsmäßigkeit der Privatisierung öffentlicher Unternehmen, YdLM 15 (1996/8), S. 78 ff.
*Liu, Chorng-jian/Chuang, Yi-fei*: Die Entgeltregulierung im Bereich der Telekommunikation, SeLIR, No. 19, 1997, S. 1 ff.
–: Die Zusammenschaltung von Telekommunikationsnetzen und Entwicklung der Telekommunikation, SeLIR, No. 21, 1998, S. 77 ff.
–: Universaldienst der Telekommunikation, SeLIR, No. 17/18, 1996, S. 1 ff.
*Liu, Kung-chung*: Das Verbot des Missbrauchs einer Marktstellung des Monopolunternehmens, JSSP 3/1996, S. 227 ff.
–: Rechtliche Analyse der Privatisierung öffentlicher Unternehmen, JSSP Vol. 9 No. 2, Jun. 1997, S. 73 ff.
*Su, Yong-qin*: Die Gewährleistung des Vermögensrechts und die Interpretation des Großenrichterrates, The Constitutional Review, Vol. 24 Nr. 3, 12. 1998, S. 19 ff.
*Wang, Bi-lian*: Grunsriß des WTO-Abkommens zu Basistelekommunikationsdienstleistungen, in: Zeng, Ming-sheng (Hrsg.), Liberalisierung und Regulierung der Telekommunikation, 1998, S. 85 ff.
*Wang, Wen-yu*: Regierung, Private und Recht. Zu grundlegenden Fragen der Privatisierung öffentlicher Unternehmen, YdLM 5/1998, S. 26 ff.
*Weng, Yueh-sheng*: Der Begriff des Verwaltungsaktes, in: ders., Verwaltungsrecht und der moderne Rechtsstaat, 8. Aufl., 1989, S. 1 ff.
*Wu, Geng*: Die drei Eigenschaften der Grundrechte. Ein Betrag zum theoretischen System der Grundrechtsinterpretation des Großrichterrates, in: Festschrift zur 50jährigen Verfassungsinterpretation des Großrichterrates, 1998, S. 1 ff.
–: Grundprinzipien der Verfassung, in: Festschrift zur 40jährigen Verfassungsinterpretation des Großrichterrates, 1990, S. 155 ff.
–: Theorie und Praxis des Verwaltungsrechts, 1992.